Kuntzmann/Weber

Prüfungstraining für Bilanzbuchhalter

Band 1:
Jahresabschluss
IFRS-Grundlagen
Steuerlehre

Online-Version inklusive!

Stellen Sie dieses Buch jetzt in Ihre „digitale Bibliothek" in der NWB Datenbank und nutzen Sie Ihre Vorteile:

- Ob am Arbeitsplatz, zu Hause oder unterwegs: Die Online-Version dieses Buches können Sie jederzeit und überall da nutzen, wo Sie Zugang zu einem mit dem Internet verbundenen PC haben.
- Die praktischen Recherchefunktionen der NWB Datenbank erleichtern Ihnen die gezielte Suche nach bestimmten Inhalten und Fragestellungen.
- Die Anlage Ihrer persönlichen „digitalen Bibliothek" und deren Nutzung in der NWB Datenbank online ist kostenlos. Sie müssen dazu nicht Abonnent der Datenbank sein.

Ihr Freischaltcode:

KTOFCHEMVZHBFJOQBYXQH

Kuntzmann/W., Prüfungstraining für Bilanzbuchhalter, Bd. 1

So einfach geht's:

1. Rufen Sie im Internet die Seite **www.nwb.de/go/online-buch** auf.
2. Geben Sie Ihren Freischaltcode in Großbuchstaben ein und folgen Sie dem Anmeldedialog.
3. Fertig!

Alternativ können Sie auch den Barcode direkt mit der **NWB Mobile** App einscannen und so Ihr Produkt freischalten! Die NWB Mobile App gibt es für iOS, Android und Windows Phone!

Die NWB Datenbank – alle digitalen Inhalte aus unserem Verlagsprogramm in einem System.

www.nwb.de

NWB Bilanzbuchhalter

Prüfungstraining für Bilanzbuchhalter

Band 1:

- Jahresabschluss
- IFRS-Grundlagen
- Steuerlehre

Von

Dipl.-Betriebswirt (FH) LL.M. Jörg Kuntzmann

unter Mitarbeit von
Steuerberater Dipl.-Finanzwirt (FH) Martin Weber

20., vollständig überarbeitete Auflage

nwb

Kein Produkt ist so gut, dass es nicht noch verbessert werden könnte. Ihre Meinung ist uns wichtig! Was gefällt Ihnen gut? Was können wir in Ihren Augen noch verbessern? Bitte verwenden Sie für Ihr Feedback einfach unser Online-Formular auf:

www.nwb.de/go/feedback_bwl

Als kleines Dankeschön verlosen wir unter allen Teilnehmern einmal pro Quartal ein Buchgeschenk.

ISBN 978-3-482-**58690**-3

20., vollständig überarbeitete Auflage 2017

Satz: Griebsch & Rochol Druck GmbH, Hamm

Druck: Hubert & Co., Göttingen

VORWORT ZUR 20. AUFLAGE

Mit der vorliegenden 20. Auflage des Prüfungstrainings für Bilanzbuchhalter Band 1 wurden die Aufgaben und Lösungen auf den ab Frühjahr 2017 prüfungsrelevanten Rechtsstand 2016 umgestellt.

Da dieses Buch neben der reinen Prüfungsvorbereitung auch der Auffrischung und Wiederholung dienen soll, sind einige (Teil-)Aufgaben vorhanden, die für die Bilanzbuchhalterprüfung nach dem Rahmenplan nicht relevant sind. Diese sind folgendermaßen gekennzeichnet:

(1) Zusatzaufgabe ohne Bezug zur alten Prüfungsordnung vom 18. 10. 2007.

In den Teilen Jahresabschluss und Steuerlehre wird davon ausgegangen, dass die beschriebenen Unternehmen ihr Rechnungswesen zu Beginn des Jahres 2002 auf Euro umgestellt haben. Bei den Aufgaben ist zu beachten, dass sie teilweise auch frühere Kalenderjahre betreffen und somit DM-Werte vorhanden sein können.

Mit diesem Buch haben die Autoren ein aktuelles und umfassendes Hilfsmittel für die Fächer Jahresabschluss, IFRS-Grundlagen sowie Steuerlehre der Bilanzbuchhalterprüfung erstellt (Aufgaben zu den weiteren Fächern werden in Band 2 behandelt). Die 164 Übungsaufgaben orientieren sich am Rahmenlehrplan und an ehemaligen Klausuraufgaben. Durch die Angabe von Punkten, einer Zeitvorgabe für jede Übung und die ausführlichen Lösungshinweise ist mit diesem Buch ein optimales Training möglich. Außerdem sind die Aufgaben in drei verschiedene Schwierigkeitsgrade eingeteilt, so dass eine bessere Einschätzung der eigenen Leistung möglich ist.

Die einzelnen Stufen werden folgendermaßen dargestellt:

* einfache Aufgaben

** mittlere Aufgaben

*** schwere Aufgaben

Außer für Bilanzbuchhalter ist dieses Buch auch als Prüfungsvorbereitung für Studenten an Universitäten und Fachhochschulen sowie zur Vorbereitung auf die Steuerfachwirtprüfung geeignet, da dort in den oben genannten Fächern meist ein ähnlicher Themenkreis geprüft wird. Auch für Praktiker der Finanzverwaltung, der Steuerberatung und des Rechnungswesens kann dieses Buch als Auffrischungs- oder Wiederholungskurs dienen.

Für Anregungen und Hinweise zu diesem Werk sind die Autoren auch in Zukunft dankbar.

Kiel, im Januar 2017

Jörg Kuntzmann
Martin Weber

INHALTSVERZEICHNIS

ABKÜRZUNGSVERZEICHNIS

A

Abs.	Absatz
Abschn.	Abschnitt
Abschr.	Abschreibung
AEAO	Anwendungserlass zur Abgabenordnung
AfA	Absetzung für Abnutzung
AfS-Rücklage	available for sale-Rücklage
AG	Aktiengesellschaft
AG-Anteil	Arbeitgeberanteil
AHB	Anrechnungshöchstbetrag
AK	Anschaffungskosten
AktG	Aktiengesetz
aLL	aus Lieferungen und Leistungen
and.	andere
Anl.	Anlagen
AO	Abgabenordnung
AR	Aufsichtsrat
ARAP	aktiver Rechnungsabgrenzungsposten
AStG	Außensteuergesetz
Aufw.	Aufwendungen

B

betriebl.	betriebliche
BFH	Bundesfinanzhof
BGA	Betriebs- und Geschäftsausstattung
BGB	Bürgerliches Gesetzbuch
bil.	bilanziell
BMF	Bundesministerium der Finanzen
BStBl	Bundessteuerblatt
Buchst.	Buchstabe

D

DBA	Doppelbesteuerungsabkommen
DKK	Dänische Kronen
DM	Deutsche Mark

E

€	Euro
E & E Steuern	Steuern vom Einkommen und Ertrag

EG	Europäische Gemeinschaft
EGHGB	Einführungsgesetz zum HGB
EStDV	Einkommensteuerdurchführungsverordnung
EStG	Einkommensteuergesetz
EStH	Einkommensteuerhinweise
EStR	Einkommensteuerrichtlinien
EU	Europäische Union
EUSt	Einfuhrumsatzsteuer
EW	Einheitswert
EWB	Einzelwertberichtigung

F

F.	Framework (Rahmenkonzept)
f./ff.	folgend/e
FA	Finanzamt
Fifo	first in – first out

G

gepl.	geplant
gel.	geleistete
ges.	gesetzlich
gewöhnl.	gewöhnliche
GewSt	Gewerbesteuer
GewStG	Gewerbesteuergesetz
GewStR	Gewerbesteuerrichtlinien
ggü.	gegenüber
GmbH	Gesellschaft mit beschränkter Haftung
GuV	Gewinn- und Verlustrechnung
GWG	Geringwertiges Wirtschaftsgut

H

H	Hinweis
HGB	Handelsgesetzbuch
HK	Herstellungskosten
HS	Halbsatz
HV	Hauptversammlung

I

i. d. F.	in der Fassung
i. H. v.	in Höhe von
i. V. m.	in Verbindung mit
IAS	International Accounting Standards
IASB	International Accounting Standards Board
IASC	International Accounting Standards Committee
IASCF	International Accounting Standards Committee Foundation

IDW	Institut der Wirtschaftsprüfer in Deutschland e.V.
IFRIC	International Financial Reporting Interpretations Committee
IFRS	International Financial Reporting Standards

J

JÜ	Jahresüberschuss

K

KESt	Kapitalertragsteuer
KG	Kommanditgesellschaft
KK	Kontokorrent
KSt	Körperschaftsteuer
KStG	Körperschaftsteuergesetz
KStR	Körperschaftsteuerrichtlinien
kum.	kumuliert

L

£	Britisches Pfund
Lifo	last in – first out
LSt	Lohnsteuer
LStDV	Lohnsteuerdurchführungsverordnung
LStR	Lohnsteuerrichtlinien

N

Nr.	Nummer

O

o. g.	oben genannt
OFD	Oberfinanzdirektion
OHG	Offene Handelsgesellschaft

P

p. a.	per anno
PWB	Pauschalwertberichtigung
PublG	Publizitätsgesetz

Q

qm	Quadratmeter

R

R	Richtlinie
RHB	Roh-, Hilfs- und Betriebsstoffe
RückAbzinsV	Rückstellungsabzinsungsverordnung

S

S.	Seite
sfr	Schweizer Franken
SIC	Standing Interpretations Committee
SolZ	Solidaritätszuschlag
sonst.	sonstige
Std.	Stunde

T

T€	Tausend Euro

U

US-$	Amerikanischer Dollar
USt	Umsatzsteuer
UStDV	Umsatzsteuerdurchführungsverordnung
UStG	Umsatzsteuergesetz
USt-IdNr.	Umsatzsteuer-Identifikationsnummer
UStAE	Umsatzsteuer-Anwendungserlass

V

Verb.	Verbindlichkeiten
vGA	verdeckte Gewinnausschüttung
VGS	Vermögensgegenstand
VL	vermögenswirksame Leistungen
VZ	Veranlagungszeitraum

Z

zzgl.	zuzüglich

A. Einleitung

Zu Anfang dieses Trainingsbuchs sollen zwei fiktive Unternehmen – eine Personengesellschaft und eine Kapitalgesellschaft – vorgestellt werden, die Ihnen bei den Fällen immer wieder begegnen werden. Gehen Sie davon aus, dass Sie als Bilanzbuchhalter/in in diesen Unternehmen arbeiten und die Aufgaben aus der Sicht dieser Unternehmen zu lösen haben.

Dabei ist allerdings zu beachten, dass die einzelnen Aufgaben unabhängig voneinander sind. Zum Teil wird in den einzelnen Aufgaben von den hier beschriebenen Vorgaben abgewichen.

Auf anhängige Gerichtsverfahren zur Verfassungsmäßigkeit einzelner Vorschriften ist bei der Lösung der Aufgaben NICHT einzugehen. Alle Gesetze sind in der Fassung der jeweils genannten Jahre uneingeschränkt anzuwenden.

I. Personengesellschaft

Abraham OHG

An der Abraham OHG sind die Gesellschafter Martin Lange, Annelene Abraham, Kai Schweers und Uta Johannsen zu jeweils einem Viertel beteiligt.

Die OHG ist ein Großhandelsunternehmen mit Sitz in Hamburg. Sie verfügt außerdem noch über Betriebsstätten in Berlin, Frankfurt und München. Das Betriebsgelände in Hamburg ist Eigentum der OHG. Das Gelände in München ist Eigentum der Gesellschafterin Uta Johannsen und von dieser an die OHG vermietet. Die beiden anderen Grundstücke sind von örtlichen Immobiliengesellschaften gemietet.

Die Gesellschaft handelt mit Artikeln der Haushalts- und Unterhaltungselektronik. Die Handelswaren werden weltweit bezogen und national weiterveräußert.

Die OHG ist nicht nach dem Publizitätsgesetz zur Rechnungslegung verpflichtet.

II. Kapitalgesellschaft

Maschinenbau AG

Die Maschinenbau AG ist ein Industrieunternehmen mit (Verwaltungs-) Sitz in Düsseldorf. Die Produktionsstätte befindet sich seit 1988 in Duisburg. Beide Grundstücke sind Eigentum der Aktiengesellschaft. Zusätzlich besteht seit dem Jahr 1991 eine Betriebsstätte in Dresden und ein Auslieferungslager in Mailand. Zum Unternehmen gehört außerdem eine Forschungs- und Entwicklungsabteilung, die sich mit neuen Fertigungsverfahren und Produktinnovationen beschäftigt. Grundlagenforschungen werden seitens der Maschinenbau AG nicht betrieben.

Die Werkstoffe für die Produktion werden zum großen Teil aus dem Inland bezogen. Außerdem werden Rohstoffe aus der Europäischen Union importiert. Die fertigen Erzeugnisse werden in ganz Europa verkauft.

Die Aktien der Maschinenbau AG werden an der Frankfurter Börse gehandelt. An der AG sind folgende Aktionäre beteiligt:

- Hauke Mees 30 %
- Edith Sievert 26 %
- Wiebke Bracker 10 %
- Streubesitz 34 %

III. Angaben für beide Gesellschaften

Das Geschäftsjahr beider Unternehmen entspricht dem Kalenderjahr. Die Bilanzaufstellung erfolgt jährlich am 15. März zum 31. 12. des Vorjahres. Die Handelsbilanz soll so weit wie möglich der Steuerbilanz entsprechen. Weicht der zu besteuernde Gewinn unvermeidlich ab, wird dieses außerhalb der handelsrechtlichen Buchführung und des Abschlusses dargestellt. Die Gewinn- und Verlustrechnung wird nach dem Gesamtkostenverfahren aufgestellt.

Wirtschaftliche Verflechtungen mit anderen Unternehmen bestehen nicht, so dass nur ein Einzelabschluss aufzustellen ist.

B. Jahresabschluss

I. Aufgabenstellungen

Wenn bei den einzelnen Fällen nichts anderes gesagt ist, gelten die folgenden Aufgabenstellungen:

a) Nennen Sie alle durch einen Fall betroffenen Bilanz- und GuV-Positionen und entwickeln Sie diese rechnerisch zum Abschlussstichtag 31. 12. 2016.

b) Die Ansatz-, Bewertungs- und Abschreibungswahlrechte sind so auszuüben, dass der Jahresüberschuss möglichst niedrig gehalten wird und vor allem dem steuerlichen Gewinn entspricht. Ist eine Übereinstimmung zwischen Handels- und Steuerbilanz nicht möglich, ist dies kurz darzustellen.

c) Die Sachentscheidungen sind kurz, aber erschöpfend unter Angabe der handels- und steuerrechtlichen Bestimmungen zu begründen.

d) Geben Sie an, welche Bewertungsvorschriften für die einzelnen Vermögensgegenstände und Schulden zutreffend sind und unter welchem Bilanzposten der Ausweis zu erfolgen hat.

e) Gehen Sie davon aus, dass bis jetzt nur die Buchungen erfolgt sind, die in den Aufgaben genannt werden, so dass alle weiteren Buchungen des Geschäftsjahres noch durchzuführen sind. Die Buchungen vorangegangener Geschäftsjahre sind grundsätzlich korrekt erfolgt.

f) Bei Buchungen (nur für die Handelsbilanz) sollen die in § 266 Abs. 2 und 3 bzw. in § 275 Abs. 2 HGB genannten Positionen verwendet werden.

g) Die Ergebnisse und Zwischenwerte sollen zur Vereinfachung kaufmännisch auf volle DM- und €-Beträge gerundet werden.

h) Ein Bilanzansatz der Vermögensgegenstände nach § 246 Abs. 1 HGB braucht nicht geprüft zu werden.

i) Die bei den Aufgaben angegebenen Punktzahlen beziehen sich auf eine Klausur von 240 Minuten Dauer (Regel laut Prüfungsordnung).

j) Auf Anhangsangaben und latente Steuern ist nur einzugehen, wenn dies in einer Aufgabe ausdrücklich gefordert wird.

Sie benötigen zur Lösung der Aufgaben:

a) einen Taschenrechner

b) das Handelsgesetzbuch

c) das Aktiengesetz

d) das Einkommensteuergesetz

e) die Einkommensteuerdurchführungsverordnung

f) die Einkommensteuer-Richtlinien 2012

g) die Einkommensteuerhinweise 2015

II. Anlagevermögen

FALL

Fall 1 Bilanzierung eines Patents
6 Punkte * **15 Minuten**

Die Maschinenbau AG hatte mit eigenen Arbeitnehmern während des Geschäftsjahres 2016 ein neuartiges Verfahren zur Wartung des Anlagevermögens entwickelt. Dieses Verfahren wurde zum 1.10.2016 fertiggestellt, patentiert und seit diesem Zeitpunkt im Unternehmen angewendet. Eine Veräußerung des Patents bzw. eine Lizenzvergabe ist nicht beabsichtigt.

Die Entwicklung hatte Aufwendungen in Höhe von 120.000 € verursacht, die einzeln zugeordnet werden können. Die zugehörigen Material- und Fertigungsgemeinkosten betragen unstrittig 160.000 €. Außerdem sind Patentamts- und Notariatsgebühren in Höhe von 3.500 € angefallen.

Sämtliche Aufwendungen waren bislang als betriebliche Aufwendungen des Geschäftsjahres behandelt worden. Das Patent kann über einen Zeitraum von sechs Jahren genutzt werden.

Ergänzungsaufgabe:

Muss der Fall anders beurteilt werden, wenn das Patent nicht in der AG selbst genutzt werden soll, sondern nur für einen Kunden entwickelt worden wäre?

Die Lösung finden Sie auf Seite 127.

FALL

Fall 2 Leasing eines Pkw
19 Punkte ** **45 Minuten**

Die Abraham OHG hatte am 25.6.2016 einen Pkw zu folgenden Bedingungen geleast:

- Lieferung am 1.7.2016
- Grundmietzeit drei Jahre
- monatliche Leasingrate 1.540 € (jeweils zum Monatsende zahlbar)
- Einmalzahlung bei Vertragsabschluss 5.994 €
- Kaufpreis nach Ablauf der Grundmietzeit 25.000 € (Optionspreis)

Die betriebsgewöhnliche Nutzungsdauer des Pkw beträgt sechs Jahre, der Listenpreis 52.110 €. Der voraussichtliche Werteverzehr entspricht den steuerlichen Berechnungsregelungen über die degressive Abschreibung. Für die Überführung und die Anmeldung musste die Abraham OHG 2.643 € bezahlen, die als sonstige betriebliche Aufwendungen gebucht wurden. Über das gleiche Konto erfasste die OHG die Leasingraten und die Einmalzahlung.

Lösungshinweis:

Alle Werte sind Nettobeträge; die USt ist nicht zu berücksichtigen.

Die Lösung finden Sie auf Seite 127.

FALL

Fall 3 Erstellung eines Anlagengitters
25 Punkte ** **60 Minuten**

Die Maschinenbau AG wies zum 31. 12. 2015 folgendes Anlagengitter aus (Auszug):

Alle Angaben in €	Grundstücke	Maschinen	gel. Anzahl./ Anl. im Bau
historische AK/HK	5.200.000	12.276.000	0
Zugänge	0	1.584.000	848.000
Abgänge	0	0	0
Umbuchungen	0	0	0
Zuschreibungen	0	0	0
kumulierte Abschreibungen	1.860.000	8.884.251	0
Restbuchwert 31. 12. 2015	3.340.000	4.975.749	848.000
Restbuchwert 31. 12. 2014	3.555.000	6.821.579	0
Abschreibungen Geschäftsjahr	215.000	3.429.830	0

Für die Erstellung des Anlagengitters 2016 sind folgende Vorgänge zu berücksichtigen (für den Werteverzehr gilt, dass dieser den höchstmöglichen steuerlichen Abschreibungen entspricht).

1. Für eine außerplanmäßige Abschreibung auf Grund und Boden von 100.000 € aus dem Jahr 2015 ist die Grundlage im Jahr 2016 weggefallen.

2. Das Verwaltungsgebäude mit Herstellungskosten von 800.000 € wurde am 26. 1. 1997 fertiggestellt (Bauantrag September 1993).

3. Eine neue Lagerhalle wurde am 10. 8. 2016 fertiggestellt (Bauantrag November 2014). An Herstellungskosten fielen – alles eingerechnet – 384.000 € an, davon 228.000 € bereits in 2015.

4. Die weiteren Gebäude wurden 2016 insgesamt mit einem Betrag von 49.560 € abgeschrieben.

5. Am 18. 2. 2016 wurde eine neue Großmaschine geliefert und in Betrieb genommen. Für diese wurde bereits 2015 eine Anzahlung in Höhe von 620.000 € geleistet. Insgesamt waren Anschaffungskosten von 1.540.700 € angefallen. Nutzungsdauer 10 Jahre.

6. Eine andere Maschine mit Anschaffungskosten von 120.000 €, die im August 2009 angeschafft worden war, wurde am 20. 10. 2016 für 22.000 € verkauft. Der Restbuchwert dieses Wirtschaftsguts betrug zum 31. 12. 2015 34.986 € und zum Zeitpunkt der Veräußerung 27.114 €.
7. Die weiteren Maschinen wurden 2016 mit insgesamt 1.428.769 € abgeschrieben.

Lösungshinweis:

Buchungen sind nicht vorzunehmen.

Die Lösung finden Sie auf Seite 130.

FALL

Fall 4 Ermittlung eines Festwerts
13 Punkte * **30 Minuten**

Die Abraham OHG will zum Bilanzstichtag von ihrem Bilanzbuchhalter folgende Bilanzansätze für die Betriebs- und Geschäftsausstattung ermittelt haben. Wie in den Vorjahren soll wieder das Festwertverfahren angewandt werden:

1. Der Messestand:

   Festwert 2013 – 2015 42.182 €

   Wert laut Inventur zum 31. 12. 2016 44.600 €

	2015	2016	2017
Zugänge	3.300 €	3.200 €	gepl. 5.900 €

2. Die Kassenterminals:

   Festwert 2013 – 2015 89.272 €

   Wert laut Inventur zum 31. 12. 2016 98.900 €

	2015	2016	2017
Zugänge	8.400 €	7.700 €	gepl. 8.200 €

3. Die Büroeinrichtungen:

   Festwert 2013 – 2015 137.972 €

   Wert laut Inventur zum 31. 12. 2016 134.600 €

	2015	2016	2017
Zugänge	18.400 €	19.500 €	gepl. 20.100 €

Sämtliche oben genannte Zugänge zur Betriebs- und Geschäftsausstattung sind bisher in der Finanzbuchhaltung als sonstige betriebliche Aufwendungen erfasst worden.

Die Lösung finden Sie auf Seite 132.

FALL

Fall 5 Verkauf eines Grundstücks

23 Punkte *** **55 Minuten**

Die Maschinenbau AG war Eigentümerin eines mit einer Lagerhalle (Bauantrag 1991, Fertigstellung 1992) bebauten Grundstücks in Duisburg. Dieses Grundstück wurde vom Land Nordrhein-Westfalen benötigt, um eine neue Umgehungsstraße bauen zu können. Die Absicht des Landes war beim Kauf des Grundstücks noch nicht bekannt.

Das 2.500 qm große Grundstück wurde am 1. 3. 2013 für Anschaffungskosten in Höhe von 1.600.000 € erworben. Laut Kaufvertrag wurden für das Gebäude 623.000 € und für den Grund und Boden 920.000 € bezahlt. Die Verkehrswerte betrugen für den Grund und Boden 396 € je qm und für das Gebäude 770.000 €. Die Nutzungsdauer der Lagerhalle wurde zutreffend auf $33^{1}/_{3}$ Jahre bei einem linearen Werteverzehr geschätzt.

Am 1. 10. 2014 wurde das Grundstück an das Land Nordrhein-Westfalen für 1.820.000 € verkauft, um das Enteignungsverfahren zu vermeiden. Von dem Verkaufspreis entfielen korrekterweise 1.020.000 € auf den Grund und Boden und 800.000 € auf das Gebäude.

Am 2. 2. 2016 wurde von der Maschinenbau AG ein unbebautes Grundstück (6.000 qm) als Ersatz für die ausgeschiedene Immobilie gekauft. Der qm-Preis für den Grund und Boden belief sich auf 160 €. Außerdem fielen Anschaffungsnebenkosten in Höhe von 79.600 € an.

Das Grundstück wurde mit einer modernen Lagerhalle bebaut (betriebsgewöhnliche Nutzungsdauer $33^{1}/_{3}$ Jahre, linearer Werteverzehr), für die der Bauantrag am 10. 2. 2016 gestellt worden war; die Fertigstellung erfolgte planmäßig am 23. 12. 2016. Die Herstellungskosten betrugen insgesamt 2.560.000 €. Alle Positionen wurden vom Bankkonto bezahlt. Weitere Investitionen sind zurzeit nicht geplant.

Lösungshinweis:

Alle Werte sind Nettobeträge; die USt ist nicht zu berücksichtigen.

Die Lösung finden Sie auf Seite 133.

FALL

Fall 6 Leasing einer Maschine
19 Punkte ** **45 Minuten**

Am 1. 4. 2016 hatte die Abraham OHG eine Spezialmaschine, die ausschließlich in diesem Unternehmen einsetzbar ist, gegen eine vierteljährliche Miete von 19.800 € geleast. Während der Grundmietzeit von fünf Jahren sind die Raten jeweils nachträglich zum Quartalsende fällig.

Die Anschaffungskosten des Leasinggebers betrugen 362.400 €, sind dem Leasingnehmer aber nicht bekannt. Der Listenpreis belief sich auf 364.500 €. Für die Überführung und die Montage musste die Abraham OHG 17.600 € bezahlen, die als sonstiger betrieblicher Aufwand gebucht wurden. Die Nutzungsdauer der Maschine beträgt sechs Jahre. Der voraussichtliche Werteverzehr entspricht den steuerlichen Berechnungsregelungen über die degressive Abschreibung.

Außerdem hatte der Leasingnehmer eine einmalige Sonderzahlung von 5.250 € mit der ersten Leasingrate zu zahlen. Die Leasingraten und den einmaligen Zuschlag buchte die Abraham OHG wie folgt:

sonstige betriebliche Aufwendungen an Bank 64.650 €

Lösungshinweis:

Alle Werte sind Nettobeträge; die USt ist nicht zu berücksichtigen.

Die Lösung finden Sie auf Seite 135.

FALL

Fall 7 Gewährung eines Zuschusses
6 Punkte * **15 Minuten**

Am 20. 6. 2016 schloss die Maschinenbau AG mit der Schneider GmbH einen Vertrag, der folgende Punkte regelt:

„Die Maschinenbau AG gewährt der Schneider GmbH einen Zuschuss für den Ausbau der Produktionshalle in Höhe von 200.000 € ggf. zuzüglich gesetzlicher Umsatzsteuer.

Die Schneider GmbH verpflichtet sich, die in den nächsten acht Jahren benötigten Maschinen ausschließlich bei der Maschinenbau AG zu kaufen.

Sollte die Schneider GmbH bei einem anderen Unternehmen Maschinen erwerben, ist der Zuschuss zu diesem Zeitpunkt anteilig zurückzuzahlen."

Am Tage des Vertragsabschlusses wurde der Zuschuss vom Bankkonto der Maschinenbau AG überwiesen. Der Werteverzehr für das erworbene Recht erfolgt linear.

Die Lösung finden Sie auf Seite 137.

FALL

Fall 8 Anschaffung einer Maschine

13 Punkte * **30 Minuten**

Die Maschinenbau AG schloss am 10. 6. 2016 einen Kaufvertrag über den Erwerb einer neuen Maschine zu folgenden Bedingungen ab:

- Kaufpreis 350.000 € zuzüglich 19 % USt.
- Lieferung in der 25. Kalenderwoche.
- Die Montage der Maschine erfolgt durch Mitarbeiter des Verkäufers.
- Bezahlung 60 Tage nach Montage ohne Abzüge oder 20 Tage nach Montage unter Abzug von 3 % Skonto.

Die Maschine wurde am 19. 6. 2016 ordnungsgemäß geliefert. Die Montage der Maschine verzögerte sich allerdings, so dass sie erst am 10. 7. 2016 abgeschlossen war. Die Bezahlung erfolgte am 25. 7. 2016 unter Abzug von Skonto.

Die betriebsgewöhnliche Nutzungsdauer der Maschine wurde zutreffend auf zehn Jahre geschätzt. Der voraussichtliche Werteverzehr entspricht den steuerlichen Berechnungsregelungen der degressiven Abschreibung.

Die Lösung finden Sie auf Seite 137.

FALL

Fall 9 Anschaffung von Büromaschinen

15 Punkte * **35 Minuten**

Am 15. 12. 2016 kaufte die Maschinenbau AG beim Bürohaus Schneider drei unterschiedliche Büromaschinen, die alle am 30. 12. 2016 geliefert wurden.

1. Eine der Maschinen hatte Anschaffungskosten von 5.800 €. Für die Anschaffung dieser Maschine erhielt die AG in 2016 einen echten Zuschuss in Höhe von 5.650 €, der erfolgsneutral behandelt werden soll. Sämtliche Voraussetzungen waren erfüllt. Die Bezahlung der Maschine erfolgte am 20. 1. 2017 ohne Abzüge.
2. Für die zweite Maschine waren vorläufige Anschaffungskosten von 415 € angefallen, die am 4. 1. 2017 unter Abzug von 2 % Skonto durch Banküberweisung bezahlt wurden.
3. Bei der letzten Büromaschine waren neben dem Kaufpreis in Höhe von 400 € zuzüglich 19 % USt Anschaffungsnebenkosten von netto 20 € entstanden. Beide Beträge bezahlte die AG bei Lieferung unter Abzug von 3 % Skonto bar.

Alle Maschinen sind selbstständig nutzbar und haben einheitlich eine betriebsgewöhnliche Nutzungsdauer von acht Jahren und einen linearen Werteverzehr. Die AG hat 2016 bereits für andere Wirtschaftsgüter die Regelungen über geringwertige Wirtschaftsgüter angewandt.

Die Lösung finden Sie auf Seite 138.

FALL

Fall 10 Finanzanlage mit Kapitalerhöhung

23 Punkte ****** **55 Minuten**

Die Abraham OHG erwarb zum 14. 3. 2016 3.000 Stammaktien der Technik AG zum Kurs von 40 € je 5 €-Aktie zur langfristigen Geldanlage. Für den Erwerb fielen insgesamt 2 % Gebühren und Courtage an, die dem Bankkonto zusammen mit dem Kaufpreis belastet wurden.

Am 20. 5. 2016 erhielt die Abraham OHG die Nettodividende für 2015 (Geschäftsjahr = Kalenderjahr) auf dem Bankkonto gutgeschrieben. Die Bardividende (also inklusive Kapitalertragsteuer) betrug 0,80 € je Aktie.

Zum 19. 9. 2016 hatte die Technik AG eine Kapitalerhöhung im Verhältnis 20:1 durchgeführt. Für die jungen Aktien (Nennwert 5 €), die für 2016 zur Hälfte dividendenberechtigt sind, musste die OHG 15 € je Aktie bezahlen. Der Kurswert der Altaktie betrug 47,60 € und der Kurswert je Bezugsrecht 1,40 €. Die OHG hatte an der Kapitalerhöhung soweit wie möglich teilgenommen, ohne weitere Bezugsrechte zu kaufen. Gebühren für die Kapitalerhöhung und den Bezugsrechtshandel fielen nicht an. Die Kurse zum 31. 12. 2016 beliefen sich für die „alten" Aktien auf 43,60 € und für die jungen Aktien auf 42,80 € je Stück.

Bisher wurde folgende Buchung durchgeführt:

Wertpapiere des Anlagevermögens	120.000 €	
sonstige betriebliche Aufwendungen	2.400 €	
an Bank		122.400 €

Lösungshinweis:

Der Solidaritätszuschlag bleibt unberücksichtigt.

Die Lösung finden Sie auf Seite 140.

FALL

Fall 11 Teilabbruch einer Produktionshalle

25 Punkte ******* **60 Minuten**

Die Maschinenbau AG erwarb am 20. 4. 2006 ein mit einer Produktionshalle bebautes Grundstück in Duisburg zum Preis von 800.000 €. Davon entfiel ein Viertel auf den Grund und Boden.

Die betriebsgewöhnliche Nutzungsdauer der 1987 fertig gestellten Halle (Bauantrag 19. 6. 1985) wurde zutreffend auf 20 Jahre bei einem linearen Werteverzehr geschätzt.

Zur Erweiterung der Produktionshalle im Jahr 2016 musste Anfang März ein Teil der Halle abgerissen werden (= 20 % des Restbuchwertes). Die Abbruchkosten betrugen 67.500 € zuzüglich 19 % USt. Die Erweiterungsmaßnahme wurde am 15. 12. 2016 fertig gestellt und kostete 392.500 € zuzüglich 74.575 € USt. Beide Positionen wurden noch in 2016 über das Bankkonto bezahlt. Durch die Erweiterung ist kein neues Wirtschaftsgut entstanden und die ursprüngliche Restnutzungsdauer hat sich nicht verändert.

Die Lösung finden Sie auf Seite 142.

FALL

Fall 12 Bilanzierung von Software
13 Punkte * **30 Minuten**

Der Bilanzbuchhalter der Abraham OHG hatte zum Bilanzstichtag 2016 folgende Probleme im Zusammenhang mit Software zu lösen:

1. Für die Automatisierung der Lagerbuchführung wurde von der EDV-Abteilung ein Computerprogramm erarbeitet. Die Herstellungskosten für diese Software beliefen sich auf 20.000 € und wurden als immaterieller Vermögensgegenstand aktiviert. Dies soll auch entgegen der grundsätzlichen Aufgabenstellung so sein. Da ein vergleichbares Programm auch für 30.940 € inklusive USt gekauft werden könnte, hatte die OHG folgende Buchung durchgeführt:

Selbstgeschaffenen Schutzrechte	26.000 €	
Vorsteuer	4.940 €	
an andere aktivierte Eigenleistungen		20.000 €
an sonstige betriebliche Erträge		10.940 €

   Die Fertigstellung erfolgte am 15. 7. 2016 und die Nutzungsdauer wurde auf vier Jahre bei linearem Werteverzehr geschätzt.

2. Außerdem erwarb die OHG ein Kommunikationsprogramm zu einem Bruttopreis von 21.420 € zum Datenaustausch zwischen den Betriebsstätten. Die Lieferung erfolgte am 20. 9. 2016. Die Installation des Programms wurde durch die eigene EDV-Abteilung vorgenommen. Die Nutzungsdauer wurde zutreffend auf fünf Jahre bei linearem Werteverzehr geschätzt.

3. Zum Anfertigen von einfachen Grafiken wurde am 30. 6. 2016 ein entsprechendes Programm zum Listenpreis von 200 € zuzüglich 19 % USt angeschafft. Die betriebsgewöhnliche Nutzungsdauer beträgt fünf Jahre bei linearem Werteverzehr. Bei der Zahlung des Programms am 10. 7. 2016 wurden 2 % Skonto abgezogen. Die OHG hat in 2016 bisher weder GWG noch Sammelposten gebucht.

Die Lösung finden Sie auf Seite 144.

FALL

Fall 13 Gewährung eines Darlehens

10 Punkte * **25 Minuten**

Zum 1. 1. 2016 gewährte die Abraham OHG einem befreundeten Unternehmen, von dem keine Anteile gehalten werden, ein Darlehen in Höhe von 300.000 € für fünf Jahre zu 5 % p. a. Der marktübliche Zinssatz für ein vergleichbares Darlehen betrug 9 %.

Abzinsung:	4 %	5 %	9 %
1 Jahr	0,961538	0,952381	0,917431
2 Jahre	0,924556	0,907029	0,841680
3 Jahre	0,888996	0,863838	0,772183
4 Jahre	0,854804	0,822702	0,708425
5 Jahre	0,821927	0,783526	0,649931

Die Zinsen sind zum Ersten eines Monats fällig und wurden bis zum Jahresende immer rechtzeitig gezahlt. Außerdem war bei der Abraham OHG am 30. 12. 2016 bereits die Zinszahlung für Januar 2017 eingegangen.

Die Lösung finden Sie auf Seite 146.

FALL

Fall 14 Kauf eines Lkw

17 Punkte ** **40 Minuten**

Die Maschinenbau AG hatte am 15. 1. 2016 einen neuen Lkw beim Autohaus Schmidt GmbH erworben und dafür einen gebrauchten Lkw in Zahlung gegeben. Der Buchwert des gebrauchten Lkw betrug zum 15. 1. 2016 21.830 €. Der gemeine Wert lag bei 33.558 € (inklusive 19 % USt). Die betriebsgewöhnliche Nutzungsdauer des neuen Lkw beträgt acht Jahre. Der Werteverzehr wird voraussichtlich arithmetisch degressiv (digital) erfolgen.

Das Autohaus stellte der AG folgende Rechnung aus:

Listenpreis	156.000 €
Schiebedach	1.500 €
Zulassung	800 €
Sonderlackierung	3.900 €
Überführung	2.500 €
Summe	164.700 €
zuzüglich 19 % USt	31.293 €
Zwischensumme	195.993 €

Zwischensumme			195.993 €
abzüglich	Inzahlungnahme	32.500 €	
	zuzüglich 19 % USt	6.175 €	– 38.675 €
zu zahlender Betrag			157.318 €

Für die Kfz-Versicherung und Kfz-Steuer wurden am 20. 1. 2016 Jahresbeträge von 2.800 € bzw. 900 € durch Banküberweisung gezahlt.

Bisher wurden folgende Buchungen durchgeführt:

andere Anlagen/BGA	164.700 €	
Vorsteuer	31.293 €	
an Verbindlichkeiten aLL		195.993 €
Verbindlichkeiten aLL	38.675 €	
an andere Anlagen/BGA		21.830 €
an Umsatzsteuer		6.175 €
an sonstige betriebliche Erträge		10.670 €
sonstige betriebliche Aufwendungen	2.800 €	
sonstige Steuer	900 €	
an Bank		3.700 €

Die Lösung finden Sie auf Seite 147.

FALL

Fall 15 Kauf einer Maschine im Ausland
17 Punkte ** **40 Minuten**

Die Maschinenbau AG schloss am 25. 9. 2016 einen Kaufvertrag über den Erwerb einer Maschine zum Kaufpreis von 200.000 £ ab. Die Lieferung der Maschine erfolgte am 5. 10. 2016. Mit der Maschine hatte die AG auch die Rechnung für diesen Vermögensgegenstand erhalten. Die Bezahlung wurde am 20. 10. 2016 unter Abzug von 2 % Skonto vorgenommen. Ferner fielen 12.357 € Transportkosten, Zoll in Höhe von 2.686 € und 15.824 € für die Errichtung eines Fundaments an, die alle bar bezahlt wurden.

Die betriebsgewöhnliche Nutzungsdauer beträgt zehn Jahre. Der voraussichtliche Werteverzehr entspricht den steuerlichen Berechnungsregelungen über die degressive Abschreibung.

Kurse in € je £	25. 9. 2016	5. 10. 2016	20. 10. 2016	31. 12. 2016
Geld	1,4970	1,4990	1,5000	1,5030
Brief	1,5110	1,5130	1,5140	1,5170
Devisenkassamittelkurs	1,5040	1,5060	1,5070	1,5100

Lösungshinweis:

Alle Werte sind Nettobeträge; die USt ist nicht zu berücksichtigen.

Die Lösung finden Sie auf Seite 148.

FALL

Fall 16 Erwerb eines Konkurrenzunternehmens

10 Punkte * **25 Minuten**

Die Abraham OHG hatte 2016 ein Konkurrenzunternehmen (Thomas Erichsen, Elektrogroßhandel) erworben, das als rechtlich selbstständiges Unternehmen fortgeführt werden soll.

Der Elektrogroßhandel Erichsen wies zum 1. 1. 2016 ein Vermögen von 19.370.000 € und Schulden in Höhe von 14.135.000 € aus. Zum Übernahmezeitpunkt (15. 5. 2016) betrugen diese Werte:

Vermögen	18.540.000 €
Schulden	13.260.000 €

Als Kaufpreis wurden 6.540.000 € vereinbart und gezahlt. Der Werteverzehr für einen eventuell erworbenen Firmenwert stimmt mit den Abschreibungsregeln des Steuerrechts überein.

Mit dem Einzelunternehmer Thomas Erichsen wurde gleichzeitig vereinbart, dass er der OHG fünf Jahre keine Konkurrenz machen darf. Dafür erhielt er am 15. 5. 2016 zusätzlich einen Betrag von 300.000 € überwiesen. Für diese Vereinbarung ist ein linearer Werteverzehr gegeben.

Lösungshinweis:

Alle Werte sind Nettobeträge; die USt ist nicht zu berücksichtigen.

Die Lösung finden Sie auf Seite 150.

FALL

Fall 17 Bilanzierung von festverzinslichen Wertpapieren

27 Punkte *** **65 Minuten**

Die Abraham OHG hatte mit Zinsvaluta 23. 3. 2016 festverzinsliche Wertpapiere mit einem Nennwert von 600.000 € zum Kurs von 97,5 % zur langfristigen Geldanlage erworben. An Gebühren und Courtage waren 1,5 % vom Nennwert angefallen.

Der Zinstermin für diese Wertpapiere ist der 1. Dezember jeden Jahres. Der Zinsschein für 2016 ist mit übereignet worden. Der Nominalzinssatz beträgt 5 % p. a. Aus Liquiditätsgründen hatte die OHG am 18. 12. 2016 (Zinsvaluta) die Hälfte der Wertpapiere zum Kurs von 97 % verkauft. An Nebenkosten waren 1,5 % vom Nennwert angefallen. Der Kurs für die restlichen Rentenpapiere betrug zum Bilanzstichtag 96 %.

Lösungshinweis:

Der Solidaritätszuschlag bleibt unberücksichtigt.

Die Lösung finden Sie auf Seite 151.

FALL

Fall 18 Nutzung einer selbst hergestellten Maschine

8 Punkte * **20 Minuten**

Die Maschinenbau AG hatte am 12. 9. 2016 aus ihrer Produktion eine Stanzmaschine entnommen, um diese in der eigenen Fertigung einzusetzen. Die Herstellungskosten dieser Maschine beliefen sich auf 5.400 €. Der Nettoeinkaufspreis für eine vergleichbare Anlage lag bei 9.600 €.

Laut eigenen Herstellerangaben ist bekannt, dass mit einer derartigen Maschine 450.000 Stanzprozesse durchgeführt werden können. Das Zählwerk der Maschine zeigte zum 31. 12. 2016 48.000 Vorgänge an. Die betriebsgewöhnliche Nutzungsdauer beträgt 8 Jahre.

Bisher wurde folgende Buchung durchgeführt:

Technische Anlagen an Umsatzerlöse	9.600 €

Die Lösung finden Sie auf Seite 153.

FALL

Fall 19 Bebauung eines unbebauten Grundstücks

17 Punkte * **40 Minuten**

Die Abraham OHG hatte zur Erweiterung ihres Betriebs in München am 28. 2. 2016 ein unbebautes Nachbargrundstück zum Preis von 250 € je Quadratmeter erworben und bezahlt. Die in diesem Zusammenhang angefallenen Aufwendungen buchte die OHG folgendermaßen:

Notargebühren:

Beurkundung des Kaufvertrags		netto 2.100 €
Beglaubigung der Grundschuldbestellung		netto 700 €
sonstige betriebliche Aufwendungen	2.800 €	
Vorsteuer	532 €	
an Verbindlichkeiten aLL		3.332 €

Grundbuchamt:

Eintragung Eigentümer		900 €
Eintragung Grundschuld		700 €
sonstige betriebliche Aufwendungen	1.600 €	
an Verbindlichkeiten aLL		1.600 €

Das 2.430 qm große Grundstück war vom bisherigen Eigentümer, Herrn Carsten Kremke, bis zum 31. 12. 2016 als Lagerfläche an die Technik GmbH verpachtet. Um mit den Bauarbeiten für die zweite Verkaufshalle auf dem neuen Grundstück sofort beginnen zu können, wurde der Technik GmbH eine Entschädigung von netto 25.000 € gezahlt und als sonstiger betrieblicher Aufwand gebucht. Außerdem wurde die Grunderwerbsteuer in Höhe von 21.262 € bezahlt.

Bisher wurden folgende Beträge als Herstellungskosten für das neue Gebäude aktiviert:

Bauplanung	netto 28.600 €
Baugenehmigung (Bauantrag vom 1. 4. 2015)	2.400 €
Freimachen des Geländes von Bäumen	netto 800 €
Erschließungsbeiträge (erstmalig)	17.000 €
Handwerkerrechnungen für den Rohbau	netto 356.000 €
Anschlusskosten an die Versorgungsnetze	netto 6.800 €
Summe	411.600 €

Bisher wurden folgende Buchungen durchgeführt (kumulierte Werte):

Gebäude	411.600 €	
Vorsteuer	78.204 €	
an Verbindlichkeiten aLL		489.804 €
Verbindlichkeiten aLL an Bank		489.804 €

Die Fertigstellung des Gebäudes erfolgte im März 2017. Die Nutzungsdauer beträgt dann $33^1/_3$ Jahre. Die bisherigen Herstellungskosten wurden zum Bilanzstichtag 2016 mit 3 % = 12.348 € abgeschrieben.

Abschreibungen an Grundstücke … (Gebäude)	12.348 €

Die Lösung finden Sie auf Seite 154.

FALL

Fall 20 Bilanzierung von Aktien
6 Punkte * **15 Minuten**

Die Maschinenbau AG hatte am 15. 1. 2015 200 Aktien der Elektronik AG (Anschaffungskosten je Stück 1.224 € inklusive 2% Gebühren und Courtage) zur langfristigen Geldanlage erworben. Eine Beteiligungsabsicht war nicht vorhanden. Der Kurs einer Aktie war zum 31. 12. 2015 auf einen Wert von 1.150 € gesunken. Daraufhin hatte die Maschinenbau AG eine außerplanmäßige Abschreibung in Höhe von 10.200 € vorgenommen. Der Kurswert zum Bilanzstichtag 31. 12. 2016 betrug 1.268 € je Aktie.

Die Lösung finden Sie auf Seite 155.

FALL

Fall 21 Kauf gegen Leibrente
15 Punkte *** **35 Minuten**

Die Maschinenbau AG hat am 20. 1. 2016 ein unbebautes Grundstück zur Erweiterung der Lagerfläche erworben. Als Kaufpreis wird eine Leibrente zugunsten der 62-jährigen Verkäuferin Ulla Müller in Höhe von 60.000 € jährlich vereinbart, die jährlich im Voraus zu zahlen ist. Die Zahlungsdauer der Rente ist also an das Leben der Verkäuferin geknüpft. Die Lebenserwartung für eine 62-jährige Frau nach den Sterbetafeln des Statistischen Bundesamtes soll 85 Jahre betragen. Eine Ablösesumme für die Rente wurde nicht vereinbart. Für die Aufnahme eines langfristigen Darlehens müsste die AG im Januar 2016 6 % Zinsen zahlen. Der von der Deutschen Bundesbank bekanntgegebene Zinssatz ist in der Tabelle angegeben (unterstellte Werte).

Zusätzlich zum zu ermittelnden Kaufpreis sind 10 % Anschaffungsnebenkosten im Januar 2016 per Banküberweisung gezahlt worden.

Die erste Rentenzahlung erfolgte im Januar 2016 per Banküberweisung.

Lösungshinweis:

Rentenbarwertfaktoren:

Laufzeit	Zinssatz (unterstellte Werte)	Rentenbarwertfaktor
14 Jahre	Deutschen Bundesbank 5,11 %	9,829390
14 Jahre	Marktzins 6,00 %	9,294984
15 Jahre	Deutschen Bundesbank 5,24 %	10,213306
15 Jahre	Marktzins 6,00 %	9,712249
22 Jahre	Deutschen Bundesbank 5,25 %	12,868104
22 Jahre	Marktzins 6,00 %	12,041582
23 Jahre	Deutschen Bundesbank 5,38 %	13,018334
23 Jahre	Marktzins 6,00 %	12,303379

Die Lösung finden Sie auf Seite 156.

FALL

Fall 22 Sammelposten

6 Punkte * **15 Minuten**

Die Maschinenbau AG hat im Jahr 2016 drei Büroschränke (am 15. 1. 2016, 25. 6. 2016 und 19. 12. 2016) zu jeweils 1.090 € inklusive Umsatzsteuer bar gekauft. Die betriebsgewöhnliche Nutzungsdauer beträgt jeweils acht Jahre (linearer Werteverzehr). Die AG hat 2016 auch schon andere Wirtschaftsgüter in einem Sammelposten erfasst.

Gebucht wurde jedes Mal:

andere Anlagen/BGA	916 €	
Vorsteuer	174 €	
an Kasse		1.090 €

Die Lösung finden Sie auf Seite 157.

FALL

Fall 23 Dauernde Wertminderung

15 Punkte *** **35 Minuten**

Im Anlagevermögen der Maschinenbau AG befinden sich zwei Maschinen mit folgenden Daten:

Maschine	Anschaffungsdatum	Anschaffungskosten
A	1. 7. 2013	120.000 €
B	1. 7. 2015	160.000 €

Beide Maschinen haben einen linearen Werteverzehr und werden deshalb linear abgeschrieben (auch steuerrechtlich). Die betriebsgewöhnliche Nutzungsdauer beträgt acht Jahre. Aufgrund von Konstruktionsfehlern beträgt der beizulegende Wert der Maschine A zum 31. 12. 2016 nur noch 40.000 € und der von Maschine B 45.000 €.

Lösungshinweis:

Buchungen sind nicht vorzunehmen.

Die Lösung finden Sie auf Seite 158.

III. Umlaufvermögen

FALL

Fall 24 Bilanzierung von fertigen Erzeugnissen

15 Punkte * **35 Minuten**

Die Maschinenbau AG hatte zum Bilanzstichtag noch 100 Kleinmaschinen auf Lager, für die durch technische Weiterentwicklungen der Bruttoverkaufspreis im letzten Jahr nachhaltig von 565,25 € auf 476,00 € gefallen war.

Für diese Maschinen waren Materialkosten von 162 € je Stück angefallen. Für die Entwicklung wurden anteilig 24 € veranschlagt. Der Gemeinkostenzuschlag für die Fertigungskosten von 30 € je Stück betrug nach kostenrechnerischen Gesichtspunkten 250 % und unter Berücksichtigung bilanzieller Werte 220 %.

Die AG gewährt Einzelhändlern bei diesem Produkt einen Wiederverkäuferrabatt von 20 %. Bis zum Verkauf der Maschinen im März 2017 waren noch Aufwendungen für die Verwaltung und den Vertrieb in Höhe von 22 € je Maschine angefallen.

Das Unternehmen erzielte einen durchschnittlichen Unternehmergewinn von 20 % der Nettoverkaufspreise.

Lösungshinweis:

Eine mögliche höhere steuerliche Abschreibung soll dargestellt werden.

Buchungen sind nicht vorzunehmen.

Die Lösung finden Sie auf Seite 160.

FALL

Fall 25 Bilanzierung von liquiden Mitteln

10 Punkte * **25 Minuten**

Die Maschinenbau AG hatte zum Bilanzstichtag 2016 festgestellt, dass der Kassenbestand laut Inventur (4.826 €) nicht mit dem Kontostand von 4.975 € übereinstimmt. Eine Überprüfung ergab, dass ein Beleg über den Barkauf von Briefmarken in Höhe von 50 € nicht gebucht wurde.

In dem oben genannten Inventurbestand waren 10.000 DKK enthalten, die die AG am 20.12.2016 zum Kurs von 7,50 € je 100 DKK angenommen hatte. Der Kurs zum 31.12.2016 betrug bei der Hausbank für den Sortenankauf 7,40 € und für den Verkauf 7,56 € je 100 DKK, der Devisenkassamittelkurs beträgt 7,48 €; bis zum Tag der Bilanzaufstellung ist der Kurs zwischenzeitlich auf den alten Wert gestiegen.

An Bankguthaben wies die AG insgesamt 836.529 € aus. In dieser Summe war ein Guthaben im Gegenwert von 29.508 € bei einer südostasiatischen Bank enthalten, über welches aufgrund einer Währungskrise voraussichtlich zwei Jahre nicht verfügt werden darf. Eine spätere Rückzahlung des Guthabens ist aber unstrittig.

Die Lösung finden Sie auf Seite 161.

FALL

Fall 26 Anwendung eines Layers
13 Punkte ** **30 Minuten**

Die Abraham OHG bewertet seit Jahren zwei Warengruppen nach dem Perioden-Lifo-Verfahren unter Berücksichtigung von Layern.

1. Zum 31. 12. 2016 soll der Bilanzansatz für die Warengruppe Farbfernseher gebildet werden. Der Endbestand 2015 setzte sich folgendermaßen zusammen:

Layer 1	20 Stück	1.300 € je Stück
Layer 2	15 Stück	1.310 € je Stück
Layer 3	20 Stück	1.325 € je Stück

   Der Endbestand 2016 beträgt 60 Stück. Im Jahr 2016 sind folgende Zugänge verzeichnet:

10. 2. 2016	50 Stück	1.265 € je Stück
15. 3. 2016	40 Stück	1.265 € je Stück
8. 5. 2016	45 Stück	1.260 € je Stück
20. 7. 2016	55 Stück	1.260 € je Stück
3. 9. 2016	60 Stück	1.255 € je Stück
28. 11. 2016	80 Stück	1.250 € je Stück

   Der Marktpreis zum 31. 12. 2016 ist nachhaltig auf 1.250 € gesunken.

2. Ebenfalls zum 31. 12. 2016 soll der Bilanzansatz für die Warengruppe Waschmaschinen gebildet werden. Der Endbestand 2015 in Höhe von 27 Stück setzte sich folgendermaßen zusammen:

Layer 1 vom 31. 12. 2012	10 Stück	438 € je Stück
Layer 2 vom 31. 12. 2013	8 Stück	441 € je Stück
Layer 3 vom 31. 12. 2014	5 Stück	436 € je Stück
Layer 4 vom 31. 12. 2015	4 Stück	440 € je Stück

   Der Endbestand zum 31. 12. 2016 betrug laut Inventur 14 Stück. Zu diesem Zeitpunkt lag der Marktpreis vorübergehend bei 440 €.

Die Lösung finden Sie auf Seite 162.

FALL

Fall 27 Bilanzierung von Valutaforderungen

13 Punkte * **30 Minuten**

Die Maschinenbau AG hatte am 20.12.2016 (Gefahrenübergang) eine Großmaschine an die Industrie AG in Basel geliefert. Zusammen mit der Maschine wurde auch die Rechnung über 500.000 sfr versandt. Der Geldkurs betrug am 20.12.2016 in Deutschland 61,850 €, der Briefkurs 61,950 € und der Devisenkassamittelkurs 61,900 € je 100 sfr. Die Kurse hatten sich zum Bilanzstichtag 2016 wie folgt entwickelt:

Variante 1:	Geld	62,360 €	Brief	62,460 €	Devisenkassamittelkurs	62,410 €
Variante 2:	Geld	61,290 €	Brief	61,390 €	Devisenkassamittelkurs	61,340 €

Bis zum Tag der Bilanzaufstellung ist der Kurs zwischenzeitlich auf den alten Wert zurückgegangen. Zum Zeitpunkt der Zahlung waren die Kurse unverändert.

Die Maschinenbau AG hatte der Industrie AG vertraglich einen Skontoabzug von 2 % bei Zahlung innerhalb von 30 Tagen zugesagt. Der Eingang des Rechnungsbetrags erfolgte am 18.1.2017 unter Abzug von Skonto.

Eine pauschale Wertberichtigung soll nicht erfolgen.

Lösungshinweis:

Buchungen sind nicht vorzunehmen.

Die Lösung finden Sie auf Seite 163.

FALL

Fall 28 Bilanzierung eines Einbruchschadens

27 Punkte *** **65 Minuten**

In das Lager der Abraham OHG wurde am 5.12.2016 eingebrochen. Neben der Computeranlage für die Lagerbuchhaltung wurde Ware im Buchwert von 500.000 € gestohlen.

Die Versicherung überwies auf das Bankkonto der Abraham OHG am 22.12.2016 540.000 € als Ersatz für die Waren und 81.000 € für den entgangenen Gewinn. Eine Ersatzbeschaffung konnte wegen Lieferschwierigkeiten des Herstellers bis zum 31.12.2016 nicht mehr erfolgen, allerdings wurden entsprechende Bestellungen bereits eine Woche nach dem Einbruch durchgeführt.

Die Computeranlage hatte zum Zeitpunkt des Diebstahls einen Buchwert von 5.000 €. Für diesen Schaden waren ebenfalls am 22. Dezember 6.000 € auf dem Bankkonto eingegangen. Eine Ersatzanlage wurde am 28.12.2016 zu Anschaffungskosten von 4.800 € angeschafft und installiert. Die betriebsgewöhnliche Nutzungsdauer der Computeranlage beträgt 5 Jahre, bei einem gleichmäßigen Werteverzehr.

Außerdem erhielt die OHG im Dezember 2016 eine Gutschrift auf dem Bankkonto in Höhe von 2.500 € von der Versicherung für die angefallenen Aufräumarbeiten.

Lösungshinweis:

Entgegen der allgemeinen Aufgabenstellung soll hier eine steuerrechtliche Sonderregelung angewandt und dargestellt werden.

Die Lösung finden Sie auf Seite 164.

FALL

Fall 29 Aktien im Umlaufvermögen

21 Punkte *** **50 Minuten**

Die Abraham OHG hatte zur vorübergehenden Geldanlage mehrere Aktien der Automobil AG gekauft. Am 18. 10. 2016 wurden 2.000 Stück zum Kurs von 560 € je Aktie erworben. Weitere 3.000 Aktien wurden am 6. 11. 2016 zu Anschaffungskosten von insgesamt 1.766.100 € gekauft. Ein dritter Erwerb (1.000 Stück) fand am 16. 12. 2016 zum Kurs von 570 € je Aktie statt. Bei allen Käufen sind Anschaffungsnebenkosten in Höhe von 1,5 % des Kurswertes angefallen.

Zwischendurch ging am 28. 10. 2016 auf dem Konto der Abraham OHG die Nettodividende der AG für das Jahr 2015 (Geschäftsjahr = Kalenderjahr) in Höhe von 12,00 € je Aktie ein. Außerdem hat die Automobil AG am 30. 11. 2016 eine gebührenfreie Kapitalerhöhung aus Gesellschaftsmitteln im Verhältnis 10:1 durchgeführt, an der die OHG in vollem Umfang teilnahm.

Der Kurs der Aktien betrug am 31. 12. 2016 565 € je Stück. Ein Verkauf war bis zum Zeitpunkt der Bilanzaufstellung nicht geplant.

Lösungshinweis:

Der Solidaritätszuschlag bleibt unberücksichtigt.

Die Lösung finden Sie auf Seite 167.

FALL

Fall 30 Bilanzierung eines unfertigen Erzeugnisses

29 Punkte *** **70 Minuten**

Im Lager der Maschinenbau AG befand sich am Bilanzstichtag eine unfertige Maschine, deren Herstellungskosten zum 31. 12. 2016 zu ermitteln sind. Für diese war bisher Material zum Listeneinkaufspreis von 21.900 € zuzüglich 19 % Umsatzsteuer gekauft und verarbeitet worden. Das Material wurde im Jahr 2016 unter Abzug von 2 % Skonto bezahlt.

Für die Herstellung waren bis zum Bilanzstichtag Fertigungslöhne in Höhe von 17.189 € angefallen. Außerdem wurden Zuschläge von 1.477 € zu den Fertigungslöhnen gezahlt.

Für die Entwürfe der Maschine waren netto 4.800 € zu entrichten.

Die Fertigung hatte am 21. 9. 2016 begonnen; die Auslieferung erfolgte am 13. 2. 2017. Der Nettoverkaufspreis betrug 178.000 € und wurde noch im Februar gezahlt.

Für die Maschinenbau AG lag zum 31. 12. 2016 folgender Betriebsabrechnungsbogen für das gesamte Jahr vor, der nur angemessene Anteile der Gemeinkosten beinhaltet:

Kostenart	Betrag in €	Material	Fertigung	Verwaltung	Vertrieb
		Verhältnis der Kosten			
Gehälter Lager ges. soziale Abgaben freiw. soz. Abgaben	189.000 47.250 18.900	2	1	0	0
Gehälter Prüfer ges. soziale Abgaben freiw. soz. Abgaben	149.200 37.300 14.920	0	1	0	0
Gehälter Verwaltung ges. soziale Abgaben freiw. soz. Abgaben	430.080 107.520 43.008	1	2	22	7
Raumkosten	785.230	2	8	5	2
Energie	513.600	2	9	4	1
Sachversicherungen	205.200	2	11	4	2
Kalk. Abschreib.	584.280	1	5	2	1
Körperschaftsteuer	168.800	1	6	2	1
Kalk. Zinsen	180.180	2	12	5	2
sonst. Aufwendungen	589.680	3	9	5	4

Für das Jahr 2016 waren im Gesamtunternehmen folgende Beträge an Einzelkosten angefallen:

Fertigungsmaterial	615.410 €
Fertigungslöhne	685.340 €
Sondereinzelkosten der Fertigung	45.860 €

Die bilanziellen Abschreibungen für 2016 verteilten sich folgendermaßen auf die vier Kostenstellen der Unternehmung:

Kostenstelle	tatsächliche Abschreibung (ohne außerplanmäßige Abschreibungen)	lineare Abschreibung
Material	98.540 €	61.320 €
Fertigung	420.690 €	308.910 €
Verwaltung	186.360 €	109.520 €
Vertr eb	134.820 €	59.870 €

Lösungshinweis:

Die Zuschlagssätze sind auf zwei Nachkommastellen zu berechnen und kaufmännisch zu runden.

Die Lösung finden Sie auf Seite 169.

FALL

Fall 31 Bilanzierung von Forderungen 1

23 Punkte *** **55 Minuten**

Die Abraham OHG wies zum 31.12.2016 einen Forderungsbestand laut Debitorenliste in Höhe von 1.033.427,80 € auf. In diesem Wert war eine ausländische Forderung ohne Umsatzsteuer von 20.000 € enthalten.

1. Der Bestand umfasste auch eine Forderung aus Warenverkäufen in Höhe von 14.637 € an die Meier KG. Wegen Zahlungsschwierigkeiten des Schuldners wurde am 15.12.2016 ein außergerichtlicher Vergleich mit der Bedingung geschlossen, dass die Abraham OHG auf 40 % ihrer Forderung endgültig verzichtet. Der Restbetrag der Forderung war im Februar 2016 auf dem Bankkonto der OHG eingegangen.
2. Eine andere Forderung aus dem Verkauf eines Fernsehgerätes in Höhe von 2.380 € gegen Fritz Müller kann nicht mehr eingezogen werden, da im Februar 2017 festgestellt wurde, dass sich dieser im Januar 2017 mit unbekanntem Ziel ins Ausland abgesetzt hatte.
3. Die Forderung gegen die Thiesen GmbH (Stand zum 31.12.2016 9.044 €) wird laut Schätzung der Abteilung Mahnwesen vermutlich zu 75 % ausfallen, da die GmbH zum Bilanzstichtag in erheblichen Zahlungsschwierigkeiten steckte und im Februar 2017 ein Insolvenzantrag gestellt wurde.
4. Auf den Forderungsbestand soll ein pauschales Ausfallrisiko von 3 % berücksichtigt werden. Für das Skontorisiko ist ein Abschlag von 1 % anzusetzen. Außerdem wird für das Zinsrisiko ein Zinssatz von 9 % p. a. unterstellt. Die Kunden der Abraham OHG zahlen durchschnittlich 12 Tage nach dem vereinbarten Zahlungsziel von 30 Tagen. Das Inkassorisiko wird pauschal mit 500 € berücksichtigt. Eine Erstattung durch die Kunden wird aus betrieblichen Gründen nicht erwartet. Diese Werte sind unstrittig.

Am Tag der Bilanzaufstellung war nur noch eine Forderung über brutto 28.560 €, für die kein Skontoanspruch mehr besteht, unbezahlt. An Skontoabzügen wurden bis zum Tag der Bilanzaufstellung 7.825 € in Anspruch genommen. Der Bestand an Pauschalwertberichtigungen betrug zum 31. 12. 2015 37.126 €.

Die Lösung finden Sie auf Seite 171.

FALL

Fall 32 Bilanzierung von Rohstoffen

19 Punkte ** **45 Minuten**

Für den Jahresabschluss sollen die Rohstoffbestände der Maschinenbau AG bewertet werden.

1. Die Inventur der Elektromotoren RX7, die fertigmontiert von der Motoren GmbH aus Bremen geliefert werden, ergab einen Schlussbestand zum 31. 12. 2016 von 800 Stück. Aufgrund der Lagerhaltung konnte nicht mehr festgestellt werden, welche Motoren aus welcher Lieferung stammen. Zusätzlich zum Anfangsbestand 2016 von 550 Stück zum Einzelpreis von 362 € sind nachstehende Lieferungen erfolgt:

5. 2. 2016	500 Stück	365 € je Motor
6. 4. 2016	300 Stück	363 € je Motor
30. 5. 2016	600 Stück	362 € je Motor
18. 7. 2016	450 Stück	368 € je Motor
21. 10. 2016	550 Stück	364 € je Motor
3. 12. 2016	500 Stück	363 € je Motor

Der Marktpreis zum 31. 12. 2016 betrug 363 € und ist im Januar wieder auf über 365 € gestiegen. Die Motoren wurden in den vergangenen Jahren mit dem gewogenen Durchschnitt bewertet.

2. Außerdem soll für die zugekauften Bauteile Z500 eine Bewertung nach dem gleitenden Durchschnitt erfolgen. Der Bestand (80 Stück) war zum 31. 12. 2015 mit 45.440 € bewertet worden. Für 2016 waren folgende Lagerbewegungen zu verzeichnen:

Zugänge:		
22. 2. 2016	120 Bauteile	570 € je Stück
17. 7. 2016	90 Bauteile	566 € je Stück
5. 10. 2016	100 Bauteile	569 € je Stück
Abgänge:		
23. 1. 2016	60 Bauteile	
14. 4. 2016	130 Bauteile	
19. 9. 2016	50 Bauteile	
3. 11. 2016	90 Bauteile	

Der Marktpreis zum 31. 12. 2016 betrug 571 €.

Lösungshinweis:

Die Zwischenwerte sind kaufmännisch zu runden; beim Durchschnittspreis auf zwei Nachkommastellen und bei den Beständen auf volle €.

Die Lösung finden Sie auf Seite 173.

FALL

Fall 33 Festverzinsliche Wertpapiere im Umlaufvermögen

21 Punkte ** **50 Minuten**

Die Maschinenbau AG bilanzierte zum 31. 12. 2015 Industrieobligationen der Stahl AG mit einem Nennwert von 300.000 €. Diese Wertpapiere wurden mit ihrem Kurswert von 96 % zuzüglich 1 % Spesen vom Nennwert bewertet.

Zum 1. 8. 2016 zahlte die Stahl AG die 6 % Nominalverzinsung an ihre Gläubiger aus.

Zum 16. 8. 2016 (Zinsvaluta) verkaufte die Maschinenbau AG Obligationen im Nennwert von 200.000 € zum Kurs von 97 %. Der Restbestand wurde planmäßig im Januar 2017 zum Kurs von 96,5 % verkauft. Bei beiden Verkäufen fielen 1 % Spesen vom Nennwert an.

Der Kurs zum 31. 12. 2016 betrug 96,5 %.

Die Lösung finden Sie auf Seite 175.

FALL

Fall 34 Bilanzierung von Handelswaren 1

8 Punkte ** **20 Minuten**

Für die Kühlschränke Cool2010 hatte die Abraham OHG eine Inventur am 15. 10. 2016 durchgeführt. Der Bestand wurde dann wertmäßig auf den Bilanzstichtag fortgeschrieben.

Die Inventur im Oktober ergab einen Lagerbestand von 8 Stück zu Anschaffungskosten von jeweils 420 €. Der Marktpreis ist am 15. 10. 2016 nachhaltig auf 405 € gefallen.

Vom Inventurstichtag bis zum 31. 12. 2016 wurden Kühlschränke im Wert von 4.950 € angeschafft. Die Bezahlung erfolgte noch im Jahr 2016 unter Abzug von 2 % Skonto.

Im gleichen Zeitraum wurden Kühlschränke zu einem Bruttoverkaufspreis von 4.795,70 € abgesetzt. Für diese Ware ergab sich bei der OHG ein Rohgewinnaufschlagssatz in Höhe von 30 %.

Der Marktpreis am 31. 12. 2016 betrug 402 €.

Lösungshinweis:

Buchungen sind nicht vorzunehmen.

Die Lösung finden Sie auf Seite 177.

FALL

Fall 35 Bilanzierung von Besitzwechseln
8 Punkte * **20 Minuten**

Die Maschinenbau AG will zum Bilanzstichtag zwei Wechsel bewerten. Beide Wechsel könnten bei der Hausbank zu einem Zinssatz von 6 % p. a. diskontiert werden.

1. Die Maschinenbau AG hatte im Dezember 2016 einen Wechsel über 90.000 € zur Begleichung einer Forderung aus einer Lieferung erhalten. Der Wechsel hatte am Bilanzstichtag eine Restlaufzeit von 49 Tagen.
2. Die Maschinenbau AG hatte im Dezember 2016 dem Kunden Herbert Maier GmbH einen Kredit über 180.000 € gewährt. Zur Sicherung des Kredits wurde ein Wechsel ausgestellt und vom Kreditnehmer akzeptiert. Der Wechsel hatte am Bilanzstichtag eine Restlaufzeit von 86 Tagen.

Beide Wechsel wurden bei Fälligkeit bezahlt.

Lösungshinweis:

Buchungen sind nicht vorzunehmen.

Die Lösung finden Sie auf Seite 178.

FALL

Fall 36 Bilanzierung von Handelswaren 2
19 Punkte * **45 Minuten**

Bei der Abraham OHG sind zum Bilanzstichtag folgende Warengruppen zu bewerten. Bei jeder Gruppe ist eine exakte Ermittlung der Anschaffungskosten je Stück nicht mehr möglich.

1. Die Warengruppe Toaster mit einem Anfangsbestand von 20 Stück und einem Stückpreis von 39,50 € hatte 2016 folgende Zugänge zu verzeichnen:

8. 3. 2016	60 Stück	41 € je Stück
25. 6. 2016	50 Stück	40,50 € je Stück
10. 10. 2016	45 Stück	42 € je Stück
7. 12. 2016	30 Stück	41 € je Stück

   Die Inventur ergab einen Endbestand von 18 Stück. Die Bewertung soll nach dem Durchschnittsverfahren erfolgen. Der Marktpreis zum 31. 12. 2016 belief sich auf 40,50 € und ist im Januar wieder auf über 42 € gestiegen.

2. Die neue Warengruppe Farblaserdrucker soll nach einem Verbrauchsfolgeverfahren bewertet werden. Folgende Zugänge wurden 2016 erfasst:

15.4.2016	4 Drucker	8.450 € je Stück
21.7.2016	6 Drucker	8.470 € je Stück
15.9.2016	8 Drucker	8.465 € je Stück
18.11.2016	7 Drucker	8.460 € je Stück
20.12.2016	12 Drucker	8.455 € je Stück

Die Inventur zum Bilanzstichtag ergab einen Bestand von 7 Stück. Der Marktpreis zu diesem Zeitpunkt lag bei 8.460 €.

3. Die Anschaffungskosten der Mobiltelefone CX97 betrugen 80 € je Stück. Wegen technischer Weiterentwicklungen war der Nettoverkaufspreis nachhaltig von geplanten 200 € je Gerät (Rohgewinnaufschlagsatz = 150 %) auf 160 € gesunken. Der Marktpreis zum Bilanzstichtag war dauerhaft auf 78 € gefallen.

   Die Inventur zum 31.12.2016 ergab einen Endbestand von 46 Stück. Der durchschnittliche Unternehmergewinn beträgt 15 % der Anschaffungskosten. Die nach dem Bilanzstichtag noch anfallenden Kosten werden auf 70 % (ohne Gewinnanteil) des ursprünglichen Rohgewinnaufschlagsatzes geschätzt.

Lösungshinweis:

Eine mögliche höhere steuerliche Abschreibung soll dargestellt werden.

Buchungen sind nicht vorzunehmen.

Die Lösung finden Sie auf Seite 178.

FALL

Fall 37 Bilanzierung von Forderungen 2

19 Punkte ****** **45 Minuten**

Die Maschinenbau AG wies zum 31.12.2016 einen Forderungsbestand laut Debitorenliste in Höhe von 1.706.579 € auf.

1. Eine Forderung aus einer Lieferung in Höhe von 35.700 € war bereits im Dezember 2016 wegen Ablehnung des Insolvenzverfahrens mangels Masse ausgebucht worden.

   Der Buchungssatz lautete:

Abschreibungen auf Finanzanlagen	35.700 €	
an Forderungen aLL		35.700 €

2. Die Forderung gegen die Stahlbau GmbH in Höhe von 71.400 € wurde am 15.11.2016 für drei Monate gestundet, da die GmbH sich in erheblichen Zahlungsschwierigkeiten befand.

   Für die Forderung besteht eine 100 %ige Bankbürgschaft. Die marktüblichen Stundungszinsen in Höhe von 714 € wurden am 30.11.2016 gezahlt.

Der Buchungssatz lautete:

Bank an sonstige Zinsen und ähnliche Erträge 714 €

3. Die Forderung gegen Frau Hildegard Schmidt aus Hamburg in Höhe von 41.610,28 DM aus dem Jahr 1997 war bereits 2004 zulässigerweise auf Null abgeschrieben worden, weil Frau Schmidt eine eidesstattliche Versicherung abgegeben hatte.

   Im Dezember 2016 erhielt die Maschinenbau AG von Frau Schmidt folgenden Brief:

   „Sehr geehrte Damen und Herren,

   aufgrund einer überraschenden Erbschaft von meiner Tante sehe ich mich jetzt in der Lage, meine Schulden aus dem Jahr 1997 bei Ihnen zu bezahlen.

   Ich werde Ihnen den ausstehenden Betrag von 21.275 € auf Ihr Bankkonto überweisen.

   Mit freundlichen Grüßen

   H. Schmidt“

   Der oben genannte Betrag ging im Januar 2017 auf dem Bankkonto der AG ein.

4. Auf den Forderungsbestand soll ein pauschales Ausfallrisiko von 2 % berücksichtigt werden. Ein Skontorisiko besteht nicht, da die Maschinenbau AG in ihren AGB einen Skontoabzug nicht zulässt. Das Zinsrisiko ist mit 800 € berechnet worden, da Kunden durchschnittlich 5 Tage nach dem Zahlungsziel zahlen. Das Inkassorisiko wird mit 0,4 % angesetzt. Eine Erstattung durch die Kunden wird aus betrieblichen Gründen nicht erwartet. Diese Werte sind unstrittig.

   Der Bestand an Pauschalwertberichtigungen betrug zum 31. 12. 2015 28.486 €.

Bis zur Bilanzaufstellung sind noch offene Forderungen in Höhe von brutto 264.180 € vorhanden.

Die Lösung finden Sie auf Seite 180.

FALL

Fall 38 Forderung Körperschaftsteuer-Guthaben

17 Punkte ** **40 Minuten**

Bei der Maschinenbau AG ist zum 31. 12. 2006 ein Auszahlungsanspruch eines Körperschaftsteuer-Guthabens in Höhe von 120.000 € festgestellt worden. Diese Forderung ist zum 31. 12. 2015 mit einem Barwert von 22.856 € bilanziert worden.

Die Abzinsung erfolgte mit 4 %. Dieser Satz soll auch für 2016 noch anwendbar sein.

Abzinsungstabelle für 4 %

Jahre	Abzinsungsfaktor
0,75	0,97101289
1,75	0,93366624
2,75	0,897756
3,75	0,86322692
4,75	0,83002589
5,75	0,79810182
6,75	0,76740559
7,75	0,73788999
8,75	0,70950961
9,75	0,68222078
10,75	0,65598152
11,75	0,63075146
12,75	0,60649179
13,75	0,58316518

Die Lösung finden Sie auf Seite 182.

IV. Eigenkapital

FALL

Fall 39 Kapitalerhöhung und Gewinnverwendung
23 Punkte ** **55 Minuten**

Die Maschinenbau AG hatte zum 19. 9. 2016 eine Kapitalerhöhung im Verhältnis 20:1 durchgeführt (die Erhöhung war zum 31. 12. 2016 bereits im Handelsregister eingetragen).

Für die jungen Aktien (Nennwert 5 €), mussten die Aktionäre 7,50 € je Aktie bezahlen.

Das Eigenkapital war zum 31. 12. 2015 (nach teilweiser Gewinnverwendung) wie folgt gegliedert:

I.	Gezeichnetes Kapital	
	(Nennwert 5 € je Aktie)	100.000.000 €
II.	Kapitalrücklage	5.985.320 €

III.	Gewinnrücklagen	
	1. gesetzliche Rücklage	1.968.450 €
	2. andere Gewinnrücklagen	58.398.740 €
IV.	Bilanzgewinn	18.650.000 €
	davon Gewinnvortrag	825.000 €

Die Hauptversammlung in Düsseldorf hatte am 16. 5. 2016 beschlossen, den Bilanzgewinn 2015 in Höhe von 0,77 € je Aktie (Bardividende, also inklusive Kapitalertragsteuer) auszuschütten und den Restbetrag in die anderen Gewinnrücklagen einzustellen. Dieser Beschluss entsprach dem Gewinnverwendungsvorschlag für die Hauptversammlung 2016, den der Vorstand und der Aufsichtsrat vorgelegt hatten. Die Dividenden waren zum 31. 12. 2016 zu 100 % ausbezahlt.

Der Jahresüberschuss 2016 beträgt vor Körperschaftsteuer 44.030.000 €. Hiervon sollen vorab 3.500.000 € in die anderen Gewinnrücklagen eingestellt werden. Außerdem empfiehlt der Vorstand der Hauptversammlung wie im Vorjahr, die Ausschüttung einer Bardividende von 0,77 € je Aktie zu beschließen. Der Restbetrag soll in die anderen Gewinnrücklagen eingestellt werden.

Lösungshinweis:

Der Solidaritätszuschlag bleibt unberücksichtigt. Buchungen sind nicht vorzunehmen.

Die Lösung finden Sie auf Seite 183.

FALL

Fall 40 Bilanzierung von eigenen Anteilen

17 Punkte ****** **40 Minuten**

Die Maschinenbau AG mit einem gezeichneten Kapital von 2.000.000 € hatte am 22. 9. 2016 zulässigerweise von einem anderen Unternehmen 10.000 eigene Anteile (Nennwert 5 € je Aktie) zum Preis von 265 € je Aktie erworben. Zu diesem Zeitpunkt betrugen die anderen Gewinnrücklagen 8.000.000 €. Anschaffungsnebenkosten sind i. H. v. 2.000 € angefallen. Die AG buchte den Erwerb folgendermaßen:

sonstige Wertpapiere an Bank 2.652.000 €

Diese eigenen Anteile sollten innerhalb eines halben Jahres wieder über die Börse verkauft werden. Am 18. 10. 2016 wurden 1.000 Aktien zum Kurs von 272 € je Stück verkauft. Außerdem veräußerte die AG 2.000 Anteile am 21. 12. 2016 zum Einzelpreis von 263 €. Der Restbestand ist im Monat Februar 2016 zum Kurs von 262 € je Aktie abgegeben worden. Für Verkäufe fielen stets Gebühren in Höhe von 2 % des Kurswerts an. Der Börsenkurs zum 31. 12. 2016 betrug 260 € je Aktie.

Lösungshinweis:

Die gesetzliche Rücklage ist zu vernachlässigen.

Die Lösung finden Sie auf Seite 185.

FALL

Fall 41 Ausstehende Einlagen
17 Punkte ** **40 Minuten**

Das gezeichnete Kapital der Maschinenbau AG betrug zum 31. 12. 2015 15.000.000 €. Davon hatten die Aktionäre bisher in folgender Höhe Einzahlungen auf ihre Aktien getätigt:

Name	Anteil %	Anteil	Einzahlung
Hauke Mees	30 %	4.500.000 €	2.250.000 €
Edith Sievert	26 %	3.900.000 €	1.950.000 €
Wiebke Bracker	10 %	1.500.000 €	750.000 €
Streubesitz	34 %	5.100.000 €	5.100.000 €

Weitere Gelder als die gezahlten wurden von der AG bisher nicht eingefordert. Am 20. 10. 2016 hatte der Vorstand der Maschinenbau AG nachstehenden Beschluss gefasst:

„Die Aktionäre haben, sofern noch ausstehende Einlagen vorhanden sind, bis zum 30. 11. 2016 auf ihre Aktien ein weiteres Viertel einzuzahlen. Die Beträge sind auf das Bankkonto der Maschinenbau AG zu überweisen. Sollten die eingeforderten Beträge später gezahlt werden, sind sie nach den gesetzlichen Vorschriften zu verzinsen."

Bis zur Bilanzaufstellung wurden folgende Zahlungen geleistet:

Datum	Name	Einzahlung
15. 11. 2016	Edith Sievert	375.000 €
28. 11. 2016	Hauke Mees	825.000 €
20. 12. 2016	Wiebke Bracker	375.000 €
5. 1. 2017	Hauke Mees	300.000 €
15. 1. 2017	Edith Sievert	600.000 €

Lösungshinweis:

Buchungen sind nicht vorzunehmen.

Die Lösung finden Sie auf Seite 186.

FALL

Fall 42 Gewinnverteilung OHG
17 Punkte ** **40 Minuten**

Bei der Abraham OHG ist im Gesellschaftsvertrag folgende Regelung zur Gewinn- und Verlustverteilung getroffen worden:

1. Der bilanzielle Jahresgewinn soll folgendermaßen verteilt werden:
   a) Die geschäftsführenden Gesellschafter erhalten einen Vorweggewinn in folgender Höhe:

Martin Lange	60.000 €
Annelene Abraham	60.000 €
Kai Schweers	45.000 €
Uta Johannsen	45.000 €

   b) Danach sind die Kapitalkonten I (ursprüngliche Einlagen) mit 9 % und die Kapitalkonten II (veränderliche Privatkonten) mit 5 % zu verzinsen. Die Verzinsung richtet sich nach dem Stand der Kapitalkonten zum 1. 1. des abgelaufenen Wirtschaftsjahres. Reicht der Gewinn für eine volle Verzinsung nicht aus, sind die Kapitalkonten I vorrangig zu verzinsen. Gegebenenfalls erfolgt nur eine Verzinsung mit einem niedrigeren Zinssatz.
   c) Der verbleibende Gewinn wird nach Köpfen verteilt.
2. Der bilanzielle Jahresverlust wird entsprechend der Höhe der Kapitalkonten I der Gesellschafter verteilt.

Die Kapitalkonten wiesen zum 1. 1. 2016 folgende Stände aus:

	Kapitalkonto I	Kapitalkonto II
Martin Lange	500.000 €	250.000 €
Annelene Abraham	500.000 €	300.000 €
Kai Schweers	500.000 €	120.000 €
Uta Johannsen	500.000 €	230.000 €

Der Jahresgewinn 2016 nach Gewerbesteuer beträgt 417.000 €.

Die „Gehaltszahlungen“ an die Gesellschafter sind bereits als Entnahmen berücksichtigt. Diese wurden im Jahr 2016 über das Bankkonto ausgezahlt.

Die Gesellschafterin A. Abraham hat zulässigerweise 200.000 € von ihrem Kapitalkonto II entnommen.

Der Gesellschafter K. Schweers hat im Juli 2016 ein bebautes Grundstück in die OHG eingelegt. Dieses Grundstück hatte zum Zeitpunkt der Einlage einen Teilwert von 400.000 €. Die Anschaffungskosten betrugen beim Kauf im November 2013 430.000 €. Bis zum Zeitpunkt der Einlage sind Abschreibungen von 40.000 € angefallen.

Der Gesellschafter M. Lange hatte im Februar 2016 aus dem Warenlager der Abraham OHG eine Stereoanlage entnommen. Die Anschaffungskosten der OHG betrugen 2.600 €. Der Teilwert zum Zeitpunkt der Entnahme betrug 2.650 €.

Bestimmen Sie die Höhe der Kapitalkonten II nach Berücksichtigung aller Vorgänge.

Lösungshinweis:

Buchungen sind nicht vorzunehmen.

Die Lösung finden Sie auf Seite 188.

V. Rückstellungen

FALL

Fall 43 Bilanzierung einer neuen Pensionszusage

10 Punkte ** **25 Minuten**

Am 15. 1. 2016 wurde dem Mitarbeiter der Maschinenbau AG Helfried Sievert eine schriftliche wertpapiergebundene Pensionszusage ohne garantierten Mindestbetrag ab Vollendung des 65. Lebensjahres gegeben.

Für diese Altersversorgung sind 2016 Wertpapiere i. H. von 2.400 € gekauft worden (Anschaffungskosten). Der beizulegende Wert der Papiere zum 31. 12. 2016 betrug 2.500 €. Die Wertpapiere stellen Deckungsvermögen im Sinne von § 246 Abs. 2 Satz 2 HGB dar.

Bisher ist folgende Buchung erfolgt:

Wertpapiere des Anlagevermögens an Bank 2.400 €

Die Lösung finden Sie auf Seite 189.

FALL

Fall 44 Jahresabschlusskosten

6 Punkte * **15 Minuten**

Die Maschinenbau AG rechnet damit, dass für die Aufstellung des Jahresabschlusses 2016 und die Anfertigung der entsprechenden Steuererklärungen durch den Steuerberater Aufwendungen in Höhe von 38.675 € entstehen. Für die Prüfung des Jahresabschlusses durch eine Wirtschaftsprüfungsgesellschaft werden wie in den vorherigen Jahren 27.251 € veranschlagt. Außerdem kostet die Veröffentlichung des Jahresabschlusses erfahrungsgemäß 7.973 €. Für die Durchführung der Hauptversammlung liegt ein Kostenvoranschlag in Höhe von 30.940 € vor. Alle Beträge sind Bruttowerte, also inklusive 19 % USt.

Die Lösung finden Sie auf Seite 190.

FALL

Fall 45 Garantierückstellung
6 Punkte * **15 Minuten**

Die Abraham OHG hatte zum Bilanzstichtag noch eine berechtigte Reklamation des Elektroeinzelhändlers Joachim Steen zu berücksichtigen. Von einem Nettoumsatz aus 2016 in Höhe von 28.000 € wurde am 15. 1. 2017 ein 25 %iger Nachlass wegen Beschädigungen der Ware gewährt (Mangelrüge im Dezember 2016).

Vom Restnettoumsatz der OHG (39.640.000 €) soll zum Bilanzstichtag eine Pauschalrückstellung für Gewährleistung gebildet werden. In den vergangenen Jahren wurden durchschnittlich 0,6 % des Umsatzes für Schadensabwicklungen aufgewendet. Dieser Wert liegt im Bereich des Branchendurchschnitts.

Die Lösung finden Sie auf Seite 191.

FALL

Fall 46 Jubiläumsrückstellung
19 Punkte ** **45 Minuten**

Die Maschinenbau AG hatte 1980 eine Betriebsvereinbarung getroffen, nach der alle Mitarbeiter zum 25-jährigen und zum 40-jährigen Dienstjubiläum eine Zuwendung erhalten sollen.

Für den Arbeiter Sven Thiesen sind zum 31. 12. 2016 folgende Werte bekannt (unterstellte Werte):

	25-jähriges Jubiläum		40-jähriges Jubiläum	
	31. 12. 2015	31. 12. 2016	31. 12. 2015	31. 12. 2016
Teilwertverfahren	600 €	650 €	1.000 €	1.035 €
Anwartschaftsbarwert-verfahren	500 €	560 €	920 €	960 €
Pauschalwertverfahren (BMF-Schreiben v. 8. 12. 2008)	450 €	500 €	850 €	890 €

Für die Angestellte Anja Knecht liegen folgende Werte vor:

	25-jähriges Jubiläum		40-jähriges Jubiläum	
	31. 12. 2015	31. 12. 2016	31. 12. 2015	31. 12. 2016
Teilwertverfahren	300 €	320 €	140 €	145 €
Anwartschaftsbarwert-verfahren	250 €	275 €	120 €	125 €
Pauschalwertverfahren (BMF-Schreiben v. 8. 12. 2008)	200 €	230 €	100 €	105 €

Für den Ansatz der Rückstellungen sind alle formellen Bedingungen erfüllt. Bei der Berechnung der Werte zum Jahresabschluss wurde korrekt vorgegangen. In 2015 erfolgte der Ansatz in der Handelsbilanz nach dem Teilwertverfahren.

Lösungshinweis:

Buchungen sind nicht vorzunehmen.

Die Lösung finden Sie auf Seite 191.

FALL

Fall 47 Pensionsrückstellung
21 Punkte ** **50 Minuten**

1. Die Abraham OHG hatte 2016 ihrem ehemaligen Angestellten Uwe Jürgensen eine monatliche Altersversorgung in Höhe von 800 € gezahlt. Bisher wurde folgende Buchung durchgeführt:

   sonstige betriebliche Aufwendungen an Bank 9.600 €

   Der handelsrechtliche Teilwert der Pensionsrückstellung belief sich zum 31. 12. 2015 auf 98.751 € (= Bilanzansatz) und zum 31. 12. 2016 auf 92.630 €.

2. Für die Mitarbeiterin der Abraham OHG, Frau Kaya Stackebrandt, waren in der Handelsbilanz Pensionsrückstellungen in folgender Höhe gebildet worden:

	K. Stackebrandt
Ansatz in der Handelsbilanz 2009	54.000 €
Bewertung für die Handelsbilanz 2010 nach bisherigen Bewertungsvorschriften	56.000 €
Bewertung für die Handelsbilanz 2010 nach neuen Bewertungsvoschriften (BilMoG)	63.500 €
Bewertung für die Handelsbilanz 2011 nach neuen Bewertungsvoschriften (BilMoG)	65.000 €
Bewertung für die Handelsbilanz 2012 nach neuen Bewertungsvoschriften (BilMoG)	67.000 €
Bewertung für die Handelsbilanz 2013 nach neuen Bewertungsvoschriften (BilMoG)	70.000 €
Bewertung für die Handelsbilanz 2014 nach neuen Bewertungsvoschriften (BilMoG)	72.000 €
Bewertung für die Handelsbilanz 2015 nach neuen Bewertungsvoschriften (BilMoG)	75.000 €
Bewertung für die Handelsbilanz 2016 nach neuen Bewertungsvoschriften (BilMoG)	78.000 €

Die Erhöhung der Pensionsrückstellung durch die neuen Bewertungsvorschriften in 2010 wurde nicht in einer Summe, sondern in jedem Geschäftsjahr nur in Höhe des Mindestwertes gebildet.

Lösungshinweis:

Buchungen sind nicht vorzunehmen.

Die Lösung finden Sie auf Seite 193.

FALL

Fall 48 Urlaubsrückstellung
15 Punkte ** **35 Minuten**

Für zwei Mitarbeiter der Abraham OHG waren zum Bilanzstichtag 2016 noch Urlaubsansprüche vorhanden:

	Angela Schweers	Norbert Abraham
monatliches Gehalt/Lohn	6.572 €	6.460 €
monatliche VL (AG-Anteil)	40 €	27 €
jährlicher AG-Anteil an der Sozialversicherung	19.300 €	15.450 €
Weihnachtsgeld		
► tariflich	0 €	4.544 €
► jährlich vereinbart (für 2016 gezahlt, für 2017 zugesagt)	5.985 €	0 €
Beiträge Berufsgenossenschaft	650 €	700 €
Gehaltssteigerung ab 1. 1. 2017 (monatlich)	200 €	170 €
reguläre Arbeitstage	250	300
tatsächliche Arbeitstage	220	260
Urlaubstage gesamt	30	40
Resturlaub	12	16

Der verbleibende Resturlaub wurde von den Arbeitnehmern bis Februar 2017 genommen.

Die Lösung finden Sie auf Seite 194.

FALL

Fall 49 Prozesskosten und Schadenersatz
8 Punkte * **20 Minuten**

Bei der Maschinenbau AG ging am 30. 12. 2016 folgender Brief ein:

„Sehr geehrte Damen und Herren,

am 20. 11. 2016 bin ich auf dem Bürgersteig vor Ihrem Betriebsgelände in Düsseldorf ausgerutscht, weil Sie Ihren Streu- und Räumpflichten nicht nachgekommen sind. Dabei habe ich mich erheblich verletzt. Durch Ihr Versäumnis entstanden mir Arztkosten in Höhe von 12.678 €, die ich ersetzt haben möchte. Außerdem fordere ich 15.000 € Schmerzensgeld. Sollte ich bis zum 1. 3. 2016 keine Zahlung des Gesamtbetrages von Ihnen erhalten haben, werde ich gerichtliche Schritte einleiten.

Mit freundlichen Grüßen“

Die AG ist der Ansicht, dass sämtliche Verpflichtungen zur Verkehrssicherheit auf dem Bürgersteig erfüllt wurden und die AG somit kein Verschulden trifft.

Bis zum Tag der Bilanzaufstellung wurde noch keine Klage erhoben; es wird aber mit einer Klageerhebung ernsthaft gerechnet.

Ein verlorener Prozess wird bei der AG voraussichtlich ca. 8.400 € Prozesskosten verursachen. Zusätzlich besagt ein juristisches Gutachten, dass bei einer Verurteilung eventuell der volle geforderte Schaden zu zahlen wäre. Eine Entscheidung wird noch im Jahr 2017 erwartet.

Die Lösung finden Sie auf Seite 195.

FALL

Fall 50 Unterlassene Instandhaltung
6 Punkte * **15 Minuten**

Bei der Maschinenbau AG waren am 29. 12. 2016 drei Maschinen und am 3. 1. 2017 zwei Maschinen beschädigt worden. Wegen fehlender Ersatzteile konnten die Reparaturen erst zu folgenden Terminen ausgeführt werden.

	Schadenstag	Reparatur	Kosten
Maschine A	29. 12. 2016	Februar 2017	16.500 €
Maschine B	29. 12. 2016	April 2017	18.400 €
Maschine C	3. 1. 2017	März 2017	12.300 €
Maschine D	3. 1. 2017	Juni 2017	19.300 €

Die fünfte Maschine (E) wird voraussichtlich erst 2018 instand gesetzt, da sie für die Produktion zurzeit nicht benötigt wird (geschätzte Kosten 21.400 €).

Ersatzleistungen einer Versicherung werden nicht erwartet. Rechnungen für durchgeführte Reparaturen liegen bis zum Tag der Bilanzaufstellung noch nicht vor.

Die Lösung finden Sie auf Seite 196.

FALL

Fall 51 Drohende Verluste

4 Punkte * **10 Minuten**

Die Maschinenbau AG hat am 15.11.2016 einen Kaufvertrag über 500 t Stahl zum Festpreis von 800 € je Tonne abgeschlossen. Die Lieferung soll am 15.2.2017 erfolgen. Die Zahlung erfolgt innerhalb von 10 Tagen nach Lieferung ohne Abzüge.

Am Bilanzstichtag ist der Einkaufspreis für die Tonne Stahl auf 770 € je Tonne gefallen.

Lösungshinweis:

Buchungen sind nicht vorzunehmen.

Die Lösung finden Sie auf Seite 197.

FALL

Fall 52 Steuerrückstellung

17 Punkte ** **40 Minuten**

1. Die Maschinenbau AG hatte für die Körperschaftsteuer 2015 in der Bilanz 2015 eine Rückstellung in Höhe von 18.000 € gebildet. Der Körperschaftsteuerbescheid vom 5.12.2016 wies eine Nachzahlung von 19.560 € aus. Die Bilanzbuchhalterin der AG hatte im Dezember wie folgt gebucht:

Steuerrückstellungen	18.000 €	
außerordentliche Aufwendungen	1.560 €	
an Bank		19.560 €

2. Für die Körperschaftsteuer 2016 wurden von der Maschinenbau AG Vorauszahlungen in Höhe von 118.000 € geleistet und als Aufwand gebucht. Der Gewinn vor Körperschaftsteuer betrug 840.360 €. Der Gewinnverwendungsvorschlag sieht eine Ausschüttung an die Aktionäre in Höhe von 210.000 € vor. Der Restbetrag soll als Gewinnvortrag verwendet werden. Rücklagen sind z. Zt. nicht vorhanden.

3. Die Maschinenbau AG hat im Jahr 2016 ein unbebautes, 2.000 qm großes Grundstück zum Kaufpreis von 300 € je qm erworben. Der Bescheid über die Grunderwerbsteuer ging am 15.12.2016 bei der AG ein und wurde im Januar 2017 bezahlt. Die AG hatte im Dezember gebucht (nur Betrachtung der Steuer):

Steuern vom Einkommen und Ertrag	21.000 €	
an Steuerrückstellungen		21.000 €

4. Die AG hatte 2016 Vorauszahlungen für die Gewerbesteuer in Höhe von 70.000 € geleistet und über das Konto Steuern vom Einkommen und Ertrag gebucht. Die Bilanzbuchhalterin Anka Mees ermittelt eine Steuerschuld von 75.860 €.

Lösungshinweis:

Der Solidaritätszuschlag bleibt unberücksichtigt. Die Fälle sind unabhängig voneinander zu bearbeiten.

Die Lösung finden Sie auf Seite 197.

FALL

Fall 53 Schadenersatzforderung
19 Punkte ****** **45 Minuten**

1. Bei der Maschinenbau AG ging am 28. 12. 2016 folgender Brief ein:

   „Sehr geehrte Damen und Herren,

   wie ich jetzt erst erfahren habe, verletzen Sie mit der Produktion der Maschine XZ534 seit 2011 ein im September 2003 auf meinen Namen registriertes Patent. Ich fordere von Ihnen deshalb eine nachträgliche Lizenzgebühr von 12.000 € pro Jahr, also bis 31. 12. 2016 insgesamt 72.000 €. Außerdem fordere ich Sie auf, bis zum Abschluss eines Lizenzvertrages die Produktion der Maschine einzustellen.

   Mit freundlichen Grüßen"

   Erste Nachforschungen der Maschinenbau AG ergaben, dass die im Brief genannten Angaben wahrscheinlich korrekt sind. Die AG wird die Entschädigung voraussichtlich in der geforderten Höhe zahlen müssen. Mit einer Regulierung wird noch im Jahr 2017 gerechnet.

2. Außerdem hatte die AG bereits zum 31. 12. 2013 eine Rückstellung in Höhe von 65.000 € für die Verletzung eines anderen Patents gebildet, da die AG mit einer Inanspruchnahme gerechnet hatte. Diese Rückstellung wurde 2014 auf 89.000 € aufgestockt. Nach diesem Zeitpunkt wurde das Patentrecht nicht mehr verletzt, da die Produktion der entsprechenden Maschine eingestellt wurde.

   Bis zum Tag der Bilanzaufstellung waren noch keine Ansprüche geltend gemacht worden. Die Maschinenbau AG schätzt, dass spätestens Mitte 2020 Ansprüche geltend gemacht werden.

Lösungshinweis:

Buchungen sind nicht vorzunehmen.

Der Abzinsungsfaktor ermittelt sich folgendermaßen:

$$\text{Abzinsungsfaktor} = \frac{1}{(1+i)^n}$$ (auf 6 Nachkommastellen runden)

Abzinsungssätze gemäß § 253 Abs. 2 HGB (unterstellte Werte, die tatsächlichen Werte werden nach der RückAbzinsV monatlich von der Deutschen Bundesbank ermittelt und veröffentlicht):

Restlaufzeiten	1 Jahr	2 Jahre	3 Jahre	4 Jahre	5 Jahre
Dezember 2016	3,75 %	3,90 %	4,07 %	4,22 %	4,36 %

Die Lösung finden Sie auf Seite 198.

FALL

Fall 54 Sozialplan
6 Punkte * **15 Minuten**

Die Abraham OHG sieht sich aufgrund der wirtschaftlichen Lage gezwungen, ihre Betriebsstätte in Frankfurt zu schließen. Ein Beschluss der Gesellschafter über die Schließung erfolgte bereits in einer Gesellschafterversammlung im Dezember 2016.

Der Betriebsrat wird von der Geschäftsführung aber erst im Januar 2017 informiert. Aufgrund der Verhandlungen mit dem Betriebsrat wird im Februar 2017 ein Sozialplan beschlossen, der Kosten in Höhe von 280.000 € auslöst.

Die Abwicklung der Schließung und des Sozialplans erfolgt noch im Jahr 2017.

Lösungshinweis:

Buchungen sind nicht vorzunehmen.

Die Lösung finden Sie auf Seite 199.

VI. Verbindlichkeiten

FALL

Fall 55 Bilanzierung eines ausländischen Festdarlehens
17 Punkte ** **40 Minuten**

Die Abraham OHG hatte am 1. 4. 2016 ein Darlehen in Höhe von 1.500.000.000 Yen bei einer japanischen Bank aufgenommen. Dieses Darlehen mit einer Laufzeit von 10 Jahren wurde zu 92 % ausgezahlt. Der Nominalzinssatz beträgt 2 % p. a. Hierbei handelt es sich um eine marktübliche Verzinsung. Die Zinsen sind halbjährlich im Voraus fällig und wurden bisher immer pünktlich bezahlt. Das Darlehen ist am 1. 4. 2026 in einer Summe zurückzuzahlen.

Kurse je 100 Yen	Geld	Brief	Devisenkassa-mittelkurs
1. 4. 2016	0,8210 €	0,8240 €	0,8225 €
1. 10. 2016	0,8216 €	0,8246 €	0,8231 €
31. 12. 2016	0,8235 €	0,8265 €	0,8250 €
15. 3. 2017	0,8221 €	0,8251 €	0,8236 €

Die Lösung finden Sie auf Seite 200.

FALL

Fall 56 Bilanzierung eines Festdarlehens
15 Punkte ** **35 Minuten**

Die Maschinenbau AG hatte zum 1. 7. 2016 ein Festdarlehen mit 5 Jahren Laufzeit bei einer Bank aufgenommen. Der Kredit über 800.000 € ist am Ende der Laufzeit in einer Summe zurückzuzahlen.

Vereinbarungsgemäß wurden bei der Auszahlung an die AG 5 % Disagio und 1 % Bearbeitungsgebühren von der Bank einbehalten. Außerdem hatte die Maschinenbau AG noch eine Vermittlungsprovision an Herrn Karsten Gellert in Höhe von 2.000 € zuzüglich 19 % USt bezahlt.

Die Zinsen von 5 % p. a. (marktüblich) werden am Ende eines Halbjahres fällig und sind erstmalig am 8. 1. 2017 gezahlt worden.

Bisher wurden folgende Buchungen durchgeführt:

Bank	752.000 €	
Zinsen und ähnliche Aufwendungen	48.000 €	
an Verbindlichkeiten gegenüber Kreditinstituten		800.000 €
Zinsen und ähnliche Aufwendungen	2.000 €	
Vorsteuer	380 €	
an Bank		2.380 €

Die Lösung finden Sie auf Seite 202.

FALL

Fall 57 Bilanzierung einer Valutaverbindlichkeit
10 Punkte * **25 Minuten**

Die Abraham OHG hatte am 1. 12. 2016 Waren im Wert von 6.000.000 Yen aus Japan erhalten. Der Wareneingang wurde korrekt gebucht. Der Geldkurs betrug am 1. 12. 2016 0,8236 € und der Briefkurs 0,8266 € je 100 Yen (Devisenkassamittelkurs 0,8251 €). Die Kurse hatten sich zum Bilanzstichtag 2016 wie folgt entwickelt:

1. Variante:	Geld	0,8245 €	Brief	0,8275 €	Devisenkassa-mittelkurs	0,8260 €
2. Variante:	Geld	0,8218 €	Brief	0,8248 €	Devisenkassa-mittelkurs	0,8233 €

Der Kurs ist bis zum Zeitpunkt der Zahlung der Ware am 10. 1. 2017 wieder auf seinen alten Stand zurückgekehrt.

Die Lösung finden Sie auf Seite 203.

FALL

Fall 58 Bilanzierung eines Tilgungsdarlehens
19 Punkte ** **45 Minuten**

Die Abraham OHG hatte am 1. 1. 2014 ein Tilgungsdarlehen in Höhe von 6.000.000 € aufgenommen. Für diese Verbindlichkeit waren erstmals zum 30. 6. 2014 halbjährliche Tilgungsraten von 375.000 € zu zahlen.

Die Laufzeit des Darlehens beträgt 8 Jahre. Bei der Auszahlung wurde von der Bank ein Disagio von 4 % einbehalten.

Die Zinsen in Höhe von nominal 6 % p. a. (marktüblich) auf die jeweilige Restschuld werden ebenfalls halbjährlich zum Halbjahresende fällig. Die Buchungen für 2014 und 2015 wurden korrekt durchgeführt. Die Raten wurden alle rechtzeitig bezahlt.

Die Lösung finden Sie auf Seite 204.

FALL

Fall 59 Abzinsung eines Darlehens
6 Punkte * **15 Minuten**

Die Maschinenbau AG hat zum 1. 1. 2016 bei einem befreundeten Unternehmen ein unverzinsliches Darlehen in Höhe von 300.000 € mit drei Jahren Laufzeit aufgenommen. Die Rückzahlung erfolgt zum 31. 12. 2018 in einer Summe.

Abzinsung:	5,5 %
1 Jahr	0,947867
2 Jahr	0,898452
3 Jahre	0,851614
4 Jahre	0,807217

Die Lösung finden Sie auf Seite 205.

VII. Gewinn- und Verlustrechnung

FALL

Fall 60 Umsatzkostenverfahren
13 Punkte * **30 Minuten**

Die Maschinenbau AG möchte ihre Gewinn- und Verlustrechnung nach dem Gesamtkostenverfahren in eine Rechnung nach dem Umsatzkostenverfahren umgegliedert haben.

Zu diesem Zweck wurde ein Betriebsabrechnungsbogen mit Aufteilung der Aufwandspositionen auf die Bereiche Verwaltung, Vertrieb und Herstellung aufgestellt (Angaben in Prozent).

	Verwaltungskosten	Vertriebskosten	Herstellungskosten
Materialaufwand	7	4	85
Personalaufwand	16	8	71
Abschreibungen	11	6	78
sonst. betriebl. Aufw.	26	21	46

Gesamtkostenverfahren (Angaben in T€)

1. Umsatzerlöse	45.800	9. Erträge aus and. Wertpapieren	2.650
2. Bestandsminderung	2.600	10. Zinserträge	1.430
3. aktivierte Eigenleistung	960	11. Zinsaufwendungen	5.340
4. sonst. betriebliche Erträge	6.350	12. Ergebnis gewöhnl. Geschäftstätigkeit	3.950
5. Materialaufwand	18.200	13. E & E Steuern	1.980
6. Personalaufwand	13.800	14. sonstige Steuern	95
7. Abschreibungen	8.800	15. Jahresüberschuss	1.875
8. sonst. betriebliche Aufwendungen	4.500		

Die Lösung finden Sie auf Seite 206.

FALL

Fall 61 Zuordnung in der GuV
15 Punkte * **35 Minuten**

Die Maschinenbau AG will für die nachfolgenden Vorgänge wissen, in welcher Höhe und in welche Position der Gewinn- und Verlustrechnung 2016 nach dem Gesamtkostenverfahren diese einzuordnen sind:

1. Aufwendungen in Höhe von 18.772 € nach dem 5. Vermögensbildungsgesetz (Arbeitgeberanteil) für den Monat Mai 2016.
2. Aufwendungen für die Grundsteuer an die Stadt Düsseldorf in Höhe von 9.460 € für 2017 (Zahlung Dezember 2016).
3. Diskontaufwendungen (863 €) und Spesen (10 €) für einen Wechsel, der am 26. 3. 2016 von der Hausbank angekauft wurde. Der Wechsel war am 15. 7. 2016 fällig und bezahlt worden.
4. Aufwendungen für die pauschale Lohnsteuer August 2016 in Höhe von 7.658 € für Mitarbeiter der AG.
5. Für die zu spät eingereichte KSt-Erklärung 2013 musste die AG 2016 einen Verspätungszuschlag in Höhe von 520 € bezahlen.
6. Bescheinigung einer inländischen Bank über Zinsen am 1. 4. 2016 von 4.260 € inklusive Kapitalertragsteuer für ein Termingeld vom 1. 1. 2016 bis zum 1. 4. 2016.
7. Die Bestände zweier Erzeugnisgruppen haben sich folgendermaßen entwickelt (kumuliertes Ergebnis):

	31. 12. 2015		31. 12. 2016	
	Menge	Preis/Stück	Menge	Preis/Stück
Erzeugnis 1	540	380 €	560	380 €
Erzeugnis 2	19	998 €	19	920 €

8. Eingang am 5. 4. 2016 von 7.630 € Zinsen für den Monat April 2016. Die Zinsen wurden für ein langfristiges Darlehen gezahlt, das einem Kunden gewährt worden war.

Lösungshinweis:

Der Solidaritätszuschlag bleibt unberücksichtigt. Buchungen sind nicht vorzunehmen.

Die Lösung finden Sie auf Seite 207.

VIII. Anhang, Lageberícht

FALL

Fall 62 Anhang
27 Punkte ** **65 Minuten**

Nehmen Sie Stellung zu den folgenden Aussagen zum Anhang der Maschinenbau AG (große Kapitalgesellschaft):

1. Eine für die AG hohe sonstige Rückstellung für einen Sozialplan soll im Anhang nicht erläutert werden.
2. Der Anhang ist ein freiwilliger Bericht, den die AG als zusätzliche Information zur Verfügung stellen kann.
3. Über ein Darlehen an den Vorsitzenden des Aufsichtsrates soll im Anhang nicht berichtet werden.
4. Für den Aufbau des Anhangs besteht grundsätzlich Gestaltungsfreiheit, es gibt also kein vorgegebenes Gliederungsschema.
5. Da sich die Besetzung des Vorstandes nicht verändert hat, wird zu dieser Angabe auf den Anhang des Vorjahres verwiesen.
6. Um keine Absatzeinbußen hinnehmen zu müssen, die bei Veröffentlichung von Umsatzdaten durch Reaktionen der Mitbewerber – nachvollziehbar begründet – drohen, werden keinerlei Aufgliederungen der Umsatzerlöse im Anhang gemacht.
7. Da der überwiegende Teil der Aktionäre, Kunden und Lieferanten aus dem amerikanischen Raum stammt, soll der Anhang nur in englischer Sprache aufgestellt werden.
8. Die AG muss eine Kapitalflussrechnung im Anhang darstellen.
9. Die Entwicklung der einzelnen Posten des Anlagevermögens soll nicht in der Bilanz, sondern im Anhang dargestellt werden.
10. Die AG weist in der Gewinn- und Verlustrechnung einen hohen Betrag als außerordentlichen Ertrag aus. Eine Erläuterung im Anhang erfolgt nicht.
11. Im Anhang der AG werden die auf die Posten der Bilanz und der Gewinn- und Verlustrechnung angewandten Bilanzierungs- und Bewertungsmethoden angegeben.
12. Die AG hat für einen Geschäftspartner eine Bürgschaft übernommen. Dieses Haftungsverhältnis ist nicht in der Bilanz dargestellt und soll auch nicht im Anhang erscheinen.
13. Die Zahl der am Jahresende beschäftigten Arbeitnehmer wird – nach Gruppen getrennt – angegeben.
14. Auf der Hauptversammlung des letzten Geschäftjahres wurde der Vorstand der AG von der Hauptversammlung ermächtigt, das Grundkapital um einen bestimmten Nennbetrag zu erhöhen (genehmigtes Kapital). Im Anhang findet sich dazu keine Angabe.

15. Aufgrund der Veräußerung eines Teilbetriebes sind die Vorjahreszahlen der Bilanz und Gewinn- und Verlustrechnung angepasst worden. Dies ist im Anhang angegeben und erläutert worden.

Die Lösung finden Sie auf Seite 208.

FALL

Fall 63 Lagebericht
6 Punkte * **15 Minuten**

Die Abraham OHG weist seit fünf Jahren im Jahresabschluss jeweils Umsatzerlöse zwischen 150 und 180 Millionen € aus. Im gleichen Zeitraum betrug die Bilanzsumme jeweils zwischen 50 und 60 Millionen €. Die durchschnittliche Mitarbeiterzahl lag im genannten Zeitraum immer über 10.000.

Prüfen Sie abweichend vom Hinweis zum PublG in der Einleitung (A. I. auf Seite 1) die Verpflichtung der OHG zur Aufstellung eines Lageberichtes.

Die Lösung finden Sie auf Seite 210.

IX. Aufstellung, Prüfung, Offenlegung

FALL

Fall 64 Aufstellung und Offenlegung
8 Punkte * **20 Minuten**

Bis wann muss der Jahresabschluss 2016 der Maschinenbau AG (große börsennotierte Kapitalgesellschaft) mit welchen Unterlagen aufgestellt und offen gelegt sein?

Die Lösung finden Sie auf Seite 210.

FALL

Fall 65 Prüfung
15 Punkte * **35 Minuten**

Der Vorstand der Maschinenbau AG (große börsennotierte Kapitalgesellschaft) überlegt, ob die AG die Kosten für die Abschlussprüfung nicht einsparen kann, da in den letzten fünf Jahren, die Prüfer keine Mängel festgestellt haben und stets ein uneingeschränkter Bestätigungsvermerk erteilt wurde.

1. Prüfen Sie, ob eine Verpflichtung zur Abschlussprüfung besteht.
2. Prüfen Sie, welche der folgenden Personen Abschlussprüfer bei der Maschinenbau AG sein könnte:
   a. Der vereidigte Buchprüfer Thomas Erichsen, der keine weiteren finanziellen oder persönlichen Verbindungen zur AG hat.
   b. Der Wirtschaftsprüfer Hans Wagner, dessen Frau 2 % der Anteile an der Maschinenbau AG besitzt.
   c. Die Steuerberaterin Ines Müller, die keine weiteren finanziellen oder persönlichen Verbindungen zur AG hat.
   d. Die Wirtschaftsprüferin Jasmin Groll, die im Aufsichtsrat der Maschinenbau AG sitzt.
   e. Die Wirtschaftsprüferin Tanja Schulze, die keine weiteren finanziellen oder persönlichen Verbindungen zur AG hat.
   f. Der Wirtschaftsprüfer Simo Hansen, der im abgelaufenen Geschäftsjahr zwei interne Revisionen bei der AG verantwortlich durchgeführt hat.
   g. Die Wirtschaftsprüferin Svenja Nissen, die im achten aufeinander folgenden Jahr die Abschlussprüfung durchführen soll.
   h. Der Wirtschaftsprüfer Frank Thomsen, der im abgelaufenen Geschäftsjahr vier Monate eine Krankheitsvertretung des Finanzvorstandes der AG ausgeübt hat.

Die Lösung finden Sie auf Seite 211.

C. Abschlüsse nach internationalen Standards – Grundlagenteil

Aufgabenstellungen (nicht für die Fälle 1, 2, 3, 4, 7, 9, 10, 24, 26, 30 und 32)

Wenn bei den einzelnen Fällen nichts anderes vorgegeben ist, gelten die folgenden Aufgabenstellungen:

- Der Jahresabschluss der Maschinenbau AG wird nach HGB aufgestellt.
- Für die Offenlegung nach § 325 HGB wird zusätzlich ein Einzelabschluss nach den in § 315a Abs. 1 HGB bezeichneten internationalen Rechnungslegungsstandards aufgestellt.
- Die Werte aus dem IFRS-Abschluss sollen soweit möglich den Werten aus dem HGB-Abschluss entsprechen.
- Nennen Sie alle durch einen Fall betroffenen Bilanz- und GuV-Positionen und entwickeln Sie diese rechnerisch zum Abschlussstichtag 31. 12. 2016.
- Die Bewertungs- und Abschreibungswahlrechte sind so auszuüben, dass der Jahresüberschuss möglichst niedrig gehalten wird.
- Die Sachentscheidungen sind kurz, aber erschöpfend unter Angabe der gültigen Bestimmungen zu begründen.
- Geben Sie an, welche Bewertungsvorschriften für die einzelnen Vermögensgegenstände und Schulden zutreffend sind und unter welcher Position der Ausweis zu erfolgen hat.
- Gehen Sie davon aus, dass trotz HGB-Abschluss bis jetzt nur die Buchungen erfolgt sind, die in den Aufgaben genannt werden, sodass alle weiteren Buchungen des Geschäftsjahres noch für den IFRS-Abschluss durchzuführen sind. Die Buchungen vorangegangener Geschäftsjahre sind grundsätzlich korrekt erfolgt.
- Bei Buchungen sollen grundsätzlich die Positionen verwendet werden, die in IAS 1.54 genannt werden (sind die Positionen nach diesen Regelungen nicht ausreichend, so sind die Positionen hinzuzufügen, die zur eindeutigen Darstellung benötigt werden).
- Die Ergebnisse und Zwischenwerte sollen zur Vereinfachung kaufmännisch auf volle €-Beträge gerundet werden.
- Auf latente Steuern ist bei Berechnungen und Buchungen nicht einzugehen.
- Auf Angabepflichten im Anhang ist außer im Fall 3 nicht einzugehen.
- Die angegebenen Punkte beziehen sich auf eine Klausur von 90 Minuten.

FALL

Fall 1 Grundlagen 1

33 Punkte ** **30 Minuten**

Erläutern Sie die folgenden grundsätzlichen Fragen zur internationalen Rechnungslegung.

1. Wer ist die normsetzende Institution neuer IFRS? Benennen und beschreiben Sie diese Institution.
2. Skizzieren Sie in Stichpunkten den Prozess der Entstehung eines neuen IFRS.
3. Stellen Sie dar, aus welchen Teilen das IFRS-Rechnungslegungssystem besteht.
4. Beschreiben Sie, wie ein neuer IFRS in Deutschland rechtsverbindlich wird.
5. Wer darf/muss in Deutschland einen Jahresabschluss nach den IFRS aufstellen und veröffentlichen und welche Folgen hat dies?

Die Lösung finden Sie auf Seite 213.

FALL

Fall 2 Grundlagen 2

22 Punkte * **20 Minuten**

Erläutern Sie die folgenden grundsätzlichen Fragen zur internationalen Rechnungslegung.

1. Welches Hauptziel verfolgt die IFRS-Rechnungslegung? Vergleichen Sie dieses mit der HGB-Rechnungslegung.
2. Beschreiben Sie die der IFRS-Rechnungslegung zugrunde liegenden Annahmen.
3. Nennen Sie die qualitativen Eigenschaften eines IFRS-Abschlusses.

Die Lösung finden Sie auf Seite 214.

FALL

Fall 3 Bestandteile des Abschlusses

33 Punkte * **30 Minuten**

Erläutern Sie die Bestandteile eines Abschlusses nach IFRS.

Die Lösung finden Sie auf Seite 215.

FALL

Fall 4 Kauf einer Maschine 1

33 Punkte ** **30 Minuten**

Beschreiben Sie, in welchen Schritten nach IFRS zu prüfen ist, ob es sich bei einer gekauften hochwertigen Maschine um einen bilanzfähigen Vermögenswert handelt, wie die Zugangsbewertung bei plangemäßer Zahlung der Maschine im Folgemonat zu erfolgen hat (geschätzter Restwert 10 % der Anschaffungskosten) und wie darauf aufbauend die planmäßige Folgebewertung (keine Neubewertung) funktioniert.

Die Lösung finden Sie auf Seite 216.

FALL

Fall 5 Kauf einer Maschine 2

33 Punkte ** **30 Minuten**

Die Maschinenbau AG schloss am 10. 6. 2016 einen Kaufvertrag über den Erwerb einer neuen Maschine zu folgenden Bedingungen ab:

- Kaufpreis 350.000 € zuzüglich 19 % USt (inklusive Montage);
- Lieferung und Montage am 19. 6. 2016;
- Bezahlung 60 Tage nach Montage ohne Abzüge oder 20 Tage nach Montage unter Abzug von 3 % Skonto.

Die Maschine wurde am 19. 6. 2016 ordnungsgemäß geliefert und montiert. Die Bezahlung erfolgte am 2. 7. 2016 unter Abzug von Skonto.

Die betriebsgewöhnliche Nutzungsdauer der Maschine wurde zutreffend auf zehn Jahre geschätzt. Der Verbrauch des künftigen wirtschaftlichen Nutzens der Maschine wird am besten mit der linearen Abschreibung dargestellt.

Lösungshinweis:

Für den Bilanzansatz ist eine Folgebewertung nach dem Anschaffungskostenmodell durchzuführen.

Die Lösung finden Sie auf Seite 218.

FALL

Fall 6 Anschaffung einer Büromaschine

16 Punkte * **15 Minuten**

Am 15. 12. 2016 kaufte die Maschinenbau AG beim Bürohaus Schneider eine Büromaschine, die am 27. 12. 2016 geliefert wurde. Die Maschine hatte Anschaffungskosten von 300 €. Die Bezahlung der Maschine erfolgte am 30. 12. 2016 ohne Abzüge. Vergleichbare Fälle gibt es im Unternehmen nur in sehr geringem Umfang.

Die Büromaschine ist selbstständig nutzbar und hat eine betriebsgewöhnliche Nutzungsdauer von sechs Jahren. Der Verbrauch des künftigen wirtschaftlichen Nutzens der Maschine wird am besten mit der linearen Abschreibung dargestellt.

Lösungshinweis:

Für den Bilanzansatz ist eine Folgebewertung nach dem Anschaffungskostenmodell durchzuführen.

Die Lösung finden Sie auf Seite 219.

FALL

Fall 7 Herstellungskosten mit Neubewertung 1

33 Punkte ** **30 Minuten**

Ein Unternehmen, das IFRS-Abschlüsse aufstellt, errichtet ein Produktionsgebäude zur eigenen Nutzung auf einem gemieteten fremden Grundstück. Dafür vereinbart das Unternehmen mit einem Generalunternehmer einen Festpreis für den Bau. Das auf dem Grundstück bisher stehende, nicht mehr nutzbare Gebäude lässt der Grundstücksmieter vorher abreißen. Dieser hat sich zusätzlich verpflichtet, das Gebäude am Ende der Mietzeit wieder vom Grundstück zu entfernen.

Beschreiben Sie kurz die Bilanzierungspflicht sowie die Zugangs- und Folgebewertung für das Grundstück. Beachten Sie dabei auch, dass das Unternehmen Gebäude nach der Neubewertungsmethode bewertet.

Die Lösung finden Sie auf Seite 220.

FALL

Fall 8 Herstellungskosten mit Neubewertung 2

39 Punkte ** **35 Minuten**

Die Maschinenbau AG hat 2014 ein Produktionsgebäude zur eigenen Nutzung auf einem gemieteten fremden Grundstück errichtet (Fertigstellung 10. 7. 2014). Die Maschinenbau AG hat sich verpflichtet, das Gebäude am Ende der 20-jährigen Mietzeit wieder vom Grundstück zu entfernen. Die Herstellungskosten beliefen sich auf 1.800.000 €. Der Verbrauch des künftigen wirtschaftlichen Nutzens der Maschine wird am besten mit der linearen Abschreibung dargestellt.

Aufgrund der Abrissverpflichtung wird die lineare Abschreibung für die Jahre 2014 und 2015 in Höhe von 45.000 € bzw. 90.000 € berechnet und gebucht.

Im Jahr 2016 soll (nach zuletzt 2013) die Anlagengruppe Gebäude nach der Neubewertungsmethode bewertet werden.

Wie ist zu verfahren, wenn für das Produktionsgebäude ein beizulegender Wert von

a) 1.600.000 €

b) 1.550.000 €

ermittelt wird?

Zusatzaufgabe:

Wie ist im Jahr 2019 in beiden Fällen zu verfahren, wenn die Neubewertung dann

a) eine Werterhöhung von 10.000 €,

b) eine Werterhöhung von 30.000 €,

c) eine Wertminderung von 10.000 € oder

d) eine Wertminderung von 30.000 €

ergibt?

Die Neubewertungsrücklage soll nach IAS 16.41 unverändert fortgeführt worden sein. Buchungen sind nicht vorzunehmen. Stellen Sie die Lösung tabellarisch nach folgendem Muster dar:

Neubewertung 2019	Werterhöhung 2016 25.000 €	Wertminderung 2016 25.000 €
Werterhöhung von 10.000 €		
Werterhöhung von 30.000 €		
Wertminderung von 10.000 €		
Wertminderung von 30.000 €		

Die Lösung finden Sie auf Seite 221.

FALL

Fall 9 Fremdkapitalkosten
22 Punkte * **20 Minuten**

Wie ändern sich die Herstellungskosten nach Aufgabe 7, wenn das Unternehmen für die Herstellung des Produktionsgebäudes (Herstellungsdauer 10 Monate) ein Darlehen aufnimmt?

Die Lösung finden Sie auf Seite 223.

FALL

Fall 10 Außerplanmäßige Abschreibung
17 Punkte * **15 Minuten**

Bei einem Unternehmen, das einen IFRS-Jahresabschluss aufstellen will, wird zum Jahresende festgestellt, dass eine gekaufte Maschine aufgrund eines Schadens in der Zukunft nur noch die Hälfte der bisher möglichen Produktionsmenge erreichen kann. Die Maschine produziert aus eingekauften Vorprodukten ein Fertigprodukt.

Beschreiben Sie die Vorgehensweise der Folgebewertung auf Basis der historischen Anschaffungskosten. Gehen Sie davon aus, dass alle erforderlichen Werte für die Maschine ermittelbar sind und somit keine Zahlungsmittel generierende Einheit (ZGE) gebildet werden muss.

Die Lösung finden Sie auf Seite 224.

FALL

Fall 11 Dem Umweltschutz dienender Vermögensgegenstand
33 Punkte ** **30 Minuten**

Eine Produktionsanlage der Maschinenbau AG darf ab 2017 nur noch weiter betrieben werden, wenn eine Filteranlage zur Minderung der Schadstoff-Emission eingebaut wird. Die Anschaffungskosten der Anlage, deren Installation im September 2016 fertiggestellt wird, betragen 600.000 € zzgl. Umsatzsteuer. Ein zusätzlicher Nutzenzufluss allein durch die Filteranlage ist nicht zu erwarten.

Die Zahlung der Anlage erfolgt ohne Abzug im Oktober 2016.

Der Restbuchwert der Produktionsanlage beträgt 8.000.000 €, die Restnutzungsdauer 12 Jahre bei linearem Verbrauch.

Die betriebsgewöhnliche Nutzungsdauer der Filteranlage wurde zutreffend auf zehn Jahre geschätzt. Der Verbrauch des künftigen wirtschaftlichen Nutzens der Filteranlage wird am besten mit der linearen Abschreibung dargestellt.

Lösungshinweis:

Für den Bilanzansatz ist eine Folgebewertung nach dem Anschaffungskostenmodell durchzuführen.

Die Lösung finden Sie auf Seite 224.

FALL

Fall 12 Komponentenansatz 1

33 Punkte ** **30 Minuten**

Eine neue Maschine der Maschinenbau AG wurde am 18. 10. 2016 in Betrieb genommen. Der Kaufpreis der Maschine betrug 4.000.000 €. Zusätzlich waren noch folgende Kosten im Zusammenhang mit der Beschaffung angefallen:

- Erstellung eines neuen Fundamentes für die Aufstellung der Anlage 50.000 €
- Routinemäßiger Neuanstrich der Produktionshalle 10.000 €
- Gutachten für die Umweltverträglichkeit der Anlage 10.000 €
- Transportkosten für die Anlieferung 10.000 €
- Aufbau und Probelauf 15.000 €
- Nettoertrag aus dem Verkauf der im Probelauf produzierten Waren 5.000 €

Alle Angaben sind Nettowerte.

Eine Verarbeitungseinheit der Maschine ist laut Sicherheitsvorschriften alle vier Jahre zu erneuern. Die Kosten für die Erneuerung der Verarbeitungseinheit betragen zurzeit 800.000 €.

Die übrigen Bauteile der Maschine haben eine betriebsgewöhnliche Nutzungsdauer von zehn Jahren. Der Verbrauch des künftigen wirtschaftlichen Nutzens der Maschine wird am besten mit der linearen Abschreibung dargestellt.

Die Zahlung des Kaufpreises erfolgte unter Abzug von 2 % Skonto im Oktober 2016. Die übrigen Beträge wurden im November ohne Abzug bezahlt.

Lösungshinweis:

Für den Bilanzansatz ist eine Folgebewertung nach dem Anschaffungskostenmodell durchzuführen. Buchungen sind nicht anzugeben.

Die Lösung finden Sie auf Seite 226.

FALL

Fall 13 Komponentenansatz 2
44 Punkte *** **40 Minuten**

Eine neue Maschine der Maschinenbau AG wurde am 28. 11. 2016 in Betrieb genommen. Der Kaufpreis der Maschine betrug 5.000.000 €. Zusätzlich waren noch Nebenkosten im Zusammenhang mit der Beschaffung in Höhe von 250.000 € angefallen.

Alle Angaben sind Nettowerte.

Eine Verarbeitungseinheit der Maschine ist laut Sicherheitsvorschriften alle drei Jahre zu erneuern. Die Kosten für die Erneuerung der Verarbeitungseinheit betragen zurzeit 500.000 €.

Zusätzlich besagen die Sicherheitsbestimmungen, dass alle 24 Monate ein umfangreicher Sicherheitscheck durchzuführen ist. Die Kosten belaufen sich voraussichtlich auf 100.000 €.

Die übrigen Bauteile der Maschine haben eine betriebsgewöhnliche Nutzungsdauer von zehn Jahren. Der Verbrauch des künftigen wirtschaftlichen Nutzens der Maschine wird am besten mit der linearen Abschreibung dargestellt.

Die Zahlung des Kaufpreises erfolgte unter Abzug von 3 % Skonto im November 2016. Die übrigen Beträge wurden im Dezember ohne Abzug bezahlt.

Lösungshinweis:

Für den Bilanzansatz ist eine Folgebewertung nach dem Anschaffungskostenmodell durchzuführen. Buchungen sind nicht anzugeben.

Zusatzaufgabe:

Wie ist 2018 zu verfahren, wenn im März schon vorzeitig ein Sicherheitscheck zum Preis von 120.000 € durchgeführt wird, ohne dass Teile ausgetauscht werden? Buchungen sind nicht anzugeben.

Die Lösung finden Sie auf Seite 227.

FALL

Fall 14 Nachträgliche Anschaffungskosten
33 Punkte ** **30 Minuten**

Für eine Maschine der Maschinenbau AG, die im Juli 2013 gekauft wurde, musste im März 2016 ein neues Bauteil gekauft und installiert werden.

Die Maschine hatte Anschaffungskosten von 600.000 €. Die betriebsgewöhnliche Nutzungsdauer der Maschine wurde zutreffend auf acht Jahre geschätzt. Der Verbrauch des künftigen wirtschaftlichen Nutzens der Maschine wird am besten mit der linearen Abschreibung dargestellt.

Der Kaufpreis des Bauteils beträgt 80.000 €. Der Wiederbeschaffungspreis für die gesamte Maschine betrug im März 2015 640.000 €. Die Nutzungsdauer und der Werteverzehr ändern sich durch den Austausch nicht.

Alle Angaben sind Nettowerte.

Die Zahlung des Bauteils erfolgte ohne Abzug im April 2016.

Lösungshinweis:

Für den Bilanzansatz ist eine Folgebewertung nach dem Anschaffungskostenmodell durchzuführen. Buchungen sind nicht anzugeben.

Die Lösung finden Sie auf Seite 230.

FALL

Fall 15 Softwarekauf

28 Punkte * **25 Minuten**

Die Maschinenbau AG kaufte am 15. 2. 2016 eine Software für die gesamte Personalabrechnung und -verwaltung. Der Kaufpreis der Software betrug 40.000 €. Nebenkosten sind nicht angefallen.

Die betriebsgewöhnliche Nutzungsdauer der Software wurde zutreffend mit fünf Jahren ermittelt. Der Verbrauch des künftigen wirtschaftlichen Nutzens der Software wird am besten mit der linearen Abschreibung dargestellt.

Die Zahlung der Software erfolgte unter Abzug von 3 % Skonto im März 2016.

Lösungshinweis:

Für den Bilanzansatz ist eine Folgebewertung nach dem Anschaffungskostenmodell durchzuführen.

Die Lösung finden Sie auf Seite 231.

FALL

Fall 16 Softwarekauf mit Zuwendungen

33 Punkte *** **30 Minuten**

Die Maschinenbau AG kaufte am 15. 2. 2016 eine Software für die gesamte Personalabrechnung und -verwaltung. Der Kaufpreis der Software betrug 200.000 €. Nebenkosten sind nicht angefallen.

Die betriebsgewöhnliche Nutzungsdauer der Software wurde zutreffend mit vier Jahren ermittelt. Der Verbrauch des künftigen wirtschaftlichen Nutzens der Software wird am besten mit der linearen Abschreibung dargestellt.

Die Zahlung der Software erfolgte ohne Abzug im März 2016.

Im Mai 2016 erhält die Maschinenbau AG einen Investitionszuschuss des Landes Nordrhein-Westfalen i. H. v. 20.000 €. Eine Rückzahlungsverpflichtung besteht nicht. Ein Passivposten soll in der Bilanz für diesen Vorgang nicht gebildet werden.

Im Juni 2016 erhält die Maschinenbau AG einen Betrag von 54.000 € von einem befreundeten Unternehmen mit der Verpflichtung, vom Juli 2016 bis zum Dezember 2018 die Personalabrechnung des Unternehmens mit zu übernehmen. Sollte die Abrechnung auch noch danach durchgeführt werden, wird dies monatlich vergütet.

Lösungshinweis:

Für den Bilanzansatz ist eine Folgebewertung nach dem Anschaffungskostenmodell durchzuführen. Buchungen sind nicht anzugeben.

Die Lösung finden Sie auf Seite 232.

FALL

Fall 17 Softwareherstellung
22 Punkte ** **20 Minuten**

Für die Lagerverwaltung hat die Maschinenbau AG selbst eine Software entwickelt. In diesem Zusammenhang sind folgende Zahlungen getätigt worden:

► Beratungsleistungen für die Auswahl des Verfahrens	25.000 €
► Beratungsleistung für den Programmentwurf	20.000 €
► Lohnkosten Programmierung	120.000 €
► Lohnkosten für Test und Implementierung	15.000 €
► Projektbezogene Finanzierungskosten	5.000 €

Die Beratungsleistungen sind korrekterweise bereits in 2015 angefallen und als Aufwand erfasst worden. Alle anderen Positionen betreffen 2016.

Die Fertigstellung der Software war im Juli 2016. Die betriebsgewöhnliche Nutzungsdauer der Software wurde zutreffend mit sieben Jahren ermittelt. Der Verbrauch des künftigen wirtschaftlichen Nutzens der Software wird am besten mit der linearen Abschreibung dargestellt.

Lösungshinweis:

Für den Bilanzansatz ist eine Folgebewertung nach dem Anschaffungskostenmodell durchzuführen. Buchungen sind nicht anzugeben.

Die Lösung finden Sie auf Seite 234.

FALL

Fall 18 Kauf festverzinslicher Wertpapiere 1

16 Punkte * **15 Minuten**

Die Maschinenbau AG kauft am 1. 1. 2016 (Erfüllungstag) festverzinsliche Wertpapiere im Nennwert von 300.000 € mit der Absicht, diese bis zur Endfälligkeit am 31. 12. 2020 zu halten. Dies hat die AG auch in der Vergangenheit bei ähnlichen Anlagen so gehandhabt. Aufgrund der finanziellen Lage bestehen zurzeit keine Zweifel an der Fähigkeit des Unternehmens, die Geldanlage bis zur Endfälligkeit zu halten.

Der Kurswert der Anleihe betrug 100 %. Gebühren fielen beim Kauf nicht an. Die Zinsen von nominal 5 % werden immer nachschüssig jeweils zum 31. 12. fällig und gezahlt.

Zum Bilanzstichtag ist der Kurs der Anleihe auf 102 % gestiegen.

Lösungshinweis:

Buchungen sind nicht anzugeben. Auf Steuern ist nicht einzugehen.

Die Lösung finden Sie auf Seite 235.

FALL

Fall 19 Kauf festverzinslicher Wertpapiere 2

22 Punkte ** **20 Minuten**

Die Maschinenbau AG kauft am 1. 1. 2016 (Erfüllungstag) festverzinsliche Wertpapiere im Nennwert von 600.000 € mit der Absicht, diese bis zur Endfälligkeit am 31. 12. 2019 zu halten. Dies hat die AG auch in der Vergangenheit bei ähnlichen Anlagen so gehandhabt. Aufgrund der finanziellen Lage bestehen zurzeit keine Zweifel an der Fähigkeit des Unternehmens, die Geldanlage bis zur Endfälligkeit zu halten.

Der Kurswert der Anleihe betrug 99 %. Gebühren fielen beim Kauf in Höhe von 0,5 % des Nennwertes an. Die Zinsen von nominal 4 % werden immer nachschüssig jeweils zum 31. 12. fällig. Der effektive Zinssatz der Anleihe beträgt 4,18 %.

Zum Bilanzstichtag ist der Kurs der Anleihe auf 102 % gestiegen.

Lösungshinweis:

Buchungen sind nicht anzugeben. Auf Steuern ist nicht einzugehen.

Die Lösung finden Sie auf Seite 236.

FALL

Fall 20 Kauf von Aktien 1

16 Punkte ** **15 Minuten**

Die Maschinenbau AG kauft am 15. 3. 2016 (Erfüllungstag) 10.000 Aktien der Industrie AG zum Kurs von 60 € je Aktie mit der Absicht, diese langfristig zu halten.

Gebühren fielen beim Kauf i. H. v. 1,0 % des Kurswertes an. Diese Gebühren würden auch bei einem Verkauf der Aktien anfallen. Eine Dividende wurde bei der Industrie AG in 2016 weder beschlossen noch gezahlt.

Zum Bilanzstichtag ist der Kurs der Aktien auf 58 € je Aktie gesunken.

Lösungshinweis:

Die Posten im sonstigen Ergebnis sind ohne steuerliche Auswirkungen darzustellen. Buchungen sind nicht anzugeben.

Die Lösung finden Sie auf Seite 237.

FALL

Fall 21 Verkauf von Aktien

33 Punkte *** **30 Minuten**

Die Maschinenbau AG hatte im Jahr 2015 20.000 Aktien der Industrie AG zum Kurs von 50 € je Aktie mit der Absicht gekauft, diese langfristig zu halten. Gebühren fielen beim Kauf i. H. v. 0,5 % des Kurswertes an.

Zum Jahresabschluss wurde die Aktie mit 52 € je Stück bewertet.

Am 25. 5. 2016 verkauft die Maschinenbau AG entgegen der ursprünglichen Absicht die Hälfte der Aktien zum Preis von 54 € je Aktie. Gebühren fielen beim Verkauf i. H. v. 0,5 % des Kurswertes an.

Eine Dividende wurde bei der Industrie AG in 2016 weder beschlossen noch gezahlt.

Zum Bilanzstichtag ist der Kurs der Aktien weiter auf 58 € je Aktie gestiegen.

Lösungshinweis:

Beschreiben Sie die Erst- und Folgebewertung in 2015 und die Auswirkungen in 2016. Die Posten im sonstigen Ergebnis sind ohne steuerliche Auswirkungen darzustellen. Buchungen sind nicht anzugeben.

Die Lösung finden Sie auf Seite 238.

FALL

Fall 22 Kauf von Aktien 2
16 Punkte * **15 Minuten**

Die Maschinenbau AG kauft zur vorübergehenden Geldanlage am 25.12.2016 (Erfüllungstag) 5.000 Aktien der Industrie AG zum Kurs von 20 € je Aktie mit der Absicht, diese nur kurzfristig zu halten und dann nach einem erwarteten Kursanstieg im ersten Halbjahr 2017 wieder zu verkaufen.

Gebühren fielen beim Kauf in Höhe von 0,5 % des Kurswertes an. Diese Gebühren würden auch bei einem Verkauf der Aktien anfallen. Eine Dividende wurde bei der Industrie AG in 2016 weder beschlossen noch gezahlt.

Zum Bilanzstichtag ist der Kurs der Aktien auf 24 € je Aktie gestiegen.

Lösungshinweis:

Buchungen sind nicht anzugeben.

Die Lösung finden Sie auf Seite 240.

FALL

Fall 23 Fremdwährungsforderung
16 Punkte * **15 Minuten**

Die Maschinenbau AG lieferte am 18.12.2016 eine Maschine an die im Ausland sitzende CAR Company. Der Verkaufspreis beträgt 200.000 US-$. Die Zahlung ist vereinbarungsgemäß am 18.2.2017 ohne Abzüge erfolgt.

Der Devisenmittelkurs des US-$ hatte folgende Werte für 1 Dollar:

18.12.2016	0,7280 €
31.12.2016	0,7320 €
18.2.2017	0,7310 €

Lösungshinweis:

Buchungen sind nicht anzugeben.

Die Lösung finden Sie auf Seite 241.

FALL

Fall 24 Fertigungsaufträge 1

28 Punkte ** **25 Minuten**

Ein Unternehmen erhält einen zweijährigen Fertigungsauftrag zu einem Festpreis für eine kundenspezifische Spezialmaschine. Das positive wirtschaftliche Gesamtergebnis aus diesem Auftrag ist i. S. d. IAS 11 verlässlich abschätzbar. Am Ende der ersten Periode sind plangemäß 40 % der Gesamtkosten angefallen. Rechnungsstellungen an den Auftraggeber und Zahlungen von diesem sind noch nicht erfolgt.

Beschreiben Sie die Erfassung des Fertigungsauftrages im Abschluss der ersten Periode.

Die Lösung finden Sie auf Seite 242.

FALL

Fall 25 Fertigungsaufträge 2

33 Punkte ** **30 Minuten**

Ein Unternehmen erhält im Jahr 2016 einen zweijährigen Fertigungsauftrag für eine Spezialmaschine. Der Verkaufspreis für diese Maschine ist vertraglich auf 240.000 € zzgl. Umsatzsteuer festgelegt worden. Beginn der Fertigung ist der 25. 4. 2016 und die planmäßige Fertigstellung soll am 31. 3. 2018 sein. Die Gesamtkosten für diesen Fertigungsauftrag werden zum Ende 2016 auf 200.000 € geschätzt. Dieser Wert ist aufgrund von Kostenanalysen sehr verlässlich.

Bis zum 31. 12. 2016 wurden für den Fertigungsauftrag Aufwendungen in Höhe von 86.000 € gebucht.

Rechnungsstellungen an den Auftraggeber und Zahlungen von diesem sind noch nicht erfolgt.

Die Lösung finden Sie auf Seite 243.

FALL

Fall 26 Vorräte 1

28 Punkte ** **25 Minuten**

Ein Unternehmen hat für seinen IFRS-Abschluss zu beurteilen, wie der Ansatz

a) für die von Dritten bezogenen Waren und

b) die selbst hergestellten fertigen Erzeugnisse

zu erfolgen hat. In beiden Fällen handelt es sich um Massengüter, für die noch keine Verkaufsverträge bestehen.

Beschreiben Sie die Bilanzierungspflicht sowie die Zugangs- und Folgebewertung für die Vorräte.

Die Lösung finden Sie auf Seite 244.

FALL

Fall 27 Vorräte 2

33 Punkte ** **30 Minuten**

Die Maschinenbau AG hat von ihrem Lieferanten im Jahr 2016 Stahlplatten ausschließlich zur Verarbeitung für den Maschinentyp „Gigant" bezogen:

Anfangsbestand	50 Tonnen (t)	800 €/t
16. 1. 2016	500 t	780 €/t
20. 4. 2016	800 t	810 €/t
15. 8. 2016	600 t	820 €/t
17. 11. 2016	700 t	800 €/t

Außerdem fielen beim Bezug je Tonne Stahl 50 € Transportkosten an.

Der Stahlbestand am Jahresende beträgt 150 t, wobei aufgrund der Lagerhaltung nicht festgestellt werden kann, aus welcher Lieferung der Bestand stammt. Aus diesem Grunde erfolgt die Bewertung der Rohstoffe bei der Maschinenbau AG nach dem einfachen Durchschnitt. Die Wiederbeschaffungskosten der Tonne Stahl betrugen inklusive Transportkosten zum 31. 12. 2016 840 €.

Alle Beträge sind Nettowerte.

Wie ist zu Verfahren, wenn bei dem Maschinentyp „Gigant"

a) die Verkaufspreise weiterhin über den Herstellungskosten liegen?

b) die Verkaufspreise unter die Herstellungskosten gesunken sind?

Lösungshinweis:

Buchungen sind nicht vorzunehmen.

Die Lösung finden Sie auf Seite 245.

FALL

Fall 28 Vorräte 3

33 Punkte ** **30 Minuten**

Die Maschinenbau AG produziert die Drehmaschine „Turbo-Dreher" in großer Stückzahl und verkauft diese dann an verschiedene Handelsunternehmen zum Preis von 600 €. Dabei fallen Vertriebskosten je Maschine von 15 € an.

Im Jahr 2016 wurden 120.000 Stück produziert, dies entspricht auch der normalen Produktionskapazität. Zum 31. 12. 2016 befinden sich 8.000 fertige Maschinen auf Lager.

Aus der Kostenrechnung des Unternehmens ergeben sich für diesen Maschinentyp folgende Werte:

Materialeinzelkosten	50 €
Materialgemeinkosten	200 %
Fertigungseinzelkosten	80 €
Fertigungsgemeinkosten	150 %
Zurechenbare Fremdkapitalkosten	6 €
Fixe Produktionsgemeinkosten (bezogen auf den Maschinentyp)	
Produktionsbezogene Verwaltungskosten	2.400.000 €
Abschreibungen Betriebsgebäude und -einrichtungen	3.000.000 €

Alle Beträge sind Nettowerte.

Die Herstellungskosten sollen möglichst niedrig ausgewiesen werden.

Die Lösung finden Sie auf Seite 246.

FALL

Fall 29 Handelswaren

16 Punkte ** **15 Minuten**

Zur Abrundung des Produktangebots bietet die Maschinenbau AG u. a. eine Schutzplane für die von der AG hergestellten Maschinen T500i an. Diese Schutzplanen werden von einem anderen Unternehmen gekauft und ohne Weiterverarbeitung verkauft. Die Anschaffungskosten betragen 2.000 € je Stück. Der Verkaufspreis betrug bisher 2.500 €.

Da der Hersteller der Planen ab Ende 2016 eine neue Variante der Plane mit verbesserten Eigenschaften produziert, kann der Lagerbestand von 150 Stück (alles Einkäufe aus 2016) nur noch mit einem Rabatt von 40 % verkauft werden.

Je Stück fallen für den Verkauf noch 100 € Vertriebskosten an.

Lösungshinweis:

Buchungen sind nicht anzugeben.

Die Lösung finden Sie auf Seite 247.

FALL

Fall 30 Schulden 1

28 Punkte ** **25 Minuten**

Ein Unternehmen das IFRS-Abschlüsse aufstellt, hat gebührenfrei ein zehnjähriges Tilgungsdarlehen mit 100 %iger Auszahlung und zehnjähriger marktüblicher Festzinsvereinbarung aufgenommen.

Beschreiben Sie die Bilanzierungspflicht sowie die Zugangs- und Folgebewertung für das Darlehen.

Die Lösung finden Sie auf Seite 248.

FALL

Fall 31 Schulden 2

27 Punkte ** **20 Minuten**

Die Maschinenbau AG nimmt zum 1.1.2016 ein zehnjähriges Tilgungsdarlehen i.H.v. 12.000.000 € mit 100 %iger Auszahlung und zehnjähriger marktüblicher Festzinsvereinbarung auf. Die Tilgung erfolgt in 120 gleichen Raten jeweils zum Monatsende, die Zinsen sind monatlich mit den Tilgungen auf die Restschuld fällig. Gebühren für dieses Darlehen fallen nicht an. Das Darlehen, die Tilgungen und die Zinsen sind im Jahr 2016 korrekt gebucht worden.

Die Lösung finden Sie auf Seite 249.

FALL

Fall 32 Konzernabschluss

22 Punkte ** **20 Minuten**

Ein Mutterunternehmen mit zwei 100 %igen Tochterunternehmen muss einen IFRS-Konzernabschluss aufstellen. Beschreiben Sie, welches Ziel der Konzernabschluss verfolgt und wie dieses grundsätzlich erreicht werden soll.

Die Lösung finden Sie auf Seite 250.

D. Steuerlehre

I. Abgabenordnung

FALL

Fall 1 Fristberechnung 1
10 Punkte ** **18 Minuten**

Die Abraham OHG erhielt am 10. 3. 2016 den am 5. 3. 2016 zuvor vom zuständigen Finanzamt Bonn-Außenstadt zur Post gegebenen Gewinnfeststellungsbescheid für 2014. Der Bescheid erging weder vorläufig noch unter dem Vorbehalt der Nachprüfung.

Die Feststellungserklärung war nach entsprechender Fristverlängerung am 24. 9. 2015 eingereicht worden. Der Feststellungsbescheid entsprach im Wesentlichen der eingereichten Erklärung. Allerdings wurden bestimmte Betriebsausgaben nicht anerkannt und auch einige Abschreibungen niedriger angesetzt als beantragt.

Der steuerliche Gewinn lag 30.000 € über dem von der OHG ermittelten Gewinn.

Der mit 25 % beteiligte Gesellschafter Lange hatte seine ESt-Erklärung für 2014 erst im Januar 2016 bei dem zuständigen Finanzamt Bonn-Innenstadt abgegeben. Er erhielt am 2. 5. 2016 seinen ESt-Bescheid mit Poststempel vom 29. 4. 2016.

Wegen des zu hohen Gewinns der OHG, der zwangsläufig seine Steuerschuld erhöhte, legte er per Fax am 16. 5. 2016 gegen seinen ESt-Bescheid beim zuständigen Finanzamt Einspruch ein und beantragte die Aussetzung der Vollziehung. Versehentlich wurde das Fax von Lange nicht unterschrieben.

Aufgabenstellung:

a) Hat der Einspruch Aussicht auf Erfolg? Bitte gehen Sie auch auf die Festsetzungsverjährung ein.

b) Wie wäre es, wenn der Gewinnfeststellungsbescheid unter Vorbehalt der Nachprüfung erlassen worden wäre?

Die Lösung finden Sie auf Seite 252.

FALL

Fall 2 Verspätete Abgabe von Erklärungen[1]
15 Punkte ** **22 Minuten**

Die Abraham OHG hatte im Jahr 2016 Probleme, den Personalbedarf in ihrer Finanzbuchhaltung optimal zu decken. Es wurden wiederholt unerfahrene Mitarbeiter eingestellt und eingearbeitet.

So kam es, dass die Einreichung der USt-Voranmeldungen sowie die entsprechenden Zahlungen mehrfach nicht pünktlich erfolgten. Im Laufe des Jahres ereigneten sich nachstehende Sachverhalte:

a) Abgabe der USt-Voranmeldung für Januar 2016 am Freitag, 12. 2. 2016. Der Erklärung lag ein Scheck in Höhe von 4.900 € (= Zahllast) bei. Dauerfristverlängerung wurde nicht beantragt; diese war den Mitarbeitern völlig unbekannt.

b) Abgabe der USt-Voranmeldung für Februar 2016 am Montag, 7. 3. 2016. Die Zahlung der Steuer in Höhe von 13.358 € erfolgte am Donnerstag, 10. 3. 2016, per Scheck.

c) Abgabe der USt-Voranmeldung für Mai 2016 am Montag, 13. 6. 2016. Es wurde ein Zahlungsbetrag in Höhe von 13.143 € errechnet. Eigentlich sollte der Voranmeldung ein Scheck beigelegt werden. Dieses wurde jedoch versäumt, so dass der Scheck erst am nächsten Tag beim Finanzamt einging.

d) Einwurf der USt-Voranmeldung für Juni 2016 in den Briefkasten des Finanzamtes am Freitag, 8. 7. 2016. Noch am gleichen Nachmittag warf eine Angestellte den Überweisungsträger mit dem zutreffenden Zahlungsbetrag von 14.529 € in den Briefkasten der Hausbank der OHG. Weil die Überweisung wegen des Wochenendes erst am darauf folgenden Montag bearbeitet wurde, erfolgte die Gutschrift auf dem Konto des Finanzamts erst am 14. 7. 2016.

e) Abgabe der USt-Voranmeldung für September 2016 am Montag, 10. 10. 2016. Die Entrichtung der Steuer in Höhe von 11.540 € erfolgte per Überweisung, die Gutschrift ging am Donnerstag, 13. 10. 2016 auf dem Konto des Finanzamts ein.

Aufgabenstellung:

Prüfen und erläutern Sie, ob und gegebenenfalls in welcher Höhe steuerliche Nebenleistungen zu erheben waren.

Die Lösung finden Sie auf Seite 253.

FALL

Fall 3 Außenprüfung 1
15 Punkte *** **15 Minuten**

Die Abraham OHG hatte ihre Feststellungserklärung für den VZ 2010 erst nach diversen Diskussionen mit dem Finanzamt am 22. 12. 2011 der zuständigen Finanzbehörde übergeben.

Das Finanzamt erließ am 15. 6. 2012 einen Gewinnfeststellungsbescheid unter Vorbehalt der Nachprüfung. Am 10. 11. 2015 ging bei der Abraham OHG eine Prüfungsanordnung ein. In dieser wurde mitgeteilt, dass bei der OHG eine Außenprüfung gemäß § 193 AO der einheitlichen und gesonderten Gewinnfeststellungen der Jahre 2010 bis 2012 durchgeführt werden sollte. Der Beginn war für den 8. 12. 2015 angesetzt.

Die Prüfungsanordnung enthielt alle gesetzlich vorgeschriebenen Bestandteile. Die Gesellschafter warteten mit Bangen auf die Prüfung und hofften, dass bis dahin die Verjährung eingetreten sein würde.

Am Morgen des 8.12.2015 kam der Prüfer, Herr Dr. Neff, in das Unternehmen, machte den Beginn der Prüfung aktenkundig und begann mit einer ersten Durchsicht der Belege. Gegen Mittag erklärte er, dass die weitere Prüfung unvorhergesehen zunächst verschoben werden müsse. Erst am 8.6.2016 erschien der Prüfer wieder im Unternehmen, um mit der Prüfung fortzufahren. Sie endete am 23.6.2016 mit der Schlussbesprechung. Es stellte sich ein steuerliches Mehrergebnis von 50.000 € heraus.

Aufgabenstellung:

a) Unterscheiden Sie die beiden Begriffe „Festsetzungsverjährung" und „Zahlungsverjährung". Gehen Sie auch auf den jeweiligen Fristlauf ein.

b) Führt die Verschiebung der Außenprüfung zu einer Verschiebung der Festsetzungsverjährung? Erläutern Sie den Fristlauf mit den gesetzlichen Vorschriften.

c) Wieviel Zeit hat das Finanzamt, nach Abschluss der Außenprüfung einen wirksam geänderten Gewinnfeststellungsbescheid zu erstellen?

d) Bis zu welchem Zeitpunkt wäre eine wirksame Selbstanzeige möglich?

Die Lösung finden Sie auf Seite 255.

FALL

Fall 4 Änderung von Steuerbescheiden 1
10 Punkte *** **15 Minuten**

Die Abraham OHG erhielt am 11.4.2016 den am 5.4.2016 zur Post gegebenen Gewinnfeststellungsbescheid der OHG für 2014, den die Gesellschafter sogleich ihrem angestellten Bilanzbuchhalter, Herrn Paulsen, zur Prüfung vorlegten.

Diesem Bescheid zufolge ergab sich ein – gegenüber der eingereichten Feststellungserklärung – um 7.500 € höherer Gewinn, weil das Finanzamt einige Betriebsausgaben nicht anerkannte und diverse Absetzungen niedriger ansetzte.

Der Bilanzbuchhalter und die Gesellschafter/Geschäftsführer waren entrüstet und beabsichtigten, gegen diesen Bescheid „irgendetwas" zu unternehmen. Herr Paulsen informierte die Gesellschafter/Geschäftsführer über die Möglichkeiten eines Antrags auf Änderung nach § 172 AO und eines Einspruchs nach § 347 AO sowie deren Auswirkungen.

Schließlich entschieden sich die Gesellschafter einstimmig für die Alternative des Einspruchs. Der Bilanzbuchhalter Paulsen formulierte diesen, unterschrieb ihn und reichte ihn am 10.5.2016 beim zuständigen Finanzamt ein.

Aufgabenstellung:

a) Erläutern Sie den Unterschied zwischen dem Antrag auf Änderung nach § 172 AO und dem Einspruch gemäß § 347 AO.

b) Nehmen Sie zu dem von dem Bilanzbuchhalter Paulsen eingelegten Einspruch Stellung.

Die Lösung finden Sie auf Seite 256.

FALL

Fall 5 Steuerstundung

8 Punkte * **12 Minuten**

Die Maschinenbau AG erhielt am 14.1.2016 (Tag der Bekanntgabe) nach einer Außenprüfung einen berichtigten KSt-Bescheid für das Jahr 2012. Aufgrund des Steuerbescheids war spätestens bis zum 16.2.2016 eine KSt-Nachzahlung in Höhe von 45.129 € zu leisten.

Da sich die Maschinenbau AG zu diesem Zeitpunkt in akuten Liquiditätsschwierigkeiten befand, bat der Geschäftsführer, Herr Hauke Mees, das zuständige Finanzamt um Stundung dieser Nachzahlung bis zum 31.3.2016. Diesem Wunsch wurde entsprochen.

Aufgabenstellung:

Prüfen Sie mit Hilfe der gesetzlichen Bestimmungen, ob sich für die Maschinenbau AG neben der Körperschaftsteuerzahlung weitere Zahlungsverpflichtungen ergaben und wenn ja, in welcher Höhe.

Die Lösung finden Sie auf Seite 258.

FALL

Fall 6 Änderung von Steuerbescheiden 2

12 Punkte ** **18 Minuten**

Die Bilanzbuchhalterin der Maschinenbau AG, Frau Mees, erhielt am 20.10.2016 den endgültigen KSt-Bescheid für 2014. Da die Unternehmensleitung mit diesem Bescheid nicht einverstanden war, bereitete Frau Mees am 10.11.2016 folgendes Schreiben an das zuständige Finanzamt vor. Dieses Schreiben unterzeichnete der Geschäftsführer am gleichen Tag. Sofort wurde das Schreiben an das Finanzamt gefaxt.

„Sehr geehrte Damen und Herren,

gegen den KSt-Bescheid für den VZ 2014 wende ich mich aus drei Gründen und bitte um Abänderung:

1. Die Provisionserträge der AG sind leider durch mein Versehen mit 90.000 € angegeben worden. Richtig sind jedoch 9.000 €. Diesen Fehler hatte ich leider bei der Einreichung der Unterlagen übersehen. Ich bitte, diese offenbare Unrichtigkeit nach § 129 AO zu berichtigen und die Steuer entsprechend herabzusetzen.
2. Ich habe vergessen, bei der Gewinnermittlung das Konto ‚Werbeaufwand' abzuschließen und von den Erträgen abzusetzen. Der Saldo belief sich mit Wirkung vom 31.12.2014 auf 25.000 €. Ich beantrage hiermit, diesen Betrag vom ermittelten Gewinn abzuziehen.
3. Für die Geschäftsführung wurde am 11.6.2014 eine neue Büroeinrichtung erworben. In unserer Gewinnermittlung waren wir von einer Nutzungsdauer von 5 Jahren ausgegangen. Sie

dagegen setzten eine Nutzungsdauer von 10 Jahren an und erhöhten unseren Gewinn entsprechend. Gegen die Bemessung der Nutzungsdauer lege ich ausdrücklich Einspruch ein.

Mit freundlichem Gruß

Maschinenbau AG

Weesbach

Vorstand".

Aufgabenstellung:

Prüfen Sie mit Hilfe der gesetzlichen Bestimmungen, um welche Rechtsmittel es sich jeweils handelt sowie deren Erfolgsaussichten.

Die Lösung finden Sie auf Seite 258.

FALL

Fall 7 Steuerfestsetzung

8 Punkte * **12 Minuten**

Im Rahmen des Festsetzungsverfahrens unterscheidet man zwischen Festsetzung unter Vorbehalt der Nachprüfung und vorläufiger Festsetzung.

Aufgabenstellung:

Erläutern Sie die Unterschiede anhand der gesetzlichen Regelungen.

Die Lösung finden Sie auf Seite 259.

FALL

Fall 8 Fristberechnung 2

12 Punkte ** **15 Minuten**

Ben Becker (B) betreibt in München ein Wirtshaus. Seine USt-Jahreserklärung für das Kalenderjahr 2015 hat er Ende Juni 2016 beim zuständigen Finanzamt eingereicht. Das Finanzamt wich von der Erklärung ab und gab den Umsatzsteuerbescheid 2015 am Dienstag, dem 5. 7. 2016 mit einfachem Brief zur Post auf. Der Umsatzsteuerbescheid weist einen Nachzahlungsbetrag von 760 € aus. Der Bescheid ist B am 8. 7. 2016 zugegangen. B hat den Betrag am 12. 8. 2016 von seinem Bankkonto überwiesen. Der Betrag wurde am 15. 8. 2016 auf dem Konto des Finanzamts gutgeschrieben.

Aufgabenstellung:

a) Wann war die USt-Abschlusszahlung für 2015 fällig?

b) Prüfen Sie, ob steuerliche Nebenleistungen – und ggf. in welcher Höhe – zu zahlen sind.

Die Lösung finden Sie auf Seite 260.

FALL

Fall 9 Haftung
12 Punkte ** **15 Minuten**

Der im Handelsregister eingetragene Weinhändler Willy Winzer in Winningen an der Mosel veräußerte seine Einzelfirma mit Kaufvertrag vom 28. 12. 2015 an den Weingroßhandel Mittelrhein OHG in Koblenz.

Die Übergabe erfolgt nach dem Kaufvertrag am 1. 2. 2016. Im Kaufvertrag ist vereinbart worden, dass der Erwerber alle Aktiva und Passiva des Unternehmens übernimmt.

Nur ein bisher vom Winzer betrieblich genutzter Pkw wird nicht mit veräußert. Er behält diesen für private Zwecke.

Im Zeitpunkt des Betriebsübergangs hatte Willy Winzer folgende Steuerrückstände:

USt-Nachzahlung für 2014	3.200 €
Säumniszuschläge zu USt 2014	320 €
USt-Abschlusszahlung für 2015	800 €
Einkommensteuer-Nachzahlung für 2014	4.000 €
Säumniszuschlag zur ESt 2014	400 €
ESt-Vorauszahlung für IV/2015	600 €

Aufgabenstellung:

a) Schildern Sie kurz, unter welchen Voraussetzungen und für welche Steuern der Erwerber eines Betriebs nach den Vorschriften der AO haftet und erläutern Sie dann, für welche der oben genannten Steuerrückstände die Mittelrhein OHG nach der AO haftet.

b) Kann diese Haftung einzelvertraglich mit Wirkung auf das Steuerrecht ausgeschlossen werden?

c) In welcher Form macht das FA die Haftungsansprüche geltend? Sind Rechtsbehelfe gegen eine Inanspruchnahme durch das FA möglich?

Die Lösung finden Sie auf Seite 260.

FALL

Fall 10 Außenprüfung 2
15 Punkte ** **20 Minuten**

Die Reifenfabrik Schmidt und Schneider OHG erhielt vom zuständigen Finanzamt form- und fristgerecht eine Prüfungsanordnung. Danach sollen die Prüfer Spitz und Findig ab dem 27. 10. 2016 mit einer Betriebsprüfung beginnen.

Dieser Termin kommt dem Unternehmen aber sehr ungelegen, da sich die Büroräume voraussichtlich noch bis Ende November im Umbau befinden. Deshalb müssen die Buchhaltungsunterlangen solange in einem kleinen Keller gestapelt werden.

Außerdem spielen Prüfer Spitz und der geschäftsführende Gesellschafter Schneider im selben Verein Tennis. Spitz war erst kürzlich im Finale des Vereinsturniers knapp gegen Schneider nach einem langen und umstrittenen Match im Tiebreak des letzten und entscheidenden Satzes unterlegen.

Aufgabenstellung:

a) Kommt hier eine Verschiebung des Prüfungsbeginns wegen der Renovierungsarbeiten in Betracht?

b) Kann Schneider den Prüfer Spitz ablehnen?

c) Dürfen die Prüfer aufgrund der Prüfungsanordnung gegen die OHG auch die steuerlichen Verhältnisse der Gesellschafter mitprüfen?

d) Dürfen die Prüfer Feststellungen anlässlich der OHG-Prüfung, die die steuerlichen Verhältnisse eines Lieferanten betreffen, an das dafür zuständige Finanzamt weiterleiten?

e) Können Prüfer auch ohne vorherige Genehmigung des geschäftsführenden Gesellschafters Betriebsangehörige befragen?

Die Lösung finden Sie auf Seite 261.

FALL

Fall 11 Fristberechnung 3
15 Punkte ** **20 Minuten**

Die Firma „Rast und Ruh Export und Import KG" betreibt in Bonn ihren Gewerbebetrieb. Komplementäre sind die Gesellschafter Rast und Ruh. Der Gesellschafter Feuer ist Kommanditist.

Durch den Gesellschaftsvertrag vom Februar 2002 wurde dem Gesellschafter Rast die alleinige Geschäftsführung übertragen.

Die Steuererklärungen der KG für das Wirtschaftsjahr (= Kalenderjahr) 2015 wurden im Mai 2016 beim zuständigen Betriebsfinanzamt Bonn eingereicht.

Das Finanzamt Bonn hat den Gewinn der KG einheitlich und gesondert mit 398.590 € festgestellt. Der Gewinnfeststellungsbescheid wurde am Freitag, 1. 7. 2016 (Datum des Gewinnfeststellungsbescheides), dem Komplementär und Geschäftsführer Rast mit einfachem Brief zugesandt.

Mit Schreiben vom 7. 8. 2016 hat der Kommanditist Feuer gegen den Gewinnfeststellungsbescheid Einspruch eingelegt. Das Einspruchsschreiben ist am 10. 8. 2016 beim Betriebsfinanzamt Bonn eingegangen. Der Gesellschafter Feuer hat seinen Einspruch mit der Begründung eingereicht, der Gewinn aus Gewerbebetrieb sei vom Finanzamt falsch ermittelt worden. Der festgestellte Gesamtgewinn in Höhe von 398.590 € sei zu hoch.

Aufgabenstellung:

a) Zu welchem Zeitpunkt ist der Gewinnfeststellungsbescheid wirksam geworden? Stellen Sie die Fristenberechnung dar.

b) Bis zu welchem Zeitpunkt kann gegen den Gewinnfeststellungsbescheid Einspruch eingelegt werden? Stellen Sie die Fristenberechnung dar.

c) Ist der Einspruch des Gesellschafters Feuer gegen den Gewinnfeststellungsbescheid zulässig?

Die Lösung finden Sie auf Seite 262.

II. Einkommensteuer

FALL

Fall 12 Summe der Einkünfte 1/Neuregelungen für die Besteuerung ab 2009

25 Punkte *** **35 Minuten**

Der Gesellschafter der Abraham OHG, Herr Kai Schweers, wird für den VZ 2016 gemeinsam mit seiner Ehefrau Angela zur Einkommensteuer veranlagt.

Die Besteuerung der privaten und betrieblichen Kapitaleinkünfte ist ab 2009 grundsätzlich geändert worden (Einführung der Abgeltungsteuer, § 32d EStG).

Die Neuregelungen sind den Steuerpflichtigen auch in den Grundzügen durch die Erläuterungen ihrer Hausbanken nicht ausreichend erklärt worden. Eine Darstellung der Änderungen unter Hinweis auf die gesetzlichen Bestimmungen ist hiermit erforderlich.

Aufgabenstellung:

Erläutern Sie die ab 2009 geltenden Neuregelungen (Rechtsstand: VZ 2016) anhand der gesetzlichen Bestimmungen:

1. Das Teileinkünfteverfahren in 2016

   Aufgrund der umfassenden steuerlichen Neuerungen sollen deren Auswirkungen im Betriebsvermögen sowie im Privatvermögen anhand der gesetzlichen Vorschriften erläutert werden.

2. Grundzüge der Abgeltungsteuer ab 2009 – Änderungen für Kapitalanleger

   Die Neuregelungen sind in den zu beachtenden Grundzügen anhand der einschlägigen gesetzlichen Vorschriften darzustellen.

3. Folgende Sachverhalte sind danach für den VZ 2016 steuerlich zu würdigen:

   a) Die Eheleute haben im Dezember 2008 Aktien der A AG (Anteilsbesitz < 1 %) gekauft und diese insgesamt im November 2016 mit Gewinn veräußert.

b) Wegen der erzielten Gewinne wurden in 2016 wiederum Aktien der A AG (Anteilsbesitz < 1 %) gekauft und ebenfalls mit Gewinn veräußert.

c) Die Ehefrau von Kai Schweers gewährt ihm 2016 für seine Beteiligung an der OHG ein Darlehen zu einem marktüblichen Zinssatz von 3 %.

d) Die Eheleute erhalten für ein gemeinsames Festgeldkonto in 2016 eine Zinsgutschrift.

Die Lösung finden Sie auf Seite 263.

FALL

Fall 13 Einkünfte aus Vermietung und Verpachtung(1)

40 Punkte *** **60 Minuten**

Die Gesellschafterin der Abraham OHG, Uta Johannsen, hatte mit Kaufvertrag vom 30. 12. 2015 in Würzburg ein Grundstück mit einem Einfamilienhaus, Baujahr 1970, erworben. Der Kaufpreis von 240.000 € entfiel zu einem Drittel auf das Grundstück und zu zwei Dritteln auf das Gebäude mit 150 qm Wohnfläche.

Die Finanzierung für dieses Objekt erfolgte ausschließlich aus eigenen Mitteln. Der Übergang des wirtschaftlichen Eigentums erfolgte am 2. 2. 2016.

Im Zusammenhang mit dem Erwerb hatte Frau Johannsen Grunderwerbsteuer in gesetzlicher Höhe sowie Notargebühren in Höhe von brutto 1.000 € und 800 € Gerichtskosten zu zahlen.

Das Gebäude vermietete sie ab dem 2. 2. 2016 für 900 € zuzüglich 200 € Nebenkosten an den Frauenarzt Dr. Holger Hürthen als Privatwohnung.

An Nebenkosten (Strom, Wasser, Grundsteuer ...) und sofort abziehbaren Erhaltungsaufwendungen fielen 2016 insgesamt 10.500 € an. Davon wurden im Jahr 2016 von Frau Johannsen 8.500 € bezahlt.

Im Laufe des Jahres 2016 ließ Frau Johannsen auf diesem Grundstück ein weiteres Gebäude errichten. Dabei handelte es sich um ein Zweifamilienhaus mit 180 qm Wohnfläche. Die Finanzierung dieser Herstellung erfolgte teilweise aus eigenen, teilweise aus fremden Mitteln.

Bereits vor Baubeginn gelang es ihr, das Haus ab Fertigstellung zu vermieten, und zwar als Privatwohnung an die Zahnärztin Dr. Annemarie Kombeitz und den Allgemeinarzt Roland Heiser für monatlich jeweils 1.100 € zzgl. 250 € Nebenkosten.

Die Verkäuferin hatte den Bauantrag für diese Immobilie bereits am 28. 12. 2013 gestellt. Aufgrund privater Probleme wurde mit dem Bau des Hauses aber erst Anfang 2016 durch Frau Johannsen begonnen.

Im Zusammenhang mit der Errichtung (Bezugsfertigkeit am 1. 9. 2016) sowie der Unterhaltung des Gebäudes fielen folgende Kosten an:

Architektenhonorar	30.000 €
+ 19 % USt	5.700 €
Rechnungen der Handwerker	600.000 €
+ 19 % USt	114.000 €
hiervon bezahlt bis 31. 12. 2016	550.000 €
Eintragungsgebühren der Hypothek	900 €
Hypothekenzinsen	2.000 €
Grundsteuer	600 €
Kosten für Anschluss des Gebäudes an die gemeindlichen Versorgungseinrichtungen	25.000 €
Kanalanstichgebühren an die Gemeinde	2.200 €
Strom, Wasser ab Bezugsfertigkeit	1.200 €
Straßenanliegerbeiträge	5.000 €

Frau Uta Johannsen hielt im VZ 2016 beide Immobilien in ihrem Privatvermögen.

Aufgabenstellung:

Ermitteln Sie aus den Sachverhalten die Einkunftsart sowie die Höhe dieser Einkünfte. Nutzen Sie dabei die steuerlichen Wahlrechte zugunsten der Steuerpflichtigen soweit wie möglich dahingehend aus, dass der erzielte Überschuss für 2016 möglichst gering ausfällt. Bauabzugssteuer wurde nicht einbehalten und abgeführt. Hierauf ist somit nicht einzugehen.

Die Lösung finden Sie auf Seite 265.

FALL

Fall 14 Gewinnverwendung einer OHG

20 Punkte ** **30 Minuten**

Der Handelsbilanzgewinn für das Jahr 2016 der Abraham OHG beträgt 1.900.000 €.

Laut Gesellschaftsvertrag erhält jeder Gesellschafter 5 % auf seine geleistete Einlage in Höhe von jeweils 1.000.000 €. Der Rest wird im Verhältnis 6 : 4 : 3 : 2 auf die Gesellschafter Martin Lange, Uta Johannsen, Kai Schweers und Annelene Abraham aufgeteilt.

Frau Abraham war als alleinige Geschäftsführerin beschäftigt und erhielt dafür eine Vergütung in Höhe von 150.000 €, die als Aufwand gebucht wurde.

Von Frau Johannsen wurde das Betriebsgelände in München gemietet. Die Aufwendungen beliefen sich auf 105.000 € und minderten den Handelsbilanzgewinn. Frau Johannsen hat keine Kosten für das Betriebsgelände nachgewiesen.

Es wurden im Laufe des Jahres 2016 folgende Privatentnahmen vorgenommen:

Lange	250.000 €
Johannsen	140.000 €
Schweers	160.000 €
Abraham	180.000 €

Bei der Berechnung des Handelsbilanzgewinns sind nachstehende Vorgänge berücksichtigt:

1. Am 17.6.2016 feierte Frau Annelene Abraham ein privates Fest auf Kosten der Firma. An Aufwendungen fielen an:

Speisen und Getränke	3.500 €
Äußerer Rahmen	1.400 €
Saalmiete	1.100 €
Gesamt	6.000 €

   Sämtliche Aufwendungen wurden von der Abraham OHG getragen und als Betriebsausgaben gebucht. Auf die Umsatzsteuer ist nicht einzugehen

2. In der Zeit vom 13.10. bis zum 17.10.2016 war Herr Lange aus betrieblichen Gründen auf einer Messe in Düsseldorf. Er verließ seinen Heimatort Hamburg mit seinem privaten Pkw am 13.10.2016 um 20.00 Uhr und kehrte am 17.10.2016 um 11.00 Uhr wieder dorthin zurück. Die einfache Entfernung zwischen Hamburg und Düsseldorf beträgt 375 km.

   Er wies folgende Verpflegungskosten laut Beleg (ohne Vorsteuerausweis) nach:

13.10.2016	12,80 €
14.10.2016	76 €
15.10.2016	40 €
16.10.2016	131 €
17.10.2016	23 €

   Für vier Übernachtungen inklusive Frühstück fielen Hotelkosten von insgesamt (115 € × 4 Übernachtungen =) 460 € an. Außerdem musste Herr Lange Parkgebühren in Höhe von 20 € entrichten. Von der Abraham OHG wurde ihm pauschal ein Betrag von 678 € erstattet.

3. Die Abraham OHG spendete am 12.11.2016 2.500 € an die CDU, weil sich die Gesellschafter „mehr Unternehmerfreundlichkeit" in den politischen Entscheidungen erhofften. Dieser Betrag wurde als Betriebsausgabe gebucht.

Aufgabenstellung:

Ermitteln Sie mit Hilfe der gesetzlichen Vorschriften den steuerlichen Gesamtgewinn der Abraham OHG und die einkommensteuerlichen Gewinnanteile der einzelnen Gesellschafter.

Die Gewerbesteuer bleibt hierbei unberücksichtigt.

Die Lösung finden Sie auf Seite 268.

FALL

Fall 15 Gesamtbetrag der Einkünfte

20 Punkte *** **30 Minuten**

Der Gesellschafter der Abraham OHG, Herr Martin Lange, wird seit 1987 zusammen mit seiner Ehefrau Heidi, geborene Henningsen, zur Einkommensteuer veranlagt.

Martin Lange, geboren am 30.12.1947, verzeichnete neben seinem steuerlichen Gewinnanteil an der OHG in Höhe von 250.000 € für den VZ 2016 folgende einkommensteuerlich bedeutsame Sachverhalte:

1. Zum 1.1.2016 war er seit 6 Jahren mit 50 % an der Schmidt GmbH, ein Unternehmen mit Sitz im Inland, unmittelbar beteiligt. Herr Martin Lange veräußerte am 15.12.2016 seine im Privatvermögen gehaltene Beteiligung an der Schmidt GmbH zum Preis von 55.000 €. Die Anschaffungskosten betrugen 15.000 €.
2. Mit Kaufvertrag vom 4.8.2009 erwarb Herr Lange ein am 18.5.2011 fertiggestelltes Gebäude (Bauantrag: 1.6.2008) zu Anschaffungskosten von insgesamt 250.000 € und führte dieses seinem Privatvermögen zu, um es für Wohnzwecke zu vermieten.

   Für die Jahre 2011 bis 2015 nahm er die höchstmögliche Abschreibung vor. Mit Vertrag vom 16.1.2016 verkaufte Herr Lange das Gebäude zu einem Verkaufspreis von 325.000 €. Die Mieter waren bereits am 15.12.2015 ausgezogen. Für einen Immobilienmakler musste Courtage in Höhe von 5.000 € zzgl. 19 % USt gezahlt werden. Die Umschreibung im Grundbuch erfolgte am 25.2.2016. Die angefallenen Gebühren in Höhe von 2.000 € wurden vom Käufer übernommen. Der Grund und Boden wurde ertragsneutral verkauft.

Heidi Lange, geboren am 25.12.1959, war im Jahr 2016 als Detektivin selbstständig tätig. Sie erzielte aus dieser Tätigkeit einen steuerlichen Gewinn von 65.000 €. Weitere steuerpflichtige Einnahmen erzielte sie 2016 nicht.

Aufgabenstellung:

Berechnen Sie unter genauer Bezeichnung aller Einkunftsarten den Gesamtbetrag der Einkünfte der Eheleute Lange für den VZ 2016.

Die Lösung finden Sie auf Seite 270.

FALL

Fall 16 Gewerbesteueranrechnung[1]

15 Punkte *** **18 Minuten**

Die ledige kinderlose Steuerpflichtige Edith Sievert, geboren am 11.12.1963, erzielte im Kalenderjahr 2016 einen Gewinn aus Gewerbebetrieb in Höhe von 80.500 €. Weitere Einkünfte lagen nicht vor.

Der Gewerbeertrag betrug nach allen in Betracht kommenden Hinzurechnungen und Kürzungen 80.500 €. An abzugsfähigen Sonderausgaben fielen 22.000 € an. Der Gewerbesteuerhebesatz der hebeberechtigten Gemeinde beträgt 400 %.

Aufgabenstellung:

Errechnen Sie die festzusetzende Einkommensteuer für 2016. Auf die Höhe des Solidaritätszuschlages ist nicht einzugehen.

Die Lösung finden Sie auf Seite 272.

FALL

Fall 17 Spenden[1]

10 Punkte * **15 Minuten**

Der Steuerpflichtige Hauke Mees, Gesellschafter der Maschinenbau AG, wird zusammen mit seiner Ehefrau Anka zur Einkommensteuer veranlagt. Die Ehe ist kinderlos. Der Gesamtbetrag der Einkünfte für 2016 betrug 110.000 €. Einkünfte aus Gewerbebetrieb erzielten sie nicht. Sie weisen für 2016 folgende Spenden belegmäßig nach:

Spenden an den Karnevalsverein	1.900 €
Spenden für kirchliche Zwecke	2.000 €
Spenden für Krebsforschung	6.000 €
Spenden an eine politische Partei	4.500 €

Weiterhin konnten die Eheleute Mees abzugsfähige Sonderausgaben in Höhe von 12.500 € nachweisen.

Weitere einkommensteuerliche Abzugsmöglichkeiten liegen nicht vor.

An ESt-Vorauszahlungen leisteten die Eheleute Mees 20.000 €.

Aufgabenstellung:

Berechnen Sie die abzugsfähigen Spenden und ermitteln Sie die ESt-Abschlusszahlung für den VZ 2016. Auf den Solidaritätszuschlag ist nicht einzugehen.

Die Lösung finden Sie auf Seite 273.

FALL

Fall 18 Aus- und Fortbildungskosten[1]

20 Punkte ** **30 Minuten**

Die Gesellschafterin der Abraham OHG, Frau Uta Johannsen, hat drei Kinder.

Ihr Sohn Mats (geb. 23. 8. 1991) hat nach seinem Abitur im Jahr 2008 zunächst 10 Monate Zivildienst geleistet und zum 1. 10. 2009 ein Maschinenbaustudium aufgenommen. Dieses hat er im Jahr 2015 erfolgreich als Diplom-Ingenieur, Fachrichtung Luftfahrttechnik, abgeschlossen.

Nachdem er einige Zeit in diesem Beruf gearbeitet hatte, entschloss er sich, zum 1. 1. 2016 eine Ausbildung zum Verkehrsflugzeugführer zu beginnen. Da er zur Finanzierung seiner Ausbildung weiter als Ingenieur arbeitete (25 Wochenstunden), erzielte er im Jahr 2016 Einnahmen aus nichtselbstständiger Arbeit in Höhe von 25.000 €. Für seine Ausbildung entstanden ihm im Jahr 2016 Schulungskosten von 16.000 €, sowie weitere, unstreitige Werbungskosten von 2.568 €. Mats Johannsen hofft, nach Abschluss seiner Ausbildung, auch durch seine Kenntnisse als Ingenieur, noch bessere Berufsaussichten in der Luftfahrt zu haben.

Finn Johannsen (geb. 17. 5. 1996) hat nach dem Abitur im Jahr 2015 zunächst den Bundesfreiwilligendienst absolviert und anschließend ein Jahr im Ausland verbracht. Nach seiner Rückkehr nahm er, wie sein Bruder, zum 1. 8. 2016 eine Ausbildung zum Verkehrsflugzeugführer auf. Hierfür entstanden ihm Schulungskosten im Jahr 2016 in Höhe von 6.700 €. Aus einer Nebentätigkeit, die er ebenfalls zum 1. 8. 2016 zur Finanzierung seiner Ausbildung aufnahm (22 Wochenstunden), erzielte er Einnahmen von 10.500 € im Jahr 2016. Auch Finn hofft, nach Abschluss seiner Ausbildung eine Anstellung als Verkehrsflugzeugführer zu finden.

Alexandra Johannsen (geb. 13. 11. 1997) hat im Juni 2015 ihr Abitur mit der Note 1,0 bestanden. Zum 1. 8. 2015 hat sie eine duale Ausbildung bei einem Großhandelsunternehmen begonnen. Gegenstand der Ausbildung ist das Studium an einer Berufsakademie mit dem Abschluss Bachelor of Arts, sowie praktische Ausbildungszeiten im Betrieb (zusammen 38 Wochenstunden). Ihr Ausbildungsgehalt betrug im Jahr 2016 durchweg 1.000 €/Monat. Zusätzlich erhielt Alexandra Johannsen ein Urlaubsgeld i. H. v. 500 € und eine Weihnachtsgeldzahlung i. H. v. 500 €. Gemäß ihrer Lohnsteuerkarte ist Lohnsteuer i. H. v. 345 €, sowie ein Arbeitnehmeranteil am Gesamtsozialversicherungsbeitrag i. H. v. 2.811 € einbehalten worden. Im Zusammenhang mit ihrer Ausbildung sind Alexandra Johannsen unstreitige Werbungskosten i. H. v. 3.729 € entstanden.

Aufgabenstellung:

a) Wie sind die Aus-/Fortbildungskosten der Kinder im Veranlagungszeitraum 2016 steuerlich zu behandeln? Ermitteln Sie die Einkünfte von Mats, Finn und Alexandra Johannsen im Veranlagungszeitraum 2016.

b) Für welche(s) ihrer Kinder hat Ute Johannsen Anspruch auf Kindergeld/einen Kinderfreibetrag im Veranlagungszeitraum 2016?

Die Lösung finden Sie auf Seite 274.

FALL

Fall 19 Überschussrechnung
18 Punkte ** **27 Minuten**

Heidi Lange war 2016 als Detektivin selbstständig tätig. Da sie aufgrund gesetzlicher Bestimmungen nicht buchführungspflichtig war, ermittelte sie für 2016 ihren Gewinn nach § 4 Abs. 3 EStG (Einnahmen-Überschussrechnung).

Sie erstellte folgende vorläufige Gewinnermittlung:

Einnahmen: Umsatzerlöse 250.000 €

In diesem Betrag waren folgende Sachverhalte enthalten:

1. Sie erhielt am 16. 11. 2016 den Auftrag, in den Monaten Dezember 2016 bis März 2017 eine Person zu beschatten. Vereinbart wurde ein Gesamthonorar von 20.000 €, wobei eine Anzahlung in Höhe von 10.000 € im Dezember bar gezahlt wurde.

   Der Rest war am 31. 3. 2017 fällig. Das Gesamthonorar wurde bei Vertragsabschluss als Einnahme erfasst.

2. Seit 2015 bestand eine Restforderung gegenüber dem ehemaligen Klienten, Herrn Jens Ackermann aus Hamburg-Harburg, in Höhe von 5.000 €. Im Oktober 2016 einigte man sich auf Teilzahlung von monatlich 200 €, fällig zum Monatsanfang mit Tilgungsbeginn im November 2016.

   Da Herr Ackermann im Dezember 2016 besonders liquide war, bezahlte er zusätzlich die Raten für Januar und Februar in einer Summe. Der Betrag von 600 € wurde dem Konto von Frau Lange am 29. 12. 2016 gutgeschrieben und den Einnahmen 2016 zugerechnet.

Ausgaben:

- Miete für Büroräume 12.000 €.
- Personalkosten 52.500 €.
- Bürobedarf 57.650 €.
- Am 10. 1. 2016 eröffnete ein Mitbewerber in der Nähe von Frau Langes Betrieb eine Zweigniederlassung.

  Um das Preisniveau einigermaßen halten zu können, konnte sie den Mitbewerber, Herrn Lukas Paulsen, gegen eine einmalige Zahlung von 20.000 € am 16. 2. 2016 davon überzeugen, dass ausreichende Gewinne nur dann zu erzielen sind, wenn beide Unternehmen identische Preise berechnen. Als die Staatsanwaltschaft von diesem Vorgang Kenntnis erlangt hatte, erhob sie Anklage.

  Das Gericht verurteilte Frau Lange schließlich wegen unerlaubter Preisabsprachen zu einer Geldstrafe von 10.000 €, die diese am 18. 11. 2016 an die Gerichtskasse überwies. In diesem Zusammenhang fielen zusätzlich Rechtsanwaltskosten in Höhe von 5.000 € und Gerichtsgebühren in Höhe von 750 € an. Sämtliche Zahlungen wurden als Betriebsausgaben behandelt.
- Am 16. 12. 2016 erwarb Frau Lange eine gebrauchte Computeranlage. Die Anschaffungskosten betrugen 12.000 €. Dieser Betrag wurde um 1.000 € gemindert, weil die alte Anlage, die bereits voll abgeschrieben war, in Zahlung gegeben wurde. Die Nutzungsdauer dieser neuen Anlage wurde auf drei Jahre bei linearer Abschreibung veranschlagt. Der Betrag von 11.000 € wurde als Aufwand erfasst.
- Frau Lange hatte 2016 zwar ein eigenes Büro außerhalb ihrer Wohnung, einen Teil ihrer Arbeit verrichtete sie jedoch gelegentlich abends oder an den Wochenenden in ihrer Privatwohnung. Die auf dieses Zimmer entfallenden Aufwendungen, die sachlichen Kriterien eines Arbeitszimmers sind erfüllt, betrugen im VZ 2016 1.200 €. Diesen Betrag hatte Frau Lange als Betriebsausgaben behandelt.
- Sonstige unstreitige Ausgaben betrugen 25.500 €.

Aufgabenstellung:

Prüfen Sie die genannten Einnahmen und Ausgaben und nehmen Sie notwendige Korrekturen vor. Ermitteln Sie den tatsächlichen einkommensteuerlichen Gewinn.

Auf Umsatzsteuer und eventuell anfallende Gewerbesteuer ist nicht einzugehen.

Die Lösung finden Sie auf Seite 276.

FALL

Fall 20 Erbbaurecht

40 Punkte *** **60 Minuten**

Da Heidi Lange die Miete für ihre Büroräume auf Dauer zu teuer wurde, schloss sie am 11. 6. 2016 mit dem zuständigen Erzbistum einen Erbbaurechtsvertrag über das unbebaute Grundstück Hamburg, Alte Kirchstraße 17. Der Erbbaurechtsvertrag hat eine Laufzeit von 99 Jahren ab dem 1. 7. 2016. Der jährliche Erbbauzins beträgt 1.000 € und ist jeweils zum 1. 7. fällig. Zusätzlich hatte Frau Lange eine einmalige Erbbauzinszahlung zum 1. 7. 2016 in Höhe von 10.000 € zu leisten.

Frau Lange beabsichtigte, auf dem Grundstück ein eingeschossiges Gebäude zu errichten, um ihre Tätigkeit als Detektivin künftig ausschließlich von dort auszuüben. Dies ist laut Vertrag ausdrücklich vorgesehen.

Mit der Errichtung des Gebäudes beauftragte Frau Lange die Baufirma „Fix & Fertig GmbH", weil deren Geschäftsführer Walter Windig ihr eine zügige und kostengünstige Fertigstellung des Gebäudes zusicherte. Der Bauantrag für das in Fertigbauweise errichtete Gebäude wurde am 1. 8. 2016 gestellt, Baubeginn war der 17. 9. 2016. Bereits am 17. 12. 2016 konnte Windig Frau Lange das Gebäude schlüsselfertig übergeben.

Von dem vereinbarten Festpreis in Höhe von 750.000 € zahlte Frau Lange an die „Fix & Fertig GmbH" gemäß den vertraglichen Vereinbarungen 250.000 € bei Baubeginn am 17. 9. 2016, weitere 250.000 € nach Übergabe, durch Überweisung vom 29. 12. 2016 (Belastung ihres Kontos noch am selben Tag, Eingang auf dem Konto der GmbH am 5. 1. 2017). Die restlichen 250.000 € wurden, wie vereinbart, einen Monat nach Abnahme, am 18. 1. 2017 an die GmbH überwiesen. Außerdem zahlte Heidi Lange im Zusammenhang mit der Errichtung des Gebäudes an verschiedene Handwerker im Jahr 2016 insgesamt 5.000 €. Weitere Maßnahmen ergriff Frau Lange im Zusammenhang mit den Zahlungen nicht.

Zur Finanzierung der Bau- und Baunebenkosten und der Einmalzahlung der Erbbauzinsen nahm Frau Lange am 25. 6. 2016 ein Darlehen bei der örtlichen Sparkasse i. H. v. 1.000.000 € auf. Das endfällige Darlehen hat eine Laufzeit von 10 Jahren. Die Zinsen sind zum 31. 12. eines jeden Jahres zu zahlen. Das Darlehen wurde Frau Lange am 1. 7. 2016 unter Einbehaltung eines marktüblichen Damnums i. H. v. 50.000 € ausbezahlt. Die Zinsen für das Jahr 2016 in Höhe von 35.000 € wurden von Heidi Lange versehentlich erst am 4. 1. 2017 überwiesen.

Aufgabenstellung:

a) Wie sind die einzelnen Zahlungen bei Heidi Lange steuerrechtlich zu behandeln?

b) Hätte Frau Lange im Zusammenhang mit den Zahlungen an die Handwerker noch weitere Maßnahmen ergreifen müssen? Gehen Sie bei der Lösung davon aus, dass keine der beteiligten Firmen Frau Lange eine Bescheinigung vorgelegt hat.

Auf die Grunderwerbsteuer und die Umsatzsteuer ist nicht einzugehen.

Die Lösung finden Sie auf Seite 278.

FALL

Fall 21 Gewinnermittlung 1

14 Punkte *** **21 Minuten**

Die Abraham OHG ermittelt zum 31.12.2016 einen vorläufigen Gewinn in Höhe von 261.400 €.

Bei einer Überprüfung fallen dem Bilanzbuchhalter Ole Paulsen nachstehende Sachverhalte auf:

1. Am 15.10.2010 wurde von der Geschäftsleitung ein Darlehen über 250.000 €, Laufzeit 20 Jahre, bei der Kreditbank AG, Hamburg, aufgenommen. Aufgrund eines Disagios in Höhe von 4 % wurden nur 240.000 € ausgezahlt. Dieses Damnum wurde im Jahre 2010 als aktiver Rechnungsposten erfasst, im Jahre 2016 erfolgte allerdings bisher keine Berücksichtigung.
2. Im Jahr 2016 wurde ein unbebautes Grundstück, das 1995 für 150.000 € erworben worden war, zum Preis von 350.000 € verkauft. Dieser Veräußerungsgewinn wurde als „Sonstiger betrieblicher Ertrag" erfasst.
3. Im Jahr 2016 wurde aufgrund eines Bauantrags vom 18.11.2015 eine Lagerhalle errichtet, die zum 30.9.2016 fertig gestellt wurde. Die Herstellungskosten betrugen unstreitig 847.500 €. Die Abschreibung für 2016 wurde noch nicht erfasst.
4. Die OHG hatte am 1.11.2004 bei Finn Johannsen, dem volljährigen Sohn der Gesellschafterin Uta Johannsen, ein mit 7 % verzinsliches Darlehen in Höhe von 100.000 € aufgenommen. Dieses soll in einer Summe am 31.10.2017 zurückgezahlt werden. Die Zinsen sind zum Jahresende fällig. Mit Urkunde vom 25.6.2016 hat Herr Johannsen seiner Mutter die Darlehensforderung unentgeltlich zugewandt. Die OHG überwies Zinsen am 30.12.2016 in Höhe von 3.500 € an Finn Johannsen und 3.500 € an Uta Johannsen. Die Gesellschaft buchte 7.000 € als Zinsaufwand.

Aufgabenstellung:

Ermitteln Sie den steuerlichen Gewinn 2016. Dabei sind die Wahlrechte so auszuüben, dass sich ein möglichst niedriger Gewinn ergibt. Auf die Gewerbesteuer und die Umsatzsteuer ist nicht einzugehen. Rücklagen sollen vorangig übertragen werden.

Die Lösung finden Sie auf Seite 280.

FALL

Fall 22 Gewinnermittlung 2
20 Punkte ** **30 Minuten**

Die Gesellschafterin der Abraham OHG, Annelene Abraham, ist auch noch Gesellschafterin der Abraham Bauchtanz KG. An dieser KG mit Sitz in Hamburg sind Annelene Abraham als Komplementärin und Martin Abraham (ihr volljähriger Sohn) als Kommanditist am Gesellschaftskapital je zur Hälfte beteiligt. Eine Verzinsung der festen Kapitaleinlagekonten wurde vertraglich ausgeschlossen. Nach der im Gesellschaftsvertrag vereinbarten Gewinnverteilung entfallen auf die Komplementärin 50 % und auf den Kommanditisten 50 % des Gewinns.

Die KG weist in ihrer Handelsbilanz zum 31. 12. 2016 einen Gewinn in Höhe von 300.000 € aus. Bei der Durchsicht der GuV-Rechnung (Gewinnermittlung nach § 4 Abs. 1/§ 5 EStG) stellt der Bilanzbuchhalter der KG, Herr F. Lorenz, für das Jahr 2016 folgende Vorgänge fest:

1. Annelene Abraham verursachte am 15. 10. 2016 auf der Fahrt mit dem privaten Pkw zum langjährigen Stammkunden, der Schrauben-GmbH, einen Unfall. Beim Einparken auf dem Parkplatz des Kunden beschädigte sie infolge eines Fahrfehlers den Wagen des Beschaffungsleiters, Herrn Jörg Hartleb, erheblich. Auch das eigene Fahrzeug erlitt Lackschäden. Die Schäden an beiden Fahrzeugen wurden am 22. 10. 2016 in der Werkstatt von Christoph Scheel aus Spenting repariert.

   Frau Abraham wurden die Beträge für die auf sie ausgestellten Rechnungen von der KG ausbezahlt und als Entnahmen gebucht:

   Rechnung vom 23. 10. 2016: Fahrzeug von Annelene Abraham:

Karosserie und Lackierarbeiten	4.500 € (brutto)
Rechnung vom 28. 10. 2016: Fahrzeug von Jörg Hartleb:	
Karosserie und Lackierarbeiten	8.250 € (brutto)
= Auszahlungsbetrag	12.750 € (brutto)

2. Die zuständige Bundesbehörde in Berlin hatte gegen den Komplementär wegen der schadstoffhaltigen Luftverunreinigungen durch die KG ein Bußgeld in Höhe von 25.000 € verhängt. Dieses wurde am 24. 9. 2016 von der KG bezahlt und als Betriebsabgabe behandelt.

   Im Widerspruchsverfahren wurde die Geldbuße auf 20.000 € herabgesetzt. Der KG wurde daraufhin am 17. 12. 2016 ein Betrag in Höhe von 5.000 € gutgeschrieben. Diesen erfasste die KG als periodenfremden Ertrag.

3. Martin Abraham ist seit mehreren Jahren Mitglied in der SPD. Da sich der Ortsverein der Partei aufgrund der politischen Lage in den ersten Monaten des Jahres 2016 in sehr großen Liquiditätsschwierigkeiten befand, spendete die KG einen Betrag in Höhe von 25.000 € an die Partei und buchte diesen Vorgang als Betriebsausgabe.

4. Der Steuerberater Markus Meyer ist seit mehreren Jahren für die steuerlichen Belange der Abraham Bauchtanz KG verantwortlich. Am 29. 5. 2016 erstellte er der KG folgende Rechnung:

Aufstellung Jahresabschluss 2015:	5.500 €
Erklärung zur Gewerbesteuer 2015:	750 €
USt-Jahreserklärung 2015:	250 €
Überschussermittlung Einkünfte aus V+V Martin Abraham 2015:	2.500 €
Antrag auf Herabsetzung der ESt-Vorausz. der Gesellschafter 2016:	500 €
Gesamt	9.500 €
+19 % USt	1.805 €
Rechnungsbetrag	11.305 €

Die KG behandelte den Zahlungsbetrag (netto) als Betriebsausgaben; Vorsteuer wurde in Höhe von 1.805 € geltend gemacht.

Aufgabenstellung:

a) Nehmen Sie Stellung zu den Sachverhalten 1–4 in einkommensteuerrechtlicher Hinsicht unter Nennung der geltenden Vorschriften.

b) Erstellen Sie die steuerliche Gewinnfeststellung der KG für 2016. Auf die Gewerbesteuer ist nicht einzugehen.

Die Lösung finden Sie auf Seite 281.

FALL

Fall 23 Sonderbetriebseinnahmen

20 Punkte *** **30 Minuten**

An der Abraham OHG sind die vier bekannten Gesellschafter je zu einem Viertel beteiligt. Laut Gesellschaftsvertrag wird der Gewinn ausschließlich im Verhältnis der Festeinlagen verteilt.

Zum 31. 12. 2016 stellte die OHG folgenden handelsrechtlichen Jahresabschluss auf:

Aktiva			Passiva
	€		€
Anlagevermögen		Eigenkapital	
Geschäftsausstattung	300.000	Kapital Lange	75.000
		Kapital Abraham	75.000
		Kapital Schweers	75.000
		Kapital Johannsen	75.000
Umlaufvermögen		Jahresüberschuss	167.000
Vorräte	200.000	Fremdkapital	
Kasse, Bank	167.000	Darlehen	170.000
Sonstiges Vermögen	70.000	Sonstige Verbindlichkeiten	100.000
	737.000		737.000

	€	€
Umsatzerlöse		1.510.000
Wareneinkauf		600.000
Rohertrag		910.000
Personalaufwand		450.000
Abschreibungen		110.000
Sonstige betriebliche Aufwendungen		
- Werbekosten	44.900	
- Miete an Gesellschafterin Johannsen	120.000	
Sonstige Aufwendungen	9.000	173.900
Betriebsergebnis		176.100
Zinsen für Darlehen	5.100	
Damnum	4.000	9.100
Handelsrechtlicher Gewinn		167.000

Steuerlich sind folgende Sachverhalte zu würdigen:

1. Die OHG hat 2016 ihre Geschäftsräume von der Gesellschafterin Johannsen für eine monatliche Miete in Höhe von 10.000 € (umsatzsteuerfrei) angemietet und als Aufwand gebucht. Frau Johannsen hat persönlich für diese Räume im Jahr 2016 die Grundsteuer in Höhe von 5.000 € und Kosten für diverse Reparaturen in Höhe von 13.000 € bezahlt. Das Grundstück mit den Geschäftsräumen (Bauantrag und Fertigstellung 1989) hat Frau Johannsen mit notariellem Kaufvertrag vom 20. 12. 2012 zu 560.000 € erworben. Dabei entfielen 160.000 € auf den Grund und Boden. Der Übergang von Besitz, Nutzungen und Lasten erfolgte am 1. 1. 2013.
2. In der Position „Sonstige Aufwendungen" sind Aufwendungen für Geschenke von jeweils über 35 € in Höhe von 1.000 € und Bewirtungskosten in Höhe von 5.000 € (= 100 %) enthalten, für die ordnungsgemäße Belege vorliegen. Diese Aufwendungen sind einzeln und getrennt von den sonstigen Betriebsausgaben aufgezeichnet worden. Auf die Umsatzsteuer soll nicht eingegangen werden.
3. Der Gesellschafter Lange erhält laut Gesellschaftsvertrag für seine Geschäftsführertätigkeit 2016 ein monatliches Gehalt in Höhe von 15.000 €. Die OHG bucht dieses Gehalt als Personalaufwand zusammen mit den übrigen Gehältern. Beiträge zur Sozialversicherung wurden auf Basis dieses Gehalts nicht geleistet.
4. Am 1. 7. 2016 hatte die OHG zur Finanzierung einer neuen Geschäftsausstattung ein Fälligkeitsdarlehen in Höhe von 170.000 € aufgenommen, wobei hiervon nur 166.000 € zur Auszahlung kamen. Das einbehaltene Damnum in Höhe von 4.000 € wurde von der OHG als Aufwand abgezogen. Die Laufzeit des Darlehens beträgt 5 Jahre.

Aufgabenstellung:

a) Beurteilen Sie die Sachverhalte 1–4 einkommensteuerrechtlich. Auf die Gewerbesteuer ist nicht einzugehen.

b) Stellen Sie die steuerliche Gesamthandelsbilanz und Gewinn- und Verlustrechnungen der Abraham OHG auf. Auf den Vorsteuerabzug ist nicht einzugehen.

c) Erstellen Sie die steuerliche Sonderbilanz und die steuerliche Sonder-Gewinn- und Verlustrechnung der Gesellschafterin Johannsen.

d) Führen Sie die steuerliche Gewinnverteilung durch.

Die Lösung finden Sie auf Seite 282.

FALL

Fall 24 Summe der Einkünfte 2
20 Punkte ** **30 Minuten**

Annelene Abraham war im Jahre 2016 mit 25 % an der Abraham OHG beteiligt. Der vorläufig ermittelte Jahresüberschuss für das Wirtschaftsjahr 2016 betrug 400.000 €. Das Wirtschaftsjahr entspricht dem Kalenderjahr. Das Betriebsvermögen beträgt seit Jahren rund 500.000 €.

In diesem Ergebnis sind folgende Sachverhalte berücksichtigt:

1. Da Frau Abraham als Geschäftsführerin der OHG tätig war, erhielt sie ein als Aufwand gebuchtes Jahresgehalt von 150.000 €.
2. Am 4. 1. 2014 kaufte die OHG als langfristige Anlage Anteile an einer AG für 75.000 €. Mit diesem Wert wurde die Beteiligung auch vorläufig bilanziert. Der Kurswert dieser Anlage betrug zum 31. 12. 2016 80.000 €.
3. Für eine am 28. 12. 2016 gelieferte gebrauchte Maschine, Rechnungsbetrag inklusive 19 % USt 59.500 €, 4 % Skontoabzug, Nutzungsdauer 8 Jahre, war zum 31. 12. 2016 noch keine AfA gebucht, da bei der Geschäftsleitung hinsichtlich der korrekten buchhalterischen Erfassung diverse Unklarheiten bestanden.
4. Im vorläufigen Jahresüberschuss der Abraham OHG war ein Gewinn in Höhe von 50.000 € aus der Veräußerung eines 1993 gekauften unbebauten Grundstücks enthalten.

Frau Abrahams Ehemann Norbert arbeitete als leitender Angestellter der OHG; das Jahresgehalt von 52.100 € wurde von der OHG auf sein Bankkonto bei der Grundkreditbank AG überwiesen.

Nebenberuflich arbeitete Herr Abraham als freier Mitarbeiter bei diversen Lokalzeitungen. Für seine regelmäßig erschienenen Artikel erhielt er im Jahr 2016 an Vergütungen 55.000 €. An abzugsfähigen Ausgaben entstanden ihm dabei 5.500 €. Auf die Umsatzsteuer ist nicht einzugehen.

Außerdem flossen ihm 2016 Zinseinnahmen aus Sparanlagen nach Abzug der Abgeltungsteuer in Höhe von 21.000 € zu. Freistellungsaufträge wurden erteilt.

Aufgabenstellung:

Ermitteln Sie die Summe der Einkünfte der Eheleute Abraham für den VZ 2016 unter der Annahme der Zusammenveranlagung. Dabei sind alle Wahlrechte zugunsten des niedrigsten Gewinns auszuüben. Auf die Gewerbesteuer ist nicht einzugehen.

Die Lösung finden Sie auf Seite 285.

FALL

Fall 25 Zinsschranke
12 Punkte ** **18 Minuten**

Die Moskito OHG, Bonn, entwickelt Impfstoffe für Tropenkrankheiten. An der Moskito OHG sind die Mosbacher AG, Köln, zu 75 %, die Kimmel GmbH, Attendorn, zu 15 % und die Torburger AG, Hamburg, zu 10 % beteiligt. Die Gewinnverteilung der OHG richtet sich nach den Beteiligungsquoten. Alle Gesellschaften gehören jeweils einem Konzern an. Die sog. „Escape-Klausel" ist nicht erfüllt.

Die Moskito OHG hat im Jahr 2016 (Geschäftsjahr = Kalenderjahr) einen handelsbilanziellen Gewinn von 20.000.000 € erzielt (Gesamthandsbereich). In diesem Gewinn sind Zinsaufwendungen aus Bankdarlehen zur Finanzierung der erworbenen Patente i. H. v. 3.100.000 € berücksichtigt. Aus einem Festgeldkonto hat die Moskito AG in 2016 Zinserträge von 100.000 € erzielt.

Die Mosbacher AG hat die Beteiligung an der Moskito OHG bei ihrer Hausbank in Köln teilweise fremdfinanziert. Im Jahr 2016 sind der Mosbacher AG dafür Zinsaufwendungen von 3.000.000 € entstanden.

Aufgabenstellung:

Ermitteln Sie die steuerliche Gewinnverteilung auf die Gesellschafter der Moskito OHG.

Auf gewerbesteuerliche Aspekte ist nicht einzugehen.

Die Lösung finden Sie auf Seite 286.

FALL

Fall 26 Thesaurierungsbegünstigung[1]
18 Punkte ** **27 Minuten**

Die Abraham OHG, Hamburg, hat im Jahr 2016 einen handelsrechtlichen Jahresüberschuss vor Steuern von 100.000 € erzielt. Darin sind Tätigkeitsvergütungen an die Gesellschafter i. H. v. 70.000 € enthalten, die als Personalaufwand gebucht worden sind. Alle Gesellschafter sind jeweils zu mehr als 10 % an der OHG beteiligt.

Der Gewerbesteuerhebesatz beträgt 400 %. Der durchschnittliche Einkommensteuersatz der Gesellschafter beläuft sich auf 30 %. Kirchensteuern sind nicht relevant.

Aufgabenstellung:

Ermitteln Sie die Gesamtsteuerbelastung des Unternehmens und der Gesellschafter alternativ für die Fälle:

a) keine Thesaurierung des Jahresüberschusses nach Steuern in 2016.

b) vollständige Thesaurierung des Jahresüberschusses nach Steuern in 2016 und Ausschüttung des Thesaurierungsbetrages im Jahr 2017.

Die Lösung finden Sie auf Seite 288.

FALL

Fall 27 Gewinnermittlung KG 1

20 Punkte ** **30 Minuten**

Siegfried Schwarz ist als Komplementär und Bernhard Schwarz als Kommanditist an der S. Schwarz Maschinenbau KG mit einem Gesellschaftskapital in Höhe von 400.000 € je zur Hälfte beteiligt. Eine Verzinsung der festen Kapitaleinlagekonten wurde vertraglich ausgeschlossen.

Nach der im Gesellschaftsvertrag vereinbarten Gewinnverteilung entfallen auf den Komplementär 50 % und auf den Kommanditisten ebenfalls 50 % des Gewinns. Die KG wies in ihrer Handelsbilanz zum 31. 12. 2016 einen Gewinn in Höhe von 300.000 € aus.

Bei der Vorbereitung des Abschlusses für das Jahr 2016 stellte der Bilanzbuchhalter folgende Sachverhalte fest:

1. Tätigkeitsvergütung

Der geschäftsführende Komplementär Siegfried Schwarz erhält eine monatliche Tätigkeitsvergütung in Höhe von 7.000 €. Die KG hat dementsprechend in 2016 84.000 € als Aufwand gebucht.

2. Lagerplatz

Die KG hat am 12. 1. insgesamt 7.500 € Grundsteuern bezahlt. Davon entfallen 2.500 € auf den Lagerplatz Wilhelmstr. 112. Den Lagerplatz, ein unbebautes Grundstück, hat die KG seit Jahren von dem Kommanditisten Bernhard Schwarz für monatlich 1.000 € angemietet. Nach dem Mietvertrag ist die Miete am dritten Werktag eines Monats zur Zahlung fällig. Die Grundsteuer trägt nach den vertraglichen Vereinbarungen der Vermieter. Die KG hat die Grundsteuer zutreffend gebucht.

3. Eintritt Bruno Schwarz in die KG

Der am 7. 6. 1966 geborene Kommanditist Bernhard Schwarz veräußerte am 5. 1. 2016 die Hälfte seines Anteils an der KG i. H. v. 100.000 € zum Preis von 225.000 € an seinen Bruder Bruno. Dabei sind Veräußerungskosten in Höhe von 10.000 € entstanden. Das Betriebsvermögen der KG enthielt am 31. 12. 2015 stille Reserven in Höhe von 500.000 €, und zwar beim Grund und Boden 100.000 € und bei Gebäuden 200.000 €. Der originäre Geschäftswert betrug am Bilanztag 200.000 €. Nach der zeitanteiligen Änderung des Gesellschaftsvertrags erhält jeder Kommanditist nunmehr 25 % des Gewinns.

In der Handelsbilanz der KG werden die bisherigen Buchwerte fortgeführt. Die KG schreibt ihre Gebäude mit einem AfA-Satz von 2 % ab.

Aufgabenstellung:

a) Ermitteln Sie den steuerpflichtigen Veräußerungsgewinn des Gesellschafters Bernhard Schwarz. Die Bildung steuerfreier Rücklagen ist nicht gewünscht.

b) Erstellen Sie für den eintretenden Gesellschafter Bruno Schwarz Ergänzungsbilanzen zum 5. 1. 2016 bzw. 31. 12. 2016.

c) Beurteilen Sie die Nr. 1 und 2 des Sachverhalts und erstellen Sie die einheitliche und gesonderte Gewinnfeststellung der KG für das Jahr 2016.

Die Lösung finden Sie auf Seite 290.

FALL

Fall 28 Gewinnermittlung KG 2

20 Punkte ** **30 Minuten**

An der S. Grün Maschinenbau Kommanditgesellschaft in Bonn sind

- Siegfried Grün als Komplementär mit 60 %
- Andreas Grün als Kommanditist mit 40 %

beteiligt. Eine Verzinsung der festen Kapitaleinlagekonten wurde vertraglich ausgeschlossen. Nach der im Gesellschaftsvertrag vereinbarten Gewinnverteilung entfallen auf den Komplementär 60 v. H. und auf den Kommanditisten 40 v. H. des Gewinns. Andere Sondervereinbarungen sind im Gesellschaftsvertrag nicht vorgesehen.

Die KG weist in ihrer Handelsbilanz zum 31. 12. 2016 einen Jahresüberschuss mit 300.000 € aus.

a) Veräußerung Lindenallee 17

Grundstückseigentümerin ist seit 1989 die KG. Der Grund und Boden von 800 qm und das bis 31. 12. 2016 als Bürogebäude genutzte Gebäude wurden mit notariellem Vertrag vom 19. 11. 2016 mit Wirkung vom 31. 12. 2016 an den Komplementär zum Preis von 1.200.000 € veräußert. Der Erwerber beabsichtigt, das Grundstück zu privaten Wohnzwecken zu nutzen. Die Buchwerte betrugen zum Zeitpunkt der Veräußerung:

Grund und Boden	320.000 €
Gebäude	240.000 €

Die KG hat in 2016 eine Rücklage gem. § 6b EStG (Sonderposten mit Rücklageanteil) in Höhe von 640.000 € gebucht (Veräußerungspreis – Buchwerte).

Nach dem Gutachten eines vereidigten Sachverständigen betrug der Verkehrswert für Grund und Boden sowie das Gebäude zum Zeitpunkt der Veräußerung insgesamt 1.400.000 €.

b) EDV-Anlage

Die KG hatte am 14. 1. 2013 Computer für 12.000 € erworben. Sie schreibt die Hardware auf die Nutzungsdauer von vier Jahren linear ab. Gleichzeitig hatte die KG für 700 € Standardsoftware erworben, die mit einem Aufwand von 5.000 € im Betrieb weiterentwickelt und an die betrieblichen Gegebenheiten angepasst wurde.

Am 5. 1. 2016 ließ die KG durch die Fa. Office World ihre Computeranlage nachrüsten. Die Aufwendungen betrugen netto 2.000 €.

Durch die Aufrüstung verlängert sich die Nutzungsdauer der betrieblichen Hardware um ein Jahr.

Ebenfalls am 5. 1. 2016 hatte die KG ein Lohnbuchhaltungsprogramm für 120 € (netto) ebenfalls von der Fa. Office World erworben. Die im Jahr 2015 beschlossenen Änderungen im sozialversicherungs- und im lohnsteuerlichen Bereich mit Wirkung ab dem Jahr 2016 sind so weitreichend, dass die zu Jahresanfang erworbene Software nur bis zum Jahresende 2015 eingesetzt werden konnte. Deshalb hat die KG am 10. 12. 2016 wieder ein auf den neuen Rechtsstand des Jahres 2017 aktualisiertes Lohnbuchhaltungsprogramm für 170 € (netto) erworben.

Die KG hat alle in 2016 an die Fa. Office World gezahlten Beträge den Betriebsausgaben zugerechnet.

Aufgabenstellung:

Ermitteln bzw. erstellen Sie

a) Lindenallee 17:
   1. den steuerlich maßgebenden Veräußerungsgewinn
   2. die Höhe der Rücklage nach § 6b Abs. 3 EStG
   3. die Gewinnauswirkungen
b) EDV-Anlage:
   1. den Buchwert der Hardware zum 31. 12. 2016
   2. die Gewinnauswirkung
   3. den Buchwert der Software zum 31. 12. 2016
   4. die Gewinnauswirkung
c) den steuerlichen Gewinn der KG für das Jahr 2016
d) die Gewinnverteilung der KG für das Jahr 2016

Die Lösung finden Sie auf Seite 292.

FALL

Fall 29 Summe der Einkünfte 3

12 Punkte ** **18 Minuten**

Der Einzelunternehmer Erwin Bauer, Spedition in Bonn, ermittelt seinen Gewinn nach § 5 EStG und ist zum vollen Vorsteuerabzug berechtigt.

Aus dem Entwurf des Jahresabschlusses auf den 31. 12. 2016 ergibt sich ein vorläufiger Gewinn 2016 von 261.400 €.

Noch nicht beachtet und – sofern nichts Gegenteiliges angegeben ist – nicht gebucht wurden folgende Sachverhalte:

1. Im Mai 2016 wurde im Einzelunternehmen eine selbst entwickelte Speditionssoftware fertig gestellt.

   An Kosten für die Entwicklung sind angefallen:

   - Kauf der Software Planex Anfang Mai für 2.400 € (von Erwin Bauer persönlich bezahlt, daher nicht gebucht). Die Nutzungsdauer beträgt drei Jahre.
   - 350 Arbeitsstunden eines Angestellten des Einzelunternehmens von Erwin Bauer, der in 2016 einen Bruttoarbeitslohn von 60 € pro Stunde erhielt.
   - Kosten für die Testläufe der selbst entwickelten Speditionssoftware: geschätzt mit 5.000 €.

2. 2016 wurde eine neue Lagerhalle errichtet, die zum 15. 10. 2016 fertig gestellt wurde (Bauantrag vom September 2013).

   Die Herstellungskosten haben 930.000 € betragen. Die AfA für 2016 ist noch nicht gebucht.

   Zu ihrer Finanzierung wurde ein unbebautes Grundstück, das 2000 zur Betriebserweiterung für 280.000 € erworben wurde, zum Preis von 400.000 € veräußert. Den Veräußerungsgewinn von 120.000 € möchte E. Bauer nach Möglichkeit „steuerfrei" vereinnahmen bzw. übertragen (gebucht wurde der Veräußerungsgewinn über „sonst. betriebliche Erträge").

Aufgabenstellung:

Ermitteln Sie unter Berücksichtigung obiger Sachverhalte den niedrigstmöglichen Gewinn für 2016. Dabei ist auf die Gewerbesteuer nicht einzugehen.

Die Lösung finden Sie auf Seite 296.

III. Körperschaftsteuer

FALL

Fall 30 Ermittlung des zu versteuernden Einkommens 1

20 Punkte ** **30 Minuten**

Im vorläufigen Jahresabschluss der Maschinenbau AG zum 31. 12. 2016 wird ein Jahresüberschuss von 110.000 € zuzüglich eines Gewinnvortrags aus 2015 in Höhe von 55.000 € ausgewiesen.

In der GuV 2016 sind 120.000 € KSt-Vorauszahlungen enthalten, die als Steuern vom Einkommen und Ertrag gebucht wurden. Das Wirtschaftsjahr der AG entspricht dem Kalenderjahr.

Im Ergebnis des Jahres 2016 sind folgende Sachverhalte enthalten:

1. Die Firma Hansen-Öle hatte am 27. 8. 2016 der Maschinenbau AG insgesamt 30.000 Liter Heizöl zum Preis von 16.000 € zuzüglich 19 % USt berechnet. Laut Rechnung erfolgte die Lieferung am 14. 8. 2016 mit zwei Lieferscheinen. Nach dem ersten Lieferschein wurden 20.000 Liter an den Geschäftssitz der AG und 10.000 Liter an die Privatwohnung des mehrheitlich beteiligten Gesellschafters ausgeliefert.

   Die Buchung erfolgte bei der GmbH folgendermaßen:

Heizkosten	16.000 €	
Vorsteuer	3.040 €	
an Kreditoren		19.040 €

   Die Rechnung wurde vollständig von der Maschinenbau AG bezahlt. Für die Lieferung an den Gesellschafter vereinnahmte die AG 1.190 € (inkl. USt).

2. Im Jahr 1997 hatte eine Duisburger Bank als Großgläubigerin der Maschinenbau AG anhand eines vorgelegten Sanierungsplans vorläufig auf einen Teil ihrer Forderungen verzichtet. Die Maschinenbau AG musste sich ihrerseits schriftlich dazu verpflichten, einen Teil ihrer späteren Gewinne zur Tilgung der erlassenen Forderungen zu verwenden. Der Sanierungsgewinn aus dem Veranlagungszeitraum 1997 war gemäß § 3 Nr. 66 EStG i. d. F. 1997 von der Körperschaftsteuer freigestellt worden. Am 17. 12. 2016 überwies die Maschinenbau AG einen Betrag von 50.000 € an die Bank gegen Einlösung von Besserungsscheinen. Diese Schuldentilgung und weitere damit im unmittelbaren Zusammenhang stehende Aufwendungen in Höhe von 1.000 € behandelte die Maschinenbau AG als sofort abzugsfähige Betriebsausgaben.

Aufgabenstellung:

a) Wie sind steuerlich zu würdigen

   aa) die Steuerpflicht der AG bei der Körperschaftsteuer?

   ab) die Heizöllieferung an den Gesellschafter?

   ac) die Zahlung auf Besserungsscheine?

b) Weiterhin sind endgültig zu ermitteln

   ba) das zu versteuernde Einkommen 2016.

   bb) die KSt-Schuld und die KSt-Rückstellung zum 31. 12. 2016.

Dabei ist zu berücksichtigen, dass das Jahresergebnis 2016 nicht offen ausgeschüttet werden soll.

Auf den Solidaritätszuschlag und die Gewerbesteuer ist bei der Bearbeitung aller Sachverhalte nicht einzugehen.

Die Lösung finden Sie auf Seite 297.

FALL

Fall 31 Ermittlung des zu versteuernden Einkommens 2

30 Punkte ******* **40 Minuten**

Die Maschinenbau AG erstellt ihre Jahresabschlüsse nach handelsrechtlichen Gesichtspunkten gemäß § 238 ff. HGB.

Im vorläufigen Jahresabschluss zum 31. 12. 2016 wird ein Jahresüberschuss von 315.000 € zuzüglich eines Gewinnvortrags aus 2015 in Höhe von 550.000 € ausgewiesen.

Bei der Durchsicht der Unterlagen stellen Sie folgende Sachverhalte fest:

1. Die Maschinenbau AG war 2016 mit einem Anteil von 49,5 % an der Thomarowski GmbH mit Sitz in Schwerin beteiligt. Die Thomarowski GmbH, deren Wirtschaftsjahr auch dem Kalenderjahr entspricht, beschloss für das Geschäftsjahr 2016 am 4. 2. 2017 die Ausschüttung des Bilanzgewinns. Am 16. 2. 2017 wurde der Maschinenbau AG eine Nettodividende in Höhe von 14.700 € dem Bankkonto gutgeschrieben. Nachweise über die Einbehaltung der Kapitalertragsteuer liegen ebenfalls vor. Der gutgeschriebene Betrag wurde von der Maschinenbau AG als Beteiligungsertrag nach einigen Überlegungen für das Jahr 2016 gebucht.

2. Im Jahr 2016 verkaufte die Thomarowski GmbH der Maschinenbau AG Zulieferteile. Insgesamt bezahlte die AG für die Warenlieferungen 100.000 € netto. Anderen Abnehmern hätte die GmbH für entsprechende Verkäufe 125.000 € netto in Rechnung gestellt. Die Maschinenbau AG ist zu 15 % an der Thomarowski GmbH beteiligt, die diesen Sachverhalt steuerlich korrekt behandelt hat.

3. Im Juli 2016 startete die AG eine Werbeaktion. Das Ziel war doppelt ausgerichtet: Einerseits sollten die bestehenden wichtigen Geschäftsbeziehungen durch eine kleine Geste gefestigt werden, andererseits sollten neue Geschäftskontakte geknüpft werden. Jedem bedeutsamen Geschäftspartner wurde daher ein persönliches Präsent im Wert von jeweils 35 € zugewandt. Auf die Umsatzsteuer soll an dieser Stelle nicht näher eingegangen werden. Zusätzlich begann man mit einer Werbeoffensive in Tageszeitungen und im Radio.

   An Aufwendungen entstanden für die Präsente 25.000 € und für die Medienwerbung 100.000 €. Beide Beträge wurden dem Konto „Werbeaufwand" belastet. Dies gilt versehentlich auch für die Aufwendungen für Präsente von 25.000 €.

4. Die KSt-Vorauszahlung von 200.000 € wurde als Steueraufwand gebucht.
5. Folgende Sachverhalte waren zum 31. 12. 2016 buchhalterisch noch nicht erfasst:

   Im Jahr 2016 fielen folgende Säumniszuschläge bzw. Verspätungszuschläge an:

Säumniszuschläge zu den KSt-Vorauszahlungen:	4.000 €
Verspätungszuschläge zu USt-Voranmeldungen:	2.500 €
Säumniszuschläge zur Lohnsteuer:	1.500 €

   Die Finanzbuchhaltung hat sämtliche Kosten auf einem neutralen Konto gebucht, das sich nicht auf die Höhe des Gewinns ausgewirkt hat.

Aufgabenstellung:

Ermitteln Sie das zu versteuernde Einkommen der Maschinenbau AG für den VZ 2016 und die Höhe der Körperschaftsteuer-Rückstellung bzw. der Körperschaftsteuererstattung.

Auf den Solidaritätszuschlag und die Gewerbesteuer ist nicht einzugehen.

Die Lösung finden Sie auf Seite 298.

FALL

Fall 32 Ermittlung des zu versteuernden Einkommens 3

25 Punkte *** **35 Minuten**

Die Maschinenbau AG mit Sitz in Nürnberg wurde Anfang 2016 gegründet. Für das Geschäftsjahr 2016, das zusammen mit dem Kalenderjahr endet, wies die AG einen vorläufigen Gewinn in Höhe von 55.000 € aus.

Bei der Erstellung der KSt-Erklärung fallen folgende Sachverhalte auf:

1. Die AG hatte eine Investitionszulage in Höhe von 14.500 € in der Handelsbilanz als sonstigen Ertrag gebucht.
2. Im Jahre 2016 hatte die Maschinenbau AG einen Prozess geführt. Von einem Gericht in München wurde die AG zu einer Geldbuße in Höhe von 7.500 € verurteilt. An Verfahrenskosten fielen zusätzlich 5.200 € an.

   Die AG ist in 2016 verstärkt in China tätig gewesen. China verhängte eine Geldbuße von umgerechnet 4.000 €. Gegen diese Buße hat das Unternehmen lange protestiert, auch weil sie im Wesentlichen der deutschen Rechtsordnung widerspricht – leider ohne Erfolg. Sämtliche Kosten wurden gewinnmindernd erfasst.
3. Die Maschinenbau AG zahlte 2016 an Aufsichtsratsvergütungen insgesamt 6.000 €, die als Aufwand gebucht wurden. Zusätzlich wurden tatsächlich entstandene Reisekosten von 500 € erstattet.
4. Edith Sievert erhielt 2016 ein Gesellschafter-Geschäftsführergehalt in Höhe von 200.000 €. Aus Erfahrungswerten ist bekannt, dass für ein derartig strukturiertes Unternehmen höchstens 150.000 € Gehalt angemessen sind.

5. Die Gesellschaft gewährte dem Sohn von Edith Sievert am 1. 7. 2016 ein zinsloses Darlehen in Höhe von 20.000 €, das erst am 1. 1. 2017 zurückzuzahlen ist. Der marktübliche Zinssatz lag im Jahre 2016 bei 6 %.
6. Es fielen Verspätungszuschläge in folgender Höhe an:

Verspätungszuschläge für KSt:	1.150 €
Verspätungszuschläge für GewSt:	150 €
Außerdem ergaben sich Aussetzungszinsen für eine strittige KSt-Vorauszahlung in Höhe von	260 €
An KSt-Vorauszahlungen wurden gezahlt:	50.000 €

Alle Zahlungen wurden dem Erfolgskonto Steueraufwendungen belastet.

Aufgabenstellung:

Ermitteln Sie das zu versteuernde Einkommen und die zunächst zu bildende KSt-Rückstellung.

Auf den Solidaritätszuschlag ist ebenso wie auf die Gewerbesteuer nicht einzugehen.

Die Lösung finden Sie auf Seite 301.

FALL

Fall 33 Körperschaft- und Umsatzsteuer
25 Punkte ** **30 Minuten**

In der vorläufigen Steuerbilanz der Maschinenbau AG zum 31. 12. 2016 (Wirtschaftsjahr entspricht dem Kalenderjahr) wurde ein Jahresüberschuss von 809.070 € ausgewiesen. Dabei fallen Ihnen folgende Sachverhalte auf:

1. Die Gesellschaft besitzt seit 1995 ein in den Sacheinlagen mit dem zutreffenden Wert ausgewiesenes Einfamilienhaus in Duisburg, das auch im Wirtschaftsjahr 2016 vom Gesellschafter Mees unentgeltlich zu eigenen Wohnzwecken genutzt wurde. Das Haus wurde im Jahr 1994 von einem Privatmann erworben. Schriftliche Vereinbarungen hinsichtlich der Überlassung des Grundstücks an Mees bestanden 2016 zwischen ihm und der AG nicht. Auch eine Erfassung als steuerpflichtiger Arbeitslohn erfolgte nicht. Die für vergleichbare Objekte in der Umgebung erzielbare Miete betrug jährlich 30.000 €.
2. In der Gewinn- und Verlustrechnung für 2016 wurden unter anderem nachstehende Beträge als Aufwendungen gebucht:

KSt-Vorauszahlungen für 2016	500.000 €
Geschenke an Kunden (netto)	10.000 €

Die jeweiligen Anschaffungskosten der Geschenke an die aus den Buchungsbelegen ersichtlichen Empfänger, die alle Kunden der AG sind, betrugen ohne die anteilige USt von 19 % mehr als 35 €. Die Vorsteuer von 1.900 € wurde geltend gemacht.

3. Im Jahr 2016 fielen inländische – angemessene – Bewirtungskosten in Höhe von 23.800 € an. Die Beträge von 20.000 € wurden als Betriebsausgaben und 3.800 € als Vorsteuern geltend gemacht.

Aufgabenstellung:

a) Prüfen Sie den Sachverhalt der Wohnungsüberlassung und die Tatbestände der Kundengeschenke und der Bewirtungskosten in umsatzsteuerrechtlicher Hinsicht.

b) Stellen Sie dar, inwieweit die genannten Sachverhalte

   ba) den Jahresabschluss ändern,

   bb) das zu versteuernde Einkommen ändern.

Auf den Solidaritätszuschlag und Auswirkungen auf die Gewerbesteuer ist nicht einzugehen.

Die Lösung finden Sie auf Seite 302.

FALL

Fall 34 Gesellschafterdarlehen

30 Punkte *** **45 Minuten**

Neben seiner Beteiligung an der Maschinenbau AG hält Hauke Mees seit Jahren einen Anteil von 30 % an der Klamm GmbH. Die übrigen 70 % hält Herr P. Leite, der zugleich auch Geschäftsführer der GmbH ist.

Im Jahr 2010 befand sich die Klamm GmbH in einer wirtschaftlich schwierigen Lage. Um eine drohende Insolvenz abzuwenden, verzichtete Hauke Mees auf Drängen des Gesellschafter-Geschäftsführers, Herrn P.-Leite, am 1.7.2010 auf die Rückzahlung eines Darlehens, das er der Gesellschaft im Jahr 2005 zur Finanzierung verschiedener Investitionen zu marktüblichen Zinsen zur Verfügung gestellt hatte. Der ursprüngliche Darlehensbetrag belief sich auf 200.000 €, zum Zeitpunkt des Verzichts valutierte das Darlehen noch mit 150.000 €. Alle Zinsen wurden bis zum Verzichtszeitpunkt pünktlich gezahlt und von der Klamm GmbH zutreffend gebucht.

Die Verbindlichkeit wurde vom Buchhalter der GmbH zum 1.7.2010 erfolgswirksam ausgebucht. Aufgrund der Situation der Klamm GmbH war der Teilwert der Darlehensforderung am 1.7.2010 mit 0 € anzunehmen. Ein fremder Gläubiger hätte der Gesellschaft zu diesem Zeitpunkt kein Kapital mehr zur Verfügung gestellt. Der Verzicht wurde unter der Bedingung vereinbart, dass die Darlehensforderung bei Erreichen eines handelsrechtlichen Jahresüberschusses nach Abzug der Verbindlichkeit von mindestens 100.000 € wieder „aufleben“ sollte. Außerdem sollten in diesem Fall für die Zeit des Verzichts die marktüblichen Zinsen von 5 % p.a. nachgezahlt werden.

Im Rahmen der Abschlusserstellung des Jahres 2016 wurde vom Buchhalter der GmbH eine Verbindlichkeit in Höhe von 176.250 € (Darlehensbetrag 150.000 € zzgl. 26.250 € Zinsen) erfolgswirksam eingebucht. Weitere Folgen wurden aus dem Vorfall bisher nicht gezogen.

Aufgabenstellung:

Wie ist die Wiedereinbuchung der Verbindlichkeit zum 31. 12. 2016 steuerlich zu würdigen?

Die Lösung finden Sie auf Seite 304.

FALL

Fall 35 Steuerliche Behandlung eines Vereins[1]

16 Punkte ** **24 Minuten**

Der Gesellschafter der Abraham OHG, Herr Martin Lange, ist 1. Vorsitzender eines eingetragenen Vereins zur Sanierung der Altstadt Kölns. Dieser Verein ist gemäß § 1 Abs. 1 Nr. 4 KStG ein steuerpflichtiger Verein und erzielte 2016 folgende Einnahmen und Ausgaben:

1. Ende Dezember wurde das dem Verein gehörende Grundstück nebst Gebäude gegen eine sofortige Bezahlung von 100.000 € veräußert. Der noch nicht im Wege der AfA abgesetzte Restwert des Gebäudes betrug zum Zeitpunkt der Veräußerung 60.000 €. Die Anschaffungskosten des Grund und Boden hatten 10.000 € betragen. Der Verein hatte dieses Objekt am 25. 2. 1986 für insgesamt 85.000 € erworben.
2. Mieteinnahmen aus der Vermietung eines bebauten Grundstücks im Inland in Höhe von 26.000 €. Die zulässige AfA betrug 6.000 €. An Hausaufwendungen entstanden 2016 12.500 €. Hiervon hat der Verein 9.000 € erst im März 2017 entrichtet.

Aufgabenstellung:

a) Ermitteln Sie das zu versteuernde Einkommen des Vereins im VZ 2016 und die festzusetzende Körperschaftsteuer.

b) Wie hoch wäre bei den gleichen Sachverhalten das zu versteuernde Einkommen und die festzusetzende Körperschaftsteuer einer GmbH für den VZ 2016?

Die Lösung finden Sie auf Seite 305.

IV. Gewerbesteuer

FALL

Fall 36 Zerlegung

20 Punkte ** **30 Minuten**

Die Abraham OHG unterhält neben dem Sitz in Hamburg seit mehreren Jahren in den Städten Berlin, Frankfurt am Main und München jeweils eine Betriebsstätte. Die Gewerbesteuererklärung 2016 enthält folgende Angaben:

Steuerlicher Gewinn 2016	1.500.000 €
Schuldentgelte (lt. GuV)	96.000 €

Der Gesamtumsatz der Abraham OHG betrug 2016 352.000.000 €. Er verteilte sich auf die vier Standorte wie folgt:

Hamburg	200.500.000 €
Berlin	15.500.000 €
Frankfurt am Main	75.500.000 €
München	60.500.000 €

Die gesamten Arbeitslöhne der Abraham OHG im Jahr 2016 beliefen sich auf 265.802.018 €. Davon entfielen auf die einzelnen Standorte:

Hamburg	159.480.629 €
Berlin	13.290.236 €
Frankfurt am Main	53.160.587 €
München	39.870.566 €

Die Hebesätze der Städte betragen:

Hamburg	470 %
Berlin	410 %
Frankfurt am Main	460 %
München	490 %

Aufgabenstellung:

a) Ermitteln Sie den einheitlichen Gewerbesteuermessbetrag.

b) Führen Sie die Zerlegung des einheitlichen Gewerbesteuermessbetrags durch und ermitteln Sie die Gewerbesteuerzahllast der Abraham OHG für das Jahr 2016 (Vorauszahlungen auf die Gewerbesteuer wurden wie in den vorangegangenen Veranlagungszeiträumen nicht geleistet).

Die Lösung finden Sie auf Seite 306.

FALL

Fall 37 Einheitlicher Messbetrag 1
22 Punkte *** **33 Minuten**

Zur Ermittlung des Gewerbesteuermessbetrags für das Wirtschaftsjahr 2016 der Maschinenbau AG hat der Bilanzbuchhalter Ole Paulsen, der gerade seine Prüfung erfolgreich absolviert hat, die nachfolgenden Sachverhalte noch zu berücksichtigen:

1. Der nach körperschaftsteuerlichen Vorschriften ermittelte Gewinn aus Gewerbebetrieb betrug 103.520 €.
2. Mit Wirkung zum 1. 12. 2004 hatte die Maschinenbau AG ein Geschäftsgrundstück in München auf Leibrentenbasis von dem Privatier Kai Voss aus Großhansdorf erworben. Die regel-

mäßigen monatlichen Rentenzahlungen in Höhe von 5.000 € wurden mit einem Zinsanteil von insgesamt 39.000 € als Aufwand bei der Gewinnermittlung berücksichtigt.

3. An der Gesellschaft ist Jens-Peter Zillmer aus Schleswig, Diplom-Informatiker mit Einkünften aus § 18 EStG, seit dem 1. 1. 1995 mit einer Einlage von 50.000 € als stiller Gesellschafter beteiligt. Ein Anteil an den stillen Reserven ist laut Vertrag vom 30. 11. 1994 ausdrücklich ausgeschlossen worden. Die Beteiligung war vom zuständigen Finanzamt als notwendiges Betriebsvermögen seiner Kanzlei erfasst worden. An Herrn Zillmer erfolgte die Barauszahlung seines Gewinnanteils 2016 in Höhe von 7.500 € bereits zum 31. 12. 2016. Der Gewinnanteil wurde in steuerlich zulässiger Weise bei der Gewinnermittlung der AG berücksichtigt.
4. Für den geleasten Fuhrpark hat die AG im Jahr 2016 150.800 € gezahlt und in der GuV als Aufwand erfasst.
5. Für das Kontokorrentkonto sind 2016 15.258 € an Überziehungszinsen angefallen. Ferner hat die AG in 2016 für ein langfristiges Darlehen 60.700 € Zinsen gezahlt. Beides ist in der GuV als Zinsaufwand erfasst.
6. Der zuletzt festgestellte Einheitswert des Betriebsgrundstücks beträgt zu 140 %: 196.000 €. Eine Grundsteuerbefreiung liegt nicht vor.

Aufgabenstellung:

Ermitteln Sie für die Maschinenbau AG den einheitlichen Gewerbesteuermessbetrag für das Jahr 2016. Der Solidaritätszuschlag bleibt außen vor.

Die Lösung finden Sie auf Seite 307.

FALL

Fall 38 Messbetrag nach dem Gewerbeertrag

10 Punkte * **15 Minuten**

Die Abraham GmbH hat 2016 laut Steuerbilanz einen Gewinn in Höhe von 1.500.500 € ermittelt.

Bei der Ermittlung der gewerbesteuerlich relevanten Vorgänge sind folgende Sachverhalte noch zu berücksichtigen:

1. Zur Finanzierung von Renovierungsarbeiten nahm die Abraham GmbH bei der Privatbank AG ein endfälliges Hypothekendarlehen in Höhe von 500.000 € mit einer Laufzeit von 10 Jahren auf. Dieses Darlehen wurde am 1. 7. 2016 mit einem Betrag von 490.000 € ausgezahlt. Das Disagio in Höhe von 10.000 € wurde für 2016 als aktive Rechnungsabgrenzung gebucht.
2. Mit Wirkung vom 1. 8. 2016 wurde von einem Münchener Unternehmen die gesamte EDV-Anlage geleast. Es fielen monatliche Zahlungen in Höhe von 12.000 € an, die mit einer Ausnahme zum 30. des entsprechenden Monats gezahlt wurden. Lediglich die Dezemberzahlung erfolgte am 7. 1. 2017 und wurde dem einkommensteuerlichen Gewinn für 2017 abgezogen.

3. Von einem Bekannten des Gesellschafters Lange hatte die GmbH am 12.9.2010 ein Darlehen zu marktüblicher Verzinsung erhalten. Nachdem die GmbH ihre Liquiditätssituation verbessern konnte, wurde das Darlehen am 15.10.2016 vollständig getilgt. Für 2016 wurden Zinsen in Höhe von 25.200 € gezahlt und als Aufwand gebucht.

Aufgabenstellung:

Ermitteln Sie den Gewerbeertrag.

Die Lösung finden Sie auf Seite 308.

FALL

Fall 39 Einheitlicher Messbetrag 2

18 Punkte *** **27 Minuten**

Die Gesellschafterin der Abraham OHG, Frau Annelene Abraham, ist nebenher zu 50 % an der Abraham Bauchtanz OHG mit Sitz in Hamburg beteiligt. Diese Gesellschaft erzielt im Jahr 2016 einen steuerlichen Gewinn in Höhe von 275.800 €.

Folgende Sachverhalte sind gewerbesteuerlich bei der Bauchtanz OHG noch zu berücksichtigen:

1. Die OHG hatte im Jahr 2008 ein Darlehen in Höhe von 2.500.000 € zu folgenden Bedingungen aufgenommen:

Laufzeit:	10 Jahre
Zinssatz:	8 % fest für die gesamte Laufzeit, ohne Tilgung
Tilgung:	in einer Summe am Ende der vereinbarten Laufzeit des Darlehens
Auszahlungskurs:	96 %

   Die Darlehensauszahlung wurde ordnungsgemäß gebucht.

2. Von der Maschinenbau AG hatte die OHG am 3.7.2015 eine computergesteuerte Fertigungsmaschine für die Dauer von insgesamt 24 Monaten gemietet. Im Jahr 2016 wurden Mietzahlungen in Höhe von 36.000 € geleistet.
3. Seit dem 1.1.2008 ist die OHG an der Zillmer & Petersen KG beteiligt. Von dem Gewinn dieser KG des Jahres 2016 sind der OHG 45.980 € zuzurechnen. Diesen buchte sie als Beteiligungsertrag.
4. Die OHG betreibt seit 1996 ihren Betrieb auf einem eigenen Betriebsgrundstück, das ausschließlich selbst genutzt wird. Der zuletzt festgestellte Einheitswert beläuft sich auf 120.000 €.
5. Die gesamten Arbeitslöhne der OHG im Jahr 2016 belaufen sich auf 805.000 €.

Aufgabenstellung:

a) Ermitteln Sie den einheitlichen Gewerbesteuermessbetrag für 2016.

b) Die OHG plant, einen Teil ihrer Produktion von Hamburg nach Schwerin zu verlegen. Ermitteln Sie dabei die Gewerbesteuerentlastung aufgrund der teilweisen Verlegung der Produktion. Gehen Sie dabei vom unter a) ermittelten Gewerbeertrag aus. Es ist geplant, dass etwa $^{1}/_{3}$ des Personals an den neuen Standort wechselt. Die beiden Gesellschafter werden jeweils ca. zu 50 % an beiden Standorten tätig sein.

Die Gewerbesteuer-Hebesätze betragen:	Hamburg	470 %
	Schwerin	420 %

Die Lösung finden Sie auf Seite 309.

FALL

Fall 40 Gewerbesteuerrückstellung 1

20 Punkte *** **30 Minuten**

Die Maschinenbau AG ermittelte einen vorläufigen Gewinn für 2016 von 1.460.489 €.

Als Betriebsausgaben sind unter anderem gebucht:

1. Gewerbesteuer-Vorauszahlungen 2016 in Höhe von 88.600 €.
2. Gewerbesteuer-Nachzahlung für 2007 17.520 €.
3. Zinsen in Höhe von 85.243 € für ein langfristiges Darlehen.
4. Miete für eine Lagerhalle, die von der Ohlsen KG aus Hamburg gemietet wurde. An Mietzahlungen fielen in 2016 25.200 € an.
5. Miete für eine Computeranlage, die von der Firma EDV-Betreuung Professionell GmbH aus Schleswig gemietet wurde. An Mietzahlungen fielen in 2016 350.000 € an.
6. Ferner ist seit dem 1. 7. 2016 Frau Rosa Munde als Privatperson typisch stille Gesellschafterin (Höhe der Beteiligung: 300.000 €). Der auf diese Beteiligung entfallende Gewinnanteil beträgt 35.645 €.

Für das Betriebsgrundstück der AG wurde zuletzt ein Einheitswert von: 1.540.000 € (= 140 %) festgestellt. Eine Grundsteuerbefreiung liegt nicht vor.

Folgende Hebesätze sind zu beachten:

Düsseldorf	440 %
Duisburg	510 %
Dresden	450 %

Im Wirtschaftsjahr 2016 betrug die Summe der Arbeitslöhne in den drei Standorten 8.500.708,16 €. Sie verteilte sich auf die Betriebsstätten wie folgt:

Düsseldorf	5.100.122,12 €
Duisburg	2.550.299,01 €
Dresden	850.287,03 €

In den drei Standorten wurden folgende Beträge als Ausbildungsvergütungen gezahlt:

Düsseldorf	180.520,10 €
Duisburg	86.452,20 €
Dresden	44.263,12 €

Außerdem zahlte die AG ihren Vorstandsmitgliedern Tantiemen in Höhe von 500.000 €.

Aufgabenstellung:

Ermitteln Sie die Gewerbesteuerrückstellung 2016.

Die Lösung finden Sie auf Seite 312.

FALL

Fall 41 Gewerbesteuerrückstellung 2
15 Punkte ** 30 Minuten

Die Altmann GmbH betreibt in Wuppertal und Düsseldorf ein Malergeschäft. Die vorläufige GuV-Rechnung weist für 2016 einen Jahresüberschuss von 305.320 € und einen Umsatz von 3.500.000 € aus.

Dazu wird Folgendes festgestellt:

1. Mieten

   Im Mietaufwand enthalten sind 7.200 € an den Gesellschafter Altmann. Davon entfallen auf einen von ihm angemieteten Pkw 6.000 € und auf die ebenfalls von ihm angemietete Garage 1.200 €.

   Altmann ist mit 30 % an der GmbH beteiligt. Er ist als Geschäftsführer der GmbH tätig und übt keine andere Tätigkeit aus.

2. Gewinnanteil

   Die GmbH ist seit dem 1. 1. 2016 an einer OHG als stille Gesellschafterin mit einer Einlage von 200.000 € beteiligt.

   Für das Wirtschaftsjahr 2016 wurden am 7. 4. 2017 als Gewinnanteil 11.780 € (nach Abzug der KESt 4.000 € und des SolZ mit 220 €) an die GmbH überwiesen und bei Eingang gebucht: Bank 11.780 an Beteiligungsertrag 11.780 €. In 2016 wurde lediglich die Zahlung der Einlage mit 200.000 € gebucht.

3. Löhne und Gehälter

   Insgesamt wurden 1.006.800 € als Aufwand gebucht. Davon entfallen auf Wuppertal 684.600 € und auf Düsseldorf 322.200 €. Für den ausschließlich in Wuppertal tätigen geschäftsführenden Gesellschafter Altmann sind 240.000 € Gehalt und zusätzlich eine einmalige Tantieme von 40.000 €, die aufgrund des guten Jahresergebnisses gewährt wurde, enthalten. Beide Vergütungen sind angemessen.

4. Steueraufwand

   Die GewSt-Vorauszahlungen für 2016 betrugen 48.000 € und die KSt-Vorauszahlungen 120.000 €.

5. Die GewSt-Hebesätze betragen für Wuppertal 490 % und für Düsseldorf 440 %.

Aufgabenstellung:

a) Beurteilen Sie vorstehende Tz. 1–4 in gewerbesteuerlicher Hinsicht.

b) Berechnen Sie die Gewerbesteuer-Rückstellung.

Die Lösung finden Sie auf Seite 314.

FALL

Fall 42 Gewerbeertrag
20 Punkte ** **20 Minuten**

Die Ludwig-Buchner-GmbH betreibt in Bonn einen Buchhandel. Gesellschafter der GmbH sind zu je 50 % Hans Alber und Max Keller, die zivilrechtlich wirksam auch zu Geschäftsführern der GmbH bestellt sind.

Das Wirtschaftsjahr entspricht dem Kalenderjahr. In der Handelsbilanz zum 31. 12. 2016, die mit der nach steuerlichen Grundsätzen aufzustellenden Bilanz identisch ist, wird ein Jahresüberschuss von 1.000.000 € ausgewiesen. Das zu versteuernde Einkommen der GmbH i. S. d. § 7 KStG wurde zutreffend mit 1.500.000 € ermittelt. Ein Verlustabzug wurde dabei nicht vorgenommen.

Im Jahresüberschuss 2016 sind folgende Erträge und Aufwendungen enthalten:

1. Rentenschuld

   Das der GmbH gehörende und von ihr allein genutzte Grundstück Beethovenstraße 3 in Bonn (Einheitswert 2.000.000 €) hat sie im Wj. 2000 auf Rentenbasis (Zusage einer Leibrente an den Veräußerer) erworben. Der in den Rentenzahlungen enthaltene „Zinsaufwand" wurde zutreffend in Höhe von 30.000 € als Betriebsausgabe gebucht.

   Der Rentenberechtigte ist am 31. 12. 2016 überraschend gestorben. Die GmbH hat deshalb den Rentenbarwert zum 31. 12. 2016 in Höhe von 500.000 € zugunsten des Jahresüberschusses 2016 gewinnerhöhend aufgelöst.

2. Stiller Gesellschafter

   An der GmbH ist seit 1990 der Bruder des Gesellschafters Alber, Günther Alber, als stiller Gesellschafter beteiligt. Den Gewinn des stillen Gesellschafters in Höhe von 70.000 € hat die GmbH bei der Ermittlung des Jahresüberschusses gewinnmindernd behandelt.

3. Gewinnanteil an der Xaver Unertl OHG

   Der im Jahresüberschuss der GmbH enthaltene Gewinnanteil aus der Beteiligung an der Xaver Unertl OHG setzt sich wie folgt zusammen:

a)	Anteil am laufenden Gewinn	150.000 €
b)	Anteil am Gewinn aus der Veräußerung eines Teilbetriebs durch die OHG i. S. d. § 16 Abs. 1 Nr. 1 EStG	200.000 €
Gesamtbetrag		350.000 €

4. Dividende der Moris AG

   Die GmbH hat am 25. 2. 2016 eine Gewinnausschüttung von der Moris AG (Hamburg) erhalten, an der sie seit mehreren Jahren mit 10 % des Nennkapitals beteiligt ist. Die Ausschüttung betrug (vor Abzug von Kapitalertragsteuer und Solidaritätszuschlag) 30.000 €. Bei der Ermittlung des zu versteuernden Einkommens der GmbH wurde zutreffend berücksichtigt, dass 95 % der Ausschüttung gem. § 8b Abs. 1 i.V. m. Abs. 5 KStG steuerfrei zu vereinnahmen sind. Die Finanzierung der Beteiligung erfolgte über langfristiges Darlehen für das im Jahr 2016 Zinsen i. H.v. 8.000 € aufgewendet wurden.

5. Gewerbeverlust 2015

   Bei der GewSt-Veranlagung 2015 für die GmbH wurde ein verbleibender Gewerbeverlust in Höhe von 150.000 € gesondert festgestellt (§ 10a Satz 6 GewStG).

Aufgabenstellung:

Nehmen Sie Stellung zu den vorstehenden Sachverhalten hinsichtlich ihrer Auswirkung auf die Ermittlung des Gewerbeertrags 2016 und begründen Sie die Lösungen mit den geltenden Rechtsgrundlagen.

Die Lösung finden Sie auf Seite 316.

FALL

Fall 43 GewSt-Messbetrag, -rückstellung
20 Punkte * 25 Minuten**

Die Gerhard Noppen OHG betreibt in Bonn, Oxfordstraße 11, einen Großhandel mit Lebensmitteln. Außerdem unterhielt sie bis zum 31. 12. 2016 ebenfalls in Bonn, Beethovenstraße 14, eine Konditorei mit Cafébetrieb, die vom Lebensmittelgroßhandel organisatorisch getrennt geführt (u. a. eigenes Personal, getrennte Buchführung) wurde und dem Lebensmittelgroßhandel gegenüber völlig selbstständig war.

An der OHG sind Herr Gerhard Noppen und Frau Brigitte Wohlhüter zu je 50 % als Gesellschafter beteiligt.

Der Lebensmittelgroßhandel wird auf dem dem Gesellschafter Gerhard Noppen gehörenden, von diesem angemieteten Grundstück (Oxfordstraße 11) betrieben. Das Grundstück Beethovenstraße 14, in dem die Konditorei und das Café unterhalten wurden, befand sich im Eigentum der OHG.

Das Wirtschaftsjahr der OHG stimmt mit dem Kalenderjahr überein. In der Handelsbilanz der OHG zum 31. 12. 2016, die mit der nach steuerlichen Grundsätzen aufgestellten Bilanz identisch ist, wird ein Jahresüberschuss von 1.500.000 € ausgewiesen. Darin sind folgende Erträge und Aufwendungen enthalten:

1. Veräußerung der Konditorei und des Cafés

   Aus dem Verkauf dieses Betriebes, bei dem der Erwerber sämtliche Aktiva und Passiva übernommen hat, hat die OHG einen Veräußerungsgewinn von 500.000 € erzielt, der im Jahresüberschuss 2016 von 1.500.000 € enthalten ist.

2. Mietaufwendungen für das Grundstück Bonn, Oxfordstraße 11

   In der GuV-Rechnung der OHG sind als Aufwand für das vom Gesellschafter Gerhard Noppen angemietete Grundstück 200.000 € gebucht worden. Dieser Gesellschafter hat aus der Verpachtung seines Grundstückes einen nach den Grundsätzen des § 5 EStG ermittelten Gewinn für das Wirtschaftsjahr 2016 in Höhe von 150.000 € erzielt, der steuerlich bisher nicht erfasst ist.

3. Darlehenszinsen

   Für den Erwerb mehrerer Lkw für den Lebensmittelgroßhandel hat die OHG im Wirtschaftsjahr 2016 ein Darlehen mit einer Laufzeit von drei Jahren in Höhe von 600.000 € aufgenommen. Die dafür als Aufwand gebuchten Entgelte haben im Wirtschaftsjahr 2016 betragen:

a) laufende Zinsen	43.600 €
b) Damnum-Anteil für 2016	6.000 €

4. Wechselkredit

   Den Erwerb von aus Kroatien importierten Konserven mit Paprikaschoten hat die OHG durch die Hingabe eines Wechsels in Höhe von 200.000 € finanziert, der eine Laufzeit von sechs Monaten hat (5. 1. 2016 bis 1. 7. 2016). Der Lieferant hat der OHG für diesen Wechselkredit Basiszinsen in Höhe von 6.000 € in Rechnung gestellt, die diese als Aufwand gebucht hat.

5. Grundstücke Bonn, Oxfordstraße 11 und Beethovenstraße 14

   Für diese Grundstücke, die sich seit vielen Jahren im Eigentum des Gesellschafters Gerhard Noppen bzw. der OHG befinden, wurden folgende Einheitswerte festgestellt:

a) Oxfordstraße 11	2.000.000 €
b) Beethovenstraße 14	1.500.000 €

6. Rentenaufwand

   Die Konditorei und das damit verbundene Café hatte die OHG im Wirtschaftsjahr 2006 von H. Muess, der sich danach zur Ruhe setzte, gegen die Zusage einer Leibrente erworben. Die bei der OHG im Wirtschaftsjahr 2016 als Aufwand gebuchten Rentenzahlungen belaufen sich auf 80.000 € (Barwert 31. 12. 2015: 260.000 €; Barwert 31. 12. 2016: 210.000 €).

7. Gewerbesteueraufwand 2016

   Für das Wirtschaftsjahr 2016 wurden bisher weder GewSt-Vorauszahlungen geleistet noch eine GewSt-Rückstellung gebildet.

Aufgabenstellung:

a) Nehmen Sie Stellung zu den vorstehenden Sachverhalten hinsichtlich ihrer steuerlichen Auswirkungen auf die Ermittlung des Gewerbeertrages.

b) Ermitteln Sie den Gewerbesteuermessbetrag.

c) Ermitteln Sie die GewSt-Rückstellung und damit die Gewerbesteuerschuld für den Erhebungszeitraum 2016.

   Gehen Sie dabei von einem Hebesatz (§ 16 GewStG) von 460 % aus.

Die Lösung finden Sie auf Seite 317.

V. Umsatzsteuer

FALL

Fall 44 Innergemeinschaftliche Lieferung

20 Punkte *** **30 Minuten**

Für die Abraham OHG kam es zu folgenden Geschäftsvorfällen:

1. Die Abraham OHG genießt seit einigen Jahren einen guten Ruf bei dänischen Privatpersonen und konnte daher in den letzen Jahren ihre Marktstellung in Dänemark kontinuierlich ausbauen.

   Im Jahr 2015 wurden Waren für umgerechnet 350.000 DKK an entsprechende Abnehmer geliefert, 2016 waren bis Juni bereits Waren im Wert von 400.000 DKK an dänische Privatpersonen verkauft worden.

   Am 22.6.2016 lieferte die OHG mit eigenem Lkw Kabelstränge im Wert von 10.000 € (70.000 DKK) an die Privatperson Peter Haugaard in Apenrade (Dänemark).

   Für Herrn Haugaard war es der erste Versandumsatz aus Deutschland seit mehreren Jahren.

2. Die Firma Sand A/S, ein Kunde aus Kopenhagen (Dänemark), bestellte bei der Abraham OHG ein spezielles Kabel im Gesamtwert von 52.000 € netto (laut Katalog der Abraham OHG). Dabei gab sie ihre dänische USt-IdNr. an. Da die Abraham OHG das Kabel nicht vorrätig hatte, musste sie es bei ihrem Lieferanten, der Kabelspezial AG mit Sitz in Kiel, bestellen. Vereinbarungsgemäß lieferte die Kabelspezial AG das Kabel am 22.6.2016 direkt mit eigenem Lkw nach Kopenhagen. Die Abraham OHG trat mit ihrer dänischen USt-IdNr. auf. Anlässlich dieses Geschäftsvorfalls kam es zu folgenden Rechnungen (auszugsweise dargestellt):

Von Kabelspezial AG an Abraham OHG :	Kiel, 29. 6. 2016
Spezialkabel	35.000 €
zzgl. 19 % USt	6.650 €
Rechnungsbetrag	41.650 €
Von Abraham OHG an Sand A/S:	Hamburg, 26. 6. 2016
Spezialkabel	52.000 €
USt	0 €
Rechnungsbetrag	52.000 €

Die Abraham OHG zahlte den Bruttorechnungsbetrag am 16. 7. 2016 an Kabelspezial und erhielt von Sand A/S die Rechnungssumme am 23. 7. 2016.

Aufgabenstellung:

Beurteilen Sie sämtliche Geschäftsvorfälle umsatzsteuerrechtlich.

Die Lösung finden Sie auf Seite 319.

FALL

Fall 45 Sonstige Leistung
18 Punkte ** **24 Minuten**

1. Die Maschinenbau AG hatte am 31. 8. 2013 eine neue Computeranlage erworben (betriebsgewöhnliche Nutzungsdauer 5 Jahre). Der Kaufpreis hatte netto 22.500 € (zzgl. 19 % USt) betragen. Dieses Wirtschaftsgut wurde ausschließlich für die Verwaltung der Mietwohnhäuser genutzt.

   Im Zuge einer Umstrukturierung wurde die Verwaltung der Mietwohngrundstücke zum 1. 5. 2016 an eine Immobilienfirma übergeben, so dass die Anlage seitdem den gewöhnlichen – umsatzsteuerpflichtigen – gewerblichen Zwecken der Maschinenbau AG dient.

2. Die Maschinenbau AG hatte Rechtsstreitigkeiten mit einem französischen Lieferanten. Zur endgültigen Klärung der Streitigkeit wurde ein Gerichtsverfahren, das am 18. 5. 2016 in Paris stattfand, anberaumt.

   Auf Empfehlung eines französischen Geschäftsfreunds wurde der Pariser Rechtsanwalt Jean Matthieu mit der Verteidigung beauftragt. Das Verfahren verlief für die Maschinenbau AG nachteilig. Trotzdem berechnete Monsieur Matthieu der AG einen Betrag von 5.500 €. Die Rechnung, die keinen Ausweis der Umsatzsteuer enthält, ging der Maschinenbau AG am 15. 6. 2016 zu.

3. Die Maschinenbau AG beauftragte das belgische Transportunternehmen van Troog mit Sitz in Antwerpen, Maschinen von Hamburg zu einer Messe nach Utrecht, Niederlande, zu befördern. Bei der Auftragserteilung teilte die Maschinenbau AG dem belgischen Unternehmen ihre USt-IdNr. nicht mit.

Nachdem der Transport am 13. 8. 2016 durchgeführt worden war, berechnete van Troog laut Rechnung vom 3. 9. 2016 der Maschinenbau AG 4.000 € zzgl. 19 % USt i. H. v. 760 €. Am 8. 10. 2016 überwies die Maschinenbau AG 4.000 € nach Belgien, weil sie der Meinung war, keine Umsatzsteuer zu schulden.

Nach Erhalt der Mahnung entrichtete die Maschinenbau AG am 10. 12. 2016 auch den noch ausstehenden Betrag von 760 €.

Aufgabenstellung:

Beurteilen Sie die Sachverhalte umsatzsteuerrechtlich.

Die Lösung finden Sie auf Seite 321.

FALL

Fall 46 Lieferung und sonstige Leistung 1

16 Punkte ****** **24 Minuten**

1. Die Abraham OHG beauftragte im April 2016 das dänische Bauunternehmen Ostergaard aus Sonderborg, mit dem sie schon seit mehreren Jahren in Geschäftsbeziehung steht und von dem die dänische USt-IdNr. vorliegt, in ihrer Hamburger Betriebsstätte neue Fenster und Türen einzubauen.

   Vereinbarte Gegenleistung war die Lieferung von Waren im Wert von 25.000 € (netto). Am 27. 4. 2016, unmittelbar nachdem die Fenster und Türen eingebaut worden waren, ließ die OHG die Waren mit eigenem Lkw direkt nach Dänemark transportieren.

2. Im November 2016 nahm in Hamburg-Harburg ein neues Einzelhandelsgeschäft für Unterhaltungselektronik namens Media-GmbH den Geschäftsbetrieb auf. Sofort bahnte es mit der Abraham OHG eine Geschäftsbeziehung an, indem es nahezu den gesamten Warenbestand dort bestellte. Es handelte sich um ein Auftragsvolumen in Höhe von 120.000 € zzgl. 19 % USt = 142.800 €.

   In der Zeit vom 5. bis 9. 11. 2016 lieferte die Abraham OHG die bestellten Gegenstände durch eigene Mitarbeiter. Da die Media-GmbH den Gesamtbetrag nicht sofort zahlen konnte, gewährte die Abraham OHG einen Kredit mit einer Laufzeit von zwei Jahren, so dass die Media-GmbH seitdem monatlich 6.250 € zahlt. Insgesamt wird sie also 150.000 € zahlen müssen.

   Die Laufzeit wurde vom 1. 12. 2016 bis zum 30. 11. 2018 vereinbart, wobei die Zahlungen immer zum Monatsende fällig sind. Diese Vereinbarungen wurden rechtsgültig in einem ordnungsgemäßen Kreditvertrag vereinbart. Tatsächlich konnte die Abraham OHG am 31. 12. 2016 den ersten Zahlungseingang in Höhe von 6.250 € verzeichnen.

Aufgabenstellung:

Beurteilen Sie die Sachverhalte umsatzsteuerrechtlich.

Die Lösung finden Sie auf Seite 323.

FALL

Fall 47 Innenumsatz

8 Punkte ** **12 Minuten**

Am 18. 5. 2016 transportierte die Maschinenbau AG zum ersten Mal Waren von der Duisburger Betriebsstätte in ihr Lager nach Mailand. Ebenso wurde ein bereits vollständig abgeschriebener Gabelstapler zum Abladen der Gegenstände nach Mailand gebracht. Der Transport erfolgte durch eine Kölner Spedition. Diese nahm den Gabelstapler nach erfolgreicher Lieferung wieder mit nach Duisburg.

Die Spedition erstellte folgende auszugsweise dargestellte Rechnung:

Transport von Gegenständen aller Art und eines Gabelstaplers von Duisburg nach Mailand	2.500 €
zuzüglich 19 % Umsatzsteuer	475 €
zu zahlen	2.975 €

Die Waren hatten einen Gesamtwert von 125.000 €, was laut Beleg seitens der Maschinenbau AG bestätigt wurde.

Der Gabelstapler hatte einen Teilwert von 10.000 €.

Aufgabenstellung:

Beurteilen Sie den Sachverhalt für alle Beteiligten umsatzsteuerrechtlich.

Die Lösung finden Sie auf Seite 324.

FALL

Fall 48 Private Nutzung eines betrieblichen Pkw

10 Punkte * **15 Minuten**

Der Gesellschafter der Abraham OHG, Herr Lange, besitzt einen Pkw, der 2016 zu 75 % betrieblich und zu 25 % privat genutzt wurde. Auf dieses Fahrzeug entfielen für 2016 folgende Aufwendungen:

Ersatzteile und planmäßige Reparaturen	3.000 €
Benzin, Öl	2.000 €
Kfz-Steuer und Kfz-Versicherung	2.000 €
Planmäßige AfA (der Kauf erfolgte unter Vorsteuerabzug)	6.000 €

Fahrten zwischen Wohnung und Betriebsstätte liegen nicht vor. Das Fahrzeug wurde von Herrn Lange im Januar 2016 angeschafft. Die Netto-Anschaffungskosten betrugen 30.000 €. Herr Lange machte zutreffend die in Rechnung gestellten Vorsteuern beim Finanzamt geltend.

Aufgabenstellung:

Beurteilen Sie diesen Sachverhalt umsatzsteuerrechtlich.

Auf die umsatzsteuerliche Beurteilung des Anschaffungsvorgangs ist dabei nicht näher einzugehen.

Die Lösung finden Sie auf Seite 325.

FALL

Fall 49 Vermittlungsleistung

22 Punkte *** **33 Minuten**

1. Um die Geschäftskontakte nach Frankreich zu intensivieren, beauftragte die Maschinenbau AG den französischen Unternehmer Michel Perrier mit Sitz in Paris, Kontakte zu potenziellen französischen Kunden aufzunehmen. Beide Geschäftspartner vereinbarten, dass Monsieur Perrier die Waren der Maschinenbau AG im fremden Namen und für fremde Rechnung vermittelt, wobei er für jedes Umsatzgeschäft eine Provision in Höhe von 15 % erhält. Am 5. 11. 2016 erfolgte der erste Geschäftsabschluss:

   Monsieur Perrier vermittelte ein Geschäft mit einem Nettoumsatz von 250.000 € an das Unternehmen Brolac mit Sitz in Marseille. Die Lieferung der Ware erfolgte am 23. 11. 2016 mit eigenen Lkw der Maschinenbau AG. Die AG hatte bei der Auftragserteilung ihre deutsche USt-IdNr. angegeben. Am 30. 11. 2016 erhielt die Maschinenbau AG von Monsieur Perrier eine Rechnung über einen Nettobetrag von 37.500 € zzgl. 19 % USt, die sie am 17. 12. 2016 per Überweisung im gesetzlich vorgeschriebenen Maße zahlt.

2. Die Maschinenbau AG ist regelmäßig auf der Suche nach neuen Lieferanten. Sie beauftragt daher ständig Kommissionäre, überall in Europa nach möglichen neuen Geschäftspartnern Ausschau zu halten und neue Geschäftsbeziehungen zu knüpfen. So ist die Einzelunternehmerin Heike Ohl aus Freiburg zuständig für Italien, Österreich und die Schweiz. Am 19. 6. 2016 erwarb sie im eigenen Namen, jedoch für Rechnung der Maschinenbau AG, Stahlteile beim Unternehmen Schweizer Schwermetall S.A. mit Sitz in Zürich. Nach Abschluss des Kaufvertrags versandte die S.A. am 29. 6. 2016 im Auftrag Frau Ohls die Stahlteile direkt zur Maschinenbau AG. Die deutsche Einfuhrumsatzsteuer übernahm vereinbarungsgemäß die S.A. Am 30. 6. 2016 erhielt Frau Ohl folgende auszugsweise dargestellte Rechnung:

Kaufpreis netto	220.000 €
19 % Umsatzsteuer	41.800 €
Rechnungsbetrag	261.800 €

   Am 2. 7. 2016 stellte Frau Ohl der Maschinenbau AG auszugsweise folgende Rechnung aus:

Kaufpreis netto	220.000 €
+ 16 % Provision	35.200 €
Gesamtsumme	255.200 €
19 % Umsatzsteuer	48.488 €
Rechnungsbetrag	303.688 €

Aufgabenstellung:

Beurteilen Sie beide Vermittlungsleistungen nach umsatzsteuerrechtlichen Maßstäben.

Die Lösung finden Sie auf Seite 326.

FALL

Fall 50 Entschädigungszahlungen
18 Punkte ** **27 Minuten**

1. Prüfungen ergaben, dass ein Angestellter der Abraham OHG im Juni 2016 Barverkäufe in Höhe von 3.000 € zwar erfasst, das Bargeld aber nicht in die Kasse eingelegt hatte. Als die Geschäftsleitung davon erfuhr, wurde diesem Mitarbeiter fristlos gekündigt. Man sah jedoch von einer Anzeige ab, da er versicherte, er werde den Betrag umgehend zurückzahlen.

   Tatsächlich zahlte er am 17. 9. 2016 einen Betrag von 500 € ein. Danach verschwand er jedoch mit unbekanntem Aufenthalt, so dass die OHG keine Aussicht mehr hat, den Restbetrag zurückzuerhalten.

2. Die Abraham OHG bestellte am 26. 6. 2016 beim Schreinermeister Härke aus Peine (Hannover) einen wertvollen Büroschrank. Es wurde vereinbart, dass Härke den Schrank auf Kosten und Gefahr der Abraham OHG durch die Stader Spedition Böckmann nach Hamburg versenden lässt. Vorher hatte Härke zusätzlich im Namen und im Auftrag der Abraham OHG eine Transportversicherung abgeschlossen. Er erstellte bereits im Voraus folgende auszugsweise dargestellte Rechnung:

Büroschrank	15.000 €
Transportkosten	1.000 €
Summe	16.000 €
zzgl. 19 % Umsatzsteuer	3.040 €
Rechnungsbetrag	19.040 €

   Während des Transports am 2. 7. 2016 verunglückte das Transportfahrzeug. Dabei wurde der Schrank zerstört. Am 17. 9. 2016 zahlte die Versicherung im Namen der Abraham OHG an Schreinermeister Härke 16.000 €.

Aufgabenstellung:

Beurteilen Sie diese Sachverhalte umsatzsteuerrechtlich.

Die Lösung finden Sie auf Seite 327.

FALL

Fall 51 Vermietungsleistung

10 Punkte * **15 Minuten**

Die Abraham OHG hatte ihr 6.750 qm großes Verwaltungsgebäude 2006 nach eigenen Plänen neu errichten lassen, so dass es zum 1. 1. 2007 in Betrieb genommen wurde. An Aufwendungen der Handwerker fielen insgesamt 4.687.500 € zuzüglich 16 % USt an. Die berechnete Umsatzsteuer wurde von der OHG vollständig als Vorsteuer abgezogen.

Die Abraham OHG hatte im Jahr 2015 die Kapazität etwas reduziert. Dadurch wurde eine Etage im Verwaltungsgebäude nicht mehr für den gewerblichen Betrieb genutzt. Die frei gewordenen Räume umfassten 450 qm. Diese vermietet die Abraham OHG seit dem 1. 1. 2016 an den Rechtsanwalt Stefan Klaus, der eine Hälfte für seine Kanzlei, die andere Hälfte für seine Privatwohnung verwendet. Im Einvernehmen mit Herrn Klaus möchte die OHG weitestgehend von der Option nach § 9 UStG Gebrauch machen. Der Quadratmeterpreis beträgt für die Kanzlei 15 € und für die Privatwohnung 10 € (jeweils brutto).

Aufgabenstellung:

Beurteilen Sie den Sachverhalt umsatzsteuerrechtlich.

Die Lösung finden Sie auf Seite 328.

FALL

Fall 52 Vorsteuerabzug

20 Punkte ** **25 Minuten**

Aufgrund eines günstigen Angebots, das der Abraham OHG überraschend zugetragen wurde, entschlossen sich die Gesellschafter der Abraham OHG im Juni 2016 ein Geschäftshaus zur Kapitalanlage zu erwerben und zu vermieten. Durch notariellen Kaufvertrag vom 15. 6. 2016 erwarben sie das Grundstück Dresden, Hauptstr. 1 mit aufstehendem Gebäude zum Preis von 1.000.000 €. Der Übergang von Besitz, Gefahr, Nutzen und Lasten wurde zum 1. 7. 2016 vereinbart. In dem Notarvertrag wurde erklärt, man wolle auf eine Umsatzsteuerbefreiung des Verkaufes verzichten.

Das Gebäude befindet sich in einer ausgesprochen guten Geschäftslage und konnte nur zu einem derart günstigen Preis erworben werden, weil es stark renovierungsbedürftig war.

Noch im Juni beauftragte die OHG deshalb Herrn Walter Windig, den Geschäftsführer der Baufirma „Fix & Fertig GmbH" aus Pilsen (Tschechien), die auf die Sanierung von Gewerbeimmobilien spezialisiert ist, die notwendigen Arbeiten an dem Gebäude vorzunehmen.

Bereits am 1. 8. 2016 rief Herr Windig bei der OHG an und teilte mit, die Arbeiten seien abgeschlossen. Noch am selben Tag nahmen die Gesellschafter die Leistungen ab. Am 7. 9. erteilte die „Fix & Fertig GmbH" der OHG die nachstehend auszugsweise dargestellte und ansonsten ordnungsgemäße Rechnung:

„Ihre Gewerbeimmobilie Dresden, Hauptstr. 1 …

Lieferung und Einbau von Fenstern mit Doppelverglasung in allen Etagen:	50.000 €
Erneuerung der Decken und andere diverse Trockenbauarbeiten:	10.000 €
Rechnungsbetrag netto:	60.000 €
Umsatzsteuer 19 %	11.400 €
Rechnungsbetrag brutto:	71.400 €

Wir bitten um Überweisung ohne Abzug innerhalb von vier Wochen.

Mit freundlichen Grüßen

gez. Windig“

Die OHG beabsichtigte, das Gebäude schnellstmöglich zu 100 % steuerpflichtig an andere Unternehmer zu vermieten.

Aufgabenstellung:

a) Beurteilen Sie den Sachverhalt umsatzsteuerlich.

b) Welche Änderungen ergeben sich, wenn die OHG das Gebäude ab dem 1. 7. 2016 zunächst wie beabsichtigt nutzt und am 8. 7. 2017 an einen Privatmann veräußert?

Gehen Sie davon aus, dass die von der „Fix & Fertig GmbH“ durchgeführten Arbeiten weder zu nachträglichen Anschaffungs- oder Herstellungskosten auf das Gebäude, noch zur Entstehung eines neuen Wirtschaftsguts geführt haben.

Die Lösung finden Sie auf Seite 329.

FALL

Fall 53 Innergemeinschaftlicher Erwerb

14 Punkte *** **21 Minuten**

Die Maschinenbau AG bestellte am 23. 2. 2016 beim niederländischen Lieferanten van Hoog mit Sitz in Amsterdam ein Spezialgerät. Da van Hoog dieses Gerät nicht vorrätig hatte, bestellte er es seinerseits beim Unternehmen Dupont mit Sitz in Paris.

Am 3. 3. 2016 holte van Hoog den Liefergegenstand mit eigenem Lkw bei Dupont ab und beförderte ihn direkt zur Maschinenbau AG nach Düsseldorf. Alle drei beteiligten Unternehmen verwendeten die USt-IdNr. ihres Heimatlandes.

Der Maschinenbau AG wurde am 14. 4. 2016 von van Hoog ein Nettobetrag ohne Umsatzsteuerausweis in Rechnung gestellt. Diesen Rechnungsbetrag bezahlte die Gesellschaft am 24. 6. 2016 per Banküberweisung.

Aufgabenstellung:

Beurteilen Sie diesen Sachverhalt umsatzsteuerrechtlich.

Die Lösung finden Sie auf Seite 331.

FALL

Fall 54 Forderungsausfall

12 Punkte ** ** **18 Minuten**

Die Maschinenbau AG verkaufte der Müller KG mit Sitz in Hannover am 11. 5. 2016 eine Maschine zu einem Bruttobetrag von 35.700 €. Diese Maschine wurde mit eigenen Lkws nach Hannover gebracht. Als Sicherheit für diese Forderung hatte sich die AG von der Müller KG einen Transporter zur Sicherung übereignen lassen.

Nach diversen fruchtlosen Zahlungserinnerungen und Mahnungen veräußerte die Maschinenbau AG den Transporter am 7. 9. 2016 an die Abraham OHG für 29.750 €.

Am 17. 9. 2016 wurde über das Vermögen der Müller KG das Insolvenzverfahren eröffnet. In diesem Zusammenhang gab die Maschinenbau AG die Differenz zwischen Rechnungsbetrag und Veräußerungserlös des Transporters dem Insolvenzverwalter als Restforderung an. Am 4. 11. 2016 wurde das Insolvenzverfahren abgeschlossen und endete mit einer Insolvenzquote von 25 %, worüber die AG am 26. 11. 2016 informiert wurde. Entsprechend erfolgte am 17. 12. 2016 ein Zahlungseingang von 1.487,50 €.

Aufgabenstellung:

Beurteilen Sie diesen Fall umsatzsteuerrechtlich allein aus der Sicht der Maschinenbau AG.

Die Lösung finden Sie auf Seite 333.

FALL

Fall 55 Lieferung und sonstige Leistung 2

22 Punkte *** **33 Minuten**

1. Die Maschinenbau AG kaufte von der Maschinenfabrik Bröge in Hamburg eine Spezialmaschine für die Herstellung von Mikrochips. Der Kaufpreis in Höhe von 500.000 € zzgl. 95.000 € Umsatzsteuer ist wie folgt zu entrichten:

Kaufpreis einschl. Zubehör	500.000 €
Umsatzsteuer 19 %	95.000 €
Kaufpreis	595.000 €
abzüglich der in Zahlung genommenen gebrauchten Maschine	150.000 €
Umsatzsteuer 19 %	28.500 €
Bruttowert der gebrauchten Maschine	178.500 €
Verbleibende Restzahlung	416.500 €

Die gebrauchte alte Maschine wurde aufgrund der bisherigen sehr guten Geschäftsbeziehung für 178.500 € in Zahlung genommen, obwohl der gemeine Wert nachgewiesen nur 142.800 € beträgt.

2. Die Abraham OHG gewährt laut Betriebsvereinbarung seit mehreren Jahren allen Mitarbeitern einen Rabatt in Höhe von 10 % für ihre Handelswaren.

   Am 16. 11. 2016 verkaufte sie an die langjährige Angestellte Heike Gerkowski einen speziellen Fernseher der Marke Yachi aus Japan zu einem Preis von 5.474 € (üblicher Endpreis) ./. 547,40 € = 4.926,60 €. Die Abraham OHG hatte dieses spezielle Gerät extra für ihre Mitarbeiterin direkt beim Hersteller Yamamoto in Tokio bestellt und bezogen. Der Nettopreis betrug umgerechnet 3.800 €.

   Da der Fernseher per Luftfracht angeliefert wurde, entstanden zusätzlich 350 € an Frachtkosten, die die Abraham OHG ebenfalls zu übernehmen hatte. Die Abraham OHG zahlte am Flughafen in Hamburg die Einfuhrumsatzsteuer in Höhe von 788,50 € und erhielt dafür vom Zoll den entsprechenden Beleg.

3. Anlässlich des 18-jährigen Betriebsjubiläums veranstaltete die Abraham OHG am 22. 6. 2016 ein Betriebsfest in einem renommierten Lokal.

   Es gab ein edles Abendessen mit anschließender Tanzparty, bei der die Mitarbeiter kostenlos alle verfügbaren Getränke konsumieren konnten. An der Veranstaltung nahmen 250 Arbeitnehmer teil, davon hatten 150 Mitarbeiter ihren jeweiligen Ehepartner dabei. An Aufwendungen entstanden der Abraham OHG insgesamt 71.400 € brutto, die belegmäßig nachgewiesen sind.

Aufgabenstellung:

Beurteilen Sie die Sachverhalte umsatzsteuerrechtlich.

Die Lösung finden Sie auf Seite 334.

FALL

Fall 56 Geschäfte mit ausländischen Unternehmen

24 Punkte *** **36 Minuten**

1. Die Abraham OHG erhielt am 8. 6. 2016 20 Container Batterien vom Hersteller Andresh Ltd. aus Liverpool (britische USt-IdNr.) per Schiff angeliefert. Der Nettopreis betrug umgerechnet 58.000 €. Bereits am 23. 6. 2016 gelang der Weiterverkauf. Acht Container wurden an das Schweizer Unternehmen Düli in Zürich für netto 45.000 € verkauft. Acht weitere Container gingen für netto 42.000 € an das dänische Unternehmen Smör in Kopenhagen. Der Rest wurde schließlich von diversen deutschen Kunden für insgesamt 15.000 € erworben. Die Abraham OHG übernahm jeweils die Versendung mit eigenen Lkw. Der Verkauf erfolgte unter Nennung der deutschen USt-IdNr.

2. Vom Kunden Haffskjold mit Sitz in Oslo erhielt die Abraham OHG den Auftrag, mehrere Lautsprecheranlagen zu liefern. Am 28. 5. 2016 wurde ein eigener Lkw beladen und nach Norwe-

gen geschickt. An der Grenze zahlte der Fahrer, Herr Stefan Boisen, im Namen der Abraham OHG die norwegische Einfuhrumsatzsteuer in Höhe von umgerechnet 2.500 €. In Oslo stellte Herr Boisen jedoch fest, dass Haffskjold Insolvenz angemeldet hatte. Erleichtert nahm er jedoch zur Kenntnis, dass das benachbarte Unternehmen Dahl auch Interesse an den Lautsprecheranlagen anmeldete. Nach kurzen Verhandlungen einigte man sich auf einen Kaufpreis von umgerechnet 35.000 €. Somit lieferte Boisen die Anlagen direkt an Dahl.

Aufgabenstellung:

Beurteilen Sie die Sachverhalte umsatzsteuerrechtlich.

Die Lösung finden Sie auf Seite 336.

VI. Lohnsteuer

FALL

Fall 57 Bewertung von Sachbezügen[1]
12 Punkte ** 18 Minuten

Im Zuge einer im Januar 2017 durchgeführten Lohnsteueraußenprüfung für 2016 bei der Abraham OHG wurden nachfolgende Feststellungen getroffen:

1. Die Abraham OHG besitzt zwanzig vermietete Wohnungen. Die Mieter zahlten 2016 monatlich jeweils 500 € Miete. Zwei Angestellte der AG zahlten im gleichen Zeitraum für eine Wohnung jedoch nur monatlich 300 €.

2. Alle Mitarbeiter des Unternehmens erhielten 2016 in der betriebseigenen Kantine an 260 Tagen eine besonders zubereitete Mahlzeit im Wert von jeweils 7 €, für die sie nur einen Betrag von 2,50 € selbst zu zahlen hatten.

3. Der Betriebsrat der Abraham OHG hatte für die Mitarbeiter beim Gastspiel vom Zirkus Krone eine Eintrittsermäßigung von 20 % erreicht. Der Arbeitgeber wirkte an dieser Ermäßigung nicht mit. 20 Mitarbeiter kauften Karten zum Preis von jeweils 30 € für 24 €.

4. In der Zeit vom 18. 5. bis 22. 5. 2016 rief die zuständige Gewerkschaft zum (erfolglosen) Streik auf. Im Gegenzug sperrten die Arbeitgeber des Einzel- und Großhandels die gesamte Belegschaft aus. Dieses betraf auch die Mitarbeiter der Abraham OHG. Die Aussperrung führte dazu, dass für diese Woche kein Anspruch auf Lohn- und Gehaltszahlung bestand. Als Ausgleich zahlte die Gewerkschaft ihren Mitgliedern jeweils 600 € Unterstützung.

5. Es wurde eine Betriebsveranstaltung durchgeführt. Die Veranstaltung ging über zwei Tage. Es nehmen insgesamt 100 Personen daran teil, davon 80 Arbeitnehmer und 20 Partner von Arbeitnehmern. Die Partner selbst sind nicht in dem Unternehmen beschäftigt. Die Kosten betragen insgesamt 9.000 € zuzüglich 19 % Umsatzsteuer. Alle Aufwendungen wurden als Betriebsausgabe behandelt; lohnsteuerliche Konsequenzen wurden nicht gezogen.

Aufgabenstellung:

Ermitteln Sie, in welcher Höhe steuerpflichtiger Arbeitslohn entstanden ist. Auf den Solidaritätszuschlag und die Kirchensteuer ist nicht einzugehen. Der Arbeitgeber will – soweit dies möglich ist – eine Lohnsteuerpauschalierung mit einem festen Steuersatz durchführen.

Die Lösung finden Sie auf Seite 337.

FALL

Fall 58 Private Nutzung eines betrieblichen Pkw
16 Punkte * **24 Minuten**

Der geschäftsführende Gesellschafter der Maschinenbau AG, Herr Hauke Mees, fährt einen betrieblichen Pkw, den ihm die AG seit 2015 unentgeltlich für Privatfahrten und für Fahrten zwischen Wohnung und Arbeitsstätte zur Verfügung stellt. Entsprechende Vereinbarungen wurden im Arbeitsvertrag getroffen. Laut Buchhaltung liegen zum 31. 12. 2016 folgende Daten über den Pkw vor:

Anschaffungspreis des Pkw am 24. 5. 2015 lt. Rechnung:

Listenpreis (einschließlich werkseitig eingebautes Navigationssystem, dessen Wert 2.000 € beträgt) netto	45.000 €
./. 10 % Rabatt auf Listenpreis	4.500 €
	40.500 €
zuzüglich 19 % Umsatzsteuer	7.695 €
	48.195 €

Listenpreis brutto 1. 1. 2016 50.000 €

Der Pkw wird auf sechs Jahre linear abgeschrieben. Es ergaben sich 2016 bezüglich des Pkw Aufwendungen in Höhe von 20.000 € (inklusive eventuell angefallener Umsatzsteuer und einschließlich AfA).

Laut ordnungsgemäßem Fahrtenbuch benutzte Herr Mees das Fahrzeug im Jahr 2016 für folgende Strecken:

Dienstliche Fahrten	35.000 km
Fahrten zwischen Wohnung und Arbeitsstätte	20.000 km
Private Fahrten	25.000 km

Die einfache Entfernung zwischen seiner Wohnung und der Arbeitsstätte beträgt 50 km.

Aufgabenstellung:

a) Ermitteln Sie die möglichen lohnsteuerlichen Berechnungsmöglichkeiten der Sachbezüge.

b) Errechnen Sie sodann die möglichen Berechnungsgrundlagen der Lohnsteuer.

c) Wählen Sie die günstigste Methode unter der Prämisse aus, dass Herr Mees dem höchsten Einkommensteuersatz unterliegt.

Die Lösung finden Sie auf Seite 338.

FALL

Fall 59 Lohnsteuerliche Behandlung von Reisekosten

12 Punkte ** **18 Minuten**

Herr Norbert Abraham ist Außendienstmitarbeiter bei der Abraham OHG. In dieser Tätigkeit unternahm er im Jahr 2016 einige dienstliche Fahrten mit seinem privaten Pkw.

Erstattungen vom Arbeitgeber hatte er dafür nicht erhalten. Er weist für 2016 folgende Fahrten nach:

5. 5. 2016	Kundenbesuch in Pinneberg Einfache Entfernung 24 km Abfahrt Wohnung: 7.00 Uhr Ankunft Pinneberg: 7.30 Uhr Abfahrt Pinneberg: 15.00 Uhr Rückkehr Wohnung: 15.30 Uhr Abraham hat einen Beleg über ein eigenes Essen über 12,50 €.
4. 6. bis 5. 6. 2016	Messe in Berlin Einfache Entfernung 305 km Abfahrt Wohnung am 4. 6. um 6.15 Uhr Rückkehr Wohnung am 5. 6. um 8.00 Uhr Abraham sind folgende Kosten entstanden: Übernachtung inkl. Frühstück 204,80 € Verpflegung 4. 6. 45 € Verpflegung 5. 6. 30 € Parkplatz Berlin 35 €
3. 8. 2016	Kundenbesuch in Hannover Einfache Entfernung 120 km Abfahrt Wohnung um 6.00 Uhr Rückkehr Wohnung um 22.00 Uhr

8. 10. bis 9. 10. 2016	Kundenbesuch in Neumünster (Teilnahme an einer beruflichen Abendveranstaltung) Einfache Entfernung 75 km Abfahrt Wohnung am 8. 10. um 17.00 Uhr Rückkehr Wohnung am 9. 10. um 3.00 Uhr Keine Übernachtung; dafür hat der Arbeitnehmer auf Einladung des Geschäftsfreundes gut gegessen. Am 8. 10. und am 9. 10. 2016 wird keine weitere Dienstreise ausgeführt.

Aufgabenstellung:

Berechnen Sie für Herrn Abraham den höchstmöglichen Betrag, den die Abraham OHG ihm steuerfrei ersetzen kann. Fahrtkostenersatz erfolgt pauschal. Eine Behinderung liegt nicht vor.

Die Lösung finden Sie auf Seite 341.

FALL

Fall 60 Steuerfreier Arbeitslohn 1

15 Punkte * **22 Minuten**

Für den Arbeitnehmer der Abraham OHG, Herrn Jens Ackermann, ergaben sich im Juli 2016 folgende lohnsteuerrechtlich bedeutsame Sachverhalte:

1. Er arbeitete nur wochentags wie folgt:

   An 4 Tagen von 22 Uhr bis 6 Uhr

   An 8 Tagen von 6 Uhr bis 14 Uhr

   An 8 Tagen von 14 Uhr bis 22 Uhr

   Dabei setzte sich sein Arbeitslohn wie folgt zusammen:

Laufender Arbeitslohn	3.200 €
Zuschläge für Nachtarbeit	600 €
	3.800 €

2. Aufgrund der Geburt seiner Tochter im Juni 2016 erhielt er vom Arbeitgeber eine Geburtsbeihilfe in Höhe von 300 € (Barzahlung).
3. Herr Ackermann erhielt von der OHG für Juli pauschal 10 € für Kontoführungsgebühren.
4. Durch schnelle Reparatur eines betrieblichen Gabelstaplers bewahrte Herr Ackermann sein Unternehmen vor einem großen Schaden. Er erhielt daher am 13. 7. 2016 vom Arbeitgeber 500 € überwiesen.
5. Weil Herr Ackermann vor 25 Jahren seine Ausbildung im Unternehmen der Abraham OHG begonnen hatte, schenkte ihm der Arbeitgeber am 2. 7. 2016 einen modernen Farbfernseher im Wert von 1.500 €.

6. Der Arbeitgeber zahlte Urlaubsgeld von 400 €.
7. Im Juli 2016 wurde in der Abteilung des Herrn Ackermann ein Kaffeeautomat angeschafft. Würde man die Anschaffungskosten auf die Belegschaft aufteilen, so entfielen auf Ackermann 150 €.

Aufgabenstellung:

Ermitteln Sie, inwieweit steuerpflichtiger Arbeitslohn angefallen ist.

Die Lösung finden Sie auf Seite 343.

FALL

Fall 61 Lohnsteuer-Außenprüfung 1
12 Punkte ** **18 Minuten**

Das zuständige Betriebsstättenfinanzamt hat bei der Abraham OHG am 11. 1. 2017 eine Lohnsteueraußenprüfung durchgeführt. Prüfungszeitraum war das Jahr 2016. Der Prüfer, Herr Egon Steinbach, stellte das Folgende fest:

1. Die ledige Alleingesellschafterin Uta Johannsen, die in der OHG das Marketing leitet, bezieht nach einem Gesellschafterbeschluss eine monatliche Vergütung in Höhe von 10.000 €. Diese Vergütung wurde von der OHG lohnsteuerpflichtig erfasst.
2. Der Prokurist Stephan Unger, der seit dem 1. 4. 1987 bei der Abraham OHG angestellt ist, erhielt von der Geschäftsleitung zu seinem 60. Geburtstag am 13. 7. 2016 in Anerkennung seiner Verdienste um die OHG zwei Gutscheine für eine Pauschalreise nach New York im Wert von zusammen 5.000 €.

   Dazu erhielt er eine Barleistung vom Arbeitgeber in Höhe von 1.000 €. Die OHG buchte diesen Sachverhalt als „freiwillige soziale Aufwendungen". Weitere Schritte wurden nicht unternommen.
3. Die Abraham OHG möchte ihre Umsatzzahlen steigern. Daher hat die Geschäftsleitung alle Mitarbeiter dazu aufgerufen, verstärkt im Bekanntenkreis für ihre Produkte zu werben.

   Die Mitarbeiterin Martina Zillmer, die hauptsächlich im Sekretariat tätig ist, erreicht aufgrund ihrer Überzeugungskraft von allen Mitarbeitern die meisten Vertragsabschlüsse im Bekanntenkreis. Als Anerkennung zahlte die OHG Frau Zillmer am 29. 12. 2016 10.000 €. Die OHG buchte diesen Sachverhalt auf der Aufwandsseite als „freiwillige soziale Aufwendungen". Weitere Schritte wurden nicht unternommen.
4. Die OHG hat im Juli 2016 eine neues Fahrzeug von BMW erworben und in ihr Betriebsvermögen überführt, das der Gesellschafterin Uta Johannsen zur Nutzung überlassen wurde. Den bis dahin genutzten Audi veräußerte die OHG am 3. 9. 2016 an die Buchhalterin Nicole Petersen für 15.000 € netto. Laut Schwacke-Liste beläuft sich der Wert dieses Autos, das unfallfrei ist und auch sonst keine Schäden aufweist, auf 20.000 € netto. Ein Händler würde das Fahrzeug jedoch nur für 18.000 € ankaufen.

Aufgabenstellung:

Prüfen Sie, ob und gegebenenfalls in welcher Höhe steuerpflichtiger Arbeitslohn vorliegt.

Die Lösung finden Sie auf Seite 344.

FALL

Fall 62 Steuerfreier Arbeitslohn 2

20 Punkte ** **25 Minuten**

Bei der „Rolf GmbH" in Bonn ist Norbert Nies als Arbeitnehmer beschäftigt. Sein Bruttoarbeitslohn beträgt monatlich 6.000 €; seine tarifvertraglich geregelte Arbeitszeit beträgt wöchentlich 38 Stunden.

1. Norbert Nies musste aus betrieblichen Gründen seine Arbeitszeit am 24. Dezember um 22.00 Uhr beginnen und am 25. Dezember um 6.00 Uhr beenden.
2. Die GmbH hat ihrem Arbeitnehmer Norbert Nies am 1. 12. 2016 ein Darlehen in Höhe von 24.000 € gewährt. Die Laufzeit beträgt 3 Jahre. Vereinbart wurde ein Effektivzins von 2 %. Der marktübliche Zinssatz für ein solches Darlehen beträgt 6 %. Ein Fall der Anwendung des Rabattfreibetrags nach § 8 Abs. 3 EStG liegt nicht vor.
3. Der im Außendienst tätige Arbeitnehmer Bernd erhält von seinem Arbeitgeber ein Handy gestellt. Dieses Handy darf der Arbeitnehmer auch privat nutzen. Das Handy bleibt im Eigentum der Firma.

   Im Monat August 2016 ist Bernd in Thailand im Urlaub und lernt die attraktive Tusi kennen. Nach seinem Urlaub fallen 800 € (brutto) für die Privatgespräche an Telefonkosten an.
4. Der Arbeitgeber mistet seine alten PCs aus. Diese haben nur noch einen Wert von 150 €. Er verschenkt sie an seine Arbeitnehmer. Lohnsteuerliche Folgen wurden hieraus nicht gezogen.

Aufgabenstellung:

a) In welcher Höhe kann die GmbH ihrem Arbeitnehmer Norbert Nies Lohnzuschläge für Dezember 2016 steuerfrei ausbezahlen?

b) Ergeben sich aus der Darlehensgewährung für Dezember 2016 steuerpflichtige Lohnteile – gegebenenfalls in welcher Höhe? Die Vormonate sind zutreffend behandelt worden.

c) Wie muss die Firma die privaten Telefonkosten von Arbeitnehmer Bernd versteuern?

d) Ist die lohnsteuerliche Behandlung der PC-Schenkungen richtig?

Die Lösung finden Sie auf Seite 345.

FALL

Fall 63 Lohnsteuer-Außenprüfung 2
20 Punkte ** **25 Minuten**

Das zuständige Betriebsstättenfinanzamt hat bei der Fa. S. Grün Maschinenbau Kommanditgesellschaft (= KG) in Bonn am 20. 5. 2017 eine Lohnsteuer-Außenprüfung umfassend einen Zeitraum bis zum 31. 12. 2016 durchgeführt.

Der Außenprüfer hat folgende Sachverhalte festgestellt:

1. Aufwandskonto 4130 freiwillige soziale Leistungen

   Buchung am 11. 6. 2016

   Text: Erholungsbeihilfen

   An 15 Arbeitnehmer hat die KG Erholungsbeihilfen wie folgt gezahlt:

an zehn Arbeitnehmer mit Steuerklasse III	
(Ehemann je 200 €, Ehefrau je 100 €)	3.000 €
für zwölf auf den Lohnsteuerkarten eingetragene Kinder je 100 € =	1.200 €
an fünf Arbeitnehmer mit Steuerklasse I je 200 € =	1.000 €
Summe =	5.200 €

2. Aufwandskonto 4360 Versicherungen

   Buchung am 10. 12. 2016

   Text: Unfallversicherung

   Die KG hat für ihre 20 Arbeitnehmer außerdem eine Gruppenversicherung abgeschlossen, in der die Arbeitnehmer gemeinsam versichert sind. Es werden sämtliche Unfallrisiken (am Arbeitsplatz, bei Reisen und im privaten Bereich) abgedeckt. Im Schadensfall ist der einzelne Arbeitnehmer unmittelbar bezugsberechtigt. Von der KG ist ein jährlicher Betrag wie folgt zu entrichten:

Versicherungsbeitrag	1.000 €
+ 19 % Versicherungssteuer	190 €
zusammen	1.190 €

3. Zehn Arbeitnehmer haben im Monat November einen Benzingutschein für das Betanken des privateigenen Pkw erhalten. Im Zeitpunkt der Übergabe hat der Gutschein einen Wert von 40 €. Neben dem laufenden Gehalt werden keine (weiteren) Sachbezüge vom Arbeitgeber gewährt. Eine Lohnversteuerung unterblieb. Auf dem Gutschein ist Folgendes vermerkt: „Gutschein über den Bezug von Diesel an der ABC-Tankstelle; maximal zum Wert von 40 €.“

Aufgabenstellung:

a) Welche Versteuerung muss gewählt werden, damit den Arbeitnehmern die Erholungsbeihilfe in voller Höhe zufließt?

b) Unterstellt wird, dass der Arbeitnehmer einen unmittelbaren Anspruch gegen die Versicherung hat. Kann eine Lohnversteuerung durch eine Lohnsteuerpauschalierung erfolgen?

c) Führen die Benzingutscheine zu steuerpflichtigem Arbeitslohn?

Bei der Berechnung von Abzugsbeträgen ist aus Vereinfachungsgründen nicht auf den Solidaritätszuschlag und die Kirchensteuer einzugehen.

Die Lösung finden Sie auf Seite 346.

VII. Steuern mit Auslandsbezug

FALL

Fall 64 Ausländische Einkünfte

8 Punkte ** **12 Minuten**

Die im Inland unbeschränkt steuerpflichtige ledige, kinderlose Gesellschafterin der Maschinenbau AG, Frau Wiebke Bracker, hatte 2000 ein Grundstück in den USA geerbt. Daraus erzielte sie 2016 Einkünfte in Höhe von umgerechnet 25.000 €. Ohne diese Einkünfte betrug ihr inländisches zu versteuerndes Einkommen 72.500 €.

Aufgabenstellung:

Wie hoch ist die deutsche Einkommensteuer 2016?

Die Lösung finden Sie auf Seite 348.

FALL

Fall 65 Beschränkte Steuerpflicht

18 Punkte ** **27 Minuten**

Der deutsche Staatsangehörige Richard Peters lebt seit 20 Jahren in Groningen (Niederlande). Er ist dort bei einem niederländischen Anlagenbauunternehmen als Ingenieur beschäftigt. Seine Einkünfte (nach deutschem Steuerrecht) aus dieser Tätigkeit haben im Kalenderjahr 2016 85.000 € betragen.

Aus einem Sparkonto bei der Deutschen Bank in Duisburg erzielte er 2016 Zinseinnahmen von 15.300 €.

Weiterhin ist Herr Peters seit März 2011 an der Maschinenbau AG mit Aktien in Höhe von 10 % des Grundkapitals beteiligt. Die Maschinenbau AG beschloss am 16. 3. 2016 eine Gewinnausschüttung für das Jahr 2015 vorzunehmen. Am 2.4.2016 wurden Herrn Peters 11.835 € auf sein Konto bei der Rabo-Bank in Groningen überwiesen.

Im Juni 2016 entschloss sich Herr Peters kurzfristig, seine Aktien zu veräußern. Am 29.6.2016 konnte er die Papiere aufgrund eines besonders günstigen Kursverhältnisses zum Preis von 76.800 € an der Frankfurter Börse verkaufen. Er hatte sie zum damaligen Kurswert von 35.200 € erworben.

Von dem Erlös erwarb Herr Peters ein Zweifamilienhaus (Baujahr 1978) in Bottrop, das er ab dem 1.7.2016 für monatlich 2.000 € warm vermietete. Im Zusammenhang mit der Vermietung entstanden ihm unstreitige Werbungskosten von 7.000 €.

Aufgabenstellung:

a) Beurteilen Sie die Steuerpflicht von Richard Peters im Veranlagungszeitraum 2016.

b) Wie sind die Einkünfte von Richard Peters im Jahr 2016 in Deutschland steuerlich zu behandeln? Auf Fragen im Zusammenhang mit Doppelbesteuerungsabkommen ist dabei NICHT einzugehen.

Die Lösung finden Sie auf Seite 348.

FALL

Fall 66 Doppelbesteuerung
16 Punkte ** **24 Minuten**

Der in Kiel wohnhafte Georg Kluni (ledig) betreibt in Hamburg einen Gebrauchtwagenhandel. In einem ausländischen Staat, mit dem kein Doppelbesteuerungsabkommen besteht, betreibt er eine Zweigniederlassung, in der er ebenfalls Gebrauchtfahrzeuge verkauft.

Für das Kalenderjahr 2016 sind folgende Sachverhalte gegeben:

	€
Gewinn aus inländischem Gebrauchtwagenhandel (ohne Zweigniederlassung)	137.400
Gewinn aus ausländischem Gebrauchtwagenhandel	
nach inländischen Gewinnermittlungsvorschriften	24.300
nach ausländischen Gewinnermittlungsvorschriften	32.600
gezahlte ausländische Steuer auf den ausländischen Gebrauchtwagenhandel (entspricht der der deutschen Einkommensteuer)	5.390
Einkünfte aus Vermietung und Verpachtung für eine Eigentumswohnung in Lübeck	3.940
Verlustanteil aus der Beteiligung an einer inländischen KG	– 10.740
abzugsfähige Sonderausgaben	8.200

Ein Antrag auf Steuerabzug nach § 34c Abs. 2 EStG ist nicht gestellt worden.

Aufgabenstellung:

Ermitteln Sie die für den Veranlagungszeitraum 2016 festzusetzende Einkommensteuer.

Auf gewerbesteuerliche Aspekte ist nicht einzugehen.

Die Lösung finden Sie auf Seite 350.

FALL

Fall 67 Außensteuerrecht

20 Punkte *** **30 Minuten**

Der ledige Tennisprofi Walter Wolly lebt seit seiner Geburt in Hamburg. Im Laufe der Jahre hat er es mit seinem Sport zu einem ansehlichen Vermögen und Einkommen gebracht. Da er seine Steuerbelastung in Deutschland für unerträglich hält, gibt er im Jahr 2014 seine Wohnung in Hamburg auf und zieht in eine Villa nach Andorra. In Andorra muss er überhaupt keine Einkommensteuer zahlen.

Im Jahr 2016 erzielt er folgende Einkünfte.

	€
Einkünfte aus Vermietung und Verpachtung einer Eigentumswohnung in München:	14.400
Eine Einliegerwohnung in seiner Villa in Andorra hat er an seinen Trainer vermietet.	
Die Einkünfte beliefen sich auf:	12.000
Gewinnanteile aus seiner Beteiligung an einer von ihm in 2008 mitgegründeten	
OHG, die in Hamburg eine Tennisschule betreibt:	17.400
Während einer Verletzungspause hat Wolly zwei Monate als Geschäftsführer einer	
Sportmarketing-GmbH gearbeitet. Für die Tätigkeit hat er	9.000
bezogen. Die GmbH hat die Lohnsteuer ordnungsgemäß abgeführt.	
Preisgelder aus Tunieren in Deutschland i. H. v.	24.000
Der Veranstalter hat davon 4.800 € an Steuerabzug einbehalten.	
Preisgelder aus Turnieren in Frankreich und England:	35.000

Aufgabenstellung:

Ermitteln Sie die ggf. (noch) in Deutschland zu zahlenden Einkommensteuern für 2016.

Die Lösung finden Sie auf Seite 351.

E. Lösungen

I. Jahresabschluss

LÖSUNG

Lösung zu Fall 1 — 6 Punkte

Bei dem Patent handelt es sich um einen immateriellen Vermögensgegenstand.

Durch die Nutzung des Patentes im eigenen Betrieb handelt es sich nach § 247 Abs. 2 HGB um Anlagevermögen. Da das Patent selbst entwickelt und somit nicht entgeltlich erworben wurde, besteht hier ein Bilanzierungswahlrecht nach § 248 Abs. 2 Satz 1 HGB. Aufgrund der generellen Aufgabenstellung (Ausweis eines möglichst niedrigen Gewinns) erfolgt keine Aktivierung.

Weitere Buchungen sind nicht vorzunehmen.

Ergänzungsaufgabe:

Wenn das Patent für einen Kunden entwickelt worden wäre, würde es sich nicht um einen Vermögensgegenstand des Anlagevermögens, sondern um ein fertiges Erzeugnis (Umlaufvermögen) handeln. Für diese Vermögensgegenstände gilt § 248 Abs. 2 HGB nicht, so dass das Patent nach § 253 Abs. 1 HGB mit seinen Herstellungskosten in Höhe von 283.500 € zu aktivieren und unter der Position § 266 Abs. 2 B.I.3 HGB „fertige Erzeugnisse und Waren" auszuweisen wäre.

Buchung:

fertige Erzeugnisse und Waren an Bestandsveränderungen	283.500 €

LÖSUNG

Lösung zu Fall 2 — 19 Punkte

Es liegt ein Finanzierungsleasingvertrag vor; in diesem Fall ein Vollamortisationsvertrag mit Kaufoption. Für die Entscheidung der Bilanzierung ist das BMF-Schreiben v. 19. 4. 1971, BStBl I 1971 S. 264 (ertragsteuerliche Behandlung von Leasing-Verträgen über bewegliche Wirtschaftsgüter) ausschlaggebend.

Die Bilanzierung muss beim Leasingnehmer erfolgen, weil die Grundmietzeit 50 % der betriebsgewöhnlichen Nutzungsdauer beträgt und der Restbuchwert am Ende der Grundmietzeit mit (52.110 / 6 · 3 =) 26.055 € (bei fiktiver linearer AfA) größer ist als der Kaufpreis bei Optionsausübung (25.000 €).

Da der Leasingnehmer zu bilanzieren hat, muss er nach § 253 Abs. 1 Satz 1 HGB den Vermögensgegenstand höchstens mit den Anschaffungskosten, vermindert um die Abschreibungen nach Abs. 3 ansetzen, weil es sich um einen abnutzbaren beweglichen Vermögensgegenstand des Anlagevermögens handelt.

Die Anschaffungskosten setzen sich nach § 255 Abs. 1 HGB aus dem Listenpreis und den Anschaffungsnebenkosten zusammen.

Der Abschreibungsplan muss nach § 253 Abs. 3 Satz 2 HGB die Anschaffungs- oder Herstellungskosten auf die Geschäftsjahre verteilen, in denen der Vermögensgegenstand voraussichtlich genutzt werden kann. Als Methoden kommen dafür grundsätzlich die lineare, die degressive, die progressive oder die Leistungsabschreibung in Betracht.

Da nach der Aufgabenstellung der voraussichtliche Werteverzehr der degressiven Abschreibung nach den steuerrechtlichen Vorschriften entspricht, können diese Regelungen auch für die Berechnung der handelsrechtlichen Abschreibung angesetzt werden. Die Abschreibung berechnet sich analog § 7 Abs. 2 Satz 2 EStG also mit dem 2,5fachen linearen Satz, höchstens 25 %. Daraus ergibt sich ein Abschreibungssatz von 25 % (100 % / 6 Jahre · 2,5 = 41,7 %, höchstens 25 %). Die Abschreibung im Anschaffungsjahr ist zeitanteilig zu berechnen.

Da die Anschaffung nicht vor dem 1. 1. 2011 erfolgt ist, darf die degressive Abschreibung nach § 7 Abs. 2 EStG für die Steuerbilanz nicht angewandt werden. Somit ist für die Steuerbilanz nur die lineare Abschreibung nach § 7 Abs. 1 EStG möglich. Da sich die handelsrechtliche Abschreibung am Werteverzehr orientieren muss, ergibt sich hier eine Abweichung zwischen Handels- und Steuerbilanz.

Listenpreis	52.110 €
Nebenkosten	2.643 €
Anschaffungskosten	54.753 €
Abschreibung 25 %, davon $^6/_{12}$	–6.844 €
Bilanzansatz zum 31. 12. 2016 § 266 Abs. 2 A.II.3 HGB)	47.909 €

In Höhe des Listenpreises ist eine Verbindlichkeit unter der Position § 266 Abs. 3 C.8 HGB „sonstige Verbindlichkeiten“ auszuweisen und über die Grundmietzeit zu tilgen.

Leasingraten 36 · 1.540 € =	55.440 €
abzüglich der Verbindlichkeit (Listenpreis)	–52.110 €
gesamter Aufwandsanteil	3.330 €

Die Aufteilung des Aufwandsanteils erfolgt nach der digitalen Methode (Zinsstaffelmethode); eine lineare Verteilung wäre rechtlich möglich, führt aber nicht zum steuerlich niedrigsten Gewinn.

Addition der Zahlungstermine:

Insgesamt: $1 + 2 + 3 + \ldots + 36 = 666$ (Nenner) oder

$$\frac{1 + 36}{2} \cdot 36 = 666$$

2016: $36 + 35 + 34 + 33 + 32 + 31 = 201$ (Zähler) oder

$$\frac{31 + 36}{2} \cdot 6 = 201$$

Aufwand 2016: 3.330 € · 201 / 666 =	1.005 €

Der restliche Anteil der Raten (6 · 1.540 – 1.005 = 8.235 €) ist als Tilgung der Verbindlichkeit zu behandeln.

Verbindlichkeit	52.110 €
Tilgung	8.235 €
Bilanzansatz zum 31. 12. 2016 ARAP (§ 266 Abs. 3 C.8 HGB)	43.875 €

Die Einmalzahlung in Höhe von 5.994 € wird nach der gleichen Regelung wie der Aufwandsanteil behandelt, wobei der Restbetrag als aktiver Rechnungsabgrenzungsposten verbleibt.

gesamte Einmalzahlung	5.994 €
Einmalzahlung 2016 (5.994 € · 201 / 666 =)	– 1.809 €
Bilanzansatz zum 31. 12. 2016 ARAP (§ 266 Abs. 2 C. HGB)	4.185 €

Buchungen:

andere Anlagen/BGA	54.753 €	
an sonstige Verbindlichkeiten		52.110 €
an sonstiger betrieblicher Aufwand		2.643 €
aktiver Rechnungsabgrenzungsposten	4.185 €	
an sonstige betriebliche Aufwendungen		4.185 €
Abschreibungen an andere Anlagen/BGA		6.844 €
sonstige Verbindlichkeiten	8.235 €	
an sonstige betriebliche Aufwendungen		8.235 €

LÖSUNG

Lösung zu Fall 3 **25 Punkte**

Nach Bearbeitung der Vorgänge zeigt das Anlagengitter der Maschinenbau AG folgendes Bild (inklusive Rechenschritte, die Angaben in Klammern weisen auf die entsprechenden Fälle hin):

Angaben in €	Grundstücke	Maschinen	Geleistete Anzahlungen/Anlagen im Bau
historische AK/HK	5.200.000 = 0 = 5.200.000	12.276.000 1.584.000 13.860.000	= 0 848.000 = 848.000
Zugänge	= 0	= 0	(3) 156.000 (5) 920.700 = 1.076.700
Abgänge	= 0	(6) 120.000 = 120.000	= 0
Umbuchungen	(3) 384.000 = 384.000	(5) 1.540.700 = 1.540.700	(3) – 384.000 (5) – 1.540.700 = – 1.924.700
Zuschreibungen	(1) 100.000 = 100.000	= 0	= 0
kumulierte Abschreibungen[1]	1.860.000 – 0 + 74.360 = 1.934.360	8.884.251 (6) – 92.886 + 1.577.872 = 10.369.237	0 –0 +0 = 0
Restbuchwert 31. 12. 2016[2]	5.200.000 +0 –0 +384.000 +100.000 –1.934.360 = 3.749.640	13.860.000 +0 –120.000 +1.540.700 +0 –10.369.237 = 4.911.463	848.000 +1.076.700 –0 –1.924.700 +0 –0 = 0

Restbuchwert 31.12.2015	= 3.340.000	= 4.975.749	= 848.000
Abschreibungen Geschäftsjahr	(2) 20.000 (3) 4.800 (4) 49.560 = 74.360	(5) 141.231 (6) 7.872 (7) 1.428.769 = 1.577.872	= 0

[1] Die kumulierten Abschreibungen berechnen sich:

Kum. Abschreibungen 2015
– Abschreibungen auf Abgänge
+ Abschreibungen 2016
= Kum. Abschreibungen 2016

Zuschreibungen des Vorjahres sind hier nicht zu berücksichtigen.

[2] Der Restbuchwert berechnet sich:

Bestand 1.1.2016
+ Zugänge 2016
– Abgänge 2016
+/– Umbuchungen 2016
+ Zuschreibungen 2016
– Kum. Abschreibungen 2016
= Restbuchwert 2016

Zu 1.

Es ist gemäß § 253 Abs. 5 Satz 1 HGB eine Zuschreibung von 100.000 € vorzunehmen.

Zu 2.

Die Abschreibung erfolgt nach § 7 Abs. 5 Satz 1 Nr. 1 EStG mit 2,5 % (20. Jahr), damit ergeben sich 20.000 €.

Zu 3.

Die Differenz zwischen den gesamten Herstellungskosten und den bereits erfassten Herstellungskosten aus 2015 in Höhe von 156.000 € ist als Zugang bei den Anlagen im Bau darzustellen. Die gesamten Herstellungskosten werden dann umgebucht. Die Abschreibung errechnet sich nach § 7 Abs. 4 Satz 1 Nr. 1 EStG mit 3 % (384.000 · 3 % / 12 · 5 = 4.800 €).

Zu 5.

Die Differenz zwischen den gesamten Herstellungskosten und den bereits erfassten Herstellungskosten aus 2015 in Höhe von 920.700 € ist als Zugang bei den geleisteten Anzahlungen darzustellen. Die gesamten Herstellungskosten werden dann umgebucht. Die Abschreibung errechnet sich nach § 7 Abs. 1 EStG mit 10 % zeitanteilig (1.540.700 · 10 % / 12 · 11 = 141.231 €).

Zu 6.

Die Abschreibung des Geschäftsjahres ergibt sich als Differenz zwischen den genannten Restbuchwerten (34.986 – 27.114 = 7.872 €). In Höhe der Anschaffungskosten abzüglich des Restbuchwertes sind die kumulierten Abschreibungen zu senken (120.000 – 27.114 = 92.886 €).

LÖSUNG

Lösung zu Fall 4 **13 Punkte**

Bei den genannten Gütern handelt es sich um abnutzbare bewegliche Vermögensgegenstände des Anlagevermögens. Für diese ist nach § 256 Satz 2 HGB in Verbindung mit § 240 Abs. 3 HGB die Bildung eines Festwerts zulässig. Diese Bewertungsvereinfachung ist alle 3 Jahre durch eine körperliche Bestandsaufnahme zu überprüfen. Ein neuer Festwert muss angesetzt werden, wenn der ermittelte Bestand den bisherigen Festwert um mehr als 10 % übersteigt (steuerrechtlich: R 5.4 Abs. 3 EStR).

Die Zugänge des Geschäftsjahres bzw. die Zugänge der nachfolgenden Wirtschaftsjahre sind so lange zu aktivieren, bis der neue Festwert erreicht ist.

1. 44.600 € – 42.182 € = 2.418 €

   2.418 € = 5,7 % von 42.182 €

   Da der Inventurwert den bisherigen Festwert um nicht mehr als 10 % übersteigt, kann der bisherige Wert beibehalten werden (steuerrechtlich: R 5.4 Abs. 3 EStR).

   Eine Buchung ist nicht erforderlich.

2. 98.900 € – 89.272 € = 9.628 €

   9.628 € = 10,8 % von 89.272 €

   Der Festwert muss erhöht werden, indem die als Aufwand erfassten Zugänge nachträglich aktiviert werden. Die Zugänge in 2015 betragen 7.700 €, so dass der Festwert 2016 nur bis zu einem Betrag von (89.272 € + 7.700 € =) 96.972 € aufgestockt werden kann. Zusätzlich sind die ersten Zugänge 2017 bei ihrer Anschaffung zu aktivieren, bis der Wert von 98.900 € erreicht ist.

   Buchung:

andere Anlagen/BGA (Festwert)	7.700 €	
an sonstige betriebliche Aufwendungen		7.700 €

3. 134.600 € – 137.972 € = –3.372 €.

   Da der Inventurwert unter den Festwert gesunken ist, muss der niedrigere Wert nach dem Vorsichtsprinzip angesetzt werden (steuerrechtlich Wahlrecht nach R 5.4 Abs. 3 EStR, aber Ansatz des niedrigeren Werts nach Aufgabenstellung).

   Die Senkung des Festwerts wird durch eine außerplanmäßige Abschreibung erreicht.

   Buchung:

Abschreibungen (außerplanmäßig)	3.372 €	
an andere Anlagen/BGA (Festwert)		3.372 €

Bilanzansatz 31. 12. 2016
andere Anlagen/BGA (§ 266 Abs. 2 A.II.3 HGB):

Messestand	42.182 €
Kassenterminals	96.972 €
Büroeinrichtungen	134.600 €
Gesamt	273.754 €

LÖSUNG

Lösung zu Fall 5 — 23 Punkte

Beim Grund und Boden handelt es sich um einen nicht abnutzbaren unbeweglichen Vermögensgegenstand des Anlagevermögens. Dieser ist nach § 253 Abs. 1 Satz 1 HGB mit den Anschaffungskosten, vermindert um die Abschreibungen nach Abs. 3, zu bewerten.

Ein Gebäude ist ein abnutzbarer unbeweglicher Vermögensgegenstand des Anlagevermögens, der höchstens mit den Anschaffungskosten, vermindert um die Abschreibungen nach § 253 Abs. 3 HGB, anzusetzen ist (§ 253 Abs. 1 Satz 1 HGB).

Die Anschaffungskosten (nicht die Werte lt. Kaufvertrag, da diese keine Anschaffungsnebenkosten enthalten) werden im Verhältnis der Verkehrswerte auf den Grund und Boden und das Gebäude aufgeteilt (steuerrechtlich: H 7.3 EStH).

	Gebäude	Grund und Boden	Summe
Verkehrswerte	770.000 €	396 · 2.500 = 990.000 €	1.760.00 €
Anschaffungskosten	700.000 €*	900.000 €	1.600.00 €

*Berechnung: 770.000 € / 1.760.000 € · 1.600.000 € = 700.000 €

Das Gebäude ist planmäßig abzuschreiben.

Der Abschreibungsplan muss nach § 253 Abs. 3 Satz 2 HGB die Anschaffungs- oder Herstellungskosten auf die Geschäftsjahre verteilen, in denen der Vermögensgegenstand voraussichtlich genutzt werden kann. Als Methoden kommen dafür grundsätzlich die lineare, die degressive, die progressive oder die Leistungsabschreibung in Betracht.

Da in diesem Fall ein linearer Werteverzehr vorliegt, ist das Gebäude nach der linearen Methode abzuschreiben. Die Abschreibung berechnet sich nach der geschätzten Nutzungsdauer. Daraus ergibt sich ein Abschreibungssatz von 3 % (100 % / 33 1/3 Jahre = 3 %). Dieser ist nach § 7 Abs. 4 Satz 1 Nr. 1 EStG auch für das Steuerrecht anzuwenden. Die Abschreibung im Anschaffungsjahr ist zeitanteilig zu berechnen; dies gilt nach § 7 Abs. 1 Satz 4 EStG auch für das Steuerrecht.

	Abschreibung	Gebäude	Grund und Boden
AK		700.000 €	900.000 €
2013	3 %, davon $^{10}/_{12}$	–17.500 €	
2014	3 %, davon $^{9}/_{12}$	–15.750 €	
Restbuchwert zum 30. 9. 2014		666.750 €	900.000 €
Verkaufspreis		800.000 €	1.020.000 €
aufgedeckte stille Reserve		133.250 €	120.000 €

Die aufgedeckten stillen Reserven von insgesamt 253.250 € könnten steuerrechtlich auf eine Rücklage nach R 6.6 EStR übertragen werden. Da dies handelsrechtlich in 2014 nicht mehr möglich war, wurde aufgrund der generellen Aufgabenstellung, ein möglichst gleiches Ergebnis in Handels- und Steuerbilanz darzustellen, auf das Wahlrecht verzichtet, so dass der Verkaufsvorgang in 2014 abgeschlossen war.

Die Anschaffungskosten für das neue unbebaute Grundstück berechnen sich nach § 255 Abs. 1 HGB:

Kaufpreis (6.000 · 160 € =)	960.000 €
Anschaffungsnebenkosten	79.600 €
Anschaffungskosten	1.039.600 €

Der Grund und Boden ist mit einem Wert von 1.039.600 € zum 31. 12. 2016 in der Bilanz unter der Position § 266 Abs. 2 A.II.1 HGB anzusetzen.

Das Gebäude ist planmäßig abzuschreiben.

Der Abschreibungsplan muss nach § 253 Abs. 3 Satz 2 HGB die Anschaffungs- oder Herstellungskosten auf die Geschäftsjahre verteilen, in denen der Vermögensgegenstand voraussichtlich genutzt werden kann. Als Methoden kommen dafür grundsätzlich die lineare, die degressive, die progressive oder die Leistungsabschreibung in Betracht.

Da in diesem Fall ein linearer Werteverzehr vorliegt, ist das Gebäude nach der linearen Methode abzuschreiben. Die Abschreibung berechnet sich nach der geschätzten Nutzungsdauer. Daraus ergibt sich ein Abschreibungssatz von 3 % (100 % / 33 $^{1}/_{3}$ Jahre = 3 %). Dieser ist nach § 7 Abs. 4 Satz 1 Nr. 1 EStG auch für das Steuerrecht anzuwenden. Die Abschreibung im Anschaffungsjahr ist zeitanteilig zu berechnen; dies gilt nach § 7 Abs. 1 Satz 4 EStG auch für das Steuerrecht.

Herstellungskosten	2.560.000 €
Abschreibung 3 %, davon $^{1}/_{12}$	–6.400 €
Bilanzansatz 31. 12. 2016	2.553.600 €

Die Bilanzierung erfolgt unter der Position § 266 Abs. 2 A.II.1 HGB.

Buchungen:

Grundstücke ... (Grund und Boden) an Bank	1.039.600 €
Grundstücke ... (Gebäude) an Bank	2.560.000 €
Abschreibungen an Grundstücke ... (Gebäude)	6.400 €

LÖSUNG

Lösung zu Fall 6 — 19 Punkte

Es liegt ein Finanzierungsleasingvertrag vor; in diesem Fall ein Vollamortisationsvertrag ohne Optionsrecht. Für die Entscheidung der Bilanzierung ist das BMF-Schreiben v. 19. 4. 1971, BStBl I 1971 S. 264 (ertragsteuerliche Behandlung von Leasing-Verträgen über bewegliche Wirtschaftsgüter) ausschlaggebend. Die Bilanzierung muss beim Leasingnehmer erfolgen, weil es sich um eine Spezialmaschine handelt.

Da der Leasingnehmer zu bilanzieren hat, muss er nach § 253 Abs. 1 Satz 1 HGB den Vermögensgegenstand höchstens mit den Anschaffungskosten, vermindert um die Abschreibungen nach Abs. 3 ansetzen, weil es sich um einen abnutzbaren beweglichen Vermögensgegenstand des Anlagevermögens handelt.

Die Anschaffungskosten setzen sich nach § 255 Abs. 1 HGB aus dem Listenpreis und den Anschaffungsnebenkosten zusammen. Der Abschreibungsplan muss nach § 253 Abs. 3 Satz 2 HGB die Anschaffungs- oder Herstellungskosten auf die Geschäftsjahre verteilen, in denen der Vermögensgegenstand voraussichtlich genutzt werden kann. Als Methoden kommen dafür grundsätzlich die lineare, die degressive, die progressive oder die Leistungsabschreibung in Betracht.

Da nach der Aufgabenstellung der voraussichtliche Werteverzehr der degressiven Abschreibung nach den steuerrechtlichen Vorschriften entspricht, können diese Regelungen auch für die Berechnung der handelsrechtlichen Abschreibung angesetzt werden. Die Abschreibung berechnet sich analog § 7 Abs. 2 Satz 2 EStG also mit dem 2,5fachen linearen Satz, höchstens 25 %. Daraus ergibt sich ein Abschreibungssatz von 25 % (100 % / 6 Jahre · 2,5 = 41,7 %, höchstens 25 %). Die Abschreibung im Anschaffungsjahr ist zeitanteilig zu berechnen.

Da die Anschaffung nicht vor dem 1. 1. 2012 erfolgt ist, darf die degressive Abschreibung nach § 7 Abs. 2 EStG für die Steuerbilanz nicht angewandt werden. Somit ist für die Steuerbilanz nur die lineare Abschreibung nach § 7 Abs. 1 EStG möglich. Da sich die handelsrechtliche Abschreibung am Werteverzehr orientieren muss, ergibt sich hier eine Abweichung zwischen Handels- und Steuerbilanz.

Listenpreis	364.500 €
Nebenkosten	17.600 €
Anschaffungskosten	382.100 €
Abschreibung 25 %, davon $^{9}/_{12}$	–71.644 €
Bilanzansatz zum 31. 12. 2016 (§ 266 Abs. 2 A.II.2. HGB)	310.456 €

In Höhe des Listenpreises ist eine Verbindlichkeit unter der Position § 266 Abs. 3 C.8 HGB „sonstige Verbindlichkeiten“ auszuweisen und über die Grundmietzeit zu tilgen.

Leasingraten 20 · 19.800 € =	396.000 €
abzüglich der Verbindlichkeit (Listenpreis)	–364.500 €
gesamter Aufwandsanteil	31.500 €

Die Aufteilung des Aufwandsanteils erfolgt nach der digitalen Methode (Zinsstaffelmethode); eine lineare Verteilung wäre rechtlich möglich, führt aber nicht zum steuerlich niedrigsten Gewinn.

Addition der Zahlungstermine:

Insgesamt: 1 + 2 + 3 + … + 20 = 210 (Nenner) oder

$$\frac{1+20}{2} \cdot 20 = 210$$

2016: 20 + 19 + 18 = 57 (Zähler) oder Berechnung nach Formel (s. o.)

Aufwand 2016: 31.500 € · 57/210 =	8.550 €

Der restliche Anteil der Raten (3 · 19.800 – 8.550 = 50.850 €) ist als Tilgung der Verbindlichkeit zu behandeln.

Verbindlichkeit	364.500 €
Tilgung	–50.850 €
Bilanzansatz zum 31. 12. 2016 (§ 266 Abs. 3 C.8 HGB)	313.650 €

Die Einmalzahlung von 5.250 € wird nach der gleichen Regelung wie der Aufwandsanteil behandelt; der Restbetrag verbleibt als aktiver Rechnungsabgrenzungsposten.

Gesamte Einmalzahlung	5.250 €
Einmalzahlung Anteil für 2016 (5.250 € · 57/210 =)	–1.425 €
Bilanzansatz zum 31. 12. 2016 ARAP (§ 266 Abs. 2 C. HGB)	3.825 €

Buchungen:

Technische Anlagen/Maschinen	382.100 €	
an sonstige Verbindlichkeiten		364.500 €
an sonstige betriebliche Aufwendungen		17.600 €
Abschreibungen an Technische Anlagen/Maschinen		71.644 €
aktiver Rechnungsabgrenzungsposten	3.825 €	
an sonstige betriebliche Aufwendungen		3.825 €
sonstige Verbindlichkeiten	50.850 €	
an sonstige betriebliche Aufwendungen		50.850 €

LÖSUNG

Lösung zu Fall 7 — 6 Punkte

Bei dem Sachverhalt handelt es sich um den Erwerb eines Belieferungsrechts, also um einen unechten Zuschuss nach R 6.5 Abs. 1 EStR. Dieser unterliegt gemäß Abschn. 10.2 Abs. 2 UStAE der Umsatzsteuer. Das Recht ist als immaterieller Vermögensgegenstand zu bilanzieren.

Es handelt sich dabei um einen abnutzbaren Vermögensgegenstand des Anlagevermögens, der höchstens mit den Anschaffungskosten, vermindert um die Abschreibungen nach § 253 Abs. 3 HGB, anzusetzen ist (§ 253 Abs. 1 Satz 1 HGB).

Bei der Abschreibung ist eine Nutzungsdauer von acht Jahren und aufgrund des linearen Werteverzehrs die lineare Abschreibungsmethode zugrunde zu legen. Dies gilt auch steuerrechtlich. Außerdem ist zeitanteilig abzuschreiben, dies gilt nach § 7 Abs. 1 Satz 4 EstG auch für das Steuerrecht.

Anschaffungskosten	200.000 €
lineare Abschreibung 12,5 %, davon $^{7}/_{12}$	– 14.583 €
Bilanzansatz 31. 12. 2016	185.417 €

Die Bilanzierung erfolgt als immaterieller Vermögensgegenstand unter der Position § 266 Abs. 2 A.I.1 HGB.

Buchungen:

Konzessionen ...	200.000 €	
Vorsteuer	38.000 €	
an Bank		238.000 €
Abschreibungen an Konzessionen ...		14.583 €

LÖSUNG

Lösung zu Fall 8 — 13 Punkte

Es handelt sich bei der Maschine um einen abnutzbaren beweglichen Vermögensgegenstand des Anlagevermögens, der höchstens mit den Anschaffungskosten, vermindert um die Abschreibungen nach § 253 Abs. 3 HGB, anzusetzen ist (§ 253 Abs. 1 Satz 1 HGB).

Zur Ermittlung der Anschaffungskosten ist der Kaufpreis nach § 255 Abs. 1 HGB um die Anschaffungskostenminderung (Skonto) zu reduzieren.

Der Abschreibungsplan muss nach § 253 Abs. 3 Satz 2 HGB die Anschaffungs- oder Herstellungskosten auf die Geschäftsjahre verteilen, in denen der Vermögensgegenstand voraussichtlich genutzt werden kann. Als Methoden kommen dafür grundsätzlich die lineare, die degressive, die progressive oder die Leistungsabschreibung in Betracht.

Da nach der Aufgabenstellung der voraussichtliche Werteverzehr der degressiven Abschreibung nach den steuerrechtlichen Vorschriften entspricht, können diese Regelungen auch für die Berechnung der handelsrechtlichen Abschreibung angesetzt werden. Die Abschreibung berechnet sich analog § 7 Abs. 2 Satz 2 EStG also mit dem 2,5fachen linearen Satz, höchstens 25 %. Daraus ergibt sich ein Abschreibungssatz von 25 % (100 % / 10 Jahre · 2,5 = 25 %, höchstens 25 %). Die Abschreibung im Anschaffungsjahr ist zeitanteilig zu berechnen und zwar ab dem Zeitpunkt, in dem diese in einem betriebsbereiten Zustand ist (Abschluss der Montage).

Da die Anschaffung nicht vor dem 1. 1. 2012 erfolgt ist, darf die degressive Abschreibung nach § 7 Abs. 2 EStG für die Steuerbilanz nicht angewandt werden. Somit ist für die Steuerbilanz nur die lineare Abschreibung nach § 7 Abs. 1 EStG möglich. Da sich die handelsrechtliche Abschreibung am Werteverzehr orientieren muss, ergibt sich hier eine Abweichung zwischen Handels- und Steuerbilanz.

Kaufpreis	350.000 €
abzüglich 3 % Skonto	–10.500 €
Anschaffungskosten	339.500 €
Abschreibung 25 %, davon $^{6}/_{12}$	–42.438 €
Bilanzansatz zum 31. 12. 2016 (§ 266 Abs. 2 A.II.2 HGB)	297.062 €

Buchungen:

Technische Anlagen/Maschinen	350.000 €	
Vorsteuer	66.500 €	
an Verbindlichkeiten aLL		416.500 €
Verbindlichkeiten aLL	416.500 €	
an Technische Anlagen/Maschinen		10.500 €
an Vorsteuer		1.995 €
an Bank		304.005 €
Abschreibungen an Technische Anlagen/Maschinen		42.438 €

LÖSUNG

Lösung zu Fall 9 — 15 Punkte

Bei allen Maschinen handelt es sich um abnutzbare bewegliche Vermögensgegenstände des Anlagevermögens, die höchstens mit den Anschaffungskosten, vermindert um die Abschreibungen nach § 253 Abs. 3 HGB, anzusetzen sind (§ 253 Abs. 3 Satz 1 HGB).

Zur Ermittlung der Anschaffungskosten ist der Kaufpreis nach § 255 Abs. 1 HGB um die Anschaffungsnebenkosten zu erhöhen und um die Anschaffungskostenminderung (Skonto) zu reduzieren. Dabei ist ein Skontoabzug erst im Zeitpunkt der tatsächlichen Inanspruchnahme zu erfassen (steuerrechtlich: H 6.2 EStH).

Der Abschreibungsplan muss nach § 253 Abs. 3 Satz 2 HGB die Anschaffungs- oder Herstellungskosten auf die Geschäftsjahre verteilen, in denen der Vermögensgegenstand voraussichtlich genutzt werden kann. Als Methoden kommen dafür grundsätzlich die lineare, die degressive, die progressive oder die Leistungsabschreibung in Betracht.

Da in diesem Fall ein linearer Werteverzehr vorliegt, kann handelsrechtlich nur die lineare Abschreibung angesetzt werden. Dies gilt nach § 7 Abs. 1 EStG auch für das Steuerrecht. Die Abschreibung berechnet sich nach der geschätzten Nutzungsdauer. Daraus ergibt sich ein Abschreibungssatz von 12,5 % (100 % / 8 Jahre = 12,5 %). Die Abschreibung im Anschaffungsjahr ist zeitanteilig zu berechnen; dies gilt nach § 7 Abs. 1 Satz 4 EStG auch für das Steuerrecht.

Die Maschinen stellen selbstständig nutzbare Wirtschaftsgüter des Anlagevermögens dar. Bei Anschaffungskosten von nicht mehr als 410 € können diese im Jahr der Anschaffung voll als Betriebsausgaben abgesetzt werden (§ 6 Abs. 2 EStG). Bei der Berechnung dieser Grenze wird der erfolgsneutral zu behandelnde Zuschuss nach R 6.5 Abs. 2 EStR berücksichtigt (R 6.13 Abs. 2 EStR analog). Dadurch, dass im Jahr 2016 bereits andere Wirtschaftsgüter von der AG als GWG behandelt wurden, kann die AG nach § 6 Abs. 2a Satz 5 EStG in diesem Jahr keinen Sammelposten bilden. Diese steuerlichen Regelungen können nach dem Grundsatz der Wesentlichkeit auch in der Handelsbilanz analog angewandt werden.

1.	Anschaffungskosten	5.800 €
	abzüglich Zuschuss nach R 6.5 EStR	–5.650 €
	Bemessungsgrenze für § 6 Abs. 2 EStG	150 €
	abzüglich Sofortabschreibung	–150 €
	Bilanzansatz zum 31. 12. 2016 (§ 266 Abs. 2 A.II.3 HGB)	0 €

Buchungen:

andere Anlagen/BGA	5.800 €	
Vorsteuer	1.102 €	
an Verbindlichkeiten aLL		6.902 €
Bank an andere Anlagen/BGA		5.650 €
GWG an andere Anlagen/BGA		150 €
Abschreibungen an GWG		150 €

2. vorläufige Anschaffungskosten		415 €
Abschreibung 12,5 %, davon $^1/_{12}$		–4 €
Bilanzansatz zum 31. 12. 2016 (§ 266 Abs. 2 A.II.3 HGB)		411 €
Buchungen:		
andere Anlagen/BGA	415 €	
Vorsteuer	79 €	
an Verbindlichkeiten aLL		494 €
Abschreibungen an andere Anlagen/BGA		4 €
3. Kaufpreis		400 €
zuzüglich Anschaffungsnebenkosten		20 €
abzüglich 3 % Skonto		–13 €
Anschaffungskosten		407 €
abzgl. Sofortabschreibung		–407 €
Bilanzansatz zum 31. 12. 2016 (§ 266 Abs. 2 A.II.3 HGB)		0 €
Buchungen:		
GWG	407 €	
Vorsteuer	77 €	
an Kasse		484 €
Abschreibungen an GWG		407 €

LÖSUNG

Lösung zu Fall 10 — 23 Punkte

Die Aktien sind hier nicht abnutzbare Vermögensgegenstände des Anlagevermögens, die höchstens mit den Anschaffungskosten, vermindert um die Abschreibungen nach Abs. 3, anzusetzen sind (§ 253 Abs. 1 Satz 1 HGB).

Zur Ermittlung der Anschaffungskosten ist der Kaufpreis der Aktien nach § 255 Abs. 1 HGB um die Anschaffungsnebenkosten zu erhöhen.

Kaufpreis (3.000 · 40 € =)	120.000 €
zuzüglich Anschaffungsnebenkosten (2 % von 120.000 =)	2.400 €
Anschaffungskosten	122.400 €

Die Buchung der Nebenkosten ist zu korrigieren.

Die Dividende ist als Ertrag aus anderen Wertpapieren in Höhe der Bruttodividende zu erfassen. Die Kapitalertragsteuer ist als Steueraufwand zu buchen.

	Je Aktie	3.000 Aktien
Bardividende	0,80 €	2.400 €
abzüglich 25 % Kapitalertragsteuer	– 0,20 €	– 600 €
Nettodividende (Bankgutschrift)	0,60 €	1.800 €

Hier ist das Teileinkünfteverfahren anzuwenden. Nach § 3 Nr. 40 d) EStG sind 40 % der Gewinnausschüttung steuerfrei. Außerdem sind der steuerfreie und der steuerpflichtige Anteil auf gesonderten Konten zu erfassen.

Für die Bilanzierung der Kapitalerhöhung ist zuerst der Buchwert eines Bezugsrechts zu errechnen:

$$\frac{\text{Buchwert Aktie} \cdot \text{Kurswert Bezugsrecht}}{\text{Kurswert Aktie}} = \frac{40{,}8 \cdot 1{,}4}{47{,}6} = 1{,}20\,€$$

In Höhe des Buchwerts des Bezugsrechts vermindert sich der Buchwert der Altaktien:

Buchwert vor Kapitalerhöhung	40,80 €
abzüglich Buchwert Bezugsrecht	–1,20 €
Buchwert nach Kapitalerhöhung	39,60 €

Für eine junge Aktie werden 20 Bezugsrechte benötigt, somit können 150 Aktien erworben werden. Die Anschaffungskosten der jungen Aktien setzen sich aus der Zuzahlung von 15 € und den Buchwerten von 20 Bezugsrechten zusammen.

15 € Zuzahlung + 20 · 1,20 € Buchwert =	39,00 €

Für den Erwerb der jungen Aktien muss eine Gesamtzahlung von (150 junge Aktien · 15 € Zuzahlung =) 2.250 € geleistet werden.

Die höheren Kurse zum Bilanzstichtag werden nicht berücksichtigt, da ansonsten unrealisierte Gewinne ausgewiesen würden. Dieses wäre ein Verstoß gegen das Vorsichtsprinzip (§ 252 Abs. 1 Nr. 4 HGB).

Bilanzansatz:

3.000 Altaktien zu 39,60 €	118.800 €
150 junge Aktien zu 39,00 €	5.850 €
Bilanzansatz zum 31. 12. 2016 (§ 266 Abs. 2 A.III.5 HGB)	124.650 €

Buchungen:

Wertpapiere des Anlagevermögen	2.400 €	
an sonstige betriebliche Aufwendungen		2.400 €
Bank	1.800 €	
Steuern vom Einkommen und Ertrag	600 €	
an Erträge aus anderen Wertpapieren (steuerfrei)		960 €
an Erträge aus anderen Wertpapieren (steuerpflichtig)		1.440 €
Wertpapiere des Anlagevermögens an Bank		2.250 €

LÖSUNG

Lösung zu Fall 11 — 25 Punkte

Beim Grund und Boden handelt es sich um einen nicht abnutzbaren unbeweglichen Vermögensgegenstand des Anlagevermögens. Dieser ist gemäß § 253 Abs. 1 Satz 1 HGB mit den Anschaffungskosten, vermindert um die Abschreibungen nach Abs. 3, zu bewerten.

Ein Gebäude ist ein abnutzbarer unbeweglicher Vermögensgegenstand des Anlagevermögens, der höchstens mit den Anschaffungskosten, vermindert um die Abschreibungen nach § 253 Abs. 3 HGB, anzusetzen ist (§ 253 Abs. 1 Satz 1 HGB).

Der Abschreibungsplan muss nach § 253 Abs. 3 Satz 2 HGB die Anschaffungs- oder Herstellungskosten auf die Geschäftsjahre verteilen, in denen der Vermögensgegenstand voraussichtlich genutzt werden kann. Als Methoden kommen dafür grundsätzlich die lineare, die degressive, die progressive oder die Leistungsabschreibung in Betracht.

Da in diesem Fall ein linearer Werteverzehr vorliegt, ist das Gebäude nach der linearen Methode abzuschreiben. Die Abschreibung berechnet sich nach der geschätzten Nutzungsdauer. Daraus ergibt sich ein Abschreibungssatz von 5 % (100 % / 20 Jahre = 5 %). Dieser ist nach § 7 Abs. 4 Satz 2 EStG auch für das Steuerrecht anzuwenden. Die Abschreibung im Anschaffungsjahr ist zeitanteilig zu berechnen; dies gilt nach § 7 Abs. 1 Satz 4 EStG auch für das Steuerrecht.

	Abschreibung (ggf. anteilig)	Gebäude	Grund und Boden
AK		600.000 €	200.000 €
2006	5 %, davon 9/12	−22.500 €	
2007–2015	5 %	−270.000 €	
Restbuchwert 31. 12. 2015		307.500 €	
2016[1]	5 %, davon 2/12	−5.000 €	
Restbuchwert Anfang März 2016		302.500 €	
davon 20 %		60.500 €	

[1] Dieser Betrag wird nicht gebucht.

Die Abbruchkosten und der Restbuchwert des abgebrochenen Gebäudeteils stellen sofort abziehbare Betriebsausgaben dar und sind als sonstige betriebliche Aufwendungen bzw. als außerplanmäßige Abschreibung zu erfassen (so auch für das Steuerrecht H 6.4 Fall 2 EStH).

Die neue Bemessungsgrundlage für die Abschreibung im Jahr 2015 errechnet sich nach dem Restbuchwert des Gebäudes zuzüglich der nachträglichen Herstellungskosten (H 7.3 EStH); dabei sind diese so zu berücksichtigen, als wären sie zu Beginn des Jahres aufgewendet worden (R 7.4 Abs. 9 EStR). Außerdem ist die außerplanmäßige Abschreibung von 60.500 € erst ab dem folgenden Wirtschaftsjahr zu berücksichtigen (§ 11c Abs. 2 Satz 1 EStDV). Diese Regelungen können auch handelsrechtlich angewandt werden.

Da sich die Nutzungsdauer von 20 Jahren nicht verlängert hat, muss die Restnutzungsdauer in Monaten ermittelt werden.

Nutzungsdauer	240 Monate
April 2006 bis Dezember 2015	–117 Monate
Restnutzungsdauer	123 Monate

	Gebäude	Grund und Boden
Restbuchwert 31. 12. 2015	307.500 €	200.000 €
nachträgliche Herstellungskosten	392.500 €	
Bemessungsgrundlage Abschr.	700.000 €	
außerplanmäßige Abschr.	–60.500 €	
	639.500 €	
Abschreibung 2016		
(12/123 von 700.000 €)	–68.293 €	
Bilanzumsatz zum 31. 12. 2016	571.207 €	200.000 €

Buchungen:

Abschreibungen (außerplanmäßig)	60.500 €	
an Grundstücke … (Gebäude)		60.500 €
sonstiger betrieblicher Aufwand	67.500 €	
Vorsteuer	12.825 €	
an Bank		80.325 €
Grundstücke … (Gebäude)	392.500 €	
Vorsteuer	74.575 €	
an Bank		467.075 €
Abschreibungen an Grundstücke … (Gebäude)		68.293 €

LÖSUNG

Lösung zu Fall 12 — 13 Punkte

1. Eine Aktivierung dieses Computerprogramms ist nach § 248 Abs. 2 HGB möglich. Die Bewertung erfolgt nach § 253 Abs. 1 Satz 1 HGB mit den Herstellungskosten vermindert um die Abschreibungen nach Abs. 3. Der die Herstellungskosten übersteigende Betrag und die Vorsteuer sind gegen den Ertrag zu korrigieren.

   Der Abschreibungsplan muss nach § 253 Abs. 3 Satz 2 HGB die Anschaffungs- oder Herstellungskosten auf die Geschäftsjahre verteilen, in denen der Vermögensgegenstand voraussichtlich genutzt werden kann. Als Methoden kommen dafür grundsätzlich die lineare, die degressive, die progressive oder die Leistungsabschreibung in Betracht.

   Da in diesem Fall ein linearer Werteverzehr vorliegt, ist die Software nach der linearen Methode abzuschreiben. Die Abschreibung berechnet sich nach der geschätzten Nutzungsdauer. Daraus ergibt sich ein Abschreibungssatz von 25 % (100 % / 4 Jahre = 25 %). Die Abschreibung im Anschaffungsjahr ist zeitanteilig zu berechnen.

   Im Steuerrecht darf ein Aktivposten für dieses Computerprogramm nach § 5 Abs. 2 EStG nicht angesetzt werden, so dass sich hier eine Abweichung zwischen Handels- und Steuerbilanz ergibt.

Herstellungskosten		20.000 €
Lineare Abschreibung 25 %, davon $^{6}/_{12}$		2.500 €
Bilanzansatz 31. 12. 2016 (§ 266 Abs. 2 A.I.1 HGB)		17.500 €
sonstige betriebliche Erträge	10.940 €	
an selbst geschaffene Schutzrechte …		6.000 €
an Vorsteuer		4.940 €
Abschreibungen an selbst geschaffene Schutzrechte		2.500 €

2. Es handelt sich bei dem Kommunikationsprogramm um einen abnutzbaren Vermögensgegenstand des Anlagevermögens, der höchstens mit den Anschaffungskosten, vermindert um die Abschreibungen nach § 253 Abs. 3 HGB, anzusetzen ist (§ 253 Abs. 1 Satz 1 HGB).

   Der Abschreibungsplan muss nach § 253 Abs. 3 Satz 2 HGB die Anschaffungs- oder Herstellungskosten auf die Geschäftsjahre verteilen, in denen der Vermögensgegenstand voraussichtlich genutzt werden kann. Als Methoden kommen dafür grundsätzlich die lineare, die degressive, die progressive oder die Leistungsabschreibung in Betracht.

   Da in diesem Fall ein linearer Werteverzehr vorliegt, ist die Software nach der linearen Methode abzuschreiben. Die Abschreibung berechnet sich nach der geschätzten Nutzungsdauer. Daraus ergibt sich ein Abschreibungssatz von 20 % (100 % / 5 Jahre = 20 %). Dieser ist nach § 7 Abs. 1 Satz 1 EStG auch für das Steuerrecht anzuwenden. Die Abschreibung im Anschaffungsjahr ist zeitanteilig zu berechnen; dies gilt nach § 7 Abs. 1 Satz 4 EStG auch für das Steuerrecht.

Anschaffungskosten	18.000 €
lineare Abschreibung 20 %, davon $^4/_{12}$	–1.200 €
Bilanzansatz 31. 12. 2016 (§ 266 Abs. 2 A.I.2 HGB)	16.800 €

Buchungen:

Konzessionen ...	18.000 €	
Vorsteuer	3.420 €	
an Verbindlichkeiten aLL		21.420 €
Abschreibungen an Konzessionen		1.200 €

3. Es handelt sich bei dem Grafikprogramm um einen abnutzbaren Vermögensgegenstand des Anlagevermögens, der höchstens mit den Anschaffungskosten, vermindert um die Abschreibungen nach § 253 Abs. 3 HGB, anzusetzen ist (§ 253 Abs. 1 Satz 1 HGB). Zur Ermittlung der Anschaffungskosten ist der Kaufpreis nach § 255 Abs. 1 HGB um die Anschaffungskostenminderung zu reduzieren.

Kaufpreis	200 €
abzüglich Skonto	–4 €
Anschaffungskosten	196 €

Da die Anschaffungskosten nicht mehr als 410 € betragen, ist die Software wie ein Trivialprogramm zu behandeln (R 5.5 Abs. 1 EStR), das als abnutzbares bewegliches und selbstständig nutzbares Wirtschaftsgut gilt. Somit können die Anschaffungskosten im Jahr der Anschaffung voll als Betriebsausgaben abgesetzt werden (§ 6 Abs. 2 EStG). Diese steuerlichen Regelungen können nach dem Grundsatz der Wesentlichkeit auch in der Handelsbilanz analog angewandt werden.

Anschaffungskosten	196 €
abzüglich Sofortabschreibung	–196 €
Bilanzansatz zum 31. 12. 2016 (§ 266 Abs. 2 A.I.2 HGB)	0 €

Buchungen:

GWG	200 €	
Vorsteuer	38 €	
an Verbindlichkeiten aLL		238 €
Verbindlichkeiten aLL	238 €	
an GWG		4 €
an Vorsteuer		1 €
an Bank		233 €
Abschreibungen an GWG		196 €

LÖSUNG

Lösung zu Fall 13 — 10 Punkte

Das Darlehen ist ein nicht abnutzbarer Vermögensgegenstand des Anlagevermögens, der höchstens mit den Anschaffungskosten, vermindert um die Abschreibungen nach Abs. 3, anzusetzen ist (§ 253 Abs. 1 Satz 1 HGB).

Durch die niedrige Verzinsung unterhalb des Marktzinses ist dieses Darlehen zum Bewertungsstichtag auf den beizulegenden Wert (hier Barwert) abzuschreiben. Der Abzinsungssatz errechnet sich aus der Differenz zwischen dem Nominalzinssatz und dem Marktzins, wobei die steuerliche Bewertung mindestens einen Marktzins von 5,5 % nach § 12 Abs. 3 Satz 2 BewG unterstellt.

In diesem Fall ergibt sich für die Abzinsung ein Zinssatz von (9 % Marktzins – 5 % Darlehenszins =) 4 % und eine Restlaufzeit am Abschlussstichtag von 4 Jahren. Daraus folgt ein Abzinsungsfaktor von ($1{,}04^{-4}$ =) 0,854804.

Darlehenssumme	300.000 €
Bilanzansatz (300.000 € · 0,854804 =)	–256.441 €
Abschreibung auf Finanzanlagen	43.559 €

Die Bilanzierung erfolgt unter der Position § 266 Abs. 2 A.III.6 HGB.

Die Zinsen für das Jahr 2016 sind als Erträge aus Ausleihungen zu erfassen (§ 275 Abs. 2 Nr. 10 HGB). Die Kapitalertragsteuer ist in diesem Fall nicht abzuführen.

$$\frac{300.000\,€ \cdot 5}{100} = 15.000\,€$$

Die Zinsen für Januar 2017, die bis zum 31.12.2016 gezahlt sind, müssen als transitorische Rechnungsabgrenzung über die Position „passiver Rechnungsabgrenzungsposten“ erfasst werden.

$$\frac{300.000\,€ \cdot 5 \cdot 30}{100 \cdot 360} = 1.250\,€$$

Buchungen:

Abschreibung auf Finanzanlagen an sonstige Ausleihungen	43.559 €
Bank an Erträge aus Ausleihungen	15.000 €
Bank an passiver Rechnungsabgrenzungsposten	1.250 €

LÖSUNG

Lösung zu Fall 14 — 17 Punkte

Es handelt sich bei dem Lkw um einen abnutzbaren beweglichen Vermögensgegenstand des Anlagevermögens, der höchstens mit den Anschaffungskosten, vermindert um die Abschreibungen nach § 253 Abs. 3 HGB, anzusetzen ist (§ 253 Abs. 1 Satz 1 HGB).

Da es sich bei diesem Vorgang um einen Tausch mit Zuzahlung und verdecktem Rabatt handelt, setzen sich die Anschaffungskosten nach § 255 Abs. 1 HGB wie folgt zusammen (steuerrechtlich: § 6 Abs. 6 Satz 1 EStG):

Gemeiner Wert des hingegebenen Wirtschaftsguts	33.558 €
zuzüglich geleistete Zuzahlung	157.318 €
abzüglich abziehbare Vorsteuer (lt. Rechnung)*	–31.293 €
Anschaffungskosten	159.583 €

Die Anschaffungskosten des Lkw sind um (164.700 – 159.583 =) 5.117 € zu hoch erfasst und müssen geändert werden.

Der Abschreibungsplan muss nach § 253 Abs. 3 Satz 2 HGB die Anschaffungs- oder Herstellungskosten auf die Geschäftsjahre verteilen, in denen der Vermögensgegenstand voraussichtlich genutzt werden kann. Als Methoden kommen dafür grundsätzlich die lineare, die degressive, die progressive oder die Leistungsabschreibung in Betracht.

Da nach der Aufgabenstellung der voraussichtliche Werteverzehr der arithmetisch degressiven Abschreibung entspricht, können diese Regelungen nur für die Berechnung der handelsrechtlichen Abschreibung angesetzt werden, da diese Methode steuerrechtlich nicht zulässig ist.

Die Abschreibung berechnet sich also folgendermaßen:

Addition der Abschreibungstermine:

Insgesamt: 1 + 2 + 3 ... + 8 = 36 (Nenner) oder

$$\frac{1+8}{2} \cdot 8 = 36$$

Im ersten Jahr ist der höchste Wert (8) als Zähler zu verwenden. Dieser Wert sinkt nachfolgend jährlich ab.

Anschaffungskosten	159.583 €
Abschreibung 8/36	–35.463 €
Bilanzansatz zum 31. 12. 2016 (§ 266 Abs. 2 A.II.3 HGB)	124.120 €

Da steuerrechtlich nur die lineare Abschreibung nach § 7 Abs. 1 EStG möglich ist, ergibt sich hier zwingend eine Abweichung zwischen Handels- und Steuerbilanz.

Die Zahlungen für die Kfz-Steuer und die Kfz-Versicherung stellen laufenden Aufwand des Wirtschaftjahres dar und sind korrekt erfasst.

* Hinweis: Der gebrauchte Lkw wurde zu einem höheren Preis als dem gemeinen Wert in Zahlung genommen. Insoweit liegt ein verdeckter Preisnachlass vor, der das Entgelt für die Lieferung des Neuwagens mindern müsste. Allerdings ist der in der Rechnung ausgewiesene Wert maßgebend. Für die Berichtigung der um 817 € (= 5.117 € / 1,19) zu hoch ausgewiesenen Umsatzsteuer in der Abrechnung der Schmidt GmbH ist es erforderlich, dass zuerst die Rechnung geändert wird (Abschn. 10.5 Abs. 5 UStAE).

Buchungen:

sonstige betriebliche Erträge an andere Anlagen/BGA	5.117 €
Abschreibung an andere Anlagen/BGA	35.463 €

LÖSUNG

Lösung zu Fall 15 — 17 Punkte

Es handelt sich bei der Maschine um einen abnutzbaren beweglichen Vermögensgegenstand des Anlagevermögens, der höchstens mit den Anschaffungskosten, vermindert um die Abschreibungen nach § 253 Abs. 3 HGB, anzusetzen ist (§ 253 Abs. 1 Satz 1 HGB).

Zur Ermittlung der Anschaffungskosten ist der Kaufpreis gemäß § 255 Abs. 1 HGB um die Anschaffungsnebenkosten zu erhöhen und um die Anschaffungskostenminderung (Skonto) zu reduzieren. Außerdem sind alle Werte in Euro zu buchen, sodass der Kaufpreis und die Skontonutzung umzurechnen sind. Nach dem Wortlaut bezieht sich § 256a HGB nur auf die Bewertung am Abschlussstichtag. Mehrheitlich wird aber bereits eine Zugangsbewertung zum Devisenkassamittelkurs befürwortet. Somit ist für die Ermittlung der Anschaffungskosten der Devisenkassamittelkurs vom 5. 10. 2016 zu verwenden. Ebenso ist dieser für die Zahlung am 20. 10. 2016 zu nutzen.

Die Wechselkursänderungen berühren die Anschaffungskosten nicht, sondern nur die Höhe der Verbindlichkeit.

Kaufpreis (200.000 £ · 1,5060 € =)	301.200 €
Anschaffungsnebenkosten	30.867 €
Anschaffungskostenminderung (200.000 £ · 2 % · 1,5060 =)	–6.024 €
Anschaffungskosten	326.043 €

Der Abschreibungsplan muss nach § 253 Abs. 3 Satz 2 HGB die Anschaffungs- oder Herstellungskosten auf die Geschäftsjahre verteilen, in denen der Vermögensgegenstand voraussichtlich genutzt werden kann. Als Methoden kommen dafür grundsätzlich die lineare, die degressive, die progressive oder die Leistungsabschreibung in Betracht.

Da nach der Aufgabenstellung der voraussichtliche Werteverzehr der degressiven Abschreibung nach den steuerrechtlichen Vorschriften entspricht, können diese Regelungen auch für die Berechnung der handelsrechtlichen Abschreibung angesetzt werden. Die Abschreibung berechnet sich also analog § 7 Abs. 2 Satz 2 EStG mit dem 2,5fachen linearen Satz, höchstens 25 %. Daraus ergibt sich ein Abschreibungssatz von 25 % (100 % / 10 Jahre · 2,5 = 25 %, höchstens 25 %). Die Abschreibung im Anschaffungsjahr ist zeitanteilig zu berechnen.

Da die Anschaffung nicht vor dem 1. 1. 2012 erfolgt ist, darf die degressive Abschreibung nach § 7 Abs. 2 Satz 2 EStG für die Steuerbilanz nicht angewandt werden. Somit ist für die Steuerbilanz nur die lineare Abschreibung nach § 7 Abs. 1 EStG möglich. Da sich die handelsrechtliche Abschreibung am Werteverzehr orientieren muss, ergibt sich hier eine Abweichung zwischen Handels- und Steuerbilanz.

Bemessungsgrundlage für Abschreibungen	326.043 €
Abschreibung 25 %, davon $^{3}/_{12}$	–20.378 €
Bilanzansatz zum 31. 12. 2016 (§ 266 Abs. 2 A.II.2 HGB)	305.665 €

Bei der Bezahlung entsteht durch den bei der Bezahlung gestiegenen Kurs ein Kursverlust:

Kaufpreis	200.000 £
Anschaffungskostenminderung (200.000 £ · 2 % =)	4.000 £
Anschaffungskosten	196.000 £
Kursdifferenz (1,5070 bei Zahlung – 1,5060 bei Kauf =)	0,001
Kursverlust	196 €

Der Kursverlust ist neben den sonstigen betrieblichen Aufwendungen auszuweisen. Nach § 277 Abs. 5 Satz 2 HGB ist dieser gesondert in einem Davon-Vermerk darzustellen.

Buchungen:

Technische Anlagen und Maschinen	301.200 €	
an Verbindlichkeiten aLL		301.200 €
Technische Anlagen und Maschinen an Kasse		30.867 €
Verbindlichkeiten aLL	301.200 €	
sonstige betriebliche Aufwendungen	196 €	
an Technische Anlagen und Maschinen		6.024 €
an Bank		295.372 €
Abschreibung an Technische Anlagen und Maschinen		20.378 €

LÖSUNG

Lösung zu Fall 16 **10 Punkte**

Die Zahlung über das Reinvermögen des Elektrogroßhandels hinaus stellt den Erwerb eines Geschäfts- oder Firmenwertes nach § 246 Abs. 1 Satz 4 HGB dar. Die Anschaffungskosten ermitteln sich zum Zeitpunkt der Übernahme folgendermaßen:

1.	Vermögen	18.540.000 €
	Schulden	13.260.000 €
	Reinvermögen	5.280.000 €
2.	Kaufpreis	6.540.000 €
	Reinvermögen	5.280.000 €
	Anschaffungskosten Geschäfts- oder Firmenwert	1.260.000 €

Es handelt sich beim Geschäfts- oder Firmenwert um einen abnutzbaren Vermögensgegenstand des Anlagevermögens, der höchstens mit den Anschaffungskosten, vermindert um die Abschreibungen nach § 253 Abs. 3 HGB, anzusetzen ist (§ 253 Abs. 1 Satz 1 HGB).

Steuerrechtlich ist nur eine lineare Abschreibung nach § 7 Abs. 1 Satz 1 und 2 EStG möglich. Bei der Abschreibung ist nach § 7 Abs. 1 Satz 3 EStG eine betriebsgewöhnliche Nutzungsdauer von 15 Jahren zugrunde zu legen. Außerdem ist nach § 7 Abs. 1 Satz 4 EStG zeitanteilig abzuschreiben. Dies soll nach der Aufgabenstellung auch handelsrechtlich gelten.

Anschaffungskosten	1.260.000 €
lineare Abschreibung $6\,^{2}/_{3}$ %, davon $^{8}/_{12}$	–56.000 €
Bilanzansatz 31. 12. 2016	1.204.000 €

Die Bilanzierung erfolgt unter der Position § 266 Abs. 2 A.I.3 HGB.

Bei der Zahlung in Höhe von 300.000 € handelt es sich um den Erwerb eines Wettbewerbsverbots. Dieses Recht ist als immaterieller Vermögensgegenstand zu bilanzieren.

Es handelt sich dabei um einen abnutzbaren Vermögensgegenstand des Anlagevermögens, der höchstens mit den Anschaffungskosten, vermindert um die Abschreibungen nach § 253 Abs. 3 HGB, anzusetzen ist (§ 253 Abs. 1 Satz 1 HGB). Bei der Abschreibung ist eine Nutzungsdauer von fünf Jahren zugrunde zu legen.

Der Abschreibungsplan muss nach § 253 Abs. 3 Satz 2 HGB die Anschaffungs- oder Herstellungskosten auf die Geschäftsjahre verteilen, in denen der Vermögensgegenstand voraussichtlich genutzt werden kann. Als Methoden kommen dafür grundsätzlich die lineare, die degressive, die progressive oder die Leistungsabschreibung in Betracht.

Da in diesem Fall ein linearer Werteverzehr vorliegt, ist das Wettbewerbsverbot nach der linearen Methode abzuschreiben. Die Abschreibung berechnet sich nach der geschätzten Nutzungsdauer. Daraus ergibt sich ein Abschreibungssatz von 20 % (100 % / 5 Jahre = 20 %). Dieser ist nach § 7 Abs. 1 Satz 1 EStG auch für das Steuerrecht anzuwenden. Die Abschreibung im Anschaffungsjahr ist zeitanteilig zu berechnen; dies gilt nach § 7 Abs. 1 Satz 4 EStG auch für das Steuerrecht.

Anschaffungskosten	300.000 €
lineare Abschreibung 20 %, davon $^{8}/_{12}$	–40.000 €
Bilanzansatz 31. 12. 2016	260.000 €

Die Bilanzierung erfolgt unter der Position § 266 Abs. 2 A.I.2 HGB.

Buchungen:

Geschäfts- oder Firmenwert an Bank	1.260.000 €
Anteile an verbundenen Unternehmen an Bank	5.280.000 €
Abschreibungen an Geschäfts- oder Firmenwert	56.000 €
Konzessionen … an Bank	300.000 €
Abschreibungen an Konzessionen …	40.000 €

LÖSUNG

Lösung zu Fall 17 — 27 Punkte

Die festverzinslichen Wertpapiere sind hier nicht abnutzbare Vermögensgegenstände des Anlagevermögens, die höchstens mit den Anschaffungskosten, vermindert um die Abschreibungen nach § 253 Abs. 3 HGB, anzusetzen sind (§ 253 Abs. 1 Satz 1 HGB).

Zur Ermittlung der Anschaffungskosten nach § 255 Abs. 1 HGB ist der Kaufpreis um die Anschaffungsnebenkosten zu erhöhen.

Kaufpreis (600.000 € · 97,5 % =)	585.000 €
zuzüglich Anschaffungsnebenkosten (1,5 % von 600.000 =)	9.000 €
Anschaffungskosten	594.000 €

Für den Zeitraum vom 1. 12. 2015 bis zum 23. 3. 2016 (114 Zinstage) sind dem Verkäufer die Zinsen aus dem Wertpapier zu erstatten (Stückzinsen).

$$\frac{600.000\,€ \cdot 5 \cdot 114}{100 \cdot 360} = 9.500\,€$$

Die gezahlten Stückzinsen sind über die Position „sonstige Vermögensgegenstände" zu erfassen.

Die Zinsen vom 1. 12. 2016 sind als Ertrag aus anderen Wertpapieren in Höhe der Bruttozinsen abzüglich der bereits gezahlten Stückzinsen zu erfassen. Die Kapitalertragsteuer ist als Steueraufwand zu buchen.

Bruttozinsen (600.000 € · 5 % =)	30.000 €
abzüglich 25 % Kapitalertragsteuer	–7.500 €
Nettozinsen (Bankgutschrift)	22.500 €

Der Verkauf vom 18. 12. 2016 führt zu einer Realisation von Kursverlusten, da der Börsenkurs unter die Anschaffungskosten gesunken war.

Verkaufspreis (300.000 € · 97 % =)	291.000 €
abzüglich Nebenkosten (1,5 % von 300.000 =)	–4.500 €
Verkaufserlös	286.500 €
Buchwert	–297.000 €
sonstiger betrieblicher Aufwand	–10.500 €

Außerdem sind beim Verkauf Stückzinsen für 18 Tage (1. 12. 2016–18. 12. 2016) zu beachten, die in diesem Fall vom Käufer an die Abraham OHG zu zahlen sind.

$$\frac{300.000\,€ \cdot 5 \cdot 18}{100 \cdot 360} = 750\,€$$

Auch die Stückzinsen unterliegen der 25 %igen Kapitalertragsteuer und sind als Ertrag aus anderen Wertpapieren zu erfassen.

Bruttostückzinsen	750 €
abzüglich 25 % Kapitalertragsteuer	–188 €
Nettostückzinsen (Bankgutschrift)	562 €

Die Zinsen, die bis zum 31. 12. 2016 angefallen sind, müssen als antizipative Rechnungsabgrenzung (sonstige Forderungen) über die Position „sonstige Vermögensgegenstände" erfasst werden.

$$\frac{300.000\,€ \cdot 5 \cdot 30}{100 \cdot 360} = 1.250\,€$$

Die Bilanzierung erfolgt unter der Position § 266 Abs. 2 B.II.4 HGB.

Der niedrigere Kurs zum Bilanzstichtag kann nach § 253 Abs. 3 Satz 4 HGB berücksichtigt werden (Wahlrecht), da es sich voraussichtlich um eine vorübergehende Wertminderung handelt.

Allerdings kann nach § 6 Abs. 1 Nr. 2 Satz 2 EStG ein niedrigerer Teilwert nur angesetzt werden, wenn es sich um eine voraussichtlich dauernde Wertminderung handelt, dies ist bei festverzinslichen Wertpapieren des Anlagevermögens grundsätzlich nicht gegeben (siehe auch BMF-Schreiben vom 16. 7. 2014).

Ein handelsrechtlicher Wertansatz nach § 253 Abs. 3 Satz 4 HGB wäre also nicht für die Steuerbilanz maßgeblich. Somit ist nach Aufgabenstellung auf eine Abschreibung zu verzichten, da die Handels- und die Steuerbilanz möglichst übereinstimmen sollen.

Bilanzansatz am 31. 12. 2016 (§ 266 Abs. 2 A.III.5 HGB) 297.000 €

Buchungen:

Wertpapiere des Anlagevermögens	594.000 €	
sonstige Vermögensgegenstände	9.500 €	
an Bank		603.500 €
Bank	22.500 €	
Steuern vom Einkommen und Ertrag	7.500 €	
an Erträge aus anderen Wertpapieren		20.500 €
an sonstige Vermögensgegenstände		9.500 €
Bank	287.062 €	
Steuern vom Einkommen und Ertrag	188 €	
sonstige betriebliche Aufwendungen	10.500 €	
an Erträge aus anderen Wertpapieren		750 €
an Wertpapiere des Anlagevermögens		297.000 €
sonstige Vermögensgegenstände	1.250 €	
an Erträge aus anderen Wertpapieren		1.250 €

LÖSUNG

Lösung zu Fall 18 — 8 Punkte

Bei der Stanzmaschine handelt es sich um einen abnutzbaren beweglichen Vermögensgegenstand des Anlagevermögens, der höchstens mit den Herstellungskosten, vermindert um die Abschreibungen gemäß § 253 Abs. 3 HGB, anzusetzen ist (§ 253 Abs. 1 Satz 1 HGB).

Als Bewertungsmaßstab ist nicht von vergleichbaren Einkaufspreisen, sondern von den Herstellungskosten auszugehen. Außerdem handelt es sich um zu aktivierende Eigenleistungen und nicht um Umsatzerlöse.

Der Abschreibungsplan muss nach § 253 Abs. 3 Satz 2 HGB die Anschaffungs- oder Herstellungskosten auf die Geschäftsjahre verteilen, in denen der Vermögensgegenstand voraussichtlich genutzt werden kann. Als Methoden kommen dafür grundsätzlich die lineare, die degressive, die progressive oder die Leistungsabschreibung in Betracht.

Da in diesem Fall die Leistungseinheiten ermittelt werden können, sind diese auch für die Abschreibung anzuwenden, da auf diese Weise der Werteverzehr sehr genau dargestellt werden kann. Steuerrechtlich ist diese Methode nach § 7 Abs. 1 Satz 6 EStG ebenfalls zulässig.

Abschreibung je Leistungseinheit (5.400 € / 450.000 =)	0,012 €
Herstellungskosten	5.400 €
Leistungsabschreibung (48.000 · 0,012 € =)	–576 €
Restbuchwert zum 31. 12. 2016	4.824 €

Die Bilanzierung erfolgt unter der Position § 266 Abs. 2 A.II.2 HGB in Höhe von 4.824 €.

Buchungen:

Umsatzerlöse	9.600 €	
an Technische Anlagen und Maschinen		4.200 €
an andere aktivierte Eigenleistungen		5.400 €
Abschreibungen an Technische Anlagen		576 €

LÖSUNG

Lösung zu Fall 19 — 17 Punkte

Beim Grund und Boden handelt es sich um einen nicht abnutzbaren unbeweglichen Vermögensgegenstand des Anlagevermögens. Dieser ist gemäß § 253 Abs. 1 Satz 1 HGB mit den Anschaffungskosten, vermindert um die Abschreibungen nach Abs. 3, zu bewerten. Zur Ermittlung der Anschaffungskosten ist der Kaufpreis nach § 255 Abs. 1 HGB um die Nebenkosten zu erhöhen. Zu den Anschaffungskosten gehören auch die Erschließungsbeiträge, soweit es sich um einen erstmaligen Anschluss handelt (steuerrechtlich: H 6.4 EStH).

Kaufpreis (2.430 qm · 250 € =)	607.500 €
Beurkundung Kaufvertrag	2.100 €
Eintragung Eigentümer	900 €
Grunderwerbsteuer	21.262 €
Erschließungsbeiträge	17.000 €
Anschaffungskosten	648.762 €

Die Bilanzierung erfolgt unter der Position § 266 Abs. 2 A.II.1 HGB in Höhe von 648.762 €.

Die Beträge für die Beglaubigung der Grundschuldbestellung und die Eintragung der Grundschuld stellen keine Anschaffungskosten dar, da sie der Finanzierung des Grund und Bodens dienen. Die Buchungen sind insoweit korrekt erfasst worden.

Die Bilanzierung eines Gebäudes kann erst erfolgen, wenn die Baumaßnahme abgeschlossen ist. Bis zu diesem Zeitpunkt sind die Teilherstellungskosten als Anlagen im Bau zu erfassen. Zu den Herstellungskosten des neuen Gebäudes gehört auch die Entschädigungszahlung an die

Technik GmbH für die vorzeitige Räumung des Grundstücks (steuerrechtlich: H 6.4 EStH). Eine Abschreibung ist handels- wie steuerrechtlich erst mit Fertigstellung des Gebäudes möglich; die Buchung der Abschreibung ist also zu stornieren, da sie unzulässig war.

Anlagen im Bau:

bisher gebucht	411.600 €
Erschließungsbeiträge	–17.000 €
Entschädigungszahlung	25.000 €
Bilanzansatz zum 31. 12. 2016 (§ 266 Abs. 2 A.II.4 HGB)	419.600 €

Buchungen:

Grundstücke ... (Grund und Boden) an Bank		607.500 €
Grundstücke ... (Grund und Boden)	3.000 €	
an sonstige betriebliche Aufwendungen		3.000 €
Grundstücke ... (Grund und Boden) an Bank		21.262 €
Anlagen im Bau an sonstige betriebliche Aufwendungen		25.000 €
Grundstücke ... (Grund und Boden)	17.000 €	
Anlagen im Bau	394.600 €	
an Grundstücke ... (Gebäude)		411.600 €
Grundstücke ... (Gebäude) an Abschreibungen		12.348 €

LÖSUNG

Lösung zu Fall 20 — 6 Punkte

Die Aktien sind in diesem Fall nicht abnutzbare Vermögensgegenstände des Anlagevermögens, die höchstens mit den Anschaffungskosten, vermindert um die Abschreibungen nach § 253 Abs. 3 HGB, anzusetzen sind (§ 253 Abs. 1 Satz 1 HGB).

Anschaffungskosten (200 · 1.224 € =)	244.800 €
beizulegender Wert 31. 12. 2015 (200 · 1.150 · 102 % =)	– 234.600 €
Abschreibung 2015 nach § 253 Abs. 3 Satz 3 HGB	10.200 €

Beizulegender Wert je Stück (234.600 € / 200 =) 1.173 €.

Der gestiegene Kurs zum 31. 12. 2016 führt zu einem Wertaufholungsgebot nach § 253 Abs. 5 HGB. Die AG muss eine Zuschreibung auf den gestiegenen Börsenpreis, aber höchstens auf die Anschaffungskosten vornehmen.

Anschaffungskosten		244.800 €
Beizulegender Wert aus 2015		234.600 €
Zuschreibung 2016		10.200 €
Wertpapiere des Anlagevermögens	10.200 €	
an sonstige betriebliche Erträge		10.200 €

Die Bilanzierung erfolgt unter der Position § 266 Abs. 2 A.III.5 HGB in Höhe von 244.800 €.

LÖSUNG

Lösung zu Fall 21 — 15 Punkte

Bei dem unbebauten Grundstück handelt es sich um einen nicht abnutzbaren unbeweglichen Vermögensgegenstand des Anlagevermögens. Dieser ist gemäß § 253 Abs. 1 Satz 1 HGB mit den Anschaffungskosten, vermindert um die Abschreibungen nach Abs. 3, zu bewerten. Zur Ermittlung der Anschaffungskosten sind zum einen der Rentenbarwert (Kaufpreis) zu ermitteln und zum anderen nach § 255 Abs. 1 HGB die Nebenkosten hinzu zu addieren.

In Höhe der Rentenverpflichtung ist eine Verbindlichkeit auszuweisen. Da eine Gegenleistung nicht mehr zu erwarten ist (der Grundstückskaufvertrag wurde von Frau Müller erfüllt), ist die Rentenverpflichtung nach § 253 Abs. 2 Satz 3 HGB entsprechend den Abzinsungsregeln für Rückstellungen mit ihrem Barwert anzusetzen.

Für die Berechnung des Rentenbarwertes sind die Rentenzahlungen auf den Zeitpunkt des Kaufes abzuzinsen. Als Zinssatz ist nach § 253 Abs. 2 Satz 4 HGB der von der Deutschen Bundesbank ermittelte und monatlich bekannt gegebene Abzinsungszinssatz zu verwenden. Für die Laufzeit der Abzinsung ist auf die 23 Jahre Zahlungspflicht nach den Sterbetafeln (Lebenserwartung 85 Jahre – Alter 62 Jahre) abzustellen, somit ist der Rentenbarwertfaktor in Höhe von 13,018334 zu verwenden. Eine Anwendung des § 253 Abs. 2 Satz 2 HGB (Pauschalierung der Laufzeit auf 15 Jahre) ist hier nach § 264 Abs. 2 HGB nicht möglich, da dies zu einer wesentlichen Abweichung führt.

Für das Steuerrecht sieht § 6 Abs. 1 Nr. 3 EStG eigentlich einen Zinssatz von 5,5 % vor, aber nach R 6.2 Satz 1 EStR kann der Barwert auch abweichend vom BewG nach versicherungsmathematischen Grundsätzen, also wie im Handelsrecht berechnet werden. Somit ergeben sich keine Abweichungen.

Rentenbarwert = Verbindlichkeit (60.000 € Jahreszahlung · 13,018334 =)	781.100 €
Anschaffungsnebenkosten (781.100 € · 10 % =)	78.110 €
Anschaffungskosten	859.210 €

Da es sich um einen nicht abnutzbaren Vermögensgegenstand handelt, sind keine planmäßigen Abschreibungen vorzunehmen. Für eine außerplanmäßige Abschreibung liegen keine Informationen vor.

Der Bilanzansatz (§ 266 Abs. 2 A.II.1 HGB) zum 31. 12. 2016 beträgt 859.210 €.

Die Zahlung der ersten Rente im Januar 2016 ist in vollem Umfang als Aufwand zu erfassen.

Zum Jahresende ist der Barwert der Rentenverpflichtung neu zu berechnen. Die Laufzeit beträgt jetzt nur noch 22 Jahre und der Zinssatz 5,25 %, daraus ergibt sich ein Rentenbarwertfaktor in Höhe von 12,868104.

Rentenbarwert = Verbindlichkeit (60.000 € Jahreszahlung · 12,868104=)	772.086 €

Der Bilanzansatz (§ 266 Abs. 3 C.4 HGB) zum 31. 12. 2016 beträgt 772.086 €.

Die Differenz, um die die Verbindlichkeit gesunken ist, ist gegen den Rentenaufwand zu erfassen.

Rentenaufwand im Januar	60.000 €
Aufwandminderung durch Bewertung (781.100 € – 772.086 € =)	9.014 €
Sonstige betriebliche Aufwendungen (§ 275 Abs. 2 Nr. 8 HGB)	50.986 €

Buchungen:

Grundstücke...(Grund und Boden) an Verbindlichkeiten	781.100 €
Grundstücke...(Grund und Boden) an Bank	78.110 €
Sonstige betriebliche Aufwendungen an Bank	60.000 €
Verbindlichkeiten an Sonstige betriebliche Aufwendungen	9.014 €

LÖSUNG

Lösung zu Fall 22 — 6 Punkte

Bei den Büroschränken handelt es sich um abnutzbare bewegliche Vermögensgegenstände des Anlagevermögens, die höchstens mit den Anschaffungskosten, vermindert um die Abschreibungen nach § 253 Abs. 3 HGB, anzusetzen sind (§ 253 Abs. 1 Satz 1 HGB).

Die Büroschränke stellen selbstständig nutzbare Wirtschaftsgüter des Anlagevermögens dar. Bei Anschaffungskosten von mehr als 150 €, aber nicht mehr als 1.000 €, ist das Wirtschaftsgut in einen Sammelposten zu buchen und über fünf Jahre abzuschreiben (§ 6 Abs. 2a EStG). Diese steuerliche Regelung kann nach dem Grundsatz der Wesentlichkeit auch in der Handelsbilanz analog angewandt werden. Bei der Berechnung der Abschreibung wird die tatsächliche Nutzungsdauer ebenso wenig berücksichtigt, wie die unterschiedlichen Anschaffungszeitpunkte.

Anschaffungskosten	916 €
Abschreibung $^1/_5$	–183 €
Bilanzansatz je Büroschrank zum 31. 12. 2016 (§ 266 Abs. 2 A.II.3 HGB)	733 €

Buchungen:

Sammelposten an andere Anlagen/BGA (3 Büroschränke)	2.748 €
Abschreibungen an Sammelposten (3 Büroschränke)	549 €

LÖSUNG

Lösung zu Fall 23 — 15 Punkte

Es handelt sich bei den Maschinen um abnutzbare bewegliche Vermögensgegenstände des Anlagevermögens, die höchstens mit den Anschaffungskosten, vermindert um die Abschreibungen nach § 253 Abs. 3 HGB, anzusetzen sind (§ 253 Abs. 1 Satz 1 HGB).

Der Abschreibungsplan muss nach § 253 Abs. 3 Satz 2 HGB die Anschaffungs- oder Herstellungskosten auf die Geschäftsjahre verteilen, in denen der Vermögensgegenstand voraussichtlich genutzt werden kann. Als Methoden kommen dafür grundsätzlich die lineare, die degressive, die progressive oder die Leistungsabschreibung in Betracht.

Laut Aufgabenstellung wird für die Handels- und Steuerbilanz die lineare Abschreibung angesetzt. Die Abschreibung berechnet sich nach der geschätzten Nutzungsdauer. Daraus ergibt sich ein Abschreibungssatz von 12,5 % (100 % / 8 Jahre = 12,5 %). Die Abschreibung im Anschaffungsjahr ist zeitanteilig zu berechnen; dies gilt nach § 7 Abs. 1 Satz 4 EStG auch für das Steuerrecht.

Der niedrigere beizulegende Wert muss nach § 253 Abs. 3 Satz 5 HGB angesetzt werden, wenn es sich um eine voraussichtlich dauernde Wertminderung handelt. Ansonsten darf die Wertminderung nicht berücksichtigt werden. Im Handelsrecht ist eine voraussichtlich dauernde Wertminderung anzunehmen, wenn die Grundlage für die Wertminderung ein besonderes Ereignis ist (hier Feststellung des Konstruktionsfehlers) und der beizulegende Wert bei einem abnutzbaren Vermögensgegenstand während eines erheblichen Teils der Restnutzungsdauer (h. M. Hälfte, teilweise Begrenzung auf höchstens fünf Jahre) unter den fortgeführten Anschaffungskosten liegen würde.

Steuerrechtlich darf nach § 6 Abs. 1 Nr. 1 Satz 2 EStG der niedrigere Teilwert ebenfalls nur bei einer dauernden Wertminderung angesetzt werden. Eine dauernde Wertminderung ist für die Wirtschaftsgüter des abnutzbaren Anlagevermögens nach dem BMF-Schreiben vom 25. 2. 2000 gegeben, wenn der Wert des jeweiligen Wirtschaftsguts zum Bilanzstichtag mindestens für die halbe Restnutzungsdauer unter dem planmäßigen Restbuchwert liegt. (bestätigt durch BFH-Urteil v. 14. 3. 2006 – I R 22/05).

Restbuchwerte Maschine A

Jahr	Abschreibung	Restbuchwert
2013	7.500 €	112.500 €
2014	15.000 €	97.500 €
2015	15.000 €	82.500 €
2016	**15.000 €**	**67.500 €**
2017	15.000 €	52.500 €
2018	15.000 €	37.500 €
2019	15.000 €	22.500 €
2020	15.000 €	7.500 €
2021	7.499 €	1 €

Der ermittelte Teilwert von 40.000 € zum 31. 12. 2016 liegt bei einer Restnutzungsdauer von 4,5 Jahren nur ein Jahr unter dem planmäßigen Restbuchwert. Somit liegt weder für die Handelsbilanz noch für die Steuerbilanz eine dauernde Wertminderung vor und eine außerplanmäßige Abschreibung ist unzulässig.

Die Bilanzierung erfolgt unter der Position § 266 Abs. 2 A.II.2 HGB in Höhe von 67.500 €.

Restbuchwerte Maschine B

Jahr	Abschreibung	Restbuchwert
2015	10.000 €	150.000 €
2016	**20.000 €**	**130.000 €**
2017	20.000 €	110.000 €
2018	20.000 €	90.000 €
2019	20.000 €	70.000 €
2020	20.000 €	50.000 €
2021	20.000 €	30.000 €
2022	20.000 €	10.000 €
2023	9.999 €	1 €

Der beizulegende Wert von 45.000 € zum 31. 12. 2016 liegt bei einer Restnutzungsdauer von 6,5 Jahren vier Jahre unter dem planmäßigen Restbuchwert. Somit liegt sowohl für die Handelsbilanz als auch für die Steuerbilanz eine dauernde Wertminderung vor und es muss eine außerplanmäßige Abschreibung erfolgen.

Restbuchwert nach planmäßiger Abschreibung	130.000 €
außerplanmäßige Abschreibung	–85.000 €
beizulegender Wert	45.000 €

Die Bilanzierung erfolgt unter der Position § 266 Abs. 2 A.II.2 HGB in Höhe von 45.000 €.

LÖSUNG

Lösung zu Fall 24 — 15 Punkte

Bei den Kleinmaschinen handelt es sich um bewegliche Vermögensgegenstände des Umlaufvermögens, die höchstens mit den Herstellungskosten, vermindert um die Abschreibungen nach § 253 Abs. 4 HGB, anzusetzen sind (§ 253 Abs. 1 Satz 1 HGB).

Die Herstellungskosten berechnen sich nach § 255 Abs. 2 HGB folgendermaßen:

Materialkosten		162 €
Fertigungseinzelkosten	30 €	
Fertigungsgemeinkosten (220 % von 30 € =)	66 €	
Sondereinzelkosten der Fertigung	24 €	
Fertigungskosten		120 €
Herstellungskosten je Stück		282 €

Der beizulegende Wert dieser Kleinmaschinen kann ermittelt werden, indem nach der retrograden Methode alle bis zum Verkauf im März 2017 noch anfallenden Aufwendungen bzw. Rabatte vom Nettoverkaufspreis abgezogen werden.

Nettoverkaufspreis	400 €
abzüglich Wiederverkäuferrabatt 20 %	–80 €
abzüglich Aufwendungen für Verwaltung und Vertrieb	–22 €
beizulegender Wert je Stück nach § 253 Abs. 4 Satz 2 HGB	298 €

Da der beizulegende Wert über den Herstellungskosten liegt, ist in der Handelsbilanz keine Abschreibung vorzunehmen.

Nach R 6.8 Abs. 2 EStR kann bei Wirtschaftsgütern des Vorratsvermögens, die zum Absatz bestimmt sind, der niedrigere Teilwert angesetzt werden, wenn der Wert zum Beispiel durch Lagerung, Änderung des modischen Geschmacks gemindert ist. Ein ähnlicher Fall ist die Wertminderung wegen technischer Weiterentwicklung, so dass diese Vorschrift hier angewendet werden darf.

Bei der Berechnung des Teilwertes ist zusätzlich zu den Aufwendungen auch noch der durchschnittliche Unternehmergewinn vom Verkaufspreis abzusetzen.

beizulegender Wert nach § 253 Abs. 4 Satz 2 HGB	298 €
abzüglich durchschnittlicher Unternehmergewinn	–80 €
Teilwert je Stück nach R 6.8 Abs. 2 EStR	218 €

Da der Teilwert (voraussichtlich dauernde Wertminderung) unter den Herstellungskosten liegt, kann dieser in der Steuerbilanz angesetzt werden. Nach der Aufgabenstellung darf diese Abschreibung nicht erfolgen.

Die Bilanzierung erfolgt unter der Position § 266 Abs. 2 B.I.3 HGB in Höhe von (282 € · 100 Stück =) 28.200 €.

LÖSUNG

Lösung zu Fall 25 — 10 Punkte

Der Kassen-Istbestand und die Bankguthaben sind mit ihren Nennwerten in der Bilanz anzusetzen. Die Sorten werden handelsrechtlich nach § 256a Satz 1 HGB mit dem Devisenkassamittelkurs am Bilanzstichtag bewertet.

Ankauf (10.000 DKK · 7,50 =)	750 €
Bewertung 31. 12. 2016 (10.000 DKK · 7,48 =)	–748 €
Kursverlust (sonstige betriebliche Aufwendungen)	2 €

Für die Steuerbilanz ist diese Abschreibung nicht beachtlich, da es sich nicht um eine voraussichtlich dauernde Wertminderung handelt.

Der Kassensollbestand ist zum Abschlussstichtag an den Istbestand anzugleichen. Dazu ist nach der Korrektur fehlerhafter oder unterlassener Buchungen die Differenz auszubuchen.

Kassensollbestand	4.975 €
Korrektur durch Umbewertung der DKK	–2 €
Korrektur der unterlassenen Buchung Briefmarken	–50 €
Sollbestand neu	4.923 €
Istbestand	–4.826 €
Differenz (Kassenfehlbetrag → sonst. betriebl. Aufwendungen)	97 €

Unter der Position „Kassenbestand, Bundesbankguthaben, …" dürfen nur Vermögensgegenstände ausgewiesen werden, die für den Zahlungsverkehr zur Verfügung stehen, so dass das gesperrte ausländische Guthaben aus dieser Position ausgebucht werden muss und unter den sonstigen Vermögensgegenständen bilanziert wird.

Bankguthaben insgesamt	836.529 €
gesperrtes ausländisches Guthaben	–29.508 €
freies Bankguthaben	807.021 €
Kassen-Istbestand	4.826 €
Bilanzansatz 31.12.2016 (Position § 266 Abs. 2 B.IV HGB)	811.847 €

Die Bilanzierung des gesperrten ausländischen Guthabens erfolgt unter der Position § 266 Abs. 2 B.II.4 HGB in Höhe von 29.508 €.

Buchungen:

sonstige betriebliche Aufwendungen (Kursverlust) an Kasse	2 €
sonstige betriebliche Aufwendungen (Porto) an Kasse	50 €
sonstige betriebliche Aufwendungen (Kassenfehlbetrag) an Kasse	97 €

Die Erfassung des gesperrten Bankguthabens unter den sonstigen Vermögensgegenständen kann als Umbuchung oder als neue Zuordnung des vorhandenen Kontos erfolgen.

LÖSUNG

Lösung zu Fall 26 — 13 Punkte

Bei den genannten Gütern handelt es sich um gleichartige Vermögensgegenstände des Vorratsvermögens, die höchstens mit den Anschaffungskosten, vermindert um die Abschreibungen nach § 253 Abs. 4 HGB, anzusetzen sind (§ 253 Abs. 1 Satz 1 HGB).

Für diese Vermögensgegenstände ist nach § 256 Satz 1 HGB für die Ermittlung der Anschaffungskosten die Unterstellung von Verbrauchsfolgen statthaft.

Die Anwendung des Perioden-Lifo-Verfahrens (§ 6 Abs. 2a EStG) unter Berücksichtigung von Layern ist laut R 6.9 Abs. 4 EStR zugelassen. Allerdings ist nach R 6.9 Abs. 6 EStR jeder einzelne Layer mit dem Teilwert zu vergleichen. Dies ist auch handelsrechtlich möglich.

1. Da der Endbestand im abgelaufenen Wirtschaftsjahr auf 60 Stück gestiegen ist, muss aus den ersten Zugängen des Jahres 2016 ein weiterer Layer gebildet werden. Alle Layer sind mit dem gesunkenen Marktpreis von 1.250 € anzusetzen.

Layer 1	20 Stück	1.250 € je Stück	25.000 €
Layer 2	15 Stück	1.250 € je Stück	18.750 €
Layer 3	20 Stück	1.250 € je Stück	25.000 €
Layer 4	5 Stück	1.250 € je Stück	6.250 €
Gesamt	60 Stück	Bilanzansatz 31.12.2016	75.000 €

Altbestand	–72.150 €
Bestandserhöhung	2.850 €

In Höhe des Mehrbestands von 2.850 € ist eine Erhöhung des Warenbestands zu buchen.

2. Da der Endbestand von 27 Stück im Jahr 2015 auf 14 Stück in 2016 gesunken ist, müssen die Minderbestände ausgehend vom letzten Layer gekürzt werden (steuerrechtlich: R 6.9 Abs. 4 EStR). Danach verbleiben:

Layer 1	10 Stück	438 € je Stück	4.380 €
Layer 2	4 Stück	440 € je Stück*	1.760 €
Gesamt	14 Stück	Bilanzansatz 31. 12. 2016	6.140 €

In der Höhe des Minderbestands von (11.848 € – 6.140 € =) 5.708 € ist eine Senkung des Warenbestands zu buchen.

* Der Wert von 440 € ist nur in der Handelsbilanz anzusetzen; für die Steuerbilanz muss eine Korrektur auf 441 € erfolgen, da es sich nicht um eine voraussichtlich dauernde Wertminderung handelt.

Die Bilanzierung erfolgt unter der Position § 266 Abs. 2 B.I.3 HGB in Höhe von 81.140 €.

Buchungen:

1.	fertige Erzeugnisse und Waren	2.850 €	
	an Aufwendungen für bezogene Waren		2.850 €
2.	Aufwendungen für bezogene Waren	5.708 €	
	an fertige Erzeugnisse und Waren		5.708 €

LÖSUNG

Lösung zu Fall 27 — 13 Punkte

Bei Forderungen handelt es sich um Vermögensgegenstände des Umlaufvermögens, die höchstens mit den Anschaffungskosten, vermindert um die Abschreibungen nach § 253 Abs. 4 HGB, anzusetzen sind (§ 253 Abs. 1 Satz 1 HGB).

Als Anschaffungskosten ist grundsätzlich der Nennbetrag der Forderung in € auszuweisen. Nach dem Wortlaut bezieht sich § 256a HGB nur auf die Bewertung am Abschlussstichtag. Mehrheitlich wird aber bereits eine Zugangsbewertung zum Devisenkassamittelkurs befürwortet. In diesem Fall sind die 500.000 sfr am Entstehungstag (20. 12. 2016) also mit dem Devisenkassamittelkurs in € umzurechnen.

Anschaffungskosten (500.000 sfr · 61,900 € / 100 =) 309.500 €

Ein niedrigerer Devisenkassamittelkurs am Bilanzstichtag (§ 256a Satz 1 HGB) muss nach dem Niederstwertprinzip immer angesetzt werden; ein höherer Kurs darf dagegen nach dem Realisationsprinzip eigentlich nicht bilanziert werden (§ 252 Abs. 1 Nr. 4 HGB). Hier gilt aber die Ausnahmeregelung des § 256a Satz 2 HGB (Restlaufzeit unter 1 Jahr), sodass auch ein höherer Kurs anzusetzen ist.

Außerdem darf eine Forderung höchstens mit dem Wert angesetzt werden, der ihr nach § 253 Abs. 4 Satz 2 HGB beizulegen ist. Daraus ergibt sich, dass das Skontorisiko bei der Bewertung zu berücksichtigen ist, da nur ein Zahlungseingang von 490.000 sfr erwartet wird. Weitere Risiken sind hier nicht zu beachten.

1. Der gestiegene Devisenkassamittelkurs muss handelsrechtlich angesetzt werden.

Anschaffungskosten (500.000 sfr · 61,900 / 100 =)		309.500,00 €
beizulegender Wert (Skontoberücksichtigung: 490.000 sfr · 61,900 / 100 =)		303.310,00 €
Abschreibung nach § 253 Abs. 4 Satz 2 HGB	−6.190,00 €	
Fremdwährungsumrechnung (490.000 sfr · 62,410 / 100 =)		305.809,00 €
Kursgewinn nach § 256 a HGB	2.499,00 €	

2. Der gesunkene Devisenkassamittelkurs muss handelsrechtlich angesetzt werden.

Anschaffungskosten (500.000 sfr · 61,900 / 100 =)		309.500,00 €
beizulegender Wert (Skontoberücksichtigung: 490.000 sfr · 61,900 / 100 =)		303.310,00 €
Abschreibung nach § 253 Abs. 4 Satz 2 HGB	−6.190,00 €	
Fremdwährungsumrechnung (490.000 sfr · 61,340 / 100 =)		300.566,00 €
Kursverlust nach § 256 a HGB	−2.744,00 €	

Die Abschreibungen auf den beizulegenden Wert sind auch steuerrechtlich zu berücksichtigen. Die Kursänderungen aus der Währungsumrechnung können steuerrechtlich nach § 6 Abs. 1 Nr. 2 EStG nicht berücksichtigt werden.

Die Abschreibungen und der Kursverlust sind als sonstige betriebliche Aufwendungen auszuweisen. Der Kursverlust ist nach § 277 Abs. 5 Satz 2 HGB in einem davon Vermerk darzustellen. Der Kursgewinn ist ein sonstiger betrieblicher Ertrag (Ausweis in einem davon-Vermerk, § 277 Abs. 5 Satz 2 HGB.)

Die Bilanzierung erfolgt unter der Position § 266 Abs. 2 B.II.1 HGB entweder in Höhe von

Variante 1: 305.809 € oder

Variante 2: 300.566 €.

LÖSUNG

Lösung zu Fall 28 — 27 Punkte

Eine Computeranlage ist ein abnutzbarer beweglicher Vermögensgegenstand des Anlagevermögens, der höchstens mit den Anschaffungskosten, vermindert um die Abschreibungen nach § 253 Abs. 3 HGB, anzusetzen ist (§ 253 Abs. 1 Satz 1 HGB).

Die Waren sind Vermögensgegenstände des Umlaufvermögens.

Für die Handelsbilanz handelt es sich um übliche Vorgänge des laufenden Geschäftsjahres bzw. Folgejahres. Die Bildung eines Sonderpostens mit Rücklageanteil ist nicht mehr möglich (Aufhebung § 247 Abs. 3 HGB).

Da alle genannten Wirtschaftsgüter infolge höherer Gewalt (R 6.6 Abs. 2 EStR) gegen Entschädigung aus dem Betriebsvermögen ausscheiden und kurzfristig eine Ersatzbeschaffung erfolgt bzw. geplant ist, könnte steuerrechtlich die Richtlinie 6.6 EStR angewandt werden. Aufgrund der Aufgabenstellung erfolgt eine Rücklagenbildung.

Computeranlage:

Handlesrechtlich:

Der Abgang der Computeranlage und der Neukauf stellen handelsrechtlich zwei getrennte Vorgänge dar.

Der Abschreibungsplan muss nach § 253 Abs. 3 Satz 2 HGB die Anschaffungs- oder Herstellungskosten auf die Geschäftsjahre verteilen, in denen der Vermögensgegenstand voraussichtlich genutzt werden kann. Als Methoden kommen dafür grundsätzlich die lineare, die degressive, die progressive oder die Leistungsabschreibung in Betracht.

Da in diesem Fall ein linearer Werteverzehr vorliegt, kann handelsrechtlich nur die lineare Abschreibung angesetzt werden. Die Abschreibung berechnet sich nach der geschätzten Nutzungsdauer. Daraus ergibt sich ein Abschreibungssatz von 20 % (100 % / 5 Jahre = 20 %). Die Abschreibung im Anschaffungsjahr ist zeitanteilig zu berechnen.

Anschaffungskosten	4.800 €
Abschreibung 20 %, davon $^1/_{12}$	80 €
Bilanzansatz zum 31.12.2016 (§ 266 Abs. 2 A. II. 3 HGB)	4.720 €

Steuerrechtlich:

Da die Entschädigung für die Computeranlage nicht in vollem Umfang für den Kauf einer Ersatzanlage verwendet wurde, können die aufgedeckten stillen Reserven auch nur anteilig auf das neue Wirtschaftsgut übertragen werden (H 6.6 Abs. 3 EStH).

Entschädigung	6.000 €
Buchwert	–5.000 €
aufgedeckte stille Reserve	1.000 €
Anschaffungskosten Ersatzwirtschaftsgut	4.800 €

Übertragbare stille Reserven:

$$\frac{1.000\,€ \cdot 4.800\,€}{6.000\,€} = 800\,€$$

Steuerrechtlich sind die Voraussetzungen für die lineare Abschreibung nach § 7 Abs. 1 EStG erfüllt. Daraus ergibt sich ein Abschreibungssatz von 20 % (100 % / 5 Jahre = 20 %). Die Abschreibung im Anschaffungsjahr ist nach § 7 Abs. 1 Satz 4 EStG zeitanteilig zu berechnen.

Anschaffungskosten	4.800 €
abzüglich Übertragung der stillen Reserven	–800 €
Bemessungsgrenze nach R 7.3 Abs. 4 EStR	4.000 €
Abschreibung 20 %, davon $^{1}/_{12}$	–67 €
Bilanzansatz zum 31. 12. 2016	3.933 €

Waren:

Handelsrechtlich:

Auch bei den Waren sind der Abgang und die Neubeschaffung handelsrechtlich zwei getrennte Vorgänge. Ein Sonderposten mit Rücklageanteil darf nicht gebildet werden.

Steuerrechtlich:

Bei der Entschädigungszahlung für den entgangenen Gewinn handelt es sich nicht um eine Entschädigung im Sinne der Richtlinie 6.6 EStR, so dass dieser Betrag voll als Ertrag des laufenden Jahres zu erfassen ist. Die Zahlung für den Warenwert ist dagegen eine Entschädigung im Sinne der Richtlinie (H 6.6 (1) EStH).

Da bis zum Bilanzstichtag noch keine Ersatzwirtschaftsgüter angeschafft, aber bestellt wurden, kann in Höhe der aufgedeckten stillen Reserven in Höhe von (540.000 € Zahlung – 500.000 € Buchwert =) 40.000 € ein Sonderposten mit Rücklageanteil nach R 6.6 Abs. 4 EStR gebildet werden.

Entschädigung für Aufräumarbeiten:

Bei der Zahlung für die Aufräumarbeiten handelt es sich um einen Ertrag des laufenden Jahres. Dies gilt auch steuerrechtlich (H 6.6 (1) EStH).

Buchungen:

Computeranlage:

Abschreibungen (außerplanmäßig) an andere Anlagen/BGA		5.000 €
Bank an sonstige betriebliche Erträge		6.000 €
andere Anlagen/BGA	4.800 €	
Vorsteuer	912 €	
an Verbindlichkeiten aLL		5.712 €

Abschreibungen an andere Anlagen/BGA		80 €

Waren:

Abschreibungen (unüblich)	500.000 €	
an fertige Erzeugnisse und Waren		500.000 €
Bank an sonstige betriebliche Erträge		621.000 €

Entschädigung für Aufräumarbeiten:

Bank an sonstige betriebliche Erträge		2.500 €

LÖSUNG

Lösung zu Fall 29 **21 Punkte**

Die Aktien sind hier Vermögensgegenstände des Umlaufvermögens, die höchstens mit den Anschaffungskosten, vermindert um die Abschreibungen nach § 253 Abs. 4 HGB, anzusetzen sind (§ 253 Abs. 1 Satz 1 HGB).

Zur Ermittlung der Anschaffungskosten ist der Kaufpreis gemäß § 255 Abs. 1 HGB um die Anschaffungsnebenkosten zu erhöhen.

1. Kauf:

Kaufpreis 18. 10. (2.000 · 560 € =)	1.120.000 €
zuzüglich Anschaffungsnebenkosten (1,5 % von 1.120.000 =)	16.800 €
Anschaffungskosten 18. 10.	1.136.800 €

Zahlung der Dividende:

Die Dividende ist als zinsähnlicher Ertrag in Höhe der Bruttodividende zu erfassen. Die Kapitalertragsteuer ist als Steueraufwand zu buchen.

	Je Aktie	2.000 Aktien
Nettodividende (Bankgutschrift)	12,00 €	24.000 €
zuzüglich 25 % Kapitalertragsteuer	4,00 €	8.000 €
Bardividende	16,00 €	32.000 €

Hier ist das Teileinkünfteverfahren anzuwenden. Nach § 3 Nr. 40 d) EStG sind 40 % der Gewinnausschüttung steuerfrei. Der steuerfreie und der steuerpflichtige Anteil sind auf gesonderten Konten zu erfassen.

Ein Körperschaftsteuerguthaben wird nicht mehr gutgeschrieben.

2. Kauf:

Anschaffungskosten 6. 11.	1.766.100 €

Durchführung der Kapitalerhöhung:

Durch die Kapitalerhöhung aus Gesellschaftsmitteln entstehen bei der OHG keine weiteren Anschaffungskosten, da die neuen Aktien ohne Zuzahlung an die Altaktionäre ausgegeben werden (Berichtigungsaktien). Das höhere gezeichnete Kapital entsteht meistens durch eine Umbuchung der Gewinnrücklagen.

Die bisherigen Anschaffungskosten verteilen sich jetzt nur auf eine größere Stückzahl, so dass die Anschaffungskosten je Stück sinken. Bei einer Kapitalerhöhung im Verhältnis 10 : 1 erhält die Abraham OHG für die (2.000 + 3.000 =) 5.000 Aktien, die sie vor der Erhöhung hatte, 500 zusätzliche Aktien.

3. Kauf:

Kaufpreis 16. 12. (1.000 · 570 € =)	570.000 €
zuzüglich Anschaffungsnebenkosten (1,5 % von 570.000 =)	8.550 €
Anschaffungskosten 16. 12.	578.550 €
Berechnung der durchschnittlichen Anschaffungskosten:	
Anschaffungskosten 18. 10.	1.136.800 €
Anschaffungskosten 6. 11.	1.766.100 €
Anschaffungskosten 16. 12.	578.550 €
gesamte Anschaffungskosten	3.481.450 €
Stückzahl	6.500 Aktien
durchschnittliche Anschaffungskosten	535,61 € je Aktie

Der Börsenkurs von 565 € je Aktie am Bilanzstichtag darf nach dem Realisationsprinzip (§ 252 Abs. 1 Nr. 4 HGB) nicht berücksichtigt werden.

Der Bilanzansatz (§ 266 Abs. 2 B.III.2 HGB) beträgt 3.481.450 €.

Buchungen:

sonstige Wertpapiere an Bank		1.136.800 €
Bank	24.000 €	
Steuern vom Einkommen und Ertrag	8.000 €	
an sonstige Zinsen und ähnliche Erträge (steuerfrei)		12.800 €
an sonstige Zinsen und ähnliche Erträge (steuerpfl.)		19.200 €
sonstige Wertpapiere an Bank		1.766.100 €
sonstige Wertpapiere an Bank		578.550 €

LÖSUNG

Lösung zu Fall 30 — 29 Punkte

Bei der sich zum Bilanzstichtag 2016 noch innerhalb des Herstellungsprozesses befindlichen Maschine handelt es sich um ein unfertiges Erzeugnis der Maschinenbau AG.

Dieser Vermögensgegenstand des Umlaufvermögens ist höchstens mit den Herstellungskosten, vermindert um die Abschreibungen nach § 253 Abs. 4 HGB, anzusetzen (§ 253 Abs. 1 Satz 1 HGB).

Die Herstellungskosten berechnen sich nach § 255 Abs. 2 HGB. Dabei sind sowohl die handels- als auch die steuerrechtlichen Wahlrechte so auszuüben, dass der Gewinn möglichst niedrig wird.

- Bei allen Gehältern sind die freiwilligen sozialen Abgaben nicht zu berücksichtigen. Die Einkommensteuer-Richtlinien sehen in R 6.3 Abs. 1 EStR zwar eine Einbeziehung dieser Werte vor, doch ist diese Regelung nicht zwingend anzuwenden (BMF-Schreiben IV C 6 – S 2133/09/10001: 004 vom 25. 3. 2013). Nach der Aufgabenstellung einen möglichst niedrigen Gewinn auszuweisen, unterbleibt die Einbeziehung dieser Kosten.
- Die kalkulatorischen Abschreibungen sind durch die bilanziellen Abschreibungen zu ersetzen. Dabei ist zu beachten, dass nur steuerrechtlich nach R 6.3 Abs. 4 EStR das Wahlrecht besteht, nur die fiktiven linearen Abschreibungen anzusetzen, unabhängig von der Höhe der tatsächlichen Abschreibungen. Da ein gleicher Ansatz für die Handels- und Steuerbilanz gebildet werden soll, ist die tatsächliche Abschreibung zu verwenden.
- Die Verwaltungsgemeinkosten werden nicht aktiviert.

Die Körperschaftsteuer und die kalkulatorischen Kosten dürfen bei der Berechnung der Herstellungskosten nicht angesetzt werden (steuerrechtlich: R 6.3 Abs. 6 EStR und H 6.3 EStH).

Außerdem dürfen nach § 255 Abs. 2 Satz 4 HGB die Vertriebskosten nicht in die Herstellungskosten einbezogen werden.

Kostenart	Betrag in €	Material	
Gehälter Lager ges. soziale Abgaben	189.000 47.250	2/3	157.500
Gehälter Prüfer ges. soziale Abgaben	149.200 37.300	0/1	0
Gehälter Verwaltung ges. soziale Abgaben	430.080 107.520	1/32	16.800
Raumkosten	785.230	2/17	92.380
Energie	513.600	2/16	64.200
Sachversicherungen	205.200	2/19	21.600
bil. Abschreibung			98.540
sonst. Aufwendung	589.680	3/21	84.240
Summe			535.260

Gemeinkostenzuschlagssatz Material:

Materialeinzelkosten	615.410 €
Materialgemeinkosten	535.260 €

$$\frac{535.260\,€ \cdot 100}{615.410\,€} = 86{,}98\,\%$$

Berechnung der Materialkosten:

Bei den Materialkosten sind nur die Aufwendungen für die Anschaffungskosten nach § 255 Abs. 1 HGB, also nach Skontoabzug zu berücksichtigen.

Materialeinzelkosten (21.900 € – 2 % Skonto =)	21.462 €
Materialgemeinkosten (86,98 % von 21.462 =)	18.668 €
Materialkosten	40.130 €

Kostenart	Betrag in €	Fertigung	
Gehälter Lager ges. soziale Abgaben	189.000 47.250	1/3	78.750
Gehälter Prüfer ges. soziale Abgaben	149.200 37.300	1/1	186.500
Gehälter Verwaltung ges. soziale Abgaben	430.080 107.520	2/32	33.600
Raumkosten	785.230	8/17	369.520
Energie	513.600	9/16	288.900
Sachversicherungen	205.200	11/19	118.800
bil. Abschreibung			420.690
sonst. Aufwendung	589.680	9/21	252.720
Summe			1.749.480

Gemeinkostenzuschlagssatz Fertigung:

Fertigungseinzelkosten	685.340 €
Fertigungsgemeinkosten	1.749.480 €

$$\frac{1.749.480\,€ \cdot 100}{685.340\,€} = 255{,}27\,\%$$

Berechnung der Fertigungskosten:

Bei den Fertigungskosten sind die Löhne und die zusätzlich gezahlten Zuschläge anzusetzen.

Fertigungseinzelkosten (Löhne + Zuschläge)	18.666 €
Fertigungsgemeinkosten (255,27 % von 18.666 =)	47.649 €
Sondereinzelkosten der Fertigung	4.800 €
Fertigungskosten	71.115 €

Die Berechnung der Verwaltungs- und Vertriebskosten wird nicht benötigt.

Berechnung der Herstellungskosten:

Materialkosten	40.130 €
Fertigungskosten	71.115 €
Herstellungskosten	111.245 €

Die Bilanzierung erfolgt unter der Position unfertige Erzeugnisse § 266 Abs. 2 B.I.2 HGB in Höhe von 111.245 €.

Buchung:

unfertige Erzeugnisse an Bestandserhöhung	111.245 €

LÖSUNG

Lösung zu Fall 31 — 23 Punkte

Forderungen sind Vermögensgegenstände des Umlaufvermögens, die höchstens mit den Anschaffungskosten, vermindert um die Abschreibungen nach § 253 Abs. 4 HGB, anzusetzen sind (§ 253 Abs. 1 Satz 1 HGB). Dabei müssen zweifelhafte Forderungen auf ihren wahrscheinlichen Wert abgeschrieben werden (Einzelwertberichtigung). Diese Korrektur erfolgt nur vom Nettowert der Forderung, da in Höhe der Umsatzsteuer kein Risiko gegeben ist. Uneinbringliche Forderungen sind abzuschreiben. Die Umsatzsteuer ist zu korrigieren. Zusätzlich zu diesen Einzelbetrachtungen findet bei Forderungen, die noch nicht der Einzelbewertung unterlagen, eine pauschale Betrachtung des Kreditrisikos durch die Pauschalwertberichtigung statt.

1. Der Teil, auf den im Vergleich verzichtet wurde, stellt eine uneinbringliche Forderung dar.

Bruttoausfall (40 % von 14.637 € =)	5.855 €
abzüglich 19 % Umsatzsteuer	–935 €
Nettoausfall	4.920 €

2. Da sich der gesamte Vorgang in 2017 abspielt, liegt hier keine Wertaufhellung nach § 252 Abs. 1 Nr. 4 HGB vor, so dass eine Einzelkorrektur nicht möglich ist.

3. Da die Forderung vermutlich zu 75 % ausfallen wird, ist eine Korrektur im Rahmen von 75 % der Nettoforderung durchzuführen. Der Insolvenzantrag im Februar 2017 stellt eine neue

Tatsache dar, die bei der Bilanzaufstellung noch nicht berücksichtigt werden darf, so dass eine Umsatzsteuerkorrektur nach Abschn. 17.1 Abs. 5 UStAE nicht erfolgen kann.

Bruttoforderung	9.044 €
abzüglich 19 % Umsatzsteuer	–1.444 €
Nettoforderung	7.600 €
davon 75 % Ausfall	5.700 €

4. Berechnung der Pauschalwertberichtigung:

Forderungsbestand laut Debitorenliste		1.033.428 €
berichtigte Forderungen (14.637 + 9.044 =)		–23.681 €
abzüglich ausländische Forderung		–20.000 €
Bruttozwischensumme		989.747 €
Nettozwischensumme (989.747 / 1,19 =)		831.720 €
zuzüglich ausländische Forderung		20.000 €
Nettoforderungsbestand		851.720 €
Ausfallrisiko (3 % von 851.720 =)	25.552 €	
aber höchstens in Höhe der noch ausstehenden Forderungen in Höhe von (28.560 / 1,19 =)		24.000 €
Skontorisiko (1 % von 851.720 =)	8.517 €	
aber höchstens in Höhe der tatsächlichen Inanspruchnahme		7.825 €
Zinsrisiko (1.009.747 · 9 % · 12 / 360 =)		3.029 €
Inkassorisiko		500 €
Pauschalwertberichtigung		35.354 €
Bestand Pauschalwertberichtigung		–37.126 €
Auflösung Pauschalwertberichtigung		–1.772 €

Nach der Verfügung der OFD Rheinland vom 6. 11. 2008 ist hier das Zinsrisiko steuerrechtlich nicht zu berücksichtigen, da grundsätzlich keine dauernde Wertminderung vorliegt. Die Pauschalwertberichtigung weicht somit zwischen Handels- und Steuerbilanz voneinander ab.

Berechnung des Bilanzansatzes:

Forderungsbestand laut Debitorenliste	1.033.428 €
abzüglich Abschreibung	–5.855 €

abzüglich Einzelwertberichtigung	–5.700 €
abzüglich Pauschalwertberichtigung	–35.354 €
Bilanzansatz zum 31. 12. 2016 (§ 266 Abs. 2 B.II.1 HGB)	986.519 €

Buchungen:

1.	sonstige betriebliche Aufwendungen	4.920 €	
	Umsatzsteuer	935 €	
	an Forderungen		5.855 €
3.	sonst. betriebl. Aufw. (Zuführung zu EWB)	5.700 €	
	an Forderungen (Einzelwertberichtigung)		5.700 €
4.	Forderungen (Pauschalwertberichtigung)	1.772 €	
	an sonst. betriebl. Erträge (Auflösung PWB)		1.772 €

LÖSUNG

Lösung zu Fall 32 — 19 Punkte

Bei den genannten Gütern handelt es sich um Vermögensgegenstände des Vorratsvermögens. Für diese ist nach § 256 Satz 2 i. V. m. § 240 Abs. 4 HGB die Bewertung mit dem gewogenen Durchschnitt statthaft. Ebenso sieht das Steuerrecht in R 6.8 Abs. 3 EStR in solchen Fällen eine Durchschnittsbewertung vor.

1. Die Elektromotoren können nur nach dem einfachen Durchschnitt bewertet werden, da die Abgänge nicht bekannt sind.

Anfangsbestand	550 Stück · 362 € je Motor =	199.100 €
5. 2. 2016	500 Stück · 365 € je Motor =	182.500 €
6. 4. 2016	300 Stück · 363 € je Motor =	108.900 €
30. 5. 2016	600 Stück · 362 € je Motor =	217.200 €
18. 7. 2016	450 Stück · 368 € je Motor =	165.600 €
21. 10. 2016	550 Stück · 364 € je Motor =	200.200 €
3. 12. 2016	500 Stück · 363 € je Motor =	181.500 €
Summe	3.450 Stück	1.255.000 €
Durchschnitt (1.255.000 € / 3.450 Stück =)		363,77 €

Da der Marktpreis von 363 € niedriger ist als die durchschnittlichen Anschaffungskosten von 363,77 €, muss er nach § 253 Abs. 4 Satz 1 HGB angesetzt werden.

Der Wert von 363 € ist nur in der Handelsbilanz anzusetzen; für die Steuerbilanz muss eine Korrektur auf 363,77 € erfolgen, da es sich nicht um eine voraussichtlich dauernde Wertminderung handelt.

Anfangsbestand	550 Stück · 362 € je Motor =	199.100 €
Endbestand	800 Stück · 363 € je Motor =	–290.400 €
Aufwendungen für Roh-, Hilfs- und Betriebsstoffe		–91.300 €

Die Bilanzierung erfolgt in Höhe von 290.400 € unter der Position § 266 Abs. 2 B.I.1 HGB.

2. Die zugekauften Bauteile Z500 sollen nach der Aufgabenstellung nach dem gleitenden Durchschnittsverfahren bilanziert werden. Dazu sind die Zugänge und Abgänge chronologisch zu verrechnen.

Anfangsbestand	80 Bauteile · 568,00 € je Stück =	45.440 €
23. 1. 2016	– 60 Bauteile · 568,00 € je Stück =	34.080 €
Zwischensumme	20 Bauteile	11.360 €
22. 2. 2016	+ 120 Bauteile · 570,00 € je Stück =	68.400 €
Zwischensumme	140 Bauteile · 569,71 € je Stück =	79.760 €
14. 4. 2016	– 130 Bauteile · 569,71 € je Stück =	74.062 €
Zwischensumme	10 Bauteile	5.698 €
17. 7. 2016	+ 90 Bauteile · 566,00 € je Stück =	50.940 €
Zwischensumme	100 Bauteile · 566,38 € je Stück =	56.638 €
19. 9. 2016	– 50 Bauteile · 566,38 € je Stück =	28.319 €
Zwischensumme	50 Bauteile	28.319 €
5. 10. 2016	+ 100 Bauteile · 569,00 € je Stück =	56.900 €
Zwischensumme	150 Bauteile · 568,13 € je Stück =	85.219 €
3. 11. 2016	– 90 Bauteile · 568,13 € je Stück =	51.132 €
Summe	60 Bauteile	34.087 €
Durchschnitt (34.087 € / 60 Stück =)		568,12 €

Der höhere Marktpreis von 571 € darf nicht angesetzt werden.

Anfangsbestand	80 Bauteile	45.440 €
Endbestand	60 Bauteile	–34.087 €
Aufwendungen für Roh-, Hilfs- und Betriebsstoffe		11.353 €

Die Bilanzierung erfolgt in Höhe von 34.087 € unter der Position § 266 Abs. 2 B.I.1 HGB.

Buchungen:

1. Roh-, Hilfs- und Betriebsstoffe	91.300 €	
an Aufwendungen für RHB-Stoffe		91.300 €
2. Aufwendungen für RHB-Stoffe	11.353 €	
an Roh-, Hilfs- und Betriebsstoffe		11.353 €

LÖSUNG

Lösung zu Fall 33 — 21 Punkte

Die Industrieobligationen sind hier Vermögensgegenstände des Umlaufvermögens, die höchstens mit den Anschaffungskosten, vermindert um die Abschreibungen nach § 253 Abs. 4 HGB, anzusetzen sind (§ 253 Abs. 1 Satz 1 HGB).

Bewertung zum 31. 12. 2015:

Kaufpreis (300.000 € · 96 % =)	288.000 €
zuzüglich Anschaffungsnebenkosten (1 % von 300.000 =)	3.000 €
Bilanzansatz 2015	291.000 €

Die Zinsen vom 1. 8. 2016 sind als sonstige Zinsen in Höhe der Bruttozinsen zu erfassen. Die anteiligen Zinsen für 2015 müssen bereits als Ertrag über die sonstigen Vermögensgegenstände abgegrenzt sein (300.000 € · 6 % : 12 Monate · 5 Monate = 7.500 €). Die Kapitalertragsteuer ist als Steueraufwand zu buchen.

Bruttozinsen (300.000 € · 6 % =)	18.000 €
abzüglich 25 % Kapitalertragsteuer	–4.500 €
Nettozinsen (Bankgutschrift)	13.500 €

Der Verkauf im August führt in diesem Fall zu einer Realisation von Kursverlusten, da der Börsenkurs unter Beachtung der Nebenkosten zum Zeitpunkt des Verkaufs unter den letzten Bilanzansatz gesunken war.

Verkaufspreis (200.000 € · 97 % =)	194.000 €
abzüglich Nebenkosten (1 % von 200.000 =)	–2.000 €
Verkaufserlös	192.000 €
Buchwert	–194.000 €
sonstige betriebliche Aufwendungen	–2.000 €

Außerdem sind beim Verkauf Stückzinsen für 16 Tage (1. 8.–16. 8.) zu beachten, die in diesem Fall vom Käufer an die Maschinenbau AG zu zahlen sind.

$$\frac{200.000 € \cdot 6 \cdot 16}{100 \cdot 360} = 533 €$$

Auch die Stückzinsen unterliegen der 25 %igen Kapitalertragsteuer und sind als sonstige Zinsen und ähnliche Erträge zu erfassen.

Bruttostückzinsen	533 €
abzüglich 25 % Kapitalertragsteuer	–133 €
Nettostückzinsen (Bankgutschrift)	400 €

Die Zinsen, die bis zum 31. 12. 2016 (150 Tage) angefallen sind, müssen als antizipative Rechnungsabgrenzung (sonstige Forderungen) über die Position „sonstige Vermögensgegenstände" erfasst werden.

$$\frac{100.000 € \cdot 6 \cdot 150}{100 \cdot 360} = 2.500 €$$

Die Bilanzierung in Höhe von 2.500 € erfolgt unter der Position § 266 Abs. 2 B.II.4 HGB.

Wenn bei einem Vermögensgegenstand der Verkauf kurze Zeit nach dem Bilanzstichtag geplant ist, ist als Bilanzansatz der Börsen- oder Marktpreis abzüglich der Veräußerungskosten anzusetzen, wenn dieser die Anschaffungskosten unterschreitet. Dies gilt nicht für die Steuerbilanz (siehe BFH-Urteil vom 8. 6. 2011), so dass hier ein unterschiedlicher Ansatz in Handels- und Steuerbilanz unvermeidlich ist.

Kurswert (100.000 € · 96,5 % =)	96.500 €
abzüglich Nebenkosten (1 % von 100.000 =)	–1.000 €
Börsenpreis zum 31. 12. 2016 (§ 266 Abs. 2 B.III.2 HGB)	95.500 €
Buchwert	–97.000 €
Abschreibungen auf Wertpapiere des Umlaufvermögens	–1.500 €

Buchungen:

Bank	13.500 €	
Steuern vom Einkommen und Ertrag	4.500 €	
an sonstige Zinsen und ähnliche Erträge		10.500 €
an sonstige Vermögensgegenstände		7.500 €
Bank	192.400 €	
Steuern vom Einkommen und Ertrag	133 €	
sonstige betriebliche Aufwendungen	2.000 €	
an sonstige Zinsen und ähnliche Erträge		533 €
an sonstige Wertpapiere		194.000 €
sonstige Vermögensgegenstände	2.500 €	
an sonstige Zinsen und ähnliche Erträge		2.500 €
Abschr. auf Wertpapiere des Umlaufvermögens	1.500 €	
an sonstige Wertpapiere		1.500 €

LÖSUNG

Lösung zu Fall 34 — 8 Punkte

Bei den genannten Kühlschränken handelt es sich um Vermögensgegenstände des Vorratsvermögens, die höchstens mit den Anschaffungskosten, vermindert um die Abschreibungen nach § 253 Abs. 4 HGB, anzusetzen sind (§ 253 Abs. 1 Satz 1 HGB).

Für diese Vermögensgegenstände ist nach § 241 Abs. 3 HGB die zeitverschobene Inventur zulässig. Der Termin 15. 10. liegt innerhalb des im Gesetz genannten Bereichs von drei Monaten vor dem Bilanzstichtag.

Bei der zeitverschobenen Inventur ist zu beachten, dass der Wert am Bilanzstichtag durch Fortschreibung zu ermitteln sein muss. Dabei ist der niedrigere Marktpreis am Inventurstichtag zu beachten. Der Marktpreis am Bilanzstichtag wird nicht berücksichtigt.

Wert am 15. 10. 2016 (8 Stück · 405 € Marktpreis =)		3.240 €
Zugänge:		
Einkaufspreis	4.950 €	
abzüglich 2 % Skonto	–99 €	
Anschaffungskosten	4.851 €	4.851 €
Abgänge:		
Nettoverkaufspreis (4.795,70 € / 1,19 =)	4.030 €	
Einstandspreis (4.030 € / 130 % =)	3.100 €	–3.100 €
Wert am 31. 12. 2016		4.991 €

Die Bilanzierung erfolgt in Höhe von 4.991 € unter der Position § 266 Abs. 2 B.I.3 HGB.

LÖSUNG

Lösung zu Fall 35 — 8 Punkte

Wechsel sind Vermögensgegenstände des Umlaufvermögens, die höchstens mit den Anschaffungskosten, vermindert um die Abschreibungen nach § 253 Abs. 4 HGB, anzusetzen sind (§ 253 Abs. 1 Satz 1 HGB). Als beizulegender Wert ist bei einem Wechsel immer der Barwert anzusetzen. Die Berechnung der Zinsen erfolgt nach der europäischen Zinsmethode, d. h. die Tage werden kalendergenau berechnet, und als Teiler wird 360 verwendet.

1. Bei diesem Wechsel handelt es sich um einen Handelswechsel. Die Restlaufzeit beträgt am Bilanzstichtag noch 49 Tage.

   $$\frac{90.000\,€ \cdot 6 \cdot 49}{100 \cdot 360} = 735\,€$$

   Barwert am 31. 12. 2016 (90.000 – 735 =) 89.265 €

   Die Bilanzierung erfolgt in Höhe von 89.265 € unter der Position § 266 Abs. 2 B.II.1 HGB.

2. Bei diesem Wechsel handelt es sich um einen Finanzwechsel. Die Restlaufzeit beträgt am Bilanzstichtag noch 86 Tage.

   $$\frac{180.000\,€ \cdot 6 \cdot 86}{100 \cdot 360} = 2.580\,€$$

   Barwert am 31. 12. 2016 (180.000 – 2.580 =) 177.420 €

   Die Bilanzierung erfolgt in Höhe von 177.420 € unter der Position § 266 Abs. 2 B.III.2 HGB.

LÖSUNG

Lösung zu Fall 36 — 19 Punkte

1. Bei den Toastern handelt es sich um Vermögensgegenstände des Vorratsvermögens, die höchstens mit den Anschaffungskosten, vermindert um die Abschreibungen gemäß § 253 Abs. 4 HGB, anzusetzen sind (§ 253 Abs. 1 Satz 1 HGB).

   Für diese Vermögensgegenstände ist nach § 256 Satz 2 i. V. m. § 240 Abs. 4 HGB die Berechnung der Anschaffungskosten mit dem gewogenen Durchschnitt statthaft. In diesem Fall kann die Bewertung nur nach dem einfachen Durchschnitt erfolgen.

Anfangsbestand	20 Stück	39,50 € je Stück	790 €
8. 3. 2016	60 Stück	41,00 € je Stück	2.460 €
25. 6. 2016	50 Stück	40,50 € je Stück	2.025 €

10.10.2016	45 Stück	42,00 € je Stück	1.890 €
7.12.2016	30 Stück	41,00 € je Stück	1.230 €
Summe	205 Stück		8.395 €
Durchschnitt (8.395 € / 205 Stück =)			40,95 €

Da der Marktpreis von 40,50 € niedriger ist als die durchschnittlichen Anschaffungskosten von 40,95 €, muss nach § 253 Abs. 4 Satz 1 HGB der Marktpreis angesetzt werden.

Der Wert von 40,50 € ist nur in der Handelsbilanz anzusetzen; für die Steuerbilanz muss eine Korrektur auf 40,95 € erfolgen, da es sich nicht um eine voraussichtlich dauernde Wertminderung handelt.

Endbestand	18 Stück · 40,50 € je Stück =	729 €
Anfangsbestand	20 Stück · 39,50 € je Stück =	–790 €
Aufwendungen für bezogene Waren		–61 €

Die Bilanzierung erfolgt in Höhe von 729 € unter der Position § 266 Abs. 2 B.I.3 HGB.

2. Bei den Farblaserdruckern handelt es sich um gleichartige Vermögensgegenstände des Vorratsvermögens, die höchstens mit den Anschaffungskosten, vermindert um die Abschreibungen nach § 253 Abs. 4 HGB, anzusetzen sind (§ 253 Abs. 1 Satz 1 HGB).

   Für diese Vermögensgegenstände ist nach § 256 Satz 1 HGB für die Ermittlung der Anschaffungskosten die Unterstellung von Verbrauchsfolgen statthaft. Steuerrechtlich ist nach § 6 Abs. 1 Nr. 2a EStG nur das Lifo-Verfahren zulässig. Die Anwendung des Perioden-Lifo-Verfahrens ist laut R 6.9 Abs. 4 EStR zugelassen. Ebenso kann nach der gleichen Vorschrift ein Ansatz nach dem Perioden-Lifo-Verfahren mit Layer berechnet werden. Dies ist auch handelsrechtlich möglich.

15.4.2016	4 Drucker	8.450 € je Stück	33.800 €
21.7.2016	3 Drucker	8.470 € je Stück	25.410 €
Summe (Layer 1)	7 Drucker		59.210 €
Durchschnitt (59.210 € / 7 Stück =)			8.458,57 €

   Beide Lifo-Verfahren führen hier zum gleichen Ergebnis. Der höhere Marktpreis von 8.460 € darf nicht angesetzt werden.

   Die Bilanzierung erfolgt in Höhe von 59.210 € unter der Position § 266 Abs. 2 B.I.3 HGB.

3. Bei den Mobiltelefonen handelt es sich um gleichartige Vermögensgegenstände des Vorratsvermögens, die höchstens mit den Anschaffungskosten, vermindert um die Abschreibungen gemäß § 253 Abs. 4 HGB, anzusetzen sind (§ 253 Abs. 1 Satz 1 HGB). Da der Marktpreis von 78 € niedriger ist als die Anschaffungskosten von 80 €, muss er nach § 253 Abs. 4 Satz 1 HGB angesetzt werden.

Bestand zu Marktpreisen	46 Stück · 78 € je Stück =	3.588 €
Bestand zu AK	46 Stück · 80 € je Stück =	– 3.680 €
Abschreibung nach § 253 Abs. 3 Satz 1 HGB		– 92 €

Nur Steuerrecht:

Nach R 6.8 Abs. 2 EStR kann bei Wirtschaftsgütern des Vorratsvermögens, die zum Absatz bestimmt sind, der niedrigere Teilwert angesetzt werden, wenn der Wert zum Beispiel durch Lagerung oder Änderung des modischen Geschmacks gemindert ist. Ein ähnlicher Fall ist die Wertminderung wegen technischer Weiterentwicklung, so dass diese Vorschrift hier angewendet werden darf.

Zur Berechnung des Teilwerts ist die Formelmethode der oben genannten Vorschrift zu verwenden, dabei bedeuten Y1 = durchschnittlicher Unternehmergewinn in Prozent, Y2 = Rohgewinnaufschlagrest und W = Prozentsatz an Kosten vom Rohgewinnaufschlagrest, der noch nach dem Bilanzstichtag anfällt.

$$\frac{\text{Z (noch erzielbarer Verkaufspreis)}}{1 + Y1 + Y2 \cdot W} =$$

$$\frac{160\,€}{1 + 15\,\% + (150\,\% - 15\,\%) \cdot 70\,\%} = 76{,}37\,€$$

Bestand zu Teilwerten	46 Stück · 76 € je Stück =	3.496 €
Bestand zu Marktpreisen	46 Stück · 78 € je Stück =	–3.588 €
Zusätzliche steuerrechtliche Abschreibung		–138 €

Die Bilanzierung erfolgt in Höhe von 3.588 € unter der Position § 266 Abs. 2 B.I.3 HGB.

LÖSUNG

Lösung zu Fall 37 — 19 Punkte

Forderungen sind Vermögensgegenstände des Umlaufvermögens, die höchstens mit den Anschaffungskosten, vermindert um die Abschreibungen nach § 253 Abs. 4 HGB, anzusetzen sind (§ 253 Abs. 1 Satz 1 HGB).

Dabei müssen zweifelhafte Forderungen auf ihren wahrscheinlichen Wert abgeschrieben werden (Einzelwertberichtigung). Diese Korrektur erfolgt nur vom Nettowert der Forderung, da in Höhe der Umsatzsteuer kein Ausfallrisiko gegeben ist. Uneinbringliche Forderungen sind abzuschreiben. Die Umsatzsteuer ist zu korrigieren.

Zusätzlich zu diesen Einzelbetrachtungen findet bei Forderungen, die noch nicht der Einzelbewertung unterlagen, eine pauschale Betrachtung des Forderungsbestands durch die Pauschalwertberichtigung statt.

1. Da das Insolvenzverfahren mangels Masse abgelehnt wurde, liegt hier eine uneinbringliche Forderung vor. Die Buchung muss korrigiert werden, weil es sich nicht um Abschreibungen auf Finanzanlagen handelt.

Bruttoausfall	35.700 €
abzüglich 19 % Umsatzsteuer	–5.700 €
Nettoausfall	30.000 €

2. Da für die Forderung eine Bankbürgschaft besteht, ist eine Abschreibung nicht möglich. Auch eine Abzinsung kann nicht durchgeführt werden, weil die Stundung zu marktüblichen Konditionen erfolgte. Allerdings muss der Betrag der Stundungszinsen hälftig abgegrenzt werden.
3. Der gestiegene beizulegende Wert der Forderung zum 31. 12. 2016 führt zu einem Wertaufholungsgebot nach § 253 Abs. 5 HGB. Die AG muss eine Zuschreibung höchstens auf die Anschaffungskosten vornehmen. Außerdem ist die Umsatzsteuerverbindlichkeit (15 %!) wieder einzubuchen.

Bruttoforderung (41.610,28 DM =)	21.275 €
daraus 15 % Umsatzsteuer	2.775 €

4. Berechnung des Forderungsbestandes als Ausgangswert für die Pauschalwertberichtigung:

Forderungsbestand laut Debitorenliste	1.706.579 €
Fall 3.	+21.275 €
Bruttoforderungsbestand	1.727.854 €
Nettoforderungsbestand (1.706.579 € / 1,19 =)	1.434.100 €
Nettoforderungsbestand (21.275 € / 1,15 =)	+18.500 €
Nettoforderungsbestand Gesamt	1.452.600 €
Ausfallrisiko (2 % von 1.452.600 € =)	29.052 €
Zinsrisiko	800 €
Inkassorisiko (0,4 % von 1.727.854 € =)	6.911 €
Pauschalwertberichtigung	36.763 €
Bestand Pauschalwertberichtigung	–28.486 €
Erhöhung Pauschalwertberichtigung	8.277 €

Nach der Verfügung der OFD Rheinland vom 6.11.2008 ist hier das Zinsrisiko steuerrechtlich nicht zu berücksichtigen, da grundsätzlich keine dauernde Wertminderung vorliegt. Die Pauschalwertberichtigung weicht somit zwischen Handels- und Steuerbilanz voneinander ab.

Berechnung des Bilanzansatzes:

Bruttoforderungsbestand	1.727.854 €
abzüglich Pauschalwertberichtigung	–36.763 €
Bilanzansatz zum 31.12.2016 (§ 266 Abs. 2 B.II.1 HGB)	1.691.091 €

Buchungen:

1.	sonstige betriebliche Aufwendungen	30.000 €	
	Umsatzsteuer	5.700 €	
	an Abschreibungen auf Finanzanlagen		35.700 €
2.	sonstige Zinsen und ähnliche Erträge	357 €	
	an passive Rechnungsabgrenzung		357 €
3.	Forderungen aLL	21.275 €	
	an sonstige betriebliche Erträge		18.500 €
	an Umsatzsteuer		2.775 €
4.	sonst. betriebl. Aufw. (Zuführung zu PWB)	8.277 €	
	an Forderungen (Pauschalwertberichtigung)		8.277 €

LÖSUNG

Lösung zu Fall 38 — 17 Punkte

Bei dem Auszahlungsanspruch handelt es sich um eine unverzinsliche Forderung gegenüber dem Finanzamt (§ 37 Abs. 5 Satz 5 KStG). Diese ist mit dem Barwert anzusetzen. Die Zahlung des Finanzamtes erfolgt in den Jahren 2008–2018 in zehn gleichen Jahresbeträgen (§ 37 Abs. 5 Satz 1 KStG). Bei der Abzinsung ist zu beachten, dass die Auszahlung jeweils zum 30.9. eines Jahres erfolgt (§ 37 Abs. 5 Satz 4 KStG), für die nächste Rate in 2017 also nur ein $^{3}/_{4}$-Jahr abzuzinsen ist (usw. in den folgenden Jahren).

Auszahlung zum 30.9.2016:

Auszahlungsbetrag (120.000 / 10 =)	12.000 €
im Bilanzansatz 2015 enthaltener Barwert für die Auszahlung (12.000 · 0,97101289 =)	11.652 €
Zinsertrag	348 €

Bilanzansatz zum 31. 12. 2016:

Abzinsung 12.000 €

0,75	0,97101289 · 12.000 € = 11.652 €	(Auszahlung 2017)
Bilanzansatz zum 31. 12. 2016		11.652 €
Bilanzansatz zum 31. 12. 2015 abzgl. Barwert der Auszahlung im Sep. 16 (22.856 – 11.652 =)		11.204 €
Zinsertrag		448 €

Die Bilanzierung erfolgt unter der Position § 266 Abs. 2 B.II.4 HGB in Höhe von 22.856 €.

Buchungen:

	Soll	Haben
Bank	12.000 €	
an sonstige Vermögensgegenstände		11.652 €
an sonstige Zinsen und ähnliche Erträge (steuerfrei)		348 €
sonstige Vermögensgegenstände	448 €	
an sonstige Zinsen und ähnliche Erträge (steuerfrei)		448 €

LÖSUNG

Lösung zu Fall 39 — 23 Punkte

Entwicklung des gezeichneten Kapitals:

Das gezeichnete Kapital ist nach § 272 Abs. 1 Satz 2 HGB mit dem Nennwert auszuweisen. Vor der Kapitalerhöhung existierten bei der Maschinenbau AG 20.000.000 Aktien. Bei einer Erhöhung von 20 : 1 kommen 1.000.000 junge Aktien dazu.

Bilanzansatz 31. 12. 2015	100.000.000 €
zuzüglich 1.000.000 Aktien zu 5 € Nennwert	5.000.000 €
Bilanzansatz 31. 12. 2016	105.000.000 €

Entwicklung der Kapitalrücklage:

Der Betrag, der bei der Ausgabe von Aktien über den Nennwert hinaus erzielt wird, ist in die Kapitalrücklage einzustellen (§ 272 Abs. 2 Nr. 1 HGB). Damit muss die Kapitalrücklage in diesem Fall um 2,50 € je junge Aktie aufgestockt werden.

Bilanzansatz 31. 12. 2015	5.985.320 €
zzgl. 1.000.000 Aktien mit einem Agio von 2,50 €	2.500.000 €
Bilanzansatz 31. 12. 2016	8.485.320 €

Entwicklung der Gewinnrücklagen:

1. gesetzliche Rücklage

Die gesetzliche Rücklage muss erhöht werden, da sie und die Kapitalrücklage zusammen (8.485.320 € + 1.968.450 € = 10.453.770 €) nicht mehr als 10 % des gezeichneten Kapitals (10.500.000 €) ausmachen (§ 150 Abs. 2 AktG). Die Erhöhung erfolgt üblicherweise nur in dem Umfang, bis die 10 %-Grenze erreicht ist.

Bilanzansatz 31. 12. 2015	1.968.450 €
Zuführung aus dem Jahresüberschuss 2016	46.230 €
Bilanzansatz 31. 12. 2016 (10.500.000–8.485.320 =)	2.014.680 €

2. andere Gewinnrücklagen

Bilanzansatz 31. 12. 2015		58.398.740 €
Bilanzgewinn 2015	18.650.000 €	
Ausschüttung (20.000.000 Aktien · 0,77 =)	–15.400.000 €	
Restbetrag	3.250.000 €	
Zuführung aus dem JÜ 2015 durch HV-Beschluss		3.250.000 €
Zuführung aus dem Jahresüberschuss 2016		3.500.000 €
Bilanzansatz 31. 12. 2016		65.148.740 €

Entwicklung des Bilanzgewinnes:

Bilanzansatz 31. 12. 2015	18.650.000 €
Ausschüttung (20.000.000 Aktien · 0,77 =)	–15.400.000 €
Zuführung zu den anderen Gewinnrücklagen	–3.250.000 €
Zwischensumme	0 €
Jahresüberschuss 2016 vor Körperschaftsteuer	44.030.000 €
Körperschaftsteuer (15 %)	–6.604.500 €
Jahresüberschuss 2016	37.425.500 €

Zuführung zu der gesetzlichen Rücklage	–46.230 €
Zuführung zu den anderen Gewinnrücklagen	–3.500.000 €
Bilanzansatz 31.12.2016	33.879.270 €

Bilanzposition § 266 Abs. 3 HGB

A. Eigenkapital

I.	Gezeichnetes Kapital	105.000.000 €
II.	Kapitalrücklage	8.485.320 €
III.	Gewinnrücklagen	
	1. gesetzliche Rücklage	2.014.680 €
	2. andere Gewinnrücklagen	65.148.740 €
IV.	Bilanzgewinn	33.879.270 €

LÖSUNG

Lösung zu Fall 40 — 17 Punkte

Die Aktien sind nicht als Vermögensgegenstände auszuweisen, sondern i. H. des Nennwertes nach § 272 Abs. 1a Satz 1 HGB offen vom gezeichneten Kapital abzusetzen.

Der über den Nennwert hinausgehende Wert ist hier mit den Gewinnrücklagen zu verrechnen (§ 272 Abs. 1a Satz 2 HGB). Die Anschaffungsnebenkosten sind Aufwand des laufenden Jahres (§ 272 Abs. 1a Satz 3 HGB).

Eigene Anteile (10.000 · 5 € =)	50.000 €
Minderung Gewinnrücklagen (10.000 · 260 €)	2.600.000 €

Bei einem Verkauf ist in Höhe des Nennwertes die Position eigene Anteile zu senken (§ 272 Abs. 1b Satz 1 HGB). Bis zur Höhe der beim Kauf verwendeten Gewinnrücklagen je Aktie ist diese wieder zu erhöhen (§ 272 Abs. 1b Satz 2 HGB). Ein höherer Verkaufspreis ist in die Kapitalrücklage einzustellen (§ 272 Abs. 1b Satz 3 HGB). Die Nebenkosten sind Aufwand des laufenden Geschäftsjahres (§ 272 Abs. 1b Satz 4 HGB).

1. Verkauf:

eigene Anteile (1.000 · 5 € =)	5.000 €
Gewinnrücklage (1.000 · 260 € =)	260.000 €
Kapitalrücklage (1.000 · 7 € =)	7.000 €
Aufwand (1.000 · 272 € · 2 % =)	–5.440 €
Banküberweisung	266.560 €

2. Verkauf:

eigene Anteile (2.000 · 5 € =)	10.000 €
Gewinnrücklage (2.000 · 258 € =)	516.000 €
Aufwand (2.000 · 263 € · 2 % =)	–10.520 €
Banküberweisung	515.480 €

Eine Bewertung zum 31. 12. 2016 erfolgt nicht.

Bilanzpositionen § 266 Abs. 3 HGB

A. Eigenkapital		
I. gezeichnetes Kapital	2.000. 000 €	
– eigene Anteile	35.000 €	1.965.000 €
II. Kapitalrücklage		7.000 €
III. Gewinnrücklagen		6.176.000 €

Buchungen:

Sonstiger betrieblicher Aufwand	2.000 €	
eigene Anteile	50.000 €	
andere Gewinnrücklagen	2.600.000 €	
an sonstige Wertpapiere		2.652.000 €
Bank	266.560 €	
Sonstiger betrieblicher Aufwand	5.440 €	
an eigene Anteile		5.000 €
an Gewinnrücklagen		260.000 €
an Kapitalrücklagen		7.000 €
Bank	515.480 €	
Sonstige betriebliche Aufwendungen	10.520 €	
an eigene Anteile		10.000 €
an Gewinnrücklagen		516.000€

LÖSUNG

Lösung zu Fall 41 — 17 Punkte

Die Berechnung der ausstehenden Einlagen zum 31. 12. 2016 wird folgendermaßen durchgeführt:

Name	Anteil	Einzahlung	Ausstehende Einlagen
H. Mees	4.500.000 €	−2.250.000 €	
28. 11. 2016		−825.000 €	1.425.000 €
E. Sievert	3.900.000 €	−1.950.000 €	
15. 11. 2016		−375.000 €	1.575.000 €
W. Bracker	1.500.000 €	−750.000 €	
20. 12. 2016		−375.000 €	375.000 €
Streubesitz	5.100.000 €	− 5.100.000 €	0 €
Gesamt	15.000.000 €	11.625.000 €	3.375.000 €

Die ausstehenden Einlagen auf das gezeichnete Kapital sind nach § 272 Abs. 1 Satz 3 HGB offen vom gezeichneten Kapital abzusetzen. Der verbleibende Betrag ist als eingefordertes Kapital auszuweisen:

Passivseite

A. Eigenkapital

I.	Gezeichnetes Kapital	15.000.000 €
	nicht eingeforderte Einlagen	2.475.000 €
	Eingefordertes Kapital	12.525.000 €

Zusätzlich ist der eingeforderte, aber noch nicht eingezahlte Betrag unter den Forderungen gesondert auszuweisen und entsprechend zu bezeichnen.

Aktivseite

B. Umlaufvermögen

II.	Forderungen und sonstige Vermögensgegenstände	
	Eingeforderter, aber nicht eingezahlter Betrag	900.000 €

Berechnung der Zinsforderungen zum 31. 12. 2016:

Nach § 63 Abs. 2 AktG haben Aktionäre, die den eingeforderten Betrag nicht rechtzeitig einzahlen, diesen vom Eintritt der Fälligkeit an mit 5 % p. a. zu verzinsen.

Datum	Name	Einzahlung	Verzinsung	Zinsen
15. 11. 2016	E. Sievert	375.000 €	keine Verzinsung	0 €
28. 11. 2016	H. Mees	825.000 €	keine Verzinsung	0 €
20. 12. 2016	W. Bracker	375.000 €	20 Tage	1.042 €
5. 1. 2017	H. Mees	300.000 €	30 Tage*	1.250 €
15. 1. 2017	E. Sievert	600.000 €	30 Tage*	2.500 €
Gesamt				4.792 €

* bis Jahresende

Die Zinsen sind zum 31.12.2016 unter der Position Forderungen gegenüber Gesellschafter in Höhe von 4.792 € auszuweisen.

LÖSUNG

Lösung zu Fall 42 — 17 Punkte

Über die Kapitalkonten II sind alle Gewinnanteile sowie Einlagen und Entnahmen des Jahres zu erfassen.

Daraus ergeben sich folgende Veränderungen der Kapitalkonten II für den Jahresabschluss 2016:

		Kapitalkonto II
M. Lange	Stand 1.1.2016	250.000 €
	Entnahmen Gehalt	–60.000 €
	„Gehaltszahlungen" summiert	60.000 €
	Gewinn Verzinsung Kapitalkonto I	45.000 €
	Gewinn Verzinsung Kapitalkonto II	7.500 €
	Sachentnahme	–3.154 €
	Stand 31.12.2016	299.346 €
A. Abraham	Stand 1.1.2016	300.000 €
	Entnahmen Gehalt	–60.000 €
	„Gehaltszahlungen" summiert	60.000 €
	Gewinn Verzinsung Kapitalkonto I	45.000 €
	Gewinn Verzinsung Kapitalkonto II	9.000 €
	Geldentnahme	–200.000 €
	Stand 31.12.2016	154.000 €
K. Schweers	Stand 1.1.2016	120.000 €
	Entnahmen Gehalt	–45.000 €
	„Gehaltszahlungen" summiert	45.000 €
	Gewinn Verzinsung Kapitalkonto I	45.000 €
	Gewinn Verzinsung Kapitalkonto II	3.600 €
	Sacheinlage	390.000 €
	Stand 31.12.2016	558.600 €
U. Johannsen	Stand 1.1.2016	230.000 €
	Entnahmen Gehalt	–45.000 €
	„Gehaltszahlungen" summiert	45.000 €
	Gewinn Verzinsung Kapitalkonto I	45.000 €
	Gewinn Verzinsung Kapitalkonto II	6.900 €
	Stand 31.12.2016	281.900 €

Die „Gehaltszahlungen“ sind nach Aufgabenstellung als Entnahmen und nach den Bedingungen des Gesellschaftsvertrages als Vorweggewinn zu behandeln. Damit sind 210.000 € des Gewinns verteilt.

Als nächstes erhält jeder Gesellschafter 9 % Verzinsung auf sein Kapitalkonto I.

500.000 € · 9 % = 45.000 € je Gesellschafter

Bei vier Gesellschaftern sind weitere 180.000 € des Gewinns verwendet. Damit bleiben für die Verzinsung des Kapitalkontos II nur noch (417.000 € – 210.000 € – 180.000 € =) 27.000 € zur Verteilung nach. Bei einem Gesamtbestand von 900.000 € auf den Kapitalkonten II ergibt sich eine Verzinsung von 3 % je Gesellschafter.

Martin Lange	250.000 € · 3 % =	7.500 €
Annelene Abraham	300.000 € · 3 % =	9.000 €
Kai Schweers	120.000 € · 3 %=	3.600 €
Uta Johannsen	230.000 € · 3 %=	6.900 €

Bei der Gesellschafterin A. Abraham ist noch eine Geldentnahme von 200.000 € zu beachten.

Die Sacheinlage des Gesellschafters K. Schweers ist in diesem Falle nicht mit dem Teilwert, sondern mit den um die Abschreibung verminderten Anschaffungskosten in Höhe von (430.000 € – 40.000 € =) 390.000 € anzusetzen, da die Einlage innerhalb von drei Jahren nach der Anschaffung erfolgt (§ 6 Abs. 1 Nr. 5 Satz 1 und 2 EStG).

Die Sachentnahme des Gesellschafters M. Lange hat nach § 6 Abs. 1 Nr. 4 Satz 1 EStG mit dem Teilwert in Höhe von 2.650 € zu erfolgen. Hierbei ist zu berücksichtigen, dass es sich nach § 1 Abs. 1 Nr. 1 i.V. m. § 3 Abs. 1b Satz 1 Nr. 1 UStG um einen umsatzsteuerpflichtigen Vorgang (unentgeltliche Leistung) handelt. Die Umsatzsteuer in Höhe von (2.650 € · 19 % =) 504 € ist ebenfalls eine Privatentnahme.

LÖSUNG

Lösung zu Fall 43 — 10 Punkte

Für Pensionsverpflichtungen (ungewisse Verbindlichkeiten) sind nach § 249 Abs. 1 Satz 1 HGB Rückstellungen zu bilden. Da die Pensionszusage nach dem 31. 12. 1986 erteilt wurde, ist das Wahlrecht gemäß Art. 28 Abs. 1 EGHGB nicht anwendbar.

Rückstellungen sind gemäß § 253 Abs. 1 Satz 2 HGB in Höhe des nach vernünftiger kaufmännischer Beurteilung notwendigen Erfüllungsbetrages anzusetzen. Bei Altersversorgungsverpflichtungen gibt es eine Sonderregelung, wenn sich deren Höhe ausschließlich nach dem beizulegenden Zeitwert von Wertpapieren im Sinn des § 266 Abs. 2 A.III.5 HGB bestimmt.

Bei einer wertpapiergebundenen Pensionszusage ohne garantierten Mindestbetrag kommt es für die Höhe der Altersversorgungsverpflichtung nur auf die angelegten Wertpapiere an. Da hier kein Mindestbetrag vereinbart wurde, erfolgt die Bewertung der Rückstellung nach § 253 Abs. 1 Satz 3 HGB nach dem beizulegenden Zeitwert dieser Wertpapiere. Dieser beträgt nach der Aufgabenstellung 2.500 €, so dass sich ein vorläufiger Bilanzansatz von 2.500 € für die Pensionsrückstellung ergibt.

Da es sich bei den Wertpapieren um Deckungsvermögen im Sinne von § 246 Abs. 2 Satz 2 HGB handelt, sind diese nach § 253 Abs. 1 Satz 4 HGB mit dem beizulegenden Wert in der Bilanz anzusetzen (auch wenn dieser Wert die Anschaffungskosten übersteigt) und dann mit der Rückstellung zu verrechnen.

Anschaffungskosten der Wertpapiere	2.400 €
Beizulegender Wert der Wertpapiere	2.500 €
Kursgewinn	100 €

Bei dem Kursgewinn handelt es sich um einen unrealisierten Gewinn, der eigentlich nach § 252 Abs. 1 Nr. 4 HGB nicht ausgewiesen werden dürfte. Aber hier geht die ausdrückliche Regelung des § 253 Abs. 1 Satz 4 HGB vor.

In diesem Fall sind die Rückstellung und das Deckungsvermögen gleich hoch, so dass sich nach der Verrechnung in beiden Fällen ein Bilanzansatz von 0 € ergibt.

Bilanzansatz der Wertpapiere (§ 266 Abs. 2 A.III.5 HGB)	0 €
Bilanzansatz der Rückstellung (§ 266 Abs. 3 B.1 HGB)	0 €

Buchungen:

Aufwendungen für Altersversorgung an Pensionsrückstellungen	2.500 €
Wertpapiere des Anlagevermögens an sonstige betriebliche Erträge	100 €
Pensionsrückstellungen an Wertpapiere des Anlagevermögens	2.500 €

LÖSUNG

Lösung zu Fall 44 — 6 Punkte

Die ungewissen Verbindlichkeiten für die Jahresabschlusskosten sind nach § 249 Abs. 1 Satz 1 HGB als Rückstellungen zu erfassen. Diese sind gemäß § 253 Abs. 1 Satz 2 HGB mit dem notwendigen Erfüllungsbetrag anzusetzen, der sich nach vernünftiger kaufmännischer Beurteilung ergibt. Dabei kann es sich allerdings nur um die Nettowerte handeln.

Aufstellung Jahresabschluss und Erstellung der Steuererklärungen (38.675 / 1,19 =)	32.500 €
Prüfung des Jahresabschlusses (27.251 / 1,19 =)	22.900 €
Veröffentlichung des Jahresabschlusses (7.973 / 1,19 =)	6.700 €
Durchführung der Hauptversammlung	26.000 €
Summe sonstige Rückstellungen (§ 266 Abs. 3 B.3 HGB)	88.100 €

Steuerrechtlich ist die Rückstellung um die Kosten für die Durchführung der Hauptversammlung zu reduzieren (H 5.7 (4) EStH).

Buchung:

sonstige betriebliche Aufwendungen	88.100 €	
an sonstige Rückstellungen		88.100 €

LÖSUNG

Lösung zu Fall 45 — 6 Punkte

Für ungewisse Verbindlichkeiten aus gesetzlichen oder vertraglichen Gewährleistungen sind nach § 249 Abs. 1 Satz 1 HGB Rückstellungen zu bilden. Diese sind gemäß § 253 Abs. 1 Satz 2 HGB mit dem notwendigen Erfüllungsbetrag anzusetzen, der sich nach vernünftiger kaufmännischer Beurteilung ergibt. Garantierückstellungen sind entweder als Einzelrückstellungen zu bilden, wenn bereits Ansprüche geltend gemacht wurden, oder als Pauschalrückstellungen, wenn ein allgemeines Haftungsrisiko nachgewiesen werden kann (so auch für das Steuerrecht H 5.7 (5) EStH). Hier sind beide Fälle gegeben.

Im Fall Steen ist eine Einzelrückstellung in Höhe des bekannten Risikos zu erfassen, also ein Betrag von (28.000 € · 25 % =) 7.000 €.

Bei der Pauschalrückstellung kann der Durchschnittswert der vergangenen Jahre, bezogen auf den Restumsatz, angesetzt werden. Daraus ergibt sich ein Rückstellungsbetrag von (39.640.000 € · 0,6 % =) 237.840 €.

Die Bilanzierung erfolgt unter der Position § 266 Abs. 3 B.3 HGB in Höhe von

(7.000 € + 237.840 € =) 244.840 €.

Buchung:

sonstige betriebliche Aufwendungen	244.840 €	
an sonstige Rückstellungen		244.840 €

LÖSUNG

Lösung zu Fall 46 — 19 Punkte

Für ungewisse Verbindlichkeiten, zu denen die Jubiläumsverpflichtungen zählen, sind nach § 249 Abs. 1 Satz 1 HGB Rückstellungen zu bilden. Diese sind gemäß § 253 Abs. 1 Satz 2 HGB mit dem notwendigen Erfüllungsbetrag anzusetzen, der sich nach vernünftiger kaufmännischer Beurteilung ergibt. Bei Jubiläumsrückstellungen müssen Abzinsungen vorgenommen werden, da sie einen Zinsanteil enthalten.

Für die Handelsbilanz ist kein bestimmtes Verfahren für die Ermittlung der Rückstellungswerte vorgeschrieben. Allerdings ist das steuerliche Pauschalwertverfahren in der Handelsbilanz nicht zulässig. Aufgrund der Bewertungsstetigkeit (§ 252 Abs. 1 Nr. 6 HGB) ist die Bewertung nach dem Teilwertverfahren beizubehalten, auch wenn dies nicht zum niedrigsten Gewinn führt.

In der Steuerbilanz ist zwingend das Pauschalwertverfahren zu verwenden, sodass die Werte zwischen Handels- und Steuerbilanz hier abweichen.

Handelsbilanz:

Sven Thiesen

Rückstellung	31. 12. 2016	1.685 €
Rückstellung	31. 12. 2015	1.600 €
Aufwand		85 €

Anja Knecht

Rückstellung	31. 12. 2016	465 €
Rückstellung	31. 12. 2015	440 €
Aufwand		25 €

Steuerbilanz:

Sven Thiesen

Rückstellung	31. 12. 2016	1.390 €
Rückstellung	31. 12. 2015	1.300 €
Aufwand		90 €

Anja Knecht

Rückstellung	31. 12. 2016	335 €
Rückstellung	31. 12. 2015	300 €
Aufwand		35 €

Die Bilanzierung 2016 erfolgt unter der Position § 266 Abs. 3 B.3 HGB in Höhe von (1.685 + 465 =) 2.150 €.

LÖSUNG

Lösung zu Fall 47 — 21 Punkte

1. Wenn für eine Altersversorgung Pensionsrückstellungen gebildet worden sind, dann stellen die Zahlungen nicht in vollem Umfang Aufwand des Geschäftsjahrs dar. Vielmehr ist in dem Rahmen, in dem der Teilwert der Pensionsverpflichtung sinkt, die entsprechende Rückstellung aufzulösen. Dies gilt auch für das Steuerrecht (R 6a Abs. 22 EStR). Allerdings weicht der steuerrechtliche Teilwert vom handelsrechtlichen Teilwert ab, sodass sich für die Steuerbilanz zwingend andere Werte ergeben werden.

   Der Teil der Zahlungen, die das Geschäftsjahr betreffen, sind als Aufwendungen für die Altersversorgung zu erfassen.

Teilwert 31. 12. 2015	98.751 €
Teilwert 31. 12. 2016 (= Bilanzansatz 2016)	–92.630 €
Auflösung der Pensionsrückstellung	6.121 €
Zahlungen in 2016	–9.600 €
Aufwand 2016	–3.479 €

   Die Bilanzierung 2016 erfolgt unter der Position § 266 Abs. 3 B.1 HGB in Höhe von 92.630 €.

   Buchung:

Aufwendungen für Altersversorgung	3.479 €	
Pensionsrückstellung	6.121 €	
an sonstige betriebliche Aufwendungen		9.600 €

2. Berechnung Bilanzansatz 2010:

   Ansatz neue Bewertung – Ansatz bisherige Bewertung = Verteilungsbetrag
   63.500 € – 56.000 € = 7.500 €
   Dieser Wert ist in jedem Jahr zu mindest 1/15 der Rückstellung zuzuführen (Art. 67 Abs. 1 Satz 1 EGHGB).
   7.500 € : 15 = 500 €

   Berechnung Rückstellung:
   Bilanzansatz 2010 56.000 € + 500 € = 56.500 €

   Berechnung Bilanzansatz 2011:
   Ansatz 2011 nach neuer Bewertung – Ansatz 2010 nach neuer Bewertung = Zuführung
   65.000 € – 63.500 € = 1.500 €

Bilanzansatz 2010	56.500 €
Zuführung 2011	1.500 €
Zuführung (Art. 67 EGHGB) 2011	500 €
Bilanzansatz 2011	58.500 €

Berechnung Bilanzansatz 2012:
67.000 € – 65.000 € = 2.000 €

Bilanzansatz 2011	58.500 €
Zuführung 2012	2.000 €
Zuführung (Art. 67 EGHGB) 2012	500 €
Bilanzansatz 2012	61.000 €

Berechnung Bilanzansatz 2013:
70.000 € – 67.000 € = 3.000 €

Bilanzansatz 2012	61.000 €
Zuführung 2013	3.000 €
Zuführung (Art. 67 EGHGB) 2013	500 €
Bilanzansatz 2013	64.500 €

Berechnung für 2014:
72.000 € – 70.000 € = 2.000 €

Bilanzansatz 2013	64.500 €
Zuführung 2014	2.000 €
Zuführung (Art. 67 EGHGB) 2014	500 €
Bilanzansatz 2014	67.000 €

Berechnung für 2015:
75.000 € – 72.000 € = 3.000 €

Bilanzansatz 2014	67.000 €
Zuführung 2015	3.000 €
Zuführung (Art. 67 EGHGB) 2015	500 €
Bilanzansatz 2015 (§ 266 Abs. 3 B.1 HGB)	70.500 €

Berechnung für 2016:
78.000 € – 75.000 € = 3.000 €

Bilanzansatz 2015	70.500 €
Zuführung 2016	3.000 €
Zuführung (Art. 67 EGHGB) 2016	500 €
Bilanzansatz 2016 (§ 266 Abs. 3 B.1 HGB)	74.000 €

LÖSUNG

Lösung zu Fall 48 — 15 Punkte

Für ungewisse Verbindlichkeiten aus Urlaubsansprüchen des vergangenen Jahres sind nach § 249 Abs. 1 Satz 1 HGB Rückstellungen zu bilden.

Diese sind gemäß § 253 Abs. 1 Satz 2 HGB mit dem notwendigen Erfüllungsbetrag anzusetzen, der sich nach vernünftiger kaufmännischer Beurteilung ergibt. In die Rückstellung sind folgende Beträge einzubeziehen:

	Angela Schweers	Norbert Abraham
Bruttoentgelt	78.864 €	77.520 €
zzgl. Gehaltssteigerung	2.400 €	2.040 €
lohnabhängige Nebenkosten		
VL	480 €	324 €
Weihnachtsgeld	5.985 €	4.544 €
Summe Lohn und Gehalt	87.729 €	84.428 €
AG-Anteil an der Sozialvers.	19.300 €	15.450 €
Beiträge zur Berufsgenossenschaft	650 €	700 €
Summe soziale Aufwendungen	19.950 €	16.150 €

In der Steuerbilanz sind das jährlich vereinbarte Weihnachtsgeld, die vermögenswirksamen Leistungen und die Gehaltssteigerung ab 1. 1. 2017 nicht zu berücksichtigen.

Für die Berechnung der Rückstellungshöhe sind die oben errechneten Beträge handelsrechtlich grundsätzlich auf die tatsächlichen Arbeitstage zu verteilen und mit dem Resturlaub zu multiplizieren. Steuerrechtlich erfolgt die Bewertung anhand der regulären Arbeitstage.

	Angela Schweers	Norbert Abraham
Summe Lohn und Gehalt	87.729 €	84.428 €
	/ 220 · 12	/ 260 · 16
Rückstellung Lohn und Gehalt	4.785 €	5.196 €
Summe soziale Abgaben	19.950 €	16.150 €
	/ 220 · 12	/ 260 · 16
Rückstellung soziale Abgaben	1.088 €	994 €

Eine Abzinsung nach § 253 Abs. 2 Satz 1 HGB ist hier nicht erforderlich, da der Ausgleich der Rückstellung im Folgejahr erfolgt (Februar 2017).

Die Bilanzierung erfolgt unter der Position § 266 Abs. 3 B.3 HGB in Höhe von 12.063 €.

Buchung:

Löhne und Gehälter	9.981 €	
soziale Abgaben	2.082 €	
an sonstige Rückstellungen		12.063 €

LÖSUNG

Lösung zu Fall 49 — 8 Punkte

Für ungewisse Verbindlichkeiten aus Schadenersatzforderungen und Prozesskosten sind nach § 249 Abs. 1 Satz 1 HGB Rückstellungen zu bilden. Dabei kommt es handelsrechtlich nicht darauf an, dass bereits eine Klage erhoben wurde; eine wahrscheinliche Klage ist als Rückstellungsgrund ausreichend.

Diese Rückstellungen sind gemäß § 253 Abs. 1 Satz 2 HGB mit dem notwendigen Erfüllungsbetrag anzusetzen, der sich nach vernünftiger kaufmännischer Beurteilung ergibt. Aufgrund des juristischen Gutachtens muss mit einer eventuellen Zahlung von 27.678 € gerechnet werden, so dass dieser Betrag für den Schadenersatz anzusetzen ist.

Nach H 5.7 (5) EStH fehlt es steuerlich bei am Bilanzstichtag noch nicht anhängigen Verfahren bzw. Instanzen grundsätzlich an der wirtschaftlichen Verursachung, so dass eine Rückstellung für die jeweiligen Prozesskosten steuerrechtlich nicht möglich ist.

Die Bilanzierung erfolgt unter der Position § 266 Abs. 3 B.3 HGB in Höhe von 36.078 €.

Eine Abzinsung nach § 253 Abs. 2 Satz 1 HGB ist hier nicht erforderlich, da der Ausgleich der Rückstellung im Folgejahr erfolgt.

Buchungen:

sonstige betriebliche Aufwendungen	27.678 €	
an sonstige Rückstellungen		27.678 €
sonstige betriebliche Aufwendungen	8.400 €	
an sonstige Rückstellungen		8.400 €

LÖSUNG

Lösung zu Fall 50 — 6 Punkte

Für unterlassene Instandhaltungen sind nach § 249 Abs. 1 Satz 2 Nr. 1 HGB Rückstellungen zu bilden, wenn die Instandhaltungen innerhalb der ersten drei Monate nach dem Bilanzstichtag nachgeholt werden. Erfolgt die Nachholung nach dieser Frist, darf keine Rückstellung gebildet werden.

Rückstellungen sind gemäß § 253 Abs. 1 Satz 2 HGB mit dem notwendigen Erfüllungsbetrag anzusetzen, der sich nach vernünftiger kaufmännischer Beurteilung ergibt.

Sie können allerdings nur gebildet werden, soweit die wirtschaftliche Verursachung im abgelaufenen Wirtschaftsjahr liegt. Somit können für die beiden Maschinen C und D, die am 3. 1. 2017 beschädigt wurden, keine Rückstellungen bilanziert werden. Es handelt sich in diesen Fällen nicht um wertaufhellende Tatsachen gemäß § 252 Abs. 1 Nr. 4 HGB, da die Schadensfälle im Jahr 2017 passierten (wertbegründende Tatsachen). Ebenso kann für die Maschinen B und E keine Rückstellung gebildet werden, weil die Instandhaltung nicht innerhalb von drei Monaten durchgeführt werden soll.

Es kann also nur für die Maschine A eine Rückstellung angesetzt werden (Pflichtrückstellung). Die Bilanzierung erfolgt unter der Position § 266 Abs. 3 B.3 HGB in Höhe von 16.500 €.

Buchung:

sonstige betriebliche Aufwendungen	16.500 €	
an sonstige Rückstellungen		16.500 €

LÖSUNG

Lösung zu Fall 51 — 4 Punkte

Grundsätzlich werden schwebende Geschäfte in der Bilanz nicht dargestellt. Eine Ausnahme ergibt sich dann, wenn aus dem schwebenden Geschäft ein Verlust droht. Für diesen Fall sieht § 249 Abs. 1 Satz 1 HGB die Bildung einer Rückstellung vor.

Rückstellungen sind gemäß § 253 Abs. 1 Satz 2 HGB mit dem notwendigen Erfüllungsbetrag anzusetzen, der sich nach vernünftiger kaufmännischer Beurteilung ergibt.

Bei Einkaufsgeschäften ergibt sich ein drohender Verlust, wenn der vereinbarte Einkaufspreis höher ist, als der entsprechende Marktpreis am Beschaffungsmarkt zum Bilanzstichtag. In diesem Fall ist der Preis von 800 € je Tonne laut Kaufvertrag auf 770 € je Tonne zum 31. 12. 2016 gesunken, so dass eine Rückstellung zu bilden ist.

Einkaufspreis laut Kaufvertrag (500 t · 800 € je Tonne =)	400.000 €
Einkaufspreis zum Bilanzstichtag (500 t · 770 € je Tonne =)	385.000 €
Drohender Verlust	15.000 €

Der Bilanzansatz (§ 266 Abs. 3 B.3 HGB) zum 31. 12. 2016 beträgt 15.000 €.

Nach § 5 Abs. 4a Satz 1 EStG darf eine Rückstellung für drohende Verluste für die Steuerbilanz nicht gebildet werden.

LÖSUNG

Lösung zu Fall 52 — 17 Punkte

Für ungewisse Verbindlichkeiten aus Steuernachzahlungen sind nach § 249 Abs. 1 Satz 1 HGB Rückstellungen zu bilden. Gemäß § 253 Abs. 1 Satz 2 HGB sind sie mit dem notwendigen Erfüllungsbetrag anzusetzen, der sich nach vernünftiger kaufmännischer Beurteilung ergibt, das entspricht in diesem Fall den selbst ermittelten steuerlichen Zahlungen.

1. Die Steuerzahlungen für die Körperschaftsteuer werden immer unter der Position § 275 Abs. 2 Nr. 18 HGB „Steuern vom Einkommen und Ertrag“ gebucht, auch wenn es sich um aperiodische Aufwendungen handelt. Ein außerordentlicher Aufwand liegt insoweit nicht vor.

2. Für die Ermittlung der KSt-Rückstellung ist die tarifliche KSt zu ermitteln und um die Vorauszahlungen zu kürzen. Da der Steuersatz 2016 einheitlich 15 % beträgt, spielt die geplante Ausschüttung für die Höhe der KSt-Schuld keine Rolle.

tarifliche KSt (840.360 € · 15 % =)	126.054 €
Vorauszahlungen	–118.000 €
KSt-Rückstellung 2016 (§ 266 Abs. 3 B.2 HGB)	8.054 €

3. Bei der Grunderwerbsteuer handelt es sich nicht um Aufwand des Geschäftsjahres, sondern um Anschaffungsnebenkosten, die mit dem Grundstück zu aktivieren sind. Außerdem steht hier der Betrag und die Fälligkeit fest, so dass keine Rückstellung, sondern eine sonstige Verbindlichkeit zu erfassen ist (§ 266 Abs. 3 C.8 HGB).
4. Die ermittelte Steuerschuld ist in Höhe des Betrags in die Steuerrückstellung einzustellen, um den die berechnete Steuer die Vorauszahlungen übersteigt.

berechnete GewSt	75.860 €
Vorauszahlungen	–70.000 €
GewSt-Rückstellung 2016 (§ 266 Abs. 3 B.2 HGB)	5.860 €

Buchungen:

1.	Steuern vom Einkommen und Ertrag	1.560 €	
	an außerordentliche Aufwendungen		1.560 €
2.	Steuern vom Einkommen und Ertrag	8.054 €	
	an Steuerrückstellungen		8.054 €
3.	Steuerrückstellungen	21.000 €	
	an Steuern vom Einkommen und Ertrag		21.000 €
	Grundstücke ... (Grund und Boden)	21.000 €	
	an sonstige Verbindlichkeiten		21.000 €
4.	Steuern vom Einkommen und Ertrag	5.860 €	
	an Steuerrückstellungen		5.860 €

LÖSUNG

Lösung zu Fall 53 — 19 Punkte

Für ungewisse Verbindlichkeiten aus Patentrechtsverletzungen sind nach § 249 Abs. 1 Satz 1 HGB Rückstellungen zu bilden. Diese Rückstellungen sind gemäß § 253 Abs. 1 Satz 2 HGB mit dem notwendigen Erfüllungsbetrag anzusetzen, der sich nach vernünftiger kaufmännischer Beurteilung ergibt. Steuerrechtlich dürfen gemäß § 5 Abs. 3 Satz 1 EStG Rückstellungen wegen Patentrechtsverletzungen erst gebildet werden, wenn der Rechtsinhaber Ansprüche geltend gemacht hat oder mit einer Inanspruchnahme ernsthaft zu rechnen ist.

1. Die Verletzung des registrierten Patentrechts kann zu einem Schadenersatz von 72.000 € führen. In Höhe dieses Betrags ist sowohl auf Basis des Handels- als auch des Steuerrechts eine sonstige Rückstellung zu bilden.

   Die Bilanzierung erfolgt unter der Position § 266 Abs. 3 B.3 HGB.

   Buchung:

sonstige betriebliche Aufwendungen	72.000 €	
an sonstige Rückstellungen		72.000 €

Da mit einer Regulierung in 2017 gerechnet wird, erfolgt keine Abzinsung.

2. Die AG hatte mit einer Inanspruchnahme gerechnet, die Rückstellung war deshalb sowohl handels- als auch steuerrechtlich korrekt gebildet und erhöht worden. Da es sich dabei aber um eine Rückstellung nach § 5 Abs. 3 Satz 1 Nr. 2 EStG handelt, ist diese in der Bilanz des dritten auf ihre erstmalige Bildung (2013) folgenden Wirtschaftsjahres (2016) aufzulösen, wenn keine Ansprüche geltend gemacht worden sind (§ 5 Abs. 3 Satz 2 EStG). Der Aufstockungsbetrag ist nicht als einzelne Rückstellung zu werten, so dass hier keine neue Frist beginnt. (R 5.7 Abs. 10 EStR).

   In diesem Fall sind keine Ansprüche geltend gemacht worden, so dass die Rückstellung in vollem Umfang steuerrechtlich aufzulösen ist. Diese Annullierung ist für die Handelsbilanz nicht nachzuvollziehen, weil es sich dort immer noch um eine ungewisse Verbindlichkeit handelt. Die steuerliche Auflösung erfolgt außerhalb der Bilanz.

   Da nach Schätzung der AG eine Inanspruchnahme frühestens Mitte 2020 erfolgt, ist die Rückstellung nach § 253 Abs. 2 Satz 1 HGB abzuzinsen. Der Zinssatz ergibt sich nach § 253 Abs. 2 Satz 4 HGB.

   Veröffentlicht werden allerdings nur ganzjährige Werte, sodass hier entweder nach dem Vorsichtsprinzip der niedrigere Zinssatz (3 Jahre, 4,07 %; 4 Jahre, 4,22 % = 4,07 %) oder ein durch Interpolation ermittelter Zinssatz zu verwenden ist. Möglich wäre auch der Zinssatz des Jahres, das näher am Erfüllungszeitpunkt liegt. Da die Inanspruchnahme aber Mitte 2020 erfolgt, hilft diese Variante hier nicht weiter.

   Da die Interpolation den genaueren Wert liefert, soll diese angewandt werden.

   Zinssatz = 4,07 % + 180/360 · (4,22 – 4,07) = 4,15 %

   $$\text{Abzinsungsfaktor} = \frac{1}{(1+i)^n} = \frac{1}{(1+0{,}0415)^{3{,}5}} = 0{,}867346$$

   Rückstellungsbetrag = 89.000 € · 0,867346 = 77.194 €

   Der Abzinsungsbetrag (89.000 € – 77.194 € =) 11.806 € ist nach § 277 Abs. 5 Satz 1 HGB gesondert (als davon-Vermerk) unter der Position sonstige Zinsen und ähnliche Erträge (§ 275 Abs. 2 Nr. 10 HGB) auszuweisen.

   Die Bilanzierung erfolgt unter der Position § 266 Abs. 3 B.3 HGB in Höhe von 77.194 €.

LÖSUNG

Lösung zu Fall 54 — 6 Punkte

Für ungewisse Verbindlichkeiten aus Sozialplänen sind nach § 249 Abs. 1 Satz 1 HGB Rückstellungen zu bilden, wenn es sich bei der Beschlussfassung nicht um eine wertbegründende Tatsache gehandelt hat. Diese Rückstellungen sind gemäß § 253 Abs. 1 Satz 2 HGB mit dem notwendigen Erfüllungsbetrag anzusetzen, der sich nach vernünftiger kaufmännischer Beurteilung ergibt.

Steuerrechtlich dürfen gemäß R 5.7 Abs. 9 EStR Rückstellungen wegen Sozialplanverpflichtungen erst gebildet werden, wenn der Unternehmer den Betriebsrat über die geplante Betriebsänderung nach § 111 Satz 1 des Betriebsverfassungsgesetzes unterrichtet hat oder der Betriebsrat erst nach dem Bilanzstichtag, aber vor der Aufstellung oder Feststellung der Bilanz unterrichtet wird und der Unternehmer sich bereits vor dem Bilanzstichtag zur Betriebsänderung entschlossen hat, eine zur Aufstellung eines Sozialplans verpflichtende Maßnahme durchzuführen.

In diesem Fall haben sich die Gesellschafter bereits im Dezember 2016, also vor dem Bilanzstichtag, zur Schließung der Betriebsstätte entschlossen (Sozialplan verpflichtende Maßnahme) und der Betriebsrat ist vor der Aufstellung der Bilanz (15. 3. 2017, siehe Seite 2) informiert worden. Somit muss eine Rückstellung für 2016 sowohl handels- als auch steuerrechtlich gebildet werden.

Die Höhe der Rückstellung ergibt sich aus den Kosten des Sozialplanes, da diese vor der Bilanzaufstellung bekannt waren (Wertaufhellung nach § 252 Abs. 1 Nr. 4 HGB). Eine Abzinsung kommt nicht in Betracht, da der Vorgang in 2017 abgeschlossen wird. Die Rückstellung (§ 266 Abs. 3 B.3 HGB) beträgt somit 280.000 €.

LÖSUNG

Lösung zu Fall 55 — 17 Punkte

Verbindlichkeiten sind nach § 253 Abs. 1 Satz 2 HGB mit ihrem Erfüllungsbetrag anzusetzen. Bei Valutaverbindlichkeiten erfolgt eine Umrechnung zum Devisenkassamittelkurs am Tag der Entstehung. Nach dem Wortlaut bezieht sich § 256a HGB nur auf die Bewertung am Abschlussstichtag. Mehrheitlich wird aber bereits eine Zugangsbewertung zum Devisenkassamittelkurs befürwortet. Ein höherer Devisenkassamittelkurs am Bilanzstichtag ist nach dem Höchstwertprinzip (§ 252 Abs. 1 Nr. 4 HGB) anzusetzen. Für die Steuerbilanz ist dies durch den Verweis von § 6 Abs. 1 Nr. 3 EStG auf § 6 Abs. 1 Nr. 2 EStG nicht möglich, da es sich nicht um eine dauernde Wertänderung handelt (vgl. BFH vom 23. 4. 2009 – IV R 62/06).

1. 4. 2016	1.500.000.000 Yen · 0,8225 € / 100 =	12.337.500 €
31. 12. 2016	1.500.000.000 Yen · 0,8250 € / 100 =	12.375.000 €
Aufwand 2016		37.500 €

Für die Steuerbilanz ist der Wert von 12.337.500 € anzusetzen. Eine Abzinsung der Verbindlichkeit kommt nicht in Frage, da diese marktüblich verzinst wird. Der Aufwand ist gesondert (als davon-Vermerk) unter den sonstigen betrieblichen Aufwendungen (§ 275 Abs. 2 Nr. 8 HGB) auszuweisen.

Bilanzansatz 2016 (§ 266 Abs. 3 C.2 HGB)	12.375.000 €

Da der Ausgabebetrag dieses Darlehens niedriger ist als der Rückzahlungsbetrag, darf das Disagio nach § 250 Abs. 3 HGB als aktiver Rechnungsabgrenzungsposten ausgewiesen werden. Nach einkommensteuerrechtlichen Vorschriften (H 6.10 EStH) muss dieser Posten gebildet werden. Aufgrund der möglichst einheitlichen Werte zwischen Handels- und Steuerbilanz ist der Rechnungsabgrenzungsposten zu bilden.

Das Disagio muss somit auf die Laufzeit des Darlehens verteilt werden. In diesem Fall ist nur eine lineare Aufteilung möglich, da es sich um ein Festdarlehen handelt. Der Jahresanteil ist als Zinsaufwand zu erfassen.

1.500.000.000 Yen · 0,8225 € / 100 · 8 % =	987.000 €
Aufwandsanteil 2016 10 % von 987.000 €, 9/12	–74.025 €
Bilanzansatz 2016 (§ 266 Abs. 2 C. HGB)	912.975 €

Die Nominalzinsen des Darlehens sind ebenfalls zum Devisenkassamittelkurs umzurechnen und als Zinsaufwand zu erfassen. Die Zahlungen zum 1. 10. sind zur Hälfte nach § 250 Abs. 1 Satz 1 HGB abzugrenzen.

Zahlung zum 1. 4. 2016:		
1.500.000.000 Yen · 0,8225 € / 100 · 2 % / 2 =		123.375 €
Zahlung zum 1. 10. 2016:		
1.500.000.000 Yen · 0,8231 € / 100 · 2 % / 2 =	123.465 €	
davon ist die Hälfte Aufwand aus 2017	61.732 €	
somit verbleiben für 2016		61.733 €
Zinsaufwand 2016		185.108 €

Die Bilanzierung des aktivierten Zinsanteils erfolgt unter der Position § 266 Abs. 2 C. HGB in Höhe von 61.732 €.

Buchungen:

Darlehen:		
Bank	11.350.500 €	
Aktiver Rechnungsabgrenzungsposten	987.000 €	
an Verbindlichkeiten ggü. Kreditinstituten		12.337.500 €
Sonstiger betrieblicher Aufwand	37.500 €	
an Verbindlichkeiten ggü. Kreditinstituten		37.500 €
Disagio:		
Zinsen und ähnliche Aufwendungen	74.025 €	
an aktiver Rechnungsabgrenzungsposten		74.025 €
Zinsen:		
Zinsen und ähnliche Aufwendungen an Bank		123.375 €
Zinsen und ähnliche Aufwendungen an Bank		123.645 €
aktiver Rechnungsabgrenzungsposten	61.732 €	
an Zinsen und ähnliche Aufwendungen		61.732 €

LÖSUNG

Lösung zu Fall 56 — 15 Punkte

Verbindlichkeiten sind nach § 253 Abs. 1 Satz 2 HGB mit ihrem Erfüllungsbetrag anzusetzen. Eine Abzinsung kommt wegen der marktüblichen Verzinsung nicht in Frage.

Bilanzansatz 2016 (§ 266 Abs. 3 C.2 HGB)	800.000 €

Da der Ausgabebetrag dieses Darlehens niedriger als der Rückzahlungsbetrag ist, darf der Unterschiedsbetrag nach § 250 Abs. 3 HGB als aktiver Rechnungsabgrenzungsposten ausgewiesen werden. Nach einkommensteuerrechtlichen Vorschriften (H 6.10 EStH) muss dieser Posten gebildet werden. Aufgrund der möglichst einheitlichen Werte zwischen Handels- und Steuerbilanz ist der Rechnungsabgrenzungsposten zu bilden. Die Zahlung an Herrn K. Gellert in Höhe von 2.380 € stellt laufenden (sonstigen betrieblichen) Aufwand des Jahres dar (auch steuerrechtlich nach H 6.10 EStH).

Das Disagio muss über die Laufzeit des Darlehens verteilt werden. Bei einem Festdarlehen ist nur eine lineare Aufteilung möglich. Der Jahresanteil für das Disagio ist als Zinsaufwand, der Anteil für die Bearbeitungsgebühren als sonstiger betrieblicher Aufwand zu erfassen.

Rückzahlungsbetrag	800.000 €
Auszahlungsbetrag (800.000 € · 94 % =)	–752.000 €
Unterschiedsbetrag	48.000 €
Zinsanteil (800.000 € · 5 % =)	40.000 €
Jahresanteil (40.000 € · 20 %, davon die Hälfte =)	–4.000 €
aktiver Rechnungsabgrenzungsposten 2016	36.000 €
Gebührenanteil (800.000 € · 1 % =)	8.000 €
Jahresanteil (8.000 € · 20 %, davon die Hälfte =)	–800 €
aktiver Rechnungsabgrenzungsposten 2016	7.200 €

Da die Zinsen für das Darlehen nicht in dem Jahr gezahlt wurden, in dem der Aufwand angefallen ist, muss eine antizipative Rechnungsabgrenzung vorgenommen werden. Der Ausweis der Verbindlichkeit ist sowohl unter den Verbindlichkeiten gegenüber Kreditinstituten als auch unter den sonstigen Verbindlichkeiten möglich.

Zinsen (800.000 € · 5 %, davon die Hälfte =)	20.000 €

Buchungen:

sonstige betriebliche Aufwendungen	2.000 €	
an Zinsen und ähnliche Aufwendungen		2.000 €
aktiver Rechnungsabgrenzungsposten	43.200 €	
sonstige betriebliche Aufwendungen	800 €	
an Zinsen und ähnliche Aufwendungen		44.000 €
Zinsen und ähnliche Aufwendungen	20.000 €	
an Verbindlichkeiten gegenüber Kreditinstituten		20.000 €
(oder an sonstige Verbindlichkeiten)		

LÖSUNG

Lösung zu Fall 57 — 10 Punkte

Verbindlichkeiten sind nach § 253 Abs. 1 Satz 2 HGB mit ihrem Erfüllungsbetrag anzusetzen. Bei Valutaverbindlichkeiten erfolgt eine Umrechnung zum Devisenkassamittelkurs am Tag der Entstehung.

Eine Abzinsung nach § 6 Abs. 1 Nr. 3 EStG kommt wegen der Kurzfristigkeit nicht in Frage.

6.000.000 Yen · 0,8251 € / 100 Yen = 49.506 €

1. Ein höherer Devisenkassamittelkurs am Bilanzstichtag ist nach dem Höchstwertprinzip (§ 252 Abs. 1 Nr. 4 HGB) anzusetzen.

   6.000.000 Yen · 0,8260 € / 100 Yen = 49.560 €

   Die Differenz in Höhe von 54 € ist ein Kursverlust, der nach § 277 Abs. 5 Satz 2 HGB gesondert (als davon-Vermerk) unter den sonstigen betrieblichen Aufwendungen zu erfassen ist.

   Die Bilanzierung erfolgt 2016 unter der Position § 266 Abs. 3 C.4 HGB in Höhe von 49.560 €.

   Steuerrechtlich darf dieser Wert nach § 6 Abs. 1 Nr. 3 i. V. m. Nr. 2 EStG nicht angesetzt werden, da es sich hier nicht um eine dauernde Wertänderungen handelt. In der Steuerbilanz sind für diese Verbindlichkeit somit 49.506 € anzusetzen.

2. Der zum Bilanzstichtag 2016 gesunkene Kurs darf grundsätzlich nicht angesetzt werden, da ansonsten ein Ausweis von nicht realisierten Gewinnen erfolgen würde (Verstoß gegen § 252 Abs. 1 Nr. 4 HGB). Hier gilt aber die Ausnahmeregelung des § 256a Satz 2 HGB (Restlaufzeit unter 1 Jahr), sodass auch ein niedrigerer Kurs anzusetzen ist.

   6.000.000 Yen · 0,8233 € / 100 Yen = 49.398 €

   Bilanzansatz 2016 (§ 266 Abs. 3 C.4 HGB) 49.398 €

   Der Kursgewinn in Höhe von 108 € ist nach § 277 Abs. 5 Satz 2 HGB gesondert (als davon-Vermerk) unter den sonstigen betrieblichen Erträgen zu erfassen.

Buchungen:

		Soll	Haben
1.	sonstige betriebliche Aufwendungen	54 €	
	an Verbindlichkeiten aLL		54 €
2.	Verbindlichkeiten aLL	108 €	
	an sonstige betriebliche Erträge		108 €

LÖSUNG

Lösung zu Fall 58 — 19 Punkte

Verbindlichkeiten sind nach § 253 Abs. 1 Satz 2 HGB mit ihrem Erfüllungsbetrag anzusetzen.

Darlehensbetrag 1. 1. 2014	6.000.000 €
Tilgung 2014 zwei Raten zu je 375.000 €	–750.000 €
Bilanzansatz 2014	5.250.000 €
Tilgung 2015 zwei Raten zu je 375.000 €	–750.000 €
Bilanzansatz 2015	4.500.000 €

Die 6 % Zinsen für 2016 sind jeweils halbjährlich auf die entsprechende Restschuld zu berechnen und über die Position „Zinsen und ähnliche Aufwendungen" zu erfassen.

Stand 1. 1. 2016	4.500.000 €	Zinsen 1. Hj. 135.000 €
Tilgung 6.2016	–375.000 €	
Restbetrag 1. 7. 2016	4.125.000 €	Zinsen 2. Hj. 123.750 €
Tilgung 12.2016	–375.000 €	
Bilanzansatz 2016	3.750.000 €	Summe 258.750 €

Das Darlehen wird zum 31. 12. 2016 in Höhe von 3.750.000 € unter der Position § 266 Abs. 3 C.2 HGB bilanziert.

Eine Abzinsung kommt wegen der marktüblichen Verzinsung nicht in Frage.

Da der Ausgabebetrag dieses Darlehens niedriger ist als der Rückzahlungsbetrag, darf das Disagio nach § 250 Abs. 3 HGB als aktiver Rechnungsabgrenzungsposten ausgewiesen werden. Nach einkommensteuerrechtlichen Vorschriften (H 6.10 EStH) muss dieser Posten gebildet werden. Aufgrund der möglichst einheitlichen Werte zwischen Handels- und Steuerbilanz ist der Rechnungsabgrenzungsposten zu bilden. Bei einem Tilgungsdarlehen kann das Disagio linear oder digital über die Laufzeit verteilt werden. Die digitale Verteilung führt in der Anfangsphase zu einem niedrigeren Gewinn, deshalb ist sie in diesem Fall anzuwenden. Der Jahresanteil ist als Zinsaufwand zu erfassen.

Rückzahlungsbetrag	6.000.000 €
Auszahlungsbetrag (6.000.000 € · 96 % =)	–5.760.000 €
Unterschiedsbetrag	240.000 €

Addition der Zahlungstermine:

Insgesamt: 1 + 2 + 3 + … + 16 = 136 (Nenner) oder

$$\frac{1 + 16}{2} \cdot 16 = 136$$

2014: 16 + 15 = 31 (Zähler)

Zinsaufwand 2014	240.000 € · 31/136 =	–54.706 €
2015: 14 + 13 = 27 (Zähler)	240.000 € · 27/136 =	–47.647 €
Zinsaufwand 2015		
Bestand aktiver Rechnungsabgrenzungsposten 1. 1. 2016		137.647 €
2016: 12 + 11 = 23 (Zähler)	240.000 € · 23/136 =	–40.588 €
Zinsaufwand 2016		
akt. Rechnungsabgrenzungsposten (§ 266 Abs. 2 C. HGB)		97.059 €

Buchungen:

Verbindlichkeiten gegenüber Kreditinstituten an Bank		750.000 €
Zinsen und ähnliche Aufwendungen an Bank		258.750 €
Zinsen und ähnliche Aufwendungen	40.588 €	
an aktiver Rechnungsabgrenzungsposten		40.588 €

LÖSUNG

Lösung zu Fall 59 — 6 Punkte

Verbindlichkeiten sind nach § 253 Abs. 1 Satz 2 HGB mit ihrem Erfüllungsbetrag anzusetzen.

Das Darlehen wird zum 31. 12. 2016 in Höhe von 300.000 € unter der Position § 266 Abs. 3 C.8 HGB bilanziert.

Steuerrechtlich muss allerdings nach § 6 Abs. 1 Nr. 3 EStG eine Abzinsung erfolgen, da es sich um ein unverzinsliches Darlehen handelt. Die Abzinsung erfolgt sofort bei Darlehensaufnahme für drei Jahre.

300.000 € · 0,851614 =	255.484 €

Zum Bilanzstichtag erfolgt dann wieder eine Zuschreibung auf (300.000 € · 0,898452 =) 269.536 €.

Diese Regelung gilt allerdings nur für das Steuerrecht, so dass in diesem Sachverhalt keine Übereinstimmung mit dem Handelsrecht erreicht werden kann.

Bank an sonstige Verbindlichkeiten	300.000 €

LÖSUNG

Lösung zu Fall 60 **13 Punkte**

Zuerst müssen die Aufwendungen nach den prozentualen Angaben des Betriebsabrechnungsbogens verteilt werden. Bei den Herstellungskosten ist zu beachten, dass diese um die Bestandsminderungen und aktivierten Eigenleistungen zu korrigieren sind.

	Gesamt	Herstellungskosten	
Materialaufwand	18.200.000	85 %	15.470.000
Personalaufwand	13.800.000	71 %	9.798.000
Abschreibungen	8.800.000	78 %	6.864.000
sonst. betriebl. Aufw.	4.500.000	46 %	2.070.000

	Herstellungskosten
Zwischensumme	34.202.000
zuzüglich Bestandsminderungen	2.600.000
abzüglich aktivierte Eigenleistungen	–960.000
Gesamt	35.842.000

	Gesamt	Vertriebskosten	
Materialaufwand	18.200.000	4 %	728.000
Personalaufwand	13.800.000	8 %	1.104.000
Abschreibungen	8.800.000	6 %	528.000
sonst. betriebl. Aufw.	4.500.000	21 %	945.000
Gesamt			3.305.000

	Gesamt	Verwaltungskosten	
Materialaufwand	18.200.000	7 %	1.274.000
Personalaufwand	13.800.000	16 %	2.208.000
Abschreibungen	8.800.000	11 %	968.000
sonst. betriebl. Aufw.	4.500.000	26 %	1.170.000
Gesamt			5.620.000

Die restlichen Prozentpunkte müssen in anderen Bereichen angefallen sein und gehören deshalb zu den sonstigen betrieblichen Aufwendungen.

	Gesamt	sonst. betriebl. Aufwendungen	
Materialaufwand	18.200.000	4 %	728.000
Personalaufwand	13.800.000	5 %	690.000
Abschreibungen	8.800.000	5 %	440.000
sonst. betriebl. Aufw.	4.500.000	7 %	315.000
Gesamt			2.173.000

Da sich die übrigen Positionen nicht verändern, ergibt sich folgende Gewinn- und Verlustrechnung nach dem Umsatzkostenverfahren (Angaben in T€):

1. Umsatzerlöse	45.800	8. Erträge aus and.Wertpapieren	2.650
2. Herstellungskosten	35.842	9. Zinserträge	1.430
3. Bruttoergebnis	9.958	10. Zinsaufwendungen	5.340
4. Vertriebskosten	3.305	11. Ergebnis gewöhnl. Geschäftstätigkeit	3.950
5. Verwaltungskosten	5.620	12. E & E Steuern	1.980
6. sonst. betriebliche Erträge	6.350	13. sonstige Steuern	95
7. sonst. betriebliche Aufwendungen	2.173	14. Jahresüberschuss	1.875

LÖSUNG

Lösung zu Fall 61 — 15 Punkte

1. Die Aufwendungen gehören in vollem Umfang zu den Löhnen und Gehältern 2016.

   § 275 Abs. 2 Nr. 6a) HGB 18.772 €

2. Die Aufwendungen für die Grundsteuer sind grundsätzlich unter der Position 19. „sonstige Steuern" auszuweisen.

   In diesem Fall gehören die 9.460 € allerdings nicht in die Gewinn- und Verlustrechnung 2016, sondern sind als aktiver Rechnungsabgrenzungsposten auszuweisen, da es sich um einen im Voraus bezahlten Aufwand handelt. Kein Ansatz in der GuV 2016.

3. Die Diskontaufwendungen sind in vollem Umfang unter der Position „sonstige Zinsen und ähnliche Aufwendungen" auszuweisen. Die Spesen sind als Kosten des Geldverkehrs „sonstige betriebliche Aufwendungen".

   § 275 Abs. 2 Nr. 13 HGB 863 €, § 275 Abs. 2 Nr. 8 HGB 10 €

4. Die Aufwendungen gehören komplett zu den Löhnen und Gehältern.

   § 275 Abs. 2 Nr. 6a) HGB 7.658 €

5. Die Aufwendungen für den Verspätungszuschlag gehören als Gebühren unter die Position 8. „sonstige betriebliche Aufwendungen“. Ein Ausweis unter den Steueraufwendungen ist nicht zulässig.

   § 275 Abs. 2 Nr. 8 HGB 520 €

6. Der Zinsertrag gehört unter die Position 11. „sonstige Zinsen und ähnliche Erträge“ der Gewinn- und Verlustrechnung 2016.

   Außerdem sind bei dieser Geldanlage 25 % Kapitalertragsteuer auf den Zinsertrag (4.260 € · 25 % = 1.065 €) angefallen, die als Steuern vom Einkommen und Ertrag erfasst werden müssen.

   § 275 Abs. 2 Nr. 11 HGB 4.260 €, § 275 Abs. 2 Nr. 18 HGB 1.065 €

7. Die Bestände zweier Erzeugnisgruppen haben sich folgendermaßen entwickelt:

	31. 12. 2015	31. 12. 2016	
	Wert	Wert	Differenz
Erzeugnis 1	205.200 €	212.800 €	7.600 €
Erzeugnis 2	18.962 €	17.480 €	–1.482 €
Bestandserhöhung			6.118 €

   § 275 Abs. 2 Nr. 2 HGB 6.118 €

8. Die Zinserträge sind für ein langfristiges Darlehen, also für eine Ausleihung des Finanzanlagevermögens, gezahlt worden. Somit sind die Zinsen unter der Position „Erträge aus anderen Wertpapieren und Ausleihungen des Finanzanlagevermögens“ auszuweisen.

   § 275 Abs. 2 Nr. 10 HGB 7.630 €

LÖSUNG

Lösung zu Fall 62 — 27 Punkte

1. Rückstellungen, die in der Bilanz unter dem Posten „sonstige Rückstellungen“ nicht gesondert ausgewiesen werden, sind nach § 285 Satz 1 Nr. 12 HGB zu erläutern, wenn sie einen nicht unerheblichen Umfang haben. Es handelt sich hier also um eine Pflichtangabe im Anhang, die nicht unterbleiben darf.
2. Die gesetzlichen Vertreter einer Kapitalgesellschaft haben nach § 264 Abs. 1 Satz 1 HGB den Jahresabschluss um einen Anhang zu erweitern, der mit der Bilanz und der Gewinn- und Verlustrechnung eine Einheit bildet (sogenannter erweiterter Jahresabschluss). Es handelt sich also beim Anhang nicht um einen freiwilligen Bericht, sondern um einen Pflichttext.
3. Für die Mitglieder des Aufsichtsrates sind nach § 285 Satz 1 Nr. 9 c) HGB die gewährten Kredite unter Angabe der Zinssätze, der wesentlichen Bedingungen und der gegebenenfalls im

Geschäftsjahr zurückgezahlten Beträge anzugeben. Es handelt sich hier also um eine Pflichtangabe im Anhang, die nicht unterbleiben darf.

4. Es ist richtig, dass für den Aufbau des Anhangs grundsätzlich Gestaltungsfreiheit besteht, es also kein vorgegebenes Gliederungsschema gibt. Die geforderten Angaben des § 285 HGB brauchen auch nicht in der im Gesetz genannten Reihenfolge dargestellt zu werden. Auch das Stetigkeitsgebot (§ 265 Abs. 1 HGB) gilt für den Anhang nicht. Aufgrund der Fülle der Informationen sollte der Anhang allerdings gegliedert und diese Gliederung auch möglichst beibehalten werden. Die Angaben zu einzelnen Posten der Bilanz oder Gewinn- und Verlustrechnung sind nach § 284 Abs. 1 HGB in der Reihenfolge der Bilanz bzw. Gewinn- und Verlustrechnung darzustellen.

5. Nach § 285 Satz 1 Nr. 10 HGB sind alle Mitglieder des Geschäftsführungsorgans mit dem Familiennamen und mindestens einem ausgeschriebenen Vornamen, einschließlich des ausgeübten Berufs und bei börsennotierten Gesellschaften auch der Mitgliedschaft in Aufsichtsräten und anderen Kontrollgremien im Sinne des § 125 Abs. 1 Satz 5 des Aktiengesetzes zu benennen. Es handelt sich hier also um eine Pflichtangabe im Anhang, die nicht unterbleiben darf, selbst wenn sich gegenüber dem Vorjahr nichts geändert hat.

6. Die Aufgliederung der Umsatzerlöse nach Tätigkeitsbereichen sowie nach geographisch bestimmten Märkten ist nach § 285 Satz 1 Nr. 4 HGB unter bestimmten Bedingungen Pflicht. Die Aufgliederung der Umsatzerlöse kann allerdings nach § 286 Abs. 2 HGB unterbleiben, soweit die Aufgliederung nach vernünftiger kaufmännischer Beurteilung geeignet ist, der Kapitalgesellschaft einen erheblichen Nachteil zuzufügen. Da hier ein solcher Nachteil droht, braucht keine Aufgliederung zu erfolgen.

7. Der Anhang ist nach § 264 Abs. 1 Satz 1 i. V. m. § 244 HGB in deutscher Sprache aufzustellen. Dies schließt nicht aus, dass der Anhang zusätzlich auch in anderen Sprachen erfolgen darf und bei der hier gegebenen Struktur zusätzlich in englischer Sprache veröffentlicht werden sollte. Eine deutsche Fassung ist allerdings Pflicht.

8. Eine Kapitalflussrechnung ist für Einzelabschlüsse nach § 264 Abs. 1 Satz 2 HGB vorgeschrieben, soweit die Gesellschaft kapitalmarktorientiert ist. Dies ist für die Maschinenbau AG gegeben, da die Aktien an der Frankfurter Börse gehandelt werden (siehe Seite 1). Es handelt sich also um eine Pflichtangabe.

9. Die Entwicklung der einzelnen Posten des Anlagevermögens braucht nach § 268 Abs. 2 Satz 1 HGB nicht in der Bilanz dargestellt zu werden, sondern kann alternativ auch im Anhang erfolgen. Die Vorgehensweise ist in Ordnung.

10. Da ein hoher Betrag nicht von untergeordneter Bedeutung für die Beurteilung der Ertragslage ist, muss die AG den als außerordentlichen Ertrag in der Gewinn- und Verlustrechnung ausgewiesenen Posten hinsichtlich seines Betrags und seiner Art im Anhang erläutern (§ 277 Abs. 4 Satz 2 HGB).

11. Nach § 284 Abs. 2 Nr. 1 HGB müssen im Anhang die auf die Posten der Bilanz und der Gewinn- und Verlustrechnung angewandten Bilanzierungs- und Bewertungsmethoden angegeben werden. Die Vorgehensweise ist in Ordnung.

12. Die Bürgschaft ist ein in § 251 HGB genanntes Haftungsverhältnis und muss deshalb nach § 268 Abs. 7 HGB jeweils gesondert im Anhang angegeben werden. Die ebenfalls mögliche

Angabe in der Bilanz ist nach Aufgabenstellung nicht erfolgt. Es handelt sich hier also um eine Pflichtangabe im Anhang, die nicht unterbleiben darf.

13. Die Angabe der Zahl der beschäftigten Arbeitnehmer ist nach § 285 Satz 1 Nr. 7 HGB – nach Gruppen getrennt – anzugeben. Allerdings handelt es sich nicht um die Anzahl am Jahresende, sondern um den Jahresdurchschnitt, so dass andere Werte anzugeben sind.

14. Ein genehmigtes Kapital ist im Anhang nach § 160 Abs. 1 Nr. 4 AktG anzugeben. Es handelt sich um eine Pflichtangabe, die nicht unterbleiben darf.

15. Die Vorgehensweise der Anpassung der Vorjahreszahlen der Bilanz und Gewinn- und Verlustrechnung aufgrund der Veräußerung eines Teilbetriebes und die entsprechende Erläuterung ist nach § 265 Abs. 2 Satz 3 HGB korrekt.

LÖSUNG

Lösung zu Fall 63 — 6 Punkte

Die OHG könnte nach § 264a Abs. 1 i. V. m. § 264 Abs. 1 Satz 1 HGB zur Aufstellung eines Lageberichtes verpflichtet sein. Nach den Angaben der Einleitung (A. I. auf Seite 1) sind allerdings alle vier Gesellschafter der OHG natürliche Personen, so dass eine Verpflichtung nach dem HGB nicht besteht.

Die OHG könnte nach dem PublG zur Aufstellung verpflichtet sein. Die OHG hat seit fünf Jahren zwei der drei Kriterien (Umsatzerlöse und durchschnittliche Arbeitnehmerzahl) nach § 1 Abs. 1 PublG überschritten und ist damit nach § 2 Abs. 1 PublG zur Rechnungslegung nach dem PublG verpflichtet. Somit muss die OHG einen Jahresabschluss nach § 242 HGB aufstellen. Ein Lagebericht ist allerdings nach § 5 Abs. 2 PublG durch eine Personenhandelsgesellschaft (wie die OHG) nicht aufzustellen.

Die OHG ist also nicht zur Aufstellung eines Lageberichtes verpflichtet.

LÖSUNG

Lösung zu Fall 64 — 8 Punkte

Der Jahresabschluss (Bilanz, Gewinn- und Verlustrechnung, Anhang) und der Lagebericht sind von den gesetzlichen Vertretern in den ersten drei Monaten des Geschäftsjahrs für das vergangene Geschäftsjahr aufzustellen (§ 264 Abs. 1 Satz 3 HGB), also hier bis zum 31. 3. 2017.

Die gesetzlichen Vertreter von großen börsennotierten Kapitalgesellschaften i. S. v. § 264d HGB (Unternehmen, die einen organisierten Markt i. S. d. § 2 Abs. 5 des Wertpapierhandelsgesetzes durch von ihr ausgegebene Wertpapiere i. S. d. § 2 Abs. 1 Satz 1 des Wertpapierhandelsgesetzes in Anspruch nehmen) haben nach § 325 Abs. 4 Satz 1 HGB für diese den Jahresabschluss beim Betreiber des elektronischen Bundesanzeigers elektronisch unverzüglich nach der Vorlage an die Gesellschafter, jedoch spätestens vor Ablauf des vierten Monats des dem Abschlussstichtag nachfolgenden Geschäftsjahrs einzureichen, also hier spätestens am 30.4.2017 (bei einer nicht börsennotierten AG wären es zwölf Monate nach § 325 Abs. 1a Satz 1 HGB). Zusätzlich muss die Maschinenbau AG folgende Unterlagen beim elektronischen Bundesanzeiger einreichen:

- Bestätigungsvermerk oder dem Vermerk über dessen Versagung
- Lagebericht
- Bericht des Aufsichtsrats
- Erklärung zum Corporate Governance Kodex (§ 161 AktG)
- soweit sich dies aus dem eingereichten Jahresabschluss nicht ergibt, der Vorschlag für die Verwendung des Ergebnisses und der Beschluss über seine Verwendung unter Angabe des Jahresüberschusses oder Jahresfehlbetrags

LÖSUNG

Lösung zu Fall 65 — 15 Punkte

1. Nach § 316 Abs. 1 Satz 1 HGB besteht eine Verpflichtung zur Abschlussprüfung. Die Ergebnisse der Abschlussprüfungen der Vorjahre spielen für diese Verpflichtung keine Rolle.
2. Mögliche Abschlussprüfer:
    a. Nach § 319 Abs. 1 Satz 1 HGB können Abschlussprüfer nur Wirtschaftsprüfer sein. Ein vereidigter Buchprüfer darf also nicht zum Abschlussprüfer der Maschinenbau AG bestellt werden.

    b. Der Wirtschaftsprüfer könnte nach § 319 Abs. 1 Satz 1 HGB als Abschlussprüfer bestellt werden. Allerdings besteht nach § 319 Abs. 3 Satz 1 Nr. 1 i.V.m. § 319 Abs. 3 Satz 2 HGB ein Ausschlussgrund, so dass er nicht zum Abschlussprüfer der Maschinenbau AG bestellt werden darf.

    c. Nach § 319 Abs. 1 Satz 1 HGB können Abschlussprüfer nur Wirtschaftsprüfer sein. Eine Steuerberaterin darf also nicht zur Abschlussprüferin der Maschinenbau AG bestellt werden.

    d. Die Wirtschaftsprüferin könnte nach § 319 Abs. 1 Satz 1 HGB als Abschlussprüferin bestellt werden. Allerdings besteht nach § 319 Abs. 3 Satz 1 Nr. 2 HGB ein Ausschlussgrund, so dass sie nicht zur Abschlussprüferin der Maschinenbau AG bestellt werden darf.

    e. Die Wirtschaftprüferin kann nach § 319 Abs. 1 Satz 1 HGB als Abschlussprüferin der Maschinenbau AG bestellt werden, da sie keine weiteren finanziellen oder persönlichen Verbindungen zur AG hat.

f. Der Wirtschaftsprüfer könnte nach § 319 Abs. 1 Satz 1 HGB als Abschlussprüfer bestellt werden. Allerdings besteht nach § 319 Abs. 3 Satz 1 Nr. 3 b) HGB ein Ausschlussgrund, so dass er nicht zum Abschlussprüfer der Maschinenbau AG bestellt werden darf.

g. Die Wirtschaftsprüferin könnte nach § 319 Abs. 1 Satz 1 HGB als Abschlussprüferin bestellt werden. Allerdings besteht nach § 319a Abs. 1 Satz 1 Nr. 4 HGB ein Ausschlussgrund, so dass sie nicht zur Abschlussprüferin der Maschinenbau AG bestellt werden darf.

h. Der Wirtschaftsprüfer könnte nach § 319 Abs. 1 Satz 1 HGB als Abschlussprüfer bestellt werden. Allerdings besteht nach § 319 Abs. 3 Satz 1 Nr. 3 c) HGB ein Ausschlussgrund, so dass er nicht zum Abschlussprüfer der Maschinenbau AG bestellt werden darf.

II. Abschlüsse nach internationalen Standards – Grundlagenteil

LÖSUNG

Lösung zu Fall 1 — 33 Punkte

1. Die normsetzende Institution der IFRS ist das International Accounting Standards Board (IASB).

   Die gesellschaftsrechtliche Organisation des IASB erfolgt über eine Stiftung (IFRS Foundation) mit Sitz in Delaware, USA, also keine staatliche Organisation. Die Stiftung hat zwei Organe: Das IASB, mit Sitz in London, ist das Geschäftsführungsorgan und für den Erlass der Standards zuständig. Die Trustees der Stiftung (zurzeit 22 Personen aus verschiedenen internationalen Unternehmen/Organisationen) kontrollieren den IASB und bestimmen deren Mitglieder. Daneben besteht das IFRS Interpretations Committee, welches die Aufgabe hat, die Anwendung der Standards zu beobachten und in Einzelfragen, die in den Standards nicht explizit geregelt sind, eine Interpretation zur Anwendung zu geben. Allerdings entscheidet das IASB über die Veröffentlichung und damit das Wirksamwerden der Interpretationen.

2. Die Entstehung eines neuen IFRS findet in einem formalisierten Prozess statt, der einer interessierten Öffentlichkeit die Möglichkeit zur Beteiligung bietet. Nach Bearbeitung eines Vorhabens im IASB und der Abstimmung mit dem Rahmenkonzept erhält die Öffentlichkeit die Möglichkeit zur Kommentierung des Diskussionspapieres (Draft Statement of Principles). Danach erfolgt wieder eine Bearbeitung im IASB und die Erstellung eines Entwurfes (Exposure Draft). Auch dieser wird wieder veröffentlicht und kann kommentiert werden. Am Ende steht dann die Verabschiedung des Standards durch das IASB. Es handelt sich bei dem Verfahren zwar um einen privatwirtschaftlichen Vorgang (es ist kein staatliches Parlament an der Entscheidung beteiligt), aber um ein sehr öffentliches Verfahren (in englischer Sprache).

3. Das IFRS-Gesamtwerk besteht aus dem Rahmenkonzept (Framework), den Standards (IAS und IFRS) sowie den Interpretationen (SIC und IFRIC).

   Das Rahmenkonzept enthält die konzeptionellen Grundlagen der IFRS. Auf diese ist, obwohl es grundsätzlich unverbindlich ist, immer dann zurückzugreifen, wenn in den einzelnen Standards oder Interpretationen, die grundsätzlich Vorrang haben, keine Regelung getroffen ist. Außerdem dient das Rahmenkonzept dem IASB als Grundlage für die Erarbeitung neuer Standards. Es kann aber z. B. zwingend zu beachten sein, wenn ein Standard hierauf verweist.

   Die IFRS sind vom IASB (bis 2001 die IAS vom IASC) verabschiedete Standards, die sich mit Einzelproblemstellungen der Rechnungslegung bzw. Berichterstattung befassen, z. B. IAS 16 Sachanlagen. Die Standards werden in der Reihenfolge ihrer zeitlichen Entstehung nummeriert. Die IFRS werden für Anwender innerhalb der EU durch das sogenannte Endorsementverfahren (siehe 4.) verbindlich.

Die Interpretationen regeln Einzelfragen, die in den Standards nicht explizit geregelt sind. Daneben erläutern und ergänzen sie die Standards und sind genauso verbindlich wie diese.

4. Da es sich bei den IFRS um privatrechtliche Normen handelt, sind diese mit ihrer Verabschiedung durch das IASB in Deutschland nicht rechtsverbindlich. Um möglichst eine in der EU einheitliche Rechtsverbindlichkeit zu erreichen, werden die IFRS sowie die Interpretationen nicht durch jeden einzelnen Staat in nationales Recht umgesetzt, sondern durch eine EU-Verordnung unmittelbar für alle Beitrittsländer der Europäischen Union in der jeweiligen Amtssprache verbindlich. Dieser sogenannte Endorsement-Prozess erfolgt im Rahmen eines besonderen EU-Rechtsetzungsverfahren, der Komitologie. Dabei ist die EU-Kommission in der Verordnung EG 1606/2002 ermächtigt worden, in einem vereinfachten Verfahren Änderungsverordnungen zur Übernahmeverordnung der IFRS (EG 1126/2008; zuletzt geändert durch EU 2016/2067) zu erlassen.

5. In Deutschland können Unternehmen einen Einzelabschluss nach IFRS aufstellen und veröffentlichen. Sie müssen dann aber für die Bemessung der Ausschüttung einen HGB-Abschluss und für die Bemessung der Steuer eine Steuerbilanz erstellen. Für einen solchen IFRS-Abschluss gelten zusätzlich einige Bestimmungen des HGB (vgl. § 325 Abs. 2a HGB).

   Anders verhält es sich beim Konzernabschluss. Hier sind alle kapitalmarktorientierten Mutterunternehmen verpflichtet, ihren Konzernabschluss für Wirtschaftsjahre, die nach dem 31.12.2004 beginnen (zum Teil besteht eine Übergangsregelung), in Übereinstimmung mit den IFRS zu erstellen (§ 315a Abs. 1 und 2 HGB). Ein Unternehmen ist kapitalmarktorientiert, wenn es durch ausgegebene Wertpapiere einen organisierten Markt im Sinne des Wertpapierhandelsgesetzes in Anspruch nimmt oder dies beantragt hat. Die nicht kapitalmarktorientierten Mutterunternehmen dürfen ihren Konzernabschluss nach IFRS aufstellen (§ 315a Abs. 3 HGB). Für alle gilt, dass sie dann keinen zusätzlichen Konzernabschluss nach HGB aufstellen müssen (befreiender Konzernabschluss nach IFRS), aber dass bestimmte Vorschriften des HGB zusätzlich zu beachten sind.

LÖSUNG

Lösung zu Fall 2 — 22 Punkte

1. Die Hauptaufgabe des IFRS-Abschlusses ist es, den Adressaten des Abschlusses (insbesondere den Investoren, F. 9 ff.) Informationen, die den tatsächlichen Verhältnissen entsprechen, IAS 1.15 ff., über die Vermögens-, Finanz- und Ertragslage sowie die Cashflows und deren jeweilige Veränderungen zu geben (F. 15 ff.), damit diese auf der Grundlage der Daten wirtschaftliche Entscheidungen treffen können (IAS 1.9). Dies Ziel stimmt zwar grundsätzlich mit dem HGB überein, wird aber hier im Gegensatz zu den IFRS durch die vorrangig zu beachtenden Vorschriften zum Gläubigerschutz (Vorsichtsprinzip) stark eingeschränkt.

2. Den IFRS liegen das Konzept der Periodenabgrenzung (F. 22) und das der Unternehmensfortführung (F. 23) als Annahmen zugrunde.

Die Prämisse der Unternehmensfortführung (going concern, IAS 1.25 f.) besagt, dass bei der Aufstellung des Abschlusses von der Annahme auszugehen ist, dass das Unternehmen in einem überblickbaren Zeithorizont fortgeführt wird. Dies gilt solange, bis entgegen gesetzte Erkenntnisse vorliegen, z. B. die Unternehmensleitung beabsichtigt das Unternehmen aufzulösen. Bei erheblichen Zweifeln an der Fortführungsfähigkeit (innerhalb von zwölf Monaten nach dem Abschlussstichtag) ergeben sich entsprechende Angabepflichten.

Das Konzept der Periodenabgrenzung (accrual basis of accounting, IAS 1.27 f.) besagt, dass Auswirkungen von Geschäftsvorfällen in der Periode erfolgswirksam zu erfassen sind, zu der sie wirtschaftlich gehören. Die Zahlungsflüsse werden durch transistorische und antizipative Posten periodengerecht nach ihrer wirtschaftlichen Verursachung zugeordnet. Die periodengerechte Erfolgsermittlung kann nach IFRS zu anderen Ergebnissen führen als nach dem HGB, da die Einschränkungen durch das Vorsichtprinzip (Realisationsprinzip) nicht so stark sind.

3. Das Rahmenkonzept enthält vier qualitative Anforderungen (F. 24):
   - Verständlichkeit (understandability, F. 25)
   - Relevanz (relevance, F. 26 ff.)
   - Verlässlichkeit (reliability, F. 31 ff.)
   - Vergleichbarkeit (comparability, F. 39 ff.)

LÖSUNG

Lösung zu Fall 3 — 33 Punkte

Ein vollständiger IFRS-Abschluss besteht aus (IAS 1.10)

- einer Bilanz (balance sheet, IAS 1.54 ff.),
- einer Darstellung von Gewinn oder Verlust (statement of profit or loss) und sonstigem Ergebnis (statement of other comprehensive income, IAS 1.81 ff.),
- einer Eigenkapitalveränderungsrechnung (statement of changes in equity, IAS 1.106 ff.),
- einer Kapitalflussrechnung (cash-flow statement, IAS 1.111),
- einem Anhang (notes, IAS 1.112 ff.) und
- Vergleichsinformationen (IAS 1.38 ff.).

Für die Bilanz gibt es in den IFRS kein festes Gliederungsschema, auch Konto- oder Staffelform ist nicht vorgeschrieben. Grundsätzlich ist nur nach kurz- und langfristigen Vermögenswerten (assets) sowie nach kurz- und langfristigen Schulden (liabilities) zu gliedern. Es ist nur ein Mindestumfang an Positionen vorgegeben (IAS 1.54); weitere Positionen, Überschriften und Zwischensummen können angegeben werden (IAS 1.55). Rechnungsabgrenzungsposten werden nicht gesondert, sondern innerhalb der Vermögenswerte und Schulden ausgewiesen. Welche Vermögenswerte und Schulden in welche Position einfließen, ist in unterschiedlichen Standards geregelt. Die Verantwortlichkeit für eine sachgerechte Bilanzstruktur liegt beim bilanzierenden Unternehmen, welches dabei allerdings beachten muss, dass die Bilanz hauptsächlich dem Anleger zur Information dienen soll.

Auch für die Gewinn- und Verlustrechnung gibt es kein konkretes Gliederungsschema. Die Darstellung kann nach dem Gesamt- (nature of expense method) oder Umsatzkostenverfahren (function of expense method) erfolgen. Es ist nur ein Mindestumfang an Positionen vorgegeben (IAS 1.82 f.); weitere Positionen, Überschriften und Zwischensummen können angegeben werden (IAS 1.85). Es gibt keine außerordentlichen Erträge oder Aufwendungen (IAS 1.87).

In der Eigenkapitalveränderungsrechnung sind bestimmte Eigenkapitalbestandteile ausgehend von ihrem Vorjahreswert und den Veränderungen in der abgelaufenen Periode darzustellen. Auch hier ist wieder ein Mindestumfang vorgegeben. Für den formalen Aufbau gibt es eine weitgehende Gestaltungsfreiheit.

Die Kapitalflussrechnung erläutert die Veränderung des Finanzmittelfonds (Zahlungsmittel und Zahlungsmitteläquivalente) in einer Periode. Sie ist in die Bereiche betriebliche Tätigkeit (operating activities), Investitionstätigkeit (investing activities) und Finanzierungstätigkeit (financing activities) zu gliedern (IAS 7.10). Eine weitergehende Gliederungsvorschrift existiert nicht. Die Darstellung kann nach IAS 7.18 in direkter oder indirekter Methode erfolgen. Empfohlen wird die direkte Methode (IAS 7.19).

Der Anhang ist Pflichtbestandteil des IFRS-Abschlusses. Es sind deutlich mehr Informationen zu geben, als nach HGB-Vorschriften. Für den Anhang gibt es kein festes Gliederungsschema, aber es ist eine systematische Darstellung mit Querverweisen zwischen den Posten der Bilanz, Gewinn- und Verlustrechnung und der Kapitalflussrechnung zu den dazugehörigen Angaben des Anhangs gefordert. Für den Aufbau gibt es einen Vorschlag in den IFRS (IAS 1.114).

In bestimmten Fällen (wenn das Eigen- oder Fremdkapital des Unternehmens öffentlich gehandelt wird oder entsprechende Emissionen in die Wege geleitet sind) ist der Anhang noch um eine Segmentsberichterstattung (segment reporting) zu erweitern (IAS 14), die je nach Abhängigkeit der Chancen und Risiken strukturiert ist. Liegen die Chancen und Risiken im Wesentlichen in der Art der Produkte oder Dienstleistungen, so erfolgt die Berichterstattung zuerst nach Geschäftssegmenten (primäres Berichtsformat) und dann nach geografischen Segmenten (sekundäres Berichtsformat). Liegen Chancen und Risiken im Wesentlichen an der Tätigkeit in unterschiedlichen Regionen, so erfolgt die Berichterstattung zuerst nach geografischen Segmenten (primäres Berichtsformat) und dann nach Geschäftssegmenten (sekundäres Berichtsformat). Für die Angaben zum primären Berichtsformat gelten umfangreichere Mindestvorschriften als beim sekundären.

LÖSUNG

Lösung zu Fall 4 — 33 Punkte

Zuerst erfolgt die Prüfung, ob es sich überhaupt um einen Vermögenswert handelt, der zu bilanzieren ist. Ein Vermögenswert ist eine Ressource, die auf Grund von Ereignissen der Vergangenheit in der Verfügungsmacht des Unternehmens steht, und von der erwartet wird, dass dem Unternehmen aus ihr künftiger wirtschaftlicher Nutzen zufließt (F. 49 (a)). Die gekaufte Maschine erfüllt alle drei Bedingungen und ist daher ein Vermögenswert (asset).

Ein Vermögenswert wird in der Bilanz angesetzt, wenn es wahrscheinlich ist, dass der künftige wirtschaftliche Nutzen dem Unternehmen zufließen wird, und wenn seine Anschaffungs- oder Herstellungskosten (cost) oder ein anderer Wert verlässlich bewertet werden können (IAS 16.7).

Die Maschine erfüllt auch diese Erfassungskriterien, so dass sie dem Grunde nach unter den Sachanlagen (langfristige Vermögenswerte) zu bilanzieren ist.

Die Erstbewertung (measurement at recognition) der Maschine erfolgt zu den Anschaffungskosten (purchase cost, IAS 16.15). Wie diese ermittelt werden ist nicht generell geregelt, sondern dem entsprechenden Standard zu entnehmen. Die Anschaffungs- oder Herstellungskosten einer Sachanlage umfassen (IAS 16.16):

a) den Erwerbspreis einschließlich Einfuhrzölle und nicht erstattungsfähiger Umsatzsteuern nach Abzug von Rabatten, Boni und Skonti;

b) alle direkt zurechenbaren Kosten, die anfallen, um den Vermögenswert zu dem Standort und in den erforderlichen, vom Management beabsichtigten, betriebsbereiten Zustand zu bringen (z. B. Installations- und Montagekosten);

c) die erstmalig geschätzten Kosten für den Abbruch und die Beseitigung des Gegenstands und die Wiederherstellung des Standorts, an dem er sich befindet; die Verpflichtung, die ein Unternehmen entweder bei Erwerb des Gegenstands oder als Folge eingeht, wenn es ihn während einer gewissen Periode zu anderen Zwecken als zur Herstellung von Vorräten benutzt hat.

Jeder Bestandteil einer Sachanlage, dessen Anteil an den gesamten Anschaffungskosten wesentlich ist, soll gesondert abgeschrieben werden (Komponentenansatz, IAS 16.43 ff.). Da hier keine Angaben vorliegen, muss von einer einheitlichen Anlage ausgegangen werden.

Für die Folgebewertung (measurement after recognition) nach dem Anschaffungskostenmodell (cost model) gilt, dass nach dem Ansatz als Vermögenswert eine Sachanlage zu ihren Anschaffungskosten abzüglich der kumulierten Abschreibungen (accumulated depreciation) anzusetzen ist (IAS 16.30).

Der Abschreibungsbetrag eines Vermögenswertes wird nach Abzug seines Restwertes, da dieser hier wesentlich scheint, von den Anschaffungskosten ermittelt (IAS 16.53). Der Abschreibungsbetrag ist planmäßig über die Nutzungsdauer zu verteilen (IAS 16.50). Dabei ist die voraussichtliche betriebliche Nutzungsdauer (useful life) zu schätzen (IAS 16.56). Sie darf die wirtschaftliche Nutzungsdauer (economic life) nicht überschreiten.

Die Abschreibungsmethode hat dem erwarteten Verlauf des Verbrauchs des künftigen wirtschaftlichen Nutzens des Vermögenswertes durch das Unternehmen zu entsprechen (IAS 16.60). Somit ist eine bestimmte Methode nicht vorgegeben. Je nach Vermögenswert kann die lineare, die degressive oder die leistungsabhängige Abschreibung verwendet werden (IAS 16.62). Das Unternehmen wählt die Methode aus, die am genauesten den erwarteten Verlauf des Verbrauchs des künftigen wirtschaftlichen Nutzens des Vermögenswertes widerspiegelt (IAS 16.62). Diese Methode ist von Periode zu Periode stetig anzuwenden, es sei denn, dass sich der erwartete Verlauf des Verbrauchs jenes künftigen wirtschaftlichen Nutzens ändert (IAS 16.62).

Die Abschreibung eines Vermögenswerts beginnt, wenn er zur Verfügung steht, d. h. wenn er sich an seinem Standort und in dem vom Management beabsichtigten betriebsbereiten Zustand befindet (IAS 16.55).

Weicht der Restbuchwert nach IFRS vom Wert der Steuerbilanz ab, sind erfolgswirksam latente Steuern zu erfassen.

Der Restwert, die Nutzungsdauer und die Abschreibungsmethode eines Vermögenswerts sind mindestens zum Ende jedes Geschäftsjahres zu überprüfen (IAS 16.51, 16.61).

Die Bilanzierung erfolgt unter den Sachanlagen (IAS 1.54 (a)).

LÖSUNG

Lösung zu Fall 5 — 33 Punkte

Bei der Maschine handelt es sich um einen Vermögenswert, der zu bilanzieren ist, da es sich um eine Ressource handelt, die aufgrund von Ereignissen der Vergangenheit in der Verfügungsmacht des Unternehmens steht, und von der erwartet wird, dass dem Unternehmen aus ihr künftiger wirtschaftlicher Nutzen zufließt (F. 49 (a)).

Für die Maschine ist ein Vermögenswert in der Bilanz anzusetzen, da es wahrscheinlich ist, dass dem Unternehmen ein künftiger wirtschaftlicher Nutzen zufließen wird und die Anschaffungskosten verlässlich bewertet werden können (IAS 16.7).

Die Erstbewertung der Maschine erfolgt zu den Anschaffungskosten (IAS 16.15). Die Anschaffungskosten der Maschine umfassen in diesem Fall den Erwerbspreis nach Abzug von Skonto (IAS 16.16).

Jeder Bestandteil einer Sachanlage, dessen Anteil an den gesamten Anschaffungskosten wesentlich ist, soll gesondert abgeschrieben werden (Komponentenansatz, IAS 16.43 ff.). Da hier keine Angaben vorliegen, muss von einer einheitlichen Anlage ausgegangen werden.

Kaufpreis	350.000 €
abzüglich 3 % Skonto	–10.500 €
Anschaffungskosten	339.500 €

Für die Folgebewertung nach dem Anschaffungskostenmodell gilt, dass nach dem Ansatz als Vermögenswert eine Sachanlage zu ihren Anschaffungskosten abzüglich der kumulierten Abschreibungen anzusetzen ist (IAS 16.30).

Der Abschreibungsbetrag ist planmäßig über die Nutzungsdauer zu verteilen (IAS 16.50). Dabei ist die voraussichtliche betriebliche Nutzungsdauer zu schätzen (IAS 16.56). Hier sind laut Aufgabenstellung zutreffend 10 Jahre geschätzt worden.

Die Abschreibungsmethode hat dem erwarteten Verlauf des Verbrauchs des künftigen wirtschaftlichen Nutzens des Vermögenswertes durch das Unternehmen zu entsprechen (IAS 16.60). Dies ist nach der Aufgabenstellung die lineare Methode.

Die Abschreibung eines Vermögenswerts beginnt, wenn er zur Verfügung steht, d. h. wenn er sich an seinem Standort und in dem vom Management beabsichtigten betriebsbereiten Zustand befindet (IAS 16.55). Dies ist hier der 19. 6. 2016, also ist die Maschine ab Juni 2016 abzuschreiben.

Anschaffungskosten	339.500 €
Abschreibung 10 %, davon $^{7}/_{12}$	–19.804 €
Bilanzansatz zum 31. 12. 2016 (IAS 1.54 (a))	319.696 €

Buchungen:

Sachanlagen	350.000 €	
Vorsteuer	66.500 €	
an Verbindlichkeiten aLL		416.500 €
Verbindlichkeiten aLL	416.500 €	
an Sachanlagen		10.500 €
an Vorsteuer		1.995 €
an Zahlungsmittel		404.005 €
Abschreibungen an Sachanlagen		19.804 €

LÖSUNG

Lösung zu Fall 6 — 16 Punkte

Bei der Maschine handelt es sich um einen Vermögenswert, der zu bilanzieren ist, da es sich um eine Ressource handelt, die aufgrund von Ereignissen der Vergangenheit in der Verfügungsmacht des Unternehmens steht, und von der erwartet wird, dass dem Unternehmen aus ihr künftiger wirtschaftlicher Nutzen zufließt (F. 49 (a)).

Für die Maschine ist grundsätzlich ein Vermögenswert in der Bilanz anzusetzen, da es wahrscheinlich ist, dass dem Unternehmen ein künftiger wirtschaftlicher Nutzen zufließen wird und die Anschaffungskosten verlässlich bewertet werden können (IAS 16.7).

Im HGB-Abschluss dürfte diese Büromaschine als geringwertiges Wirtschaftsgut im Jahr 2016 als Aufwand erfasst worden sein. Die Erfassung als Aufwand des Geschäftsjahres ist nach dem Grundsatz der Wesentlichkeit (F. 30) auch für den IFRS-Abschluss gültig. Somit braucht die eigentlich notwendige Aktivierung nach IAS 16 nicht zu erfolgen (IAS 8.8). Ein genauer Grenzwert ist in den Standards nicht vorgegeben, bei der Höhe von 300 € und nur wenigen vergleichbaren Fällen liegt aber eindeutig eine Unwesentlichkeit vor.

Die Anschaffungskosten in Höhe von 300 € sind auch im IFRS-Abschluss als Aufwand zu erfassen. Ein Bilanzansatz erfolgt nicht.

Buchungen:

Abschreibungen	300 €	
Vorsteuer	57 €	
an Verbindlichkeiten aLL		357 €
Verbindlichkeiten aLL an Zahlungsmittel		357 €

LÖSUNG

Lösung zu Fall 7 33 Punkte

Zuerst erfolgt die Prüfung, ob es sich überhaupt um einen Vermögenswert handelt, der zu bilanzieren ist. Ein Vermögenswert ist eine Ressource, die auf Grund von Ereignissen der Vergangenheit in der Verfügungsmacht des Unternehmens steht, und von der erwartet wird, dass dem Unternehmen aus ihr künftiger wirtschaftlicher Nutzen zufließt (F. 49 (a)). Das Produktionsgebäude erfüllt alle drei Bedingungen und ist daher ein Vermögenswert (asset).

Ein Vermögenswert wird in der Bilanz angesetzt, wenn es wahrscheinlich ist, dass der künftige wirtschaftliche Nutzen dem Unternehmen zufließen wird, und wenn seine Anschaffungs- oder Herstellungskosten (cost) oder ein anderer Wert verlässlich bewertet werden können (IAS 16.7). Das Produktionsgebäude erfüllt auch diese Erfassungskriterien, so dass es dem Grunde nach unter den Sachanlagen (langfristige Vermögenswerte) zu bilanzieren ist.

Die Erstbewertung (measurement at recognition) erfolgt nach den Herstellungskosten (production costs, IAS 16.15). Die Ermittlung der Herstellungskosten für selbsterstellte Sachanlagen folgt denselben Grundsätzen, die auch beim Erwerb von Sachanlagen angewandt werden (IAS 16.22).

Somit gehören zu den Herstellungskosten des Gebäudes die direkt zurechenbaren Kosten (IAS 16.16 (b)), wie der Festpreis und eventuell zusätzlich anfallende Gebühren (z. B. Baugenehmigung). Die Abrisskosten für das bestehende Gebäude sind als Kosten der Standortvorbereitung ebenfalls direkt zurechenbare Kosten und gehören damit zu den Herstellungskosten (IAS 16.17 (b)). Dazu gehören auch die Kosten für Leistungen der Arbeitnehmer, die direkt aufgrund der Herstellung des Gebäudes anfallen (z. B. für die Betreuung des Generalunternehmers durch die Immobilienabteilung; IAS 16.17 (a)). Die Kosten für die Beseitigung des Gebäudes am Ende der Mietzeit des Grundstücks sind, falls eine verlässliche Schätzung der Höhe der Verpflichtung möglich ist, ebenfalls Herstellungskosten des Gebäudes (in gleicher Höhe ist dann eine Rückstellung zu bilden und abzuzinsen; IAS 16.16 (c)).

Jeder Bestandteil einer Sachanlage, dessen Anteil an den gesamten Herstellungskosten wesentlich ist, soll gesondert abgeschrieben werden (Komponentenansatz, IAS 16.43 ff.). Da hier keine Angaben vorliegen, muss von einer einheitlichen Anlage ausgegangen werden.

Da hier nach der Aufgabenstellung die Neubewertungsmethode (revaluation model, IAS 16.31 ff.) angewandt werden soll, erfolgt die Folgebewertung grundsätzlich durch eine Neubewertung des Vermögenswertes. Die Neubewertung hat bei Gebäuden grundsätzlich alle drei oder fünf Jahre zu erfolgen, da sich hier der beizulegende Zeitwert meist nur geringfügig ändert (IAS 16.34). In den Jahren, in den keine Neubewertung erfolgt, wird der Vermögenswert analog nach dem Anschaffungskostenmodell planmäßig abgeschrieben (IAS 16.31, siehe Lösung Fall 4).

Zu berücksichtigen ist, dass bei einer Neubewertung eines Gebäudes die ganze Gruppe der Sachanlagen, zu denen der Gegenstand gehört, neu zu bewerten ist (IAS 16.36).

Führt eine erstmalige Neubewertung zu einer Erhöhung des Buchwerts des Gebäudes, ist die Wertsteigerung erfolgsneutral direkt in das Eigenkapital unter die Position Neubewertungsrücklage (revaluation surplus) einzustellen (IAS 16.39). Außerdem sind erfolgsneutrale latente Steuern zu buchen.

Führt eine erstmalige Neubewertung zu einer Verringerung des Buchwerts eines Vermögenswerts, ist die Wertminderung im Ergebnis zu erfassen (IAS 16.40).

Bei einer nachfolgenden Neubewertung kommen unterschiedliche Fälle bei Wertänderungen in Betracht:

a) Werterhöhung bei gebildeter Neubewertungsrücklage: Die Rücklage ist aufzustocken (IAS 16.39).

b) Werterhöhung bei vorheriger ergebniswirksamer Wertminderung: Die in der Vergangenheit ergebniswirksam erfasste Abwertung wird rückgängig gemacht. Ein übersteigender Betrag wird in die Neubewertungsrücklage eingestellt (IAS 16.39).

c) Wertminderung ohne früher gebildete Neubewertungsrücklage: Die Wertminderung ist im Ergebnis zu erfassen (IAS 16.40).

d) Wertminderung mit früher gebildeter Neubewertungsrücklage: Die Neubewertungsrücklage ist vorrangig aufzulösen. Nur eine die Rücklage übersteigende Wertminderung wird ergebniswirksam erfasst (IAS 16.40).

Die Bilanzierung des Gebäudes erfolgt nach IAS 1.54 (a) unter den Sachanlagen.

Weicht der Restbuchwert nach IFRS vom Wert der Steuerbilanz ab, sind, abgesehen von den Fällen der Bildung oder Auflösung der Neubewertungsrücklage, erfolgswirksam latente Steuern zu erfassen.

Der Ansatz einer Neubewertungsrücklage ist im HGB-Abschluss nicht möglich.

LÖSUNG

Lösung zu Fall 8 — 39 Punkte

Die Erstbewertung erfolgte 2014 nach den Herstellungskosten (IAS 16.15). In den Jahren in denen keine Neubewertung erfolgt, wird das Gebäude analog nach Anschaffungskostenmodell planmäßig abgeschrieben.

Im Jahr 2016 soll nach der Aufgabenstellung die Neubewertungsmethode angewandt werden (IAS 16.31 ff.) und zwar nicht nur für das Produktionsgebäude, sondern entsprechend IAS 16.36 ff. für die ganze Anlagengruppe Gebäude gleichzeitig. Die letzte Neubewertung ist 2013 erfolgt, also vor drei Jahren. Diese Zeitspanne zwischen zwei Neubewertungen ist nach IAS 16.34 bei Gebäuden grundsätzlich zulässig, da sich bei diesen Anlagegütern der beizulegende Zeitwert in einem Jahr nur geringfügig ändert.

Ohne die Neubewertung würde sich folgender Restbuchwert für das Produktionsgebäude ergeben:

Herstellungskosten	1.800.000 €
Abschreibung 5 %, davon $^{6}/_{12}$	– 45.000 €
Abschreibung 5 %	– 90.000 €
Restbuchwert 2015	1.665.000 €
Abschreibung 5 % von 1.800.000 €	– 90.000 €
Restbuchwert 2016 vor Neubewertung	1.575.000 €

a) Beträgt der für die Neubewertung ermittelte beizulegende Wert 1.600.000 €, so übersteigt er den Restbuchwert des Anlagengutes vor der Neubewertung. Diese Wertsteigerung ist direkt in das Eigenkapital unter die Position Neubewertungsrücklage einzustellen (IAS 16.39). Außerdem sind erfolgsneutrale latente Steuern zu erfassen, die aber lt. Aufgabenstellung nicht gebucht werden sollen.

   Der Ansatz einer Neubewertungsrücklage ist im HGB-Abschluss nicht möglich.

Abschreibungen an Sachanlagen	90.000 €
Sachanlagen an Neubewertungsrücklage	25.000 €

b) Beträgt der für die Neubewertung ermittelte beizulegende Wert 1.550.000 €, so unterschreitet er den Restbuchwert des Anlagengutes vor der Neubewertung. Diese Wertminderung ist im Ergebnis zu erfassen (IAS 16.40). Außerdem sind erfolgswirksam latente Steuern zu erfassen, die aber nach der Aufgabenstellung nicht gebucht werden sollen.

Abschreibungen an Sachanlagen	90.000 €
Abschreibungen an Sachanlagen (Neubewertung)	25.000 €

Die Bilanzierung des Gebäudes erfolgt nach IAS 1.54 (a) unter den Sachanlagen.

Zusatzaufgabe:

Neubewertung 2019	Werterhöhung 2016 25.000 €	Wertminderung 2016 25.000 €
Werterhöhung von 10.000 €	Die Neubewertungsrücklage ist um 10.000 € zu erhöhen.	Es sind 10.000 € zuzuschreiben.
Werterhöhung von 30.000 €	Die Neubewertungsrücklage ist um 30.000 € zu erhöhen.	Es sind 25.000 € zuzuschreiben. Außerdem ist eine Neubewertungsrücklage in Höhe von 5.000 € zu bilden.
Wertminderung von 10.000 €	Die Neubewertungsrücklage ist um 10.000 € zu vermindern.	Es sind 10.000 € abzuschreiben.
Wertminderung von 30.000 €	Die Neubewertungsrücklage ist um 25.000 € zu vermindern. Außerdem sind 5.000 € abzuschreiben.	Es sind 30.000 € abzuschreiben.

LÖSUNG

Lösung zu Fall 9 22 Punkte

Grundsätzlich sind Fremdkapitalkosten (borrowing cost) in der Periode als Aufwand zu erfassen, in der sie angefallen sind (IAS 23.1, 23.8). Dies gilt aber nicht für Fremdkapitalkosten, die direkt dem Erwerb, dem Bau oder der Herstellung eines qualifizierten Vermögenswertes zugeordnet werden können (IAS 23.1).

Also sind Fremdkapitalkosten, die direkt der Herstellung eines qualifizierten Vermögenswertes (qualifying asset) zugeordnet werden können, als Teil der Anschaffungs- oder Herstellungskosten (cost) dieses Vermögenswertes zu aktivieren (IAS 23.8). Fremdkapitalkosten, die direkt der Herstellung eines qualifizierten Vermögenswertes zugeordnet werden können, sind solche, die vermieden worden wären, wenn die Ausgaben für den qualifizierten Vermögenswert nicht getätigt worden wären (IAS 23.10). Wenn ein Unternehmen speziell für die Beschaffung eines bestimmten qualifizierten Vermögenswertes Mittel aufnimmt, können die Fremdkapitalkosten, die sich direkt auf diesen qualifizierten Vermögenswert beziehen, ohne weiteres bestimmt werden (IAS 23.10). Ein qualifizierter Vermögenswert ist ein Vermögenswert, für den ein längerer (beträchtlicher) Zeitraum erforderlich ist, um ihn in seinen beabsichtigten gebrauchsfähigen Zustand zu versetzen (IAS 23.5). Dies ist hier gegeben.

Die Fremdkapitalkosten werden dann als Teil der Anschaffungs- oder Herstellungskosten des Vermögenswertes aktiviert, wenn wahrscheinlich ist, dass dem Unternehmen hieraus künftiger wirtschaftlicher Nutzen erwächst und die Kosten verlässlich bewertet werden können (IAS 23.9). Beide Bedingungen sind hier erfüllt, so dass eine Aktivierung erfolgen muss.

Mit der Aktivierung der Fremdkapitalkosten als Teil der Herstellungskosten eines qualifizierten Vermögenswertes ist gem. IAS 23.17 dann zu beginnen, wenn

a) Ausgaben für den Vermögenswert anfallen;

b) Fremdkapitalkosten anfallen (IAS 23.6) und

c) die erforderlichen Arbeiten begonnen haben, um den Vermögenswert für seinen beabsichtigten Gebrauch herzurichten.

Die Aktivierung von Fremdkapitalkosten ist zu beenden, wenn alle Arbeiten, die erforderlich sind, um den qualifizierten Vermögenswert für seinen beabsichtigten Gebrauch herzurichten, im Wesentlichen abgeschlossen sind (IAS 23.22).

Wurden Fremdmittel speziell für die Beschaffung eines qualifizierten Vermögenswertes aufgenommen, so ist die Höhe der für diesen Vermögenswert aktivierbaren Fremdkapitalkosten zu bestimmen, indem von den Fremdkapitalkosten, die aufgrund dieser Fremdkapitalaufnahme in der Periode tatsächlich angefallen sind, etwaige Anlageerträge aus der vorübergehenden Zwischenanlage dieser Mittel abgezogen werden (IAS 23.12).

Da hier die Fremdkapitalkosten direkt dem Bau des Gebäudes zugeordnet werden können, erhöhen sich die Herstellungskosten um den Betrag, um den die Fremdkapitalkosten für die zehn Monate Bauzeit die etwaigen Anlageerträge aus vorübergehender Geldanlage übersteigen.

LÖSUNG

Lösung zu Fall 10 — 17 Punkte

In einem Fall wie diesem, bei dem ein qualitativer Indikator für eine Wertminderung bei Sachanlagen vorliegt (Schaden an der Maschine) ist zu prüfen, ob eine bilanziellen Erfassung der Wertminderung (impairment test) erfolgen muss (IAS 16.63).

Für die Ermittlung eines eventuellen Abschreibungsbedarfes ist der Restbuchwert (residual book value) der Maschine nach der planmäßigen Abschreibung des Jahres mit dem erzielbaren Betrag (recoverable amount) für die Maschine zu vergleichen. Der erzielbare Betrag ermittelt sich aus dem Höchstwert von beizulegendem Wert abzüglich Verkaufskosten (Nettoveräußerungspreis) und Nutzungswert (value in use) der Maschine (IAS 36.6).

Der beizulegende Wert ist der Preis, der in einem geordneten Geschäftsvorfall zwischen Marktteilnehmern am Bemessungsstichtag für den Verkauf eines Vermögenswertes eingenommen wurde (IAS 36.6). Von dem so ermittelten Preis sind noch die Veräußerungskosten (z. B. Versandkosten, Demontagekosten) abzuziehen (IAS 36.28).

Der Nutzungswert ergibt sich aus dem Barwert der zukünftig erwarteten Cash-Flows aus der Nutzung der Maschine (IAS 36.6).

Ist der erzielbare Betrag niedriger als der Restbuchwert, so ist der Buchwert des Vermögenswertes auf den erzielbaren Betrag zu verringern (IAS 36.59). Die Verringerung ist ein Wertminderungsaufwand (impairment loss), der erfolgswirksam zu erfassen ist (IAS 36.60).

Weicht der neue Restbuchwert nach IFRS vom Wert der Steuerbilanz ab, sind erfolgswirksam latente Steuern zu erfassen.

Unabhängig davon, ob sich ein außerplanmäßiger Abschreibungsbetrag ergibt, ist die planmäßige Abschreibung (Methode, Restnutzungsdauer und Restwertschätzung) zu überprüfen (IAS 36.17).

LÖSUNG

Lösung zu Fall 11 — 33 Punkte

Bei der Filteranlage handelt es sich um einen Vermögenswert, der zu bilanzieren ist, da sie eine Ressource darstellt, die aufgrund von Ereignissen der Vergangenheit in der Verfügungsmacht des Unternehmens steht (F 49 (a)). Allerdings wird erwartet, dass dem Unternehmen aus ihr direkt kein künftiger wirtschaftlicher Nutzen zufließt. Trotzdem handelt es sich nach IAS 16.11 um einen Vermögenswert, da die Anlage aus Gründen des Umweltschutzes erworben wurde und notwendig ist, um den künftigen wirtschaftlichen Nutzen aus der Produktionsanlage überhaupt erst zu gewinnen, da die Produktionsanlage ohne die Filteranlage stillgelegt werden müsste. Es handelt sich also nicht um nachträgliche Herstellungskosten für die Produktionsanlage.

Für die Filteranlage ist ein Vermögenswert in der Bilanz anzusetzen, da die Anschaffungskosten verlässlich bewertet werden können (IAS 16.7).

Die Erstbewertung der Anlage erfolgt zu den Anschaffungskosten (IAS 16.15).

Jeder Bestandteil einer Sachanlage, dessen Anteil an den gesamten Anschaffungskosten wesentlich ist, soll gesondert abgeschrieben werden (Komponentenansatz, IAS 16.43 ff.). Da hier keine Angaben vorliegen, muss von einer einheitlichen Anlage ausgegangen werden.

Für die Folgebewertung nach dem Anschaffungskostenmodell gilt, dass nach dem Ansatz als Vermögenswert eine Sachanlage zu ihren Anschaffungskosten abzgl. der kumulierten Abschreibungen anzusetzen ist (IAS 16.30).

Der Abschreibungsbetrag ist planmäßig über die Nutzungsdauer zu verteilen (IAS 16.50). Dabei ist die voraussichtliche betriebliche Nutzungsdauer zu schätzen (IAS 16.56). Hier sind laut Aufgabenstellung zutreffend zehn Jahre geschätzt worden.

Die Abschreibungsmethode hat dem erwarteten Verlauf des Verbrauchs des künftigen wirtschaftlichen Nutzens des Vermögenswertes durch das Unternehmen zu entsprechen (IAS 16.60). Dies ist nach der Aufgabenstellung die lineare Methode. Die degressive Methode darf somit nicht angewendet werden, auch wenn sie im HGB-Abschluss genutzt worden sein sollte.

Die Abschreibung eines Vermögenswertes beginnt, wenn er zur Verfügung steht, d. h. wenn er sich an seinem Standort und in dem vom Management beabsichtigten betriebsbereiten Zustand befindet (IAS 16.55). Dies ist hier der September 2016, also ist die Filteranlage ab diesem Monat abzuschreiben.

Anschaffungskosten	600.000 €
Abschreibung 10 %, davon $^4/_{12}$	−20.000 €
Bilanzansatz zum 31. 12. 2016 (IAS 1.54 (a))	580.000 €

Buchungen:

Sachanlagen	600.000 €	
Vorsteuer	114.000 €	
an Verbindlichkeiten aLL		714.000 €
Verbindlichkeiten aLL	714.000 €	
an Zahlungsmittel		714.000 €
Abschreibungen	20.000 €	
an Sachanlagen		20.000 €

Nach HGB handelt es sich um nachträgliche Anschaffungskosten für die Produktionsanlage; ein Komponentenansatz wäre möglich. Dieser ist im HGB nicht vorgesehen, wird aber vom IDW für zulässig gehalten (IDW RH HFA 1.016 vom 29. 5. 2009).

LÖSUNG

Lösung zu Fall 12 **33 Punkte**

Bei der Maschine handelt es sich um einen Vermögenswert, der zu bilanzieren ist, da sie eine Ressource darstellt, die aufgrund von Ereignissen der Vergangenheit in der Verfügungsmacht des Unternehmens steht, und von der erwartet wird, dass dem Unternehmen aus ihr künftiger wirtschaftlicher Nutzen zufließt (F 49 (a)).

Für die Maschine ist grundsätzlich ein Vermögenswert in der Bilanz anzusetzen, da es wahrscheinlich ist, dass dem Unternehmen ein künftiger wirtschaftlicher Nutzen zufließen wird und die Anschaffungskosten verlässlich bewertet werden können (IAS 16.7).

Die Erstbewertung der Maschine erfolgt zu den Anschaffungskosten (IAS 16.15). Zu den Anschaffungskosten gehören der Kaufpreis abzgl. Skonto sowie die direkt zurechenbaren Kosten, wobei die Kosten für den Probelauf um die Erträge aus den dort produzierten Waren zu mindern sind (IAS 16.16 f.).

Kaufpreis	4.000.000 €
Fundament	50.000 €
Gutachten	10.000 €
Transport	10.000 €
Aufbau und Probelauf	15.000 €
Nettoertrag produzierte Waren	– 5.000 €
Skonto	– 80.000 €
Anschaffungskosten	4.000.000 €

Die Kosten für den routinemäßigen Anstrich der Halle sind laufende Instandhaltungskosten und gehören nicht zu den Anschaffungskosten (IAS 16.12).

Für die Folgebewertung nach dem Anschaffungskostenmodell gilt, dass nach dem Ansatz als Vermögenswert eine Sachanlage zu ihren Anschaffungskosten abzgl. der kumulierten Abschreibungen anzusetzen ist (IAS 16.30). Der Abschreibungsbetrag ist planmäßig über die Nutzungsdauer zu verteilen (IAS 16.50). Dabei ist die voraussichtliche betriebliche Nutzungsdauer zu schätzen (IAS 16.56).

Die Abschreibungsmethode hat dem erwarteten Verlauf des Verbrauchs des künftigen wirtschaftlichen Nutzens des Vermögenswertes durch das Unternehmen zu entsprechen (IAS 16.60). Dies ist nach der Aufgabenstellung die lineare Methode.

Die Abschreibung eines Vermögenswertes beginnt, wenn er zur Verfügung steht, d. h. wenn er sich an seinem Standort und in dem vom Management beabsichtigten betriebsbereiten Zustand befindet (IAS 16.55). Dies ist hier der Oktober 2016, also ist die Maschine ab diesem Monat abzuschreiben.

Jeder Bestandteil einer Sachanlage, dessen Anteil an den gesamten Anschaffungskosten wesentlich ist, soll gesondert abgeschrieben werden (Komponentenansatz, IAS 16.43 ff.).

In diesem Fall gibt es zwei Bestandteile, die getrennt voneinander abzuschreiben sind:

Die Verarbeitungseinheit, die laut Sicherheitsbestimmungen alle vier Jahre ausgetauscht werden muss, hat auch nur eine Nutzungsdauer von vier Jahren. Als Abschreibungsbasis dienen die Kosten, die für den Austausch erforderlich sind.

Anschaffungskosten	800.000 €
Abschreibung 25 %, davon $^{3}/_{12}$	– 50.000 €
Bilanzansatz Verarbeitungseinheit zum 31. 12. 2016 (IAS 1.54 (a))	750.000 €

Der Rest der Maschine kann nach IAS 16.45 für die Abschreibung zusammengefasst werden, da eine einheitliche Nutzungsdauer von zehn Jahren und ein linearer Werteverzehr besteht.

Anschaffungskosten	3.200.000 €
Abschreibung 10 %, davon $^{3}/_{12}$	– 80.000 €
Bilanzansatz Rest zum 31. 12. 2016 (IAS 1.54 (a))	3.120.000 €
Summe Bilanzansatz	3.870.000 €

Ein Komponentenansatz ist im HGB nicht vorgesehen, wird aber vom IDW für zulässig gehalten (IDW RH HFA 1.016 vom 29. 5. 2009).

LÖSUNG

Lösung zu Fall 13 — 44 Punkte

Bei der Maschine handelt es sich um einen Vermögenswert, der zu bilanzieren ist, da sie eine Ressource darstellt, die aufgrund von Ereignissen der Vergangenheit in der Verfügungsmacht des Unternehmens steht, und von der erwartet wird, dass dem Unternehmen aus ihr künftiger wirtschaftlicher Nutzen zufließt (F 49 (a)).

Für die Maschine ist grundsätzlich ein Vermögenswert in der Bilanz anzusetzen, da es wahrscheinlich ist, dass dem Unternehmen ein künftiger wirtschaftlicher Nutzen zufließen wird und die Anschaffungskosten verlässlich bewertet werden können (IAS 16.7).

Die Erstbewertung der Maschine erfolgt zu den Anschaffungskosten (IAS 16.15). Zu den Anschaffungskosten gehören der Kaufpreis abzgl. Skonto sowie die Nebenkosten (IAS 16.16).

Kaufpreis	5.000.000 €
Nebenkosten	250.000 €
Skonto	–150.000 €
Anschaffungskosten	5.100.000 €

Für die Folgebewertung nach dem Anschaffungskostenmodell gilt, dass nach dem Ansatz als Vermögenswert eine Sachanlage zu ihren Anschaffungskosten abzgl. der kumulierten Abschreibungen anzusetzen ist (IAS 16.30). Der Abschreibungsbetrag ist planmäßig über die Nutzungsdauer zu verteilen (IAS 16.50). Dabei ist die voraussichtliche betriebliche Nutzungsdauer zu schätzen (IAS 16.56).

Die Abschreibungsmethode hat dem erwarteten Verlauf des Verbrauchs des künftigen wirtschaftlichen Nutzens des Vermögenswertes durch das Unternehmen zu entsprechen (IAS 16.60). Dies ist nach der Aufgabenstellung die lineare Methode.

Die Abschreibung eines Vermögenswertes beginnt, wenn er zur Verfügung steht, d. h. wenn er sich an seinem Standort und in dem vom Management beabsichtigten betriebsbereiten Zustand befindet (IAS 16.55). Dies ist hier der November 2016, also ist die Maschine ab diesem Monat abzuschreiben.

Jeder Bestandteil einer Sachanlage, dessen Anteil an den gesamten Anschaffungskosten wesentlich ist, soll gesondert abgeschrieben werden (Komponentenansatz, IAS 16.43 ff.).

In diesem Fall gibt es drei Bestandteile, die getrennt voneinander abzuschreiben sind:

Die Verarbeitungseinheit, die laut Sicherheitsbestimmungen alle drei Jahre ausgetauscht werden muss, hat auch nur eine Nutzungsdauer von drei Jahren. Als Abschreibungsbasis dienen die Kosten, die für den Austausch erforderlich sind.

Anschaffungskosten	500.000 €
Abschreibung 33 $^1/_3$ %, davon $^2/_{12}$	–27.778 €
Bilanzansatz Verarbeitungseinheit zum 31. 12. 2016 (IAS 1.54 (a))	472.222 €

Für den Sicherheitscheck ist ebenfalls ein eigener Bestandteil zu bilanzieren (IAS 16.14). Da dieser alle zwei Jahre durchgeführt werden muss, hat er eine Nutzungsdauer von zwei Jahren. Als Abschreibungsbasis dienen die Kosten, die für den Check erforderlich sind.

Anschaffungskosten	100.000 €
Abschreibung 50 %, davon $^2/_{12}$	– 8.333 €
Bilanzansatz Sicherheitscheck zum 31. 12. 2016 (IAS 1.54 (a))	91.667 €

Der Rest der Maschine kann nach IAS 16.45 für die Abschreibung zusammengefasst werden, da eine einheitliche Nutzungsdauer von zehn Jahren und ein linearer Werteverzehr besteht.

Anschaffungskosten	4.500.000 €
Abschreibung 10 %, davon $^2/_{12}$	– 75.000 €
Bilanzansatz Rest zum 31. 12. 2016 (IAS 1.54 (a))	4.425.000 €
Summe Bilanzansatz 2016	4.988.889 €

Ein Komponentenansatz ist im HGB nicht vorgesehen, wird aber vom IDW für zulässig gehalten (IDW RH HFA 1.016 vom 29. 5. 2009). Allerdings ist eine gesonderte Behandlung für den Sicherheitscheck nicht möglich.

Zusatzaufgabe:

An den Abschreibungen für die Verarbeitungseinheit und den Rest der Maschine ändert sich nichts:

Restbuchwert 2016	472.222 €
Abschreibung 33 $^1/_3$ %	–166.667 €
Restbuchwert 2017	305.555 €
Abschreibung 33 $^1/_3$ %	–166.667 €
Bilanzansatz Verarbeitungseinheit zum 31. 12. 2018 (IAS 1.54 (a))	138.888 €

Restbuchwert 2016	4.425.000 €
Abschreibung 10 %	–450.000 €
Restbuchwert 2017	3.975.000 €
Abschreibung 10 %	–450.000 €
Bilanzansatz Rest zum 31. 12. 2018 (IAS 1.54 (a))	3.525.000 €

Eine Änderung ergibt sich aber beim Bestandteil Sicherheitscheck, da bei Durchführung jedes Checks die Kosten im Buchwert der Position als Ersatz erfasst werden. Jeder verbleibende Buchwert der Kosten für die vorhergehende Wartung wird ausgebucht (IAS 16.14).

Zum Zeitpunkt des vorzeitigen Checks hat der Bestandteil einen Restbuchwert von 33.334 €.

Restbuchwert 2016	91.667 €
Abschreibung 50 %	–50.000 €
Restbuchwert 2017	41.667 €
Abschreibung 50 %, davon $^2/_{12}$	–8.333 €
Restbuchwert Sicherheitscheck zum 28. 2. 2018	33.334 €

Dieser Betrag ist auszubuchen. Gleichzeitig ist i. H. d. Kosten für den Check ein neuer Wert zu aktivieren und über die voraussichtlichen zwei Jahre bis zum nächsten Sicherheitscheck abzuschreiben.

Anschaffungskosten	120.000 €
Abschreibung 50 %, davon $^{10}/_{12}$	–50.000 €
Bilanzansatz Sicherheitscheck zum 31. 12. 2018 (IAS 1.54 (a))	70.000 €
Summe Bilanzansatz 2018	3.733.888 €

Ein Komponentenansatz ist im HGB nicht vorgesehen, wird aber vom IDW für zulässig gehalten (IDW RH HFA 1.016 vom 29. 5. 2009). Allerdings ist eine gesonderte Behandlung für den Sicherheitscheck nicht möglich.

LÖSUNG

Lösung zu Fall 14 — 33 Punkte

Bei der Maschine handelt es sich um einen Vermögenswert, der zu bilanzieren ist, da sie eine Ressource darstellt, die aufgrund von Ereignissen der Vergangenheit in der Verfügungsmacht des Unternehmens steht, und von der erwartet wird, dass dem Unternehmen aus ihr künftiger wirtschaftlicher Nutzen zufließt (F 49 (a)).

Für die Maschine ist grundsätzlich ein Vermögenswert in der Bilanz anzusetzen, da es wahrscheinlich ist, dass dem Unternehmen ein künftiger wirtschaftlicher Nutzen zufließen wird und die Anschaffungskosten verlässlich bewertet werden können (IAS 16.7).

Die Erstbewertung der Maschine erfolgt zu den Anschaffungskosten (IAS 16.15).

Für die Folgebewertung nach dem Anschaffungskostenmodell gilt, dass nach dem Ansatz als Vermögenswert eine Sachanlage zu ihren Anschaffungskosten abzgl. der kumulierten Abschreibungen anzusetzen ist (IAS 16.30). Der Abschreibungsbetrag ist planmäßig über die Nutzungsdauer zu verteilen (IAS 16.50). Dabei ist die voraussichtliche betriebliche Nutzungsdauer zu schätzen (IAS 16.56).

Die Abschreibungsmethode hat dem erwarteten Verlauf des Verbrauchs des künftigen wirtschaftlichen Nutzens des Vermögenswertes durch das Unternehmen zu entsprechen (IAS 16.60). Dies ist nach der Aufgabenstellung die lineare Methode.

Die Abschreibung eines Vermögenswertes beginnt, wenn er zur Verfügung steht, d. h. wenn er sich an seinem Standort und in dem vom Management beabsichtigten betriebsbereiten Zustand befindet (IAS 16.55). Dies ist hier der Juli 2013, also ist die Maschine ab diesem Monat abzuschreiben.

Anschaffungskosten	600.000 €
Abschreibung 12,5 %, davon $^6/_{12}$	– 37.500 €
Restbuchwert zum 31. 12. 2013	562.500 €
Abschreibung 12,5 %	–75.000 €
Restbuchwert zum 31. 12. 2014	487.500 €
Abschreibung 12,5 %	–75.000 €
Restbuchwert zum 31. 12. 2015	412.500 €
Abschreibung 12,5 %, davon $^2/_{12}$	–12.500 €
Restbuchwert zum 29. 2. 2016	400.000 €

Die Kosten für das Ersatzbauteil sind zu aktivieren (IAS 16.13).

Nachträgliche Anschaffungskosten	80.000 €

Um eine Doppelaktivierung auszuschließen, ist der im Restbuchwert von 400.000 € für die Maschine enthaltene Anteil für das ausgebaute Bauteil auszubuchen (IAS 16.13). Da sich der Wert nicht direkt ergibt, kann er aus dem Verhältnis der Kosten des neuen Bauteils zu den Wiederbeschaffungskosten der gesamten Maschine hilfsweise ermittelt werden.

80.000 € Kosten Bauteil · 100 / 640.000 € Wiederbeschaffungskosten = 12,5 %

400.000 € Restbuchwert · 12,5 % = 50.000 € Anteil altes Bauteil

Von den 96 Monaten Nutzungsdauer sind 32 verbraucht, so dass 64 Monate für die Abschreibung verbleiben. Für 2016 sind davon 10 Monate anzusetzen.

Restbuchwert zum 29. 2. 2016	400.000 €
zzgl. neues Bauteil	80.000 €
abzgl. altes Bauteil	–50.000 €
neue Bemessungsgrundlage	430.000 €
Abschreibung $^{10}/_{64}$	– 67.188 €
Bilanzansatz zum 31. 12. 2016 (IAS 1.54 (a))	362.812 €

LÖSUNG

Lösung zu Fall 15 — 28 Punkte

Bei der Software handelt es sich um einen Vermögenswert, der zu bilanzieren ist, da sie eine Ressource darstellt, die aufgrund von Ereignissen der Vergangenheit in der Verfügungsmacht des Unternehmens steht, und von der erwartet wird, dass dem Unternehmen aus ihr künftiger wirtschaftlicher Nutzen zufließt (F 49 (a)).

Bei der Software handelt es sich um einen immateriellen Vermögenswert (intangible asset, IAS 38.9 f.), da die Bedingungen Identifizierbarkeit, Verfügungsgewalt über eine Ressource und Bestehen eines künftigen wirtschaftlichen Nutzens gegeben sind (IAS 38.11 ff.).

Für die Software ist grundsätzlich ein Vermögenswert in der Bilanz anzusetzen, da es wahrscheinlich ist, dass dem Unternehmen ein künftiger wirtschaftlicher Nutzen zufließen wird und die Anschaffungskosten verlässlich bewertet werden können (IAS 38.21).

Die Erstbewertung der Software erfolgt zu den Anschaffungskosten (IAS 38.24). Dabei ist der Kaufpreis um den Skontobetrag zu vermindern (IAS 38.27).

Kaufpreis	40.000 €
Skonto	–1.200 €
Anschaffungskosten	38.800 €

Für die Folgebewertung nach dem Anschaffungskostenmodell gilt, dass nach dem Ansatz als Vermögenswert ein immaterieller Vermögenswert zu seinen Anschaffungskosten abzgl. der kumulierten Abschreibungen anzusetzen ist (IAS 38.74). Die Software ist aufgrund technischer Änderungen nur begrenzt nutzbar (IAS 38.88), sodass sie abgeschrieben werden muss (IAS 38.89). Der Abschreibungsbetrag ist planmäßig über die Nutzungsdauer zu verteilen (IAS 38.97). Dabei ist die voraussichtliche betriebliche Nutzungsdauer unter Einbeziehung unterschiedlicher Faktoren zu ermitteln (IAS 38.90).

Die Abschreibungsmethode hat dem erwarteten Verlauf des Verbrauchs des künftigen wirtschaftlichen Nutzens des Vermögenswertes durch das Unternehmen zu entsprechen (IAS 38.98). Dies ist nach der Aufgabenstellung die lineare Methode.

Die Abschreibung eines Vermögenswertes beginnt, wenn er zur Verfügung steht, d. h. wenn er sich an seinem Standort und in dem vom Management beabsichtigten betriebsbereiten Zustand befindet (IAS 38.97). Dies ist hier der Februar 2016, also ist die Software ab diesem Monat abzuschreiben.

Anschaffungskosten	38.800 €
Abschreibung 20 %, davon $^{11}/_{12}$	–7.113 €
Bilanzansatz zum 31. 12. 2016 (IAS 1.54 (c))	31.687 €

Buchungen:

Immaterielle Vermögenswerte	40.000 €	
Vorsteuer	7.600 €	
an Verbindlichkeiten aLL		47.600 €
Verbindlichkeiten aLL	47.600 €	
an Immaterielle Vermögenswerte		1.200 €
an Vorsteuer		228 €
an Zahlungsmittel		46.172 €
Abschreibungen	7.113 €	
an Immaterielle Vermögenswerte		7.113 €

LÖSUNG

Lösung zu Fall 16 — 33 Punkte

Bei der Software handelt es sich um einen Vermögenswert, der zu bilanzieren ist, da sie eine Ressource darstellt, die aufgrund von Ereignissen der Vergangenheit in der Verfügungsmacht des Unternehmens steht, und von der erwartet wird, dass dem Unternehmen aus ihr künftiger wirtschaftlicher Nutzen zufließt (F 49 (a)).

Bei der Software handelt es sich um einen immateriellen Vermögenswert (intangible asset, IAS 38.9 f.), da die Bedingungen Identifizierbarkeit, Verfügungsgewalt über eine Ressource und Bestehen eines künftigen wirtschaftlichen Nutzens gegeben sind (IAS 38.11 ff.).

Für die Software ist grundsätzlich ein Vermögenswert in der Bilanz anzusetzen, da es wahrscheinlich ist, dass dem Unternehmen ein künftiger wirtschaftlicher Nutzen zufließen wird und die Anschaffungskosten verlässlich bewertet werden können (IAS 38.21).

Der Investitionszuschuss des Landes Nordrhein-Westfalen ist eine Zuwendung der öffentlichen Hand gem. IAS 20. Da diese Zuwendung für einen Vermögenswert erfolgt ist, besteht nach IAS 20.24 eine Wahlmöglichkeit zur Darstellung. Entweder ist der Investitionszuschuss als passivischer Abgrenzungsposten darzustellen (IAS 20.26) oder bei der Feststellung des Buchwertes des Vermögenswertes abzusetzen (IAS 20.27). Aufgrund der Aufgabenstellung ist der Zuschuss hier von den Anschaffungskosten abzuziehen.

Der Zuschuss des befreundeten Unternehmens ist nach IFRIC 18 zu beurteilen (IFRIC 18.6). Der Betrag ist nicht von den Anschaffungskosten abzusetzen, sondern als Umsatzerlös auszuweisen (IFRIC 18.21). Dies allerdings nur insoweit, wie die als Gegenleistung vereinbarte Dienstleistung auch schon erbracht ist. Der übersteigende Betrag ist zu passivieren (IFRIC 18.18 ff.).

Die Erstbewertung der Software erfolgt zu den Anschaffungskosten (IAS 38.24).

Kaufpreis	200.000 €
Zuschuss Land	–20.000 €
Anschaffungskosten	180.000 €

Für die Folgebewertung nach dem Anschaffungskostenmodell gilt, dass nach dem Ansatz als Vermögenswert ein immaterieller Vermögenswert zu seinen Anschaffungskosten abzgl. der kumulierten Abschreibungen anzusetzen ist (IAS 38.74). Die Software ist aufgrund technischer Änderungen nur begrenzt nutzbar (IAS 38.88), sodass sie abgeschrieben werden muss (IAS 38.89). Der Abschreibungsbetrag ist planmäßig über die Nutzungsdauer zu verteilen (IAS 38.97). Dabei ist die voraussichtliche betriebliche Nutzungsdauer unter Einbeziehung unterschiedlicher Faktoren zu ermitteln (IAS 38.90).

Die Abschreibungsmethode hat dem erwarteten Verlauf des Verbrauchs des künftigen wirtschaftlichen Nutzens des Vermögenswertes durch das Unternehmen zu entsprechen (IAS 38.98). Dies ist nach der Aufgabenstellung die lineare Methode.

Die Abschreibung eines Vermögenswertes beginnt, wenn er zur Verfügung steht, d. h. wenn er sich an seinem Standort und in dem vom Management beabsichtigten betriebsbereiten Zustand befindet (IAS 38.97). Dies ist hier der Februar 2016, also ist die Software ab diesem Monat abzuschreiben.

Anschaffungskosten	180.000 €
Abschreibung 25 %, davon $^{11}/_{12}$	– 41.250 €
Bilanzansatz zum 31. 12. 2016 (IAS 1.54 (c))	138.750 €

Der Zuschuss des befreundeten Unternehmens bedingt eine Dienstleistung der Maschinenbau AG von 30 Monaten. Entsprechend ist der Betrag von 54.000 € aufzuteilen auf sechs Monate

(Juli 2016 bis Dezember 2016), für die die Dienstleistung bereits erbracht wurde, und 24 Monate, für die die Dienstleistung noch zu erbringen ist.

Erbrachte Dienstleistung = Umsatzerlöse (54.000 € / 30 · 6 =)	10.800 €
Nicht erbrachte Dienstleistung = Verbindlichkeit (54.000 € / 30 · 24 =)	43.200 €

LÖSUNG

Lösung zu Fall 17 — 22 Punkte

Bei der Software handelt es sich um einen Vermögenswert, der zu bilanzieren ist, da sie eine Ressource darstellt, die aufgrund von Ereignissen der Vergangenheit in der Verfügungsmacht des Unternehmens steht, und von der erwartet wird, dass dem Unternehmen aus ihr künftiger wirtschaftlicher Nutzen zufließt (F 49 (a)).

Bei der Software handelt es sich um einen immateriellen Vermögenswert (intangible asset, IAS 38.9 f.), da die Bedingungen Identifizierbarkeit, Verfügungsgewalt über eine Ressource und Bestehen eines künftigen wirtschaftlichen Nutzens gegeben sind (IAS 38.11 ff.).

Für die Software ist grundsätzlich ein Vermögenswert in der Bilanz anzusetzen, da es wahrscheinlich ist, dass dem Unternehmen ein künftiger wirtschaftlicher Nutzen zufließen wird und die Herstellungskosten verlässlich bewertet werden können (IAS 38.21).

Die Erstbewertung der Software erfolgt zu den Herstellungskosten (IAS 38.24). Zu diesen gehören nicht die Beratungsleistungen für die Auswahl des Verfahrens, da diese Forschungsaufwand darstellen (IAS 38.55 f.). Selbst wenn es kein Forschungsaufwand wäre, wäre eine Erfassung bei den Herstellungskosten genauso nicht möglich, wie bei der Beratungsleistung für den Programmentwurf, da beide Dienstleistungen bereits in 2015 als Aufwand erfasst wurden (IAS 38.71). Die Lohnkosten, die für das Projekt angefallen sind, stellen Herstellungskosten dar (IAS 38.66). Die Finanzierungskosten sind nach IAS 23.8 ff. ebenfalls Herstellungskosten.

Lohnkosten Programmierung	120.000 €
Lohnkosten für Test und Implementierung	15.000 €
Projektbezogene Finanzierungskosten	5.000 €
Herstellungskosten	140.000 €

Für die Folgebewertung nach dem Anschaffungskostenmodell gilt, dass nach dem Ansatz als Vermögenswert ein immaterieller Vermögenswert zu seinen Herstellungskosten abzgl. der kumulierten Abschreibungen anzusetzen ist (IAS 38.74). Die Software ist aufgrund technischer Änderungen nur begrenzt nutzbar (IAS 38.88), sodass sie abgeschrieben werden muss (IAS 38.89). Der Abschreibungsbetrag ist planmäßig über die Nutzungsdauer zu verteilen (IAS 38.97). Dabei ist die voraussichtliche betriebliche Nutzungsdauer unter Einbeziehung unterschiedlicher Faktoren zu ermitteln (IAS 38.90).

Die Abschreibungsmethode hat dem erwarteten Verlauf des Verbrauchs des künftigen wirtschaftlichen Nutzens des Vermögenswertes durch das Unternehmen zu entsprechen (IAS 38.98). Dies ist nach der Aufgabenstellung die lineare Methode.

Die Abschreibung eines Vermögenswertes beginnt, wenn er zur Verfügung steht, d. h. wenn er sich an seinem Standort und in dem vom Management beabsichtigten betriebsbereiten Zustand befindet (IAS 38.97). Dies ist hier der Juli 2016, also ist die Software ab diesem Monat abzuschreiben.

Herstellungskosten	140.000 €
Abschreibung 14 $^{2}/_{7}$ %, davon $^{6}/_{12}$	–10.000 €
Bilanzansatz zum 31. 12. 2016 (IAS 1.54 (c))	130.000 €

LÖSUNG

Lösung zu Fall 18 — 16 Punkte

Bei der Anleihe handelt es sich um einen Vermögenswert, der zu bilanzieren ist, da sie eine Ressource darstellt, die aufgrund von Ereignissen der Vergangenheit in der Verfügungsmacht des Unternehmens steht, und von der erwartet wird, dass dem Unternehmen aus ihr künftiger wirtschaftlicher Nutzen zufließt (F 49 (a)).

Bei der Anleihe handelt es sich um einen finanziellen Vermögenswert (IAS 32.11), der bis zur Endfälligkeit gehalten werden soll. Da die Zahlungen und die Laufzeit der Anleihe bestimmt sind, handelt es sich um eine bis zur Endfälligkeit zu haltende Finanzinvestition (held to maturity, IAS 39.9).

Für die Anleihe ist grundsätzlich ein Vermögenswert in der Bilanz anzusetzen, wenn das Unternehmen Vertragspartner des Finanzinstrumentes wird (IAS 39.14). Letzteres ist durch den Kauf passiert.

Ein marktüblicher Kauf eines finanziellen Vermögenswertes ist entweder zum Handels- oder zum Erfüllungstag anzusetzen (IAS 39.38). Da hier nur der Erfüllungstag gegeben ist, ist dieser zu verwenden. Beim erstmaligen Ansatz eines finanziellen Vermögenswertes hat ein Unternehmen diesen zu ihrem beizulegenden Zeitwert zu bewerten (IAS 39.43). Dies ist in diesem Fall der Kaufpreis in Höhe von 300.000 €.

Bis zur Endfälligkeit zu haltende Finanzinvestitionen sind nachfolgend unter Anwendung der Effektivzinsmethode (effective interest method) zu fortgeführten Anschaffungskosten zu bewerten (IAS 39.46). Da hier weder Transaktionskosten noch ein Agio oder Disagio angefallen sind, entsprechen die fortgeführten Anschaffungskosten zum 31. 12. 2016 dem bisherigen beizulegenden Zeitwert (IAS 39.9).

Der höhere Kurswert zum 31. 12. 2016 darf nicht berücksichtigt werden (IAS 39.46).

Bilanzansatz zum 31. 12. 2016 (IAS 1.54 (d))	300.000 €

Die Zinsen (hier effektiv = nominal) i. H. v. (300.000 € · 5 % =) 15.000 € werden als Finanzerträge erfasst (IAS 18.1, 18.5 (a)).

LÖSUNG

Lösung zu Fall 19 22 Punkte

Bei der Anleihe handelt es sich um einen Vermögenswert, der zu bilanzieren ist, da sie eine Ressource darstellt, die aufgrund von Ereignissen der Vergangenheit in der Verfügungsmacht des Unternehmens steht, und von der erwartet wird, dass dem Unternehmen aus ihr künftiger wirtschaftlicher Nutzen zufließt (F 49 (a)).

Bei der Anleihe handelt es sich um einen finanziellen Vermögenswert (IAS 32.11), der bis zur Endfälligkeit gehalten werden soll. Da die Zahlungen und die Laufzeit der Anleihe bestimmt sind, handelt es sich um eine bis zur Endfälligkeit zu haltende Finanzinvestition (held to maturity, IAS 39.9).

Für die Anleihe ist grundsätzlich ein Vermögenswert in der Bilanz anzusetzen, wenn das Unternehmen Vertragspartner des Finanzinstrumentes wird (IAS 39.14). Letzteres ist durch den Kauf passiert.

Ein marktüblicher Kauf eines finanziellen Vermögenswertes ist entweder zum Handels- oder zum Erfüllungstag anzusetzen (IAS 39.38). Da hier nur der Erfüllungstag gegeben ist, ist dieser zu verwenden. Beim erstmaligen Ansatz eines finanziellen Vermögenswertes hat ein Unternehmen diesen zu ihrem beizulegenden Zeitwert zu bewerten (IAS 39.43). Dieser setzt sich in diesem Fall aus dem Kaufpreis und den Gebühren (Transaktionskosten), die für den Kauf gezahlt wurden, zusammen.

Kaufpreis (600.000 € · 99 % =)	594.000 €
Gebühren (600.000 € · 0,5 % =)	3.000 €
Beizulegender Zeitwert	597.000 €

Bis zur Endfälligkeit zu haltende Finanzinvestitionen sind nachfolgend unter Anwendung der Effektivzinsmethode (effective interest method) zu fortgeführten Anschaffungskosten zu bewerten (IAS 39.46). Als fortgeführte Anschaffungskosten eines finanziellen Vermögenswertes wird der Betrag bezeichnet, mit dem ein finanzieller Vermögenswert beim erstmaligen Ansatz bewertet wurde zuzüglich der kumulierten Amortisation einer etwaigen Differenz zwischen dem ursprünglichen Betrag und dem bei Endfälligkeit rückzahlbaren Betrag unter Anwendung der Effektivzinsmethode (IAS 39.9).

Effektiver Zins (597.000 € · 4,18 % =)	24.955 €
Nominaler Zins (600.000 € · 4 % =)	24.000 €
Differenz	955 €

Die Differenz in Höhe von 955 € erhöht den Buchwert der Anleihe, sodass sich ein beizulegender Zeitwert von 597.955 € ergibt.

Der höhere Kurswert zum 31. 12. 2016 darf nicht berücksichtigt werden (IAS 39.46).

Bilanzansatz zum 31. 12. 2016 (IAS 1.54 (d))	597.955 €

Nach HGB ist ein Ansatz nur höchstens zu Anschaffungskosten möglich.

Die effektiven Zinsen in Höhe von 24.955 € werden als Finanzerträge erfasst (IAS 18.1, 18.5 (a)).

Nach HGB werden die nominalen Zinsen erfasst.

LÖSUNG

Lösung zu Fall 20 — 16 Punkte

Bei den Aktien handelt es sich um einen Vermögenswert, der zu bilanzieren ist, da sie eine Ressource darstellen, die aufgrund von Ereignissen der Vergangenheit in der Verfügungsmacht des Unternehmens stehen, und von denen erwartet wird, dass dem Unternehmen aus ihnen künftiger wirtschaftlicher Nutzen zufließt (F 49 (a)).

Bei den Aktien handelt es sich um einen finanziellen Vermögenswert (IAS 32.11), der langfristig gehalten werden soll. Die Eingruppierung erfolgt in Finanzinvestitionen, die das Unternehmen als zur Veräußerung verfügbar bestimmt hat (available for sale), da sie weder bis zur Endfälligkeit zu haltende Finanzinvestitionen sind, noch beim erstmaligen Ansatz als erfolgswirksam zum beizulegenden Zeitwert zu bewerten bestimmt wurden, noch Kredite und Forderungen sind (IAS 39.9)

Für die Aktien ist grundsätzlich ein Vermögenswert in der Bilanz anzusetzen, wenn das Unternehmen Vertragspartner des Finanzinstrumentes wird (IAS 39.14). Letzteres ist durch den Kauf passiert.

Ein marktüblicher Kauf eines finanziellen Vermögenswertes ist entweder zum Handels- oder zum Erfüllungstag anzusetzen (IAS 39.38). Da hier nur der Erfüllungstag gegeben ist, ist dieser zu verwenden. Beim erstmaligen Ansatz eines finanziellen Vermögenswertes hat ein Unternehmen diesen zu ihrem beizulegenden Zeitwert zu bewerten (IAS 39.43). Dieser setzt sich in diesem Fall aus dem Kaufpreis und den Gebühren (Transaktionskosten), die für den Kauf gezahlt wurden, zusammen.

Kaufpreis (10.000 · 60,00 € =)	600.000 €
Gebühren (600.000 € · 1,0 % =)	6.000 €
Beizulegender Zeitwert	606.000 €

Zur Veräußerung verfügbare finanzielle Vermögenswerte werden nach dem erstmaligen Ansatz zu deren beizulegendem Zeitwert bewertet, ohne die Transaktionskosten, die u.U. beim Verkauf oder einer anders gearteten Veräußerung anfallen, in Abzug zu bringen (IAS 39.46).

Ein Verlust aus einem zur Veräußerung verfügbaren finanziellen Vermögenswert ist solange im sonstigen Ergebnis zu erfassen, bis der finanzielle Vermögenswert ausgebucht wird (IAS 39.55 (b)). Die erfolgsneutrale Darstellung im Eigenkapital erfolgt über eine AfS-Rücklage.

Beizulegender Zeitwert (10.000 · 58,00 € =)	580.000 €
bisheriger Wert	– 606.000 €
Verlust im sonstigen Ergebnis = AfS-Rücklage	–26.000 €

Der Jahresüberschuss wird durch diesen Vorgang nicht verändert, sondern nur das Gesamtergebnis.

Bilanzansatz zum 31. 12. 2016 (IAS 1.54 (d))	580.000 €

Eine erfolgsneutrale Behandlung des Kursverlustes ist nach HGB nicht möglich.

LÖSUNG

Lösung zu Fall 21 — 33 Punkte

Bei den Aktien handelt es sich um einen Vermögenswert, der zu bilanzieren ist, da sie eine Ressource darstellen, die aufgrund von Ereignissen der Vergangenheit in der Verfügungsmacht des Unternehmens stehen, und von denen erwartet wird, dass dem Unternehmen aus ihnen künftiger wirtschaftlicher Nutzen zufließt (F 49 (a)).

Bei den Aktien handelt es sich um einen finanziellen Vermögenswert (IAS 32.11), der langfristig gehalten werden soll. Die Eingruppierung erfolgt in Finanzinvestitionen, die das Unternehmen als zur Veräußerung verfügbar bestimmt hat (available for sale), da sie weder bis zur Endfälligkeit zu haltende Finanzinvestitionen sind, noch beim erstmaligen Ansatz als erfolgswirksam zum beizulegenden Zeitwert zu bewerten bestimmt wurden, noch Kredite und Forderungen sind (IAS 39.9).

Für die Aktien ist grundsätzlich ein Vermögenswert in der Bilanz anzusetzen, wenn das Unternehmen Vertragspartner des Finanzinstrumentes wird (IAS 39.14). Letzteres ist durch den Kauf in 2015 passiert.

Ein marktüblicher Kauf eines finanziellen Vermögenswertes ist entweder zum Handels- oder zum Erfüllungstag anzusetzen (IAS 39.38). Da hier nur der Erfüllungstag gegeben ist, ist dieser zu verwenden. Beim erstmaligen Ansatz eines finanziellen Vermögenswertes hat ein Unternehmen diesen zu ihrem beizulegenden Zeitwert zu bewerten (IAS 39.43). Dieser setzt sich in diesem Fall aus dem Kaufpreis und den Gebühren (Transaktionskosten), die für den Kauf gezahlt wurden, zusammen.

Kaufpreis (20.000 · 50,00 € =)	1.000.000 €
Gebühren (1.000.000 € · 0,5 % =)	5.000 €
Beizulegender Zeitwert	1.005.000 €

Zur Veräußerung verfügbare finanzielle Vermögenswerte werden nach dem erstmaligen Ansatz zu deren beizulegendem Zeitwert bewertet, ohne die Transaktionskosten, die u. U. beim Verkauf oder einer anders gearteten Veräußerung anfallen, in Abzug zu bringen (IAS 39.46).

Ein Gewinn aus einem zur Veräußerung verfügbaren finanziellen Vermögenswert ist solange im sonstigen Ergebnis zu erfassen, bis der finanzielle Vermögenswert ausgebucht wird (IAS 39.55 (b)). Die erfolgsneutrale Darstellung im Eigenkapital erfolgt über eine AfS-Rücklage.

Beizulegender Zeitwert (20.000 · 52,00 € =)	1.040.000 €
bisheriger Wert	–1.005.000 €
Gewinn im sonstigen Ergebnis = AfS-Rücklage	35.000 €
Bilanzansatz zum 31. 12. 2015 (IAS 1.54 (d))	1.040.000 €

Durch den Verkauf von 10.000 Aktien realisiert die Maschinenbau AG einen Gewinn.

Verkaufspreis (10.000 · 54,00 € =)	540.000 €
Verkaufsgebühren (540.000 € · 0,5 % =)	–2.700 €
Verkaufserlös	537.300 €
anteiliger beizulegender Zeitwert 31. 12. 2015	–520.000 €
Gewinn	17.300 €

Dieser Gewinn ist in voller Höhe in der Gewinn- und Verlustrechnung auszuweisen.

Die für die verkauften Aktien bestehende AfS-Rücklage ist anteilig aufzulösen. Gleichzeitig ist der zuvor im sonstigen Ergebnis erfasste kumulierte Gewinn vom Eigenkapital in den Gewinn umzugliedern und als Umgliederungsbetrag auszuweisen (IAS 39.55 (b), IAS 1.92).

Umgliederungsbetrag sonstiges Ergebnis	–17.500 €

Der Jahresüberschuss erhöht sich durch den Verkauf um 17.300 €, das Gesamtergebnis aus dem Vorgang beträgt für 2016 –200 €, da die Kurssteigerung schon 2015 in Höhe von 17.500 € im Gesamtergebnis berücksichtigt wurde.

Stand AfS-Rücklage 2015		35.000 €
Auflösung wegen Verkauf		–17.500 €
Erhöhung zum Jahresende		
anteiliger beizulegender Zeitwert 2015	520.000 €	
Beizulegender Zeitwert 2016 (10.000 · 58 € =)	580.000 €	60.000 €
AfS-Rücklage 2016		77.500 €
Bilanzansatz zum 31. 12. 2016 (IAS 1.54 (d))		580.000 €

Eine erfolgsneutrale Behandlung des Kursgewinns ist nach HGB nicht möglich. Bewertungsobergrenze sind die Anschaffungskosten.

LÖSUNG

Lösung zu Fall 22 **16 Punkte**

Bei den Aktien handelt es sich um einen Vermögenswert, der zu bilanzieren ist, da sie eine Ressource darstellen, die aufgrund von Ereignissen der Vergangenheit in der Verfügungsmacht des Unternehmens stehen, und von denen erwartet wird, dass dem Unternehmen aus ihnen künftiger wirtschaftlicher Nutzen zufließt (F 49 (a)).

Bei den Aktien handelt es sich um einen finanziellen Vermögenswert (IAS 32.11), der nur kurzfristig gehalten werden soll. Die Aktien sind als zu Handelszwecken gehalten einzustufen (trading), weil sie hauptsächlich mit der Absicht erworben wurden, kurzfristig verkauft zu werden. Insofern sind sie erfolgswirksam zum beizulegenden Zeitwert zu bewerten (IAS 39.9).

Für die Aktien ist grundsätzlich ein Vermögenswert in der Bilanz anzusetzen, wenn das Unternehmen Vertragspartner des Finanzinstrumentes wird (IAS 39.14). Letzteres ist durch den Kauf passiert.

Ein marktüblicher Kauf eines finanziellen Vermögenswertes ist entweder zum Handels- oder zum Erfüllungstag anzusetzen (IAS 39.38). Da hier nur der Erfüllungstag gegeben ist, ist dieser zu verwenden. Beim erstmaligen Ansatz eines finanziellen Vermögenswertes hat ein Unternehmen diesen zu ihrem beizulegenden Zeitwert zu bewerten (IAS 39.43). Dieser besteht in diesem Fall aus dem Kaufpreis.

Kaufpreis (5.000 · 20,00 € =)	100.000 €

Die Gebühren (Transaktionskosten), die für den Kauf gezahlt wurden, stellen laufenden Aufwand des Geschäftsjahres 2016 dar (IAS 39.43).

Gebühren (100.000 € · 0,5 % =)	500 €

Zu Handelszwecken gehaltene finanzielle Vermögenswerte werden nach dem erstmaligen Ansatz zu deren beizulegendem Zeitwert bewertet, ohne die Transaktionskosten, die u.U. beim Verkauf oder einer anders gearteten Veräußerung anfallen, in Abzug zu bringen (IAS 39.46).

Beizulegender Zeitwert (5.000 · 24,00 € =)	120.000 €
bisheriger Wert	–100.000 €
Gewinn	20.000 €

Der Gewinn ist erfolgswirksam als Finanzertrag zu erfassen (IAS 39.55 (a)).

Bilanzansatz zum 31. 12. 2016 (IAS 1.54 (d))	120.000 €

Eine erfolgswirksame Behandlung des Kursgewinns ist nach HGB nicht möglich. Bewertungsobergrenze sind die Anschaffungskosten.

LÖSUNG

Lösung zu Fall 23 — 16 Punkte

Bei der Forderung handelt es sich um einen Vermögenswert, der zu bilanzieren ist, da sie eine Ressource darstellt, die aufgrund von Ereignissen der Vergangenheit in der Verfügungsmacht des Unternehmens steht, und von der erwartet wird, dass dem Unternehmen aus ihr künftiger wirtschaftlicher Nutzen zufließt (F 49 (a)).

Bei der Forderung handelt es sich um einen nicht derivativen finanziellen Vermögenswert (IAS 39.9).

Für Forderungen ist grundsätzlich ein Vermögenswert in der Bilanz anzusetzen, wenn mindestens eine Vertragspartei den Vertrag erfüllt hat (IAS 39.A35 (b)). Letzteres ist durch die Lieferung der Maschinenbau AG passiert.

Beim erstmaligen Ansatz eines finanziellen Vermögenswertes hat ein Unternehmen diesen zu ihrem beizulegenden Zeitwert zu bewerten (IAS 39.43). Dieser besteht in diesem Fall aus dem Kaufpreis. Allerdings ist der Kaufpreis in US-$ vereinbart, sodass die Forderung in die funktionale Währung, also Euro zum Liefertag umzurechnen ist (IAS 21.21).

Kaufpreis (200.000 US-$ · 0,7280 €/US-$ =)	145.600 €

Forderungen sind zum Bilanzstichtag unter Anwendung der Effektivzinsmethode zu fortgeführten Anschaffungskosten zu bewerten (IAS 39.46). Dies sind in diesem Fall 200.000 US-$. Eine Einzelwertberichtigung ist ebenfalls nicht notwendig (IAS 39.63).

Allerdings sind Fremdwährungsforderungen zu jedem Bilanzstichtag zum Stichtagskurs umzurechnen (IAS 21.23 (a)). Der Kurs zum Zahltag (18. 2. 2017) spielt keine Rolle.

Beizulegender Zeitwert (200.000 US-$ · 0,7320 €/US-$ =)	146.400 €
bisheriger Wert	–145.600 €
Gewinn	800 €

Der Gewinn ist in dem Jahr zu erfassen, in dem er entsteht (IAS 21.28).

Bilanzansatz zum 31. 12. 2016 (IAS 1.54 (h))	146.400 €

Eine Erfassung des Kursgewinns ist nach HGB nicht möglich. Bewertungsobergrenze sind die Anschaffungskosten.

LÖSUNG

Lösung zu Fall 24 28 Punkte

Ein Fertigungsauftrag im Sinne des IAS 11 ist ein Vertrag über die kundenspezifische Fertigung eines Gegenstandes, der hinsichtlich Technologie und Funktion abgestimmt ist (IAS 11.3). Bei dem Auftrag über die Spezialmaschine handelt es sich also um einen Fertigungsauftrag (construction contract) im Sinne des Standards, da die gesamten Bedingungen erfüllt sind.

Ist das Ergebnis eines Fertigungsauftrags, wie im Fall vorgegeben, verlässlich zu schätzen, so sind die Auftragserlöse und Auftragskosten in Verbindung mit diesem Fertigungsauftrag entsprechend dem Leistungsfortschritt am Bilanzstichtag jeweils als Erträge und Aufwendungen zu erfassen (IAS 11.22).

Die Erfassung von Erträgen und Aufwendungen gemäß dem Leistungsfortschritt wird häufig als Methode der Gewinnrealisierung nach dem Fertigstellungsgrad (percentage of completion method) bezeichnet. Aus der Erfassung von Erträgen und Aufwendungen ergibt sich das zeitanteilige Ergebnis entsprechend dem Leistungsfortschritt (IAS 11.25).

Der Fertigstellungsgrad eines Auftrags kann mittels verschiedener Verfahren bestimmt werden (IAS 11.30). Das Unternehmen setzt die Methode ein, mit der die erbrachte Leistung verlässlich bewertet wird. Eine mögliche Methode ist das Verhältnis der bis zum Stichtag angefallenen Auftragskosten zu den am Stichtag geschätzten gesamten Auftragskosten (IAS 11.30 (a)). Da die anteiligen Kosten (40 %) bekannt sind, ist diese Methode hier anwendbar.

Die angefallenen Auftragskosten (direkt mit dem Vertrag verbundenen Kosten, alle allgemein dem Vertrag zurechenbaren Kosten und sonstige Kosten, die dem Kunden vertragsgemäß gesondert in Rechnung gestellt werden können; IAS 11.16) werden somit in der Gewinn- und Verlustrechnung erfasst.

Die Auftragserlöse (contract revenue) umfassen den ursprünglich im Vertrag vereinbarten Erlös (IAS 11.11 (a)). Diese sind jetzt anteilig nach dem Grad der Fertigstellung (40 %) in der Gewinn- und Verlustrechnung zu erfassen (IAS 11.26). Im Gegenzug ist in gleicher Höhe unter dem Posten Fertigungsaufträge mit aktivischem Saldo gegenüber Kunden innerhalb der Position Forderung ein Vermögenswert auszuweisen (IAS 11.42 (a)).

Die Bilanzierung erfolgt unter den Forderungen aus Lieferungen und Leistungen und sonstigen Forderungen (IAS 1.54 (h)).

Der sich aus der Differenz der gebuchten Erlöse und Kosten ergebende Gewinn darf schon in der ersten Periode ausgewiesen werden, da das Gesamtergebnis des Auftrages verlässlich abschätzbar war (IAS 11.22). Allerdings ist auch schon in der ersten Periode für den Gewinn ein latenter Steueraufwand zu erfassen. Ein analoger Ansatz ist im HGB-Abschluss nicht möglich.

LÖSUNG

Lösung zu Fall 25 — 33 Punkte

Bei dem Auftrag für die Spezialmaschine handelt es sich um einen Fertigungsauftrag im Sinne des IAS 11, da ein Vertrag über die kundenspezifische Fertigung eines Gegenstandes, der hinsichtlich Technologie und Funktion abgestimmt ist, abgeschlossen wurde (IAS 11.3).

Ist das Ergebnis eines Fertigungsauftrags, wie im Fall vorgegeben, verlässlich zu schätzen, so sind die Auftragserlöse und Auftragskosten in Verbindung mit diesem Fertigungsauftrag entsprechend dem Leistungsfortschritt am Bilanzstichtag jeweils als Erträge und Aufwendungen zu erfassen (IAS 11.22).

Die Erfassung von Erträgen und Aufwendungen gemäß dem Leistungsfortschritt wird häufig als Methode der Gewinnrealisierung nach dem Fertigstellungsgrad bezeichnet. Aus der Erfassung von Erträgen und Aufwendungen ergibt sich das zeitanteilige Ergebnis entsprechend dem Leistungsfortschritt (IAS 11.25).

Eine mögliche Methode den Fertigstellungsgrad eines Auftrages zu ermitteln, ist das Verhältnis der bis zum Stichtag angefallenen Auftragskosten zu den am Stichtag geschätzten gesamten Auftragskosten (IAS 11.30 (a)). Da die anteiligen Kosten bekannt sind, ist diese Methode hier anwendbar.

Anteilige Kosten/Gesamtkosten = Anteil
86.000 €/200.000 € · 100 = 43 %

Die angefallenen Auftragskosten sind bereits als Aufwand gebucht und brauchen nicht korrigiert werden.

Die Auftragserlöse umfassen den ursprünglich im Vertrag vereinbarten Erlös (IAS 11.11 (a)). Diese sind jetzt anteilig nach dem Grad der Fertigstellung (43 %) in der Gewinn- und Verlustrechnung zu erfassen (IAS 11.26). Im Gegenzug ist in gleicher Höhe unter dem Posten Fertigungsaufträge mit aktivischem Saldo gegenüber Kunden innerhalb der Position Forderung ein Vermögenswert auszuweisen (IAS 11.42 (a)).

Vereinbarter Erlös · Anteil = Periodenertrag
240.000 € · 43 % = 103.200 €

Der sich aus der Differenz der gebuchten Erlöse und Kosten ergebende Gewinn darf schon in der ersten Periode ausgewiesen werden, da das Gesamtergebnis des Auftrages verlässlich abschätzbar war (IAS 11.22). Außerdem sind erfolgswirksam latente Steuern zu erfassen, die aber nach der Aufgabenstellung nicht gebucht werden sollen.

Ein analoger Ansatz ist im HGB-Abschluss nicht möglich.

Forderungen aus Fertigungsaufträgen an Umsatzerlöse	103.200 €

Die Bilanzierung erfolgt unter den Forderungen aus Lieferungen und Leistungen und sonstigen Forderungen (IAS 1.54 (h)).

LÖSUNG

Lösung zu Fall 26 28 Punkte

Zuerst erfolgt die Prüfung, ob es sich überhaupt um einen Vermögenswert handelt, der zu bilanzieren ist. Ein Vermögenswert ist eine Ressource, die auf Grund von Ereignissen der Vergangenheit in der Verfügungsmacht des Unternehmens steht, und von der erwartet wird, dass dem Unternehmen aus ihr künftiger wirtschaftlicher Nutzen zufließt (F. 49 (a)). Die Vorräte (inventories) erfüllen alle drei Bedingungen und sind daher Vermögenswerte (assets).

Ein Vermögenswert wird in der Bilanz angesetzt, wenn es wahrscheinlich ist, dass der künftige wirtschaftliche Nutzen dem Unternehmen zufließen wird, und wenn seine Anschaffungs- oder Herstellungskosten (cost) oder ein anderer Wert verlässlich bewertet werden können (F. 89). Die Vorräte erfüllen auch diese Erfassungskriterien, so dass sie dem Grunde nach zu bilanzieren sind.

Die Zugangsbewertung der Waren erfolgt zu den Anschaffungskosten, die der Fertigen Erzeugnisse zu den Herstellungskosten (IAS 2.10 ff.).

Die Anschaffungs- oder Herstellungskosten von Vorräten von Massengütern sind nach dem First-in-First-out-Verfahren (periodisches oder permanentes Fifo-Verfahren) oder nach der Durchschnittsmethode (periodisches oder permanentes Durchschnittsverfahren) zu ermitteln (IAS 2.25). Ein Unternehmen muss für alle Vorräte, die von ähnlicher Beschaffenheit und Verwendung für das Unternehmen sind, das gleiche Kosten-Zuordnungsverfahren anwenden. Für Vorräte von unterschiedlicher Beschaffenheit oder Verwendung können unterschiedliche Zuordnungsverfahren gerechtfertigt sein (IAS 2.25). Hier kann sich auf jeden Fall das Verfahren für die Waren und die Fertigen Erzeugnisse unterscheiden.

Vorräte sind mit dem niedrigeren Wert aus Anschaffungs- oder Herstellungskosten und Nettoveräußerungswert (net realisable value) zu bewerten (IAS 2.9). Die Abwertung der Vorräte auf den niedrigeren Nettoveräußerungswert folgt der Ansicht, dass Vermögenswerte nicht mit höheren Beträgen angesetzt werden dürfen, als bei ihrem Verkauf oder Gebrauch voraussichtlich zu realisieren sind (IAS 2.28).

Der Nettoveräußerungswert ist der geschätzte, im normalen Geschäftsgang erzielbare Verkaufserlös abzüglich der geschätzten Kosten bis zur Fertigstellung und der geschätzten notwendigen Vertriebskosten (IAS 2.6). Somit sind für den Nettoveräußerungswert sowohl bei den Waren als auch bei den Fertigen Erzeugnissen die kalkulierten Verkaufspreise abzüglich der noch anfallenden notwendigen Vertriebskosten unter den Vorräten (IAS 1.54 (g)) anzusetzen. Ist der Wert niedriger als die Anschaffungs- bzw. Herstellungskosten, so hat in dem Umfang eine Abschreibung (depreciation) zu erfolgen.

Der Ausweis erfolgt beim Gesamtkostenverfahren (nature of expense method) unter den Veränderungen des Bestandes an Fertigerzeugnissen und unfertigen Erzeugnissen bzw. Aufwendungen für Waren (IAS 1.102) sowie beim Umsatzkostenverfahren (function of expense method) unter den Umsatzkosten (IAS 1.103).

LÖSUNG

Lösung zu Fall 27 33 Punkte

Bei den Stahlplatten handelt es sich um Rohstoffe, die als Vorräte einen Vermögenswert darstellen, weil sie eine Ressource sind, die aufgrund von Ereignissen der Vergangenheit in der Verfügungsmacht des Unternehmens steht und von der erwartet wird, dass dem Unternehmen aus ihr künftiger wirtschaftlicher Nutzen zufließt (F. 49 (a)).

Ein Vermögenswert wird in der Bilanz angesetzt, wenn es wahrscheinlich ist, dass der künftige wirtschaftliche Nutzen dem Unternehmen zufließen wird, und wenn seine Anschaffungs- oder Herstellungskosten oder ein anderer Wert verlässlich bewertet werden können (F. 89). Die Vorräte erfüllen auch diese Erfassungskriterien, sodass sie dem Grunde nach zu bilanzieren sind.

Die Zugangsbewertung der Rohstoffe erfolgt zu den Anschaffungskosten (IAS 2.9). Dazu gehören neben dem Kaufpreis auch die Transportkosten (IAS 2.10). Da die Anschaffungskosten aufgrund der Lagerung für den Endbestand nicht direkt ermittelt werden können, können sie nach der Durchschnittsmethode berechnet werden (IAS 2.25).

Anfangsbestand*	50 Tonnen	(t)	800 €/t	40.000 €
16. 1. 2016		500 t	780 €/t	390.000 €
20. 4. 2016		800 t	810 €/t	648.000 €
15. 8. 2016		600 t	820 €/t	492.000 €
17. 11. 2016		700 t	800 €/t	560.000 €
Transportkosten**		2.600 t	50 €/t	130.000 €
Summen		2.650 t		2.260.000 €

* In dem Betrag von 800 € je Tonne sind die Transportkosten schon enthalten, da der Anfangsbestand des Jahres schon im Vorjahr beschafft worden sein muss.
** Die Transportkosten können auch bei jedem Kauf mitberechnet werden; da sie aber das ganze Jahr gleich sind, kann auch der Zuschlag in einer Summe erfolgen.

Der Durchschnittspreis beträgt 852,83 € je Tonne Stahl. Daraus ergäbe sich ein Bilanzansatz von (852,83 € · 150 t =) 127.924,50 €.

Allerdings sind die Wiederbeschaffungskosten mit 840 € je Tonne niedriger als die durchschnittlichen Anschaffungskosten.

a) Rohstoffe, die für die Herstellung von Vorräten bestimmt sind, werden nicht auf einen unter ihren Anschaffungskosten liegenden Wert abgewertet, wenn die Fertigerzeugnisse, in die sie eingehen, voraussichtlich zu den Herstellungskosten oder darüber verkauft werden können (IAS 2.32). Da der Maschinentyp „Gigant" über den Herstellungskosten verkauft werden kann, erfolgt keine Abwertung der Rohstoffe.

   Ein analoger Ansatz ist im HGB-Abschluss nicht möglich.

b) Ist bei den Erzeugnissen, für die die Rohstoffe verwendet werden, der Verkaufspreis unter die Herstellungskosten gesunken, so werden auch die Rohstoffe abgewertet. Unter diesen Umständen können die Wiederbeschaffungskosten der Stoffe die beste verfügbare Bewertungsgrundlage für den Nettoveräußerungswert sein (IAS 2.32).

   In diesem Fall b) werden die Rohstoffe nur mit 126.000 € bewertet. Die Differenz ist auszubuchen.

Der Bilanzansatz erfolgt in beiden Fällen unter den Vorräten (IAS 1.54 (g)).

LÖSUNG

Lösung zu Fall 28 — 33 Punkte

Bei den Maschinen handelt es sich um Fertige Erzeugnisse, die als Vorräte einen Vermögenswert darstellen, weil sie eine Ressource sind, die aufgrund von Ereignissen der Vergangenheit in der Verfügungsmacht des Unternehmens steht und von der erwartet wird, dass dem Unternehmen aus ihr künftiger wirtschaftlicher Nutzen zufließt (F. 49 (a)).

Ein Vermögenswert wird in der Bilanz angesetzt, wenn es wahrscheinlich ist, dass der künftige wirtschaftliche Nutzen dem Unternehmen zufließen wird, und wenn seine Anschaffungs- oder Herstellungskosten oder ein anderer Wert verlässlich bewertet werden können (F. 89). Die Vorräte erfüllen auch diese Erfassungskriterien, sodass sie dem Grunde nach zu bilanzieren sind.

Die Zugangsbewertung der Fertigen Erzeugnisse erfolgt zu den Herstellungskosten (IAS 2.9). Dazu gehören neben Einzelkosten auch systematisch zugerechnete fixe und variable Produktionsgemeinkosten, die bei der Verarbeitung der Ausgangsstoffe zu Fertigerzeugnissen anfallen. (IAS 2.12).

Variable Produktionsgemeinkosten sind solche nicht direkt der Produktion zurechenbaren Kosten, die unmittelbar oder nahezu unmittelbar mit dem Produktionsvolumen variieren, wie beispielsweise Materialgemeinkosten und Fertigungsgemeinkosten (IAS 2.12).

Fixe Produktionsgemeinkosten sind solche nicht direkt der Produktion zurechenbaren Kosten, die unabhängig vom Produktionsvolumen relativ konstant anfallen, wie beispielsweise Abschreibungen und Instandhaltungskosten von Betriebsgebäuden und -einrichtungen sowie die Kosten des Managements und der Verwaltung (IAS 2.12).

Die Zurechnung fixer Produktionsgemeinkosten zu den Herstellungskosten basiert auf der normalen Kapazität der Produktionsanlagen (IAS 2.13). In diesem Fall werden also jeder Maschine 1/120.000 der Kosten zugeordnet.

Für die Einbeziehung der Fremdkapitalkosten besteht nach IAS 23.4 (b) bei Vorräten, die in großen Mengen wiederholt gefertigt werden, ein Wahlrecht. Da die Herstellungskosten nach der Aufgabenstellung möglichst niedrig ausgewiesen werden sollen, erfolgt keine Einbeziehung.

Die Vertriebskosten dürfen nach IAS 2.16 (d) nicht einbezogen werden.

Materialeinzelkosten	50 €	50 €
Materialgemeinkosten	200 %	100 €
Fertigungseinzelkosten	80 €	80 €
Fertigungsgemeinkosten	150 %	120 €
Fixe Produktionsgemeinkosten (bezogen auf den Maschinentyp)		
Produktionsbezogene Verwaltungskosten	2.400.000 €	20 €
Abschreibungen Betriebsgebäude und -einrichtungen	3.000.000 €	25 €
Herstellungskosten		395 €

Vorräte sind zum Abschluss mit dem niedrigeren Wert aus Anschaffungs- oder Herstellungskosten und Nettoveräußerungswert zu bewerten (IAS 2.9). Die Abwertung der Vorräte auf den niedrigeren Nettoveräußerungswert folgt der Ansicht, dass Vermögenswerte nicht mit höheren Beträgen angesetzt werden dürfen, als bei ihrem Verkauf oder Gebrauch voraussichtlich zu realisieren sind (IAS 2.28).

Der Nettoveräußerungswert ist der geschätzte, im normalen Geschäftsgang erzielbare Verkaufserlös abzüglich der geschätzten Kosten bis zur Fertigstellung und der geschätzten notwendigen Vertriebskosten (IAS 2.6). Da es sich um Fertige Erzeugnisse handelt, fallen keine Kosten für die Fertigstellung mehr an, sondern nur noch die Vertriebskosten.

Verkaufspreis	600 €
Vertriebskosten	−15 €
Nettoveräußerungswert	585 €

Da der Nettoveräußerungswert über den Herstellungskosten liegt, ist dieser nicht anzusetzen. Der Bilanzansatz zum 31. 12. 2016 beträgt (8.000 Stück · 395 € =) 3.160.000 € und wird unter den Vorräten ausgewiesen (IAS 1.54 (g)).

LÖSUNG

Lösung zu Fall 29 — 16 Punkte

Bei den Planen handelt es sich um Handelswaren, die als Vorräte einen Vermögenswert darstellen, weil sie eine Ressource darstellen, die aufgrund von Ereignissen der Vergangenheit in der Verfügungsmacht des Unternehmens steht und von der erwartet wird, dass dem Unternehmen aus ihr künftiger wirtschaftlicher Nutzen zufließt (F. 49 (a)).

Ein Vermögenswert wird in der Bilanz angesetzt, wenn es wahrscheinlich ist, dass der künftige wirtschaftliche Nutzen dem Unternehmen zufließen wird, und wenn seine Anschaffungs- oder Herstellungskosten oder ein anderer Wert verlässlich bewertet werden können (F. 89). Die Vorräte erfüllen auch diese Erfassungskriterien, sodass sie dem Grunde nach zu bilanzieren sind.

Die Zugangsbewertung der Handelswaren erfolgt zu den Anschaffungskosten (IAS 2.9).

Anschaffungskosten (150 · 2.000 € =)	300.000 €

Vorräte sind zum Abschluss mit dem niedrigeren Wert aus Anschaffungs- oder Herstellungskosten und Nettoveräußerungswert zu bewerten (IAS 2.9). Die Abwertung der Vorräte auf den niedrigeren Nettoveräußerungswert folgt der Ansicht, dass Vermögenswerte nicht mit höheren Beträgen angesetzt werden dürfen, als bei ihrem Verkauf oder Gebrauch voraussichtlich zu realisieren sind (IAS 2.28).

Der Nettoveräußerungswert ist der geschätzte, im normalen Geschäftsgang erzielbare Verkaufserlös abzgl. der geschätzten notwendigen Vertriebskosten (IAS 2.6).

bisheriger Verkaufspreis	2.500 €
40 % Rabatt	–1.000 €
Vertriebskosten	–100 €
Nettoveräußerungswert	1.400 €

Da der Nettoveräußerungswert unter den Anschaffungskosten liegt, ist dieser anzusetzen. Der Bilanzansatz zum 31.12.2016 beträgt (150 Stück · 1.400 € =) 210.000 € und wird unter den Vorräten ausgewiesen (IAS 1.54 (g)).

LÖSUNG

Lösung zu Fall 30 — 28 Punkte

Zuerst erfolgt die Prüfung, ob es sich überhaupt um eine Schuld handelt, die zu bilanzieren ist. Eine Schuld ist eine gegenwärtige Verpflichtung des Unternehmens, die aus Ereignissen der Vergangenheit entsteht und deren Erfüllung für das Unternehmen erwartungsgemäß mit einem Abfluss von Ressourcen mit wirtschaftlichem Nutzen verbunden ist (F. 49 (b)). Das Darlehen erfüllt alle drei Bedingungen und ist daher eine Schuld (liability).

Eine Schuld wird grundsätzlich in der Bilanz angesetzt, wenn es wahrscheinlich ist, dass sich aus der Erfüllung einer gegenwärtigen Verpflichtung ein direkter Abfluss von Ressourcen ergibt, die wirtschaftlichen Nutzen enthalten, und dass der Erfüllungsbetrag verlässlich bewertet werden kann (F. 91). Zusätzlich gilt bei einer finanziellen Verbindlichkeit (financial liability), dass ein Unternehmen diese in seiner Bilanz anzusetzen hat, wenn es Vertragspartei des Finanzinstruments wird (IAS 39.14). Bei einem Darlehen ist das Unternehmen Vertragspartei mit der Folge geworden, dass die rechtliche Verpflichtung zur Zahlung von flüssigen Mitteln (Raten) besteht, so dass das Darlehen dem Grunde nach zu bilanzieren ist.

Beim erstmaligen Ansatz einer finanziellen Verbindlichkeit hat ein Unternehmen diese zu ihrem beizulegenden Zeitwert (fair value) zu bewerten (IAS 39.43, bei einem Darlehen in der Regel der Transaktionspreis, IAS 39.A64).

Nach ihrem erstmaligen Ansatz sind Darlehen unter Anwendung der Effektivzinsmethode (effectiv interest method) zu fortgeführten Anschaffungskosten zu bewerten (IAS 39.47). Dies gilt bei Darlehen ungeachtet der Absicht, dieses bis zur Endfälligkeit zu halten (IAS 39. A 68).

Als fortgeführte Anschaffungskosten einer finanziellen Verbindlichkeit wird der Betrag bezeichnet, mit dem eine finanzielle Verbindlichkeit beim erstmaligen Ansatz bewertet wurde, abzüglich Tilgungen, zuzüglich oder abzüglich der kumulierten Amortisation einer etwaigen Differenz zwischen dem ursprünglichen Betrag und dem bei Endfälligkeit rückzahlbaren Betrag unter Anwendung der Effektivzinsmethode sowie abzüglich einer etwaigen Minderung (entweder direkt oder mithilfe eines Wertberichtigungskontos) für Wertminderungen oder Uneinbringlichkeit (IAS 39.9).

Da hier keine Gebühren und kein Disagio angefallen sind bzw. anfallen, führt die Bewertung nach der Effektivzinssatzmethode zu keinen Änderungen, so dass die fortgeführten Anschaffungskosten aus dem erstmaligen Ansatz abzüglich der Tilgungen bestehen.

Der Ausweis erfolgt als finanzielle Verbindlichkeit (IAS 1.54 (m)). Die Tilgungsraten, die innerhalb der nächsten zwölf Monate zu erbringen sind, sind als kurzfristige Verbindlichkeiten auszuweisen (IAS 1.71). Der Rest sind langfristige Verbindlichkeiten (IAS 1.61).

LÖSUNG

Lösung zu Fall 31 — 27 Punkte

Das Tilgungsdarlehen ist eine Schuld, da es sich um eine gegenwärtige Verpflichtung des Unternehmens, die aus Ereignissen der Vergangenheit entstanden und deren Erfüllung für das Unternehmen erwartungsgemäß mit einem Abfluss von Ressourcen mit wirtschaftlichem Nutzen verbunden ist, handelt (F.49 (b)).

Das Darlehen ist ein Finanzinstrument im Sinne von IAS 39, da es sich um einen nicht derivativen finanziellen Vermögenswert mit festen oder bestimmbaren Zahlungen handelt, der nicht in einem aktiven Markt notiert ist (IAS 39.9).

Dieses Darlehen ist auch als finanzielle Verbindlichkeit zu bilanzieren, da die Maschinenbau AG Vertragspartei des Finanzinstruments (Darlehens) geworden ist (IAS 39.14).

Beim erstmaligen Ansatz einer finanziellen Verbindlichkeit hat ein Unternehmen diese zu ihrem beizulegenden Zeitwert zu bewerten (IAS 39.43, bei einem Darlehen in der Regel der Transaktionspreis, IAS 39.A64).

Nach ihrem erstmaligen Ansatz sind Darlehen unter Anwendung der Effektivzinsmethode zu fortgeführten Anschaffungskosten zu bewerten (IAS 39.47). Dies gilt bei Darlehen ungeachtet der Absicht, dieses bis zur Endfälligkeit zu halten (IAS 39.A68).

Als fortgeführte Anschaffungskosten einer finanziellen Verbindlichkeit wird der Betrag bezeichnet, mit dem eine finanzielle Verbindlichkeit beim erstmaligen Ansatz bewertet wurde, abzüglich Tilgungen, zuzüglich oder abzüglich der kumulierten Amortisation einer etwaigen Differenz zwischen dem ursprünglichen Betrag und dem bei Endfälligkeit rückzahlbaren Betrag unter Anwendung der Effektivzinsmethode sowie abzüglich einer etwaigen Minderung (entweder direkt oder mithilfe eines Wertberichtigungskontos) für Wertminderungen oder Uneinbringlichkeit (IAS 39.9).

Da hier keine Gebühren und kein Disagio angefallen sind bzw. anfallen, führt die Bewertung nach der Effektivzinssatzmethode zu keinen Änderungen, so dass die fortgeführten Anschaffungskosten aus dem erstmaligen Ansatz abzüglich der Tilgungen bestehen.

Tilgungsrate (12.000.000 €/120 =)	100.000 €
Transaktionspreis	12.000.000 €
Tilgungen 2016 (12 · 100.000 =)	– 1.200.000 €
Bilanzansatz 2016	10.800.000 €

Der Ausweis erfolgt als finanzielle Verbindlichkeit (IAS 1.54 (m)). Die Tilgungsraten, die innerhalb der nächsten zwölf Monate zu erbringen sind, sind als kurzfristige Verbindlichkeiten auszuweisen (IAS 1.71). Der Rest sind langfristige Verbindlichkeiten (IAS 1.61).

LÖSUNG

Lösung zu Fall 32 — 22 Punkte

Ein Konzernabschluss (consolidated financial statement) ist der Abschluss eines Konzerns, in welchem die Vermögenswerte, die Schulden, das Eigenkapital, die Erträge, Aufwendungen und Zahlungsströme des Mutterunternehmens und seiner Tochterunternehmen so dargestellt werden, als gehörten sie zu einer einzigen wirtschaftlichen Einheit (IFRS 10.A).

Für die Aufstellung des Konzernabschlusses ist das Mutterunternehmen zuständig (IFRS 10.4), wenn es Tochterunternehmen beherrscht (IFRS 10.2 (a)). Um eine Beherrschung festzustellen, muss das Unternehmen prüfen, ob es die Definition eines Mutterunternehmens nach IFRS 10.7 erfüllt (IFRS 10.5). Danach beherrscht ein Unternehmen ein Beteiligungsunternehmen dann, wenn es alle nachfolgenden Eigenschaften besitzt:

a) die Verfügungsgewalt über das Beteiligungsunternehmen,

b) eine Risikobelastung durch oder Anrechte auf schwankende Renditen aus seinem Engagement in dem Beteiligungsunternehmen,

c) die Fähigkeit, seine Verfügungsgewalt über das Beteiligungsunternehmen dergestalt zu nutzen, dass dadurch die Höhe der Rendite des Beteiligungsunternehmens beeinflusst wird.

Diese Punkte sind bei einem 100 %igen Tochterunternehmen gegeben, so dass das Mutterunternehmen einen Konzernabschluss zu erstellen hat.

Dies geschieht nach IFRS 10.19 indem das Mutterunternehmen Konzernabschlüsse unter Verwendung einheitlicher Bilanzierungs- und Bewertungsmethoden für gleichartige Geschäftsvorfälle und sonstige Ereignisse in ähnlichen Umständen erstellt. Diese Verpflichtung der Konsolidierung beginnt an dem Tag, an dem das Mutterunternehmen die Beherrschung über das Beteiligungsunternehmen erlangt, und endet, wenn das Mutterunternehmen die Beherrschung über das Beteiligungsunternehmen verliert (IFRS 10.20).

Im Einzelnen sollen Konzernabschlüsse nach IFRS 10.B86:

a) gleichartige Posten an Vermögenswerten, Schulden, Eigenkapital, Erträgen, Aufwendungen und Zahlungsströmen des Mutterunternehmens mit jenen seiner Tochterunternehmen vereinigen.

b) den Beteiligungsbuchwert des Mutterunternehmens an jedem Tochterunternehmen mit dessen Anteil am Eigenkapital an jedem Tochterunternehmen saldieren (eliminieren).

c) konzerninterne Vermögenswerte und Schulden, Eigenkapital, Aufwendungen und Erträge sowie Zahlungsströme aus Geschäftsvorfällen, die zwischen Konzernunternehmen stattfinden, vollständig eliminieren (Gewinne oder Verluste aus konzerninternen Geschäftsvorfällen, die bei den Vermögenswerten angesetzt wurden, wie Vorräte oder Sachanlagen, werden vollständig eliminiert). Konzerninterne Verluste können auf eine Wertminderung hindeuten, die einen Ansatz in den Konzernabschlüssen erfordert.

III. Steuerlehre

LÖSUNG

Lösung zu Fall 1 10 Punkte

a) Sowohl der Erlass eines Feststellungsbescheides hinsichtlich des Gewinns der OHG, als auch der Erlass des Einkommensteuerbescheides für den Gesellschafter Lange sind im Jahr 2016 noch zulässig, weil keine **Festsetzungsverjährung** eingetreten ist. Für die Gewinnfeststellung der OHG gelten nach § 181 Abs. 1 Satz 1 AO die Vorschriften über die Festsetzungsfrist sinngemäß (Feststellungsfrist). Gemäß § 169 Abs. 2 Satz 1 Nr. 2 und § 170 Abs. 2 Satz 1 Nr. 1 AO läuft die Feststellungsfrist für den OHG-Gewinn vom 1. 1. 2016 (Beginn mit Ablauf des Kalenderjahres 2015, also 31. 12. 2015, 24.00 Uhr = 1. 1. 2016, 0.00 Uhr: § 170 Abs. 2 Satz 1 Nr. 1 AO) bis zum 31. 12. 2019 (Dauer: 4 Jahre; § 169 Abs. 2 Satz 1 Nr. 2 AO) und die Festsetzungsfrist für die Einkommensteuer des Gesellschafters Lange vom 1. 1. 2017 bis zum 31. 12. 2022.

   Hinweis: Die Festsetzung der Einkommensteuer durch Bescheid vom 30. 4. 2016 erfolgte somit vor dem Beginn der Festsetzungsfrist. Dies ist jedoch zulässig, da die Festsetzungsfrist lediglich den Zweck hat, den letztmöglichen Termin für eine Steuerfestsetzung zu bestimmen. Vgl. dazu auch § 169 Abs. 1 Satz 3 Nr. 1 AO: danach kommt es lediglich darauf an, dass der Bescheid vor Ablauf der Frist erlassen wurde.

   Die Einspruchsfrist nach §§ 355, 108 Abs. 1 AO i. V. m. §§ 187-193 BGB und § 122 Abs. 2 Nr. 1 AO lief für die OHG vom 11. 3. 2016 bis zum 11. 4. 2016. Der am 5. 3. 2016 (Donnerstag) zur Post gegebene Gewinnfeststellungsbescheid wurde gem. § 122 Abs. 2 Nr. 1 AO am 10. 3. 2016 (Donnerstag) bekannt gegeben. Die 3-Tagesfiktion des § 122 Abs. 2 Nr. 1 AO fingiert eine Bekanntgabe am 9. 3. 2016. Weil die tatsächliche Bekanntgabe aber später erfolgte, nämlich am 10. 3. 2016, ist dieser Tag maßgebend (§ 122 Abs. 2 a. E. AO).

   Für Herrn Lange begann bezüglich des ESt-Bescheides die Einspruchsfrist am 2. 5. 2016 (Bekanntgabe gem. §§ 122 Abs. 2 Nr. 1 AO) und endete am 2. 6. 2016 (Dauer: 1 Monat; § 355 Abs. 1 AO). Insofern war der Einspruch von Lange gegen seinen ESt-Bescheid fristgerecht.

   Auch war der Einspruch formgerecht, da er schriftlich (hier per Fax) erfolgte. Die fehlende Unterschrift ist entbehrlich, da aus dem Schriftstück hervorgeht, wer den Einspruch eingelegt hat; § 357 Abs. 1 Satz 2 AO.

   Nach § 351 Abs. 2 AO können Grundlagenbescheide (hier: Gewinnfeststellungsbescheid) jedoch nur durch Anfechtung dieses Bescheids und nicht auch durch Anfechtung des Folgebescheids (hier: ESt-Bescheid) angegriffen werden. Die Einspruchsfrist für den Grundlagenbescheid war bereits am 11. 4. 2016 abgelaufen, so dass dieser zum Zeitpunkt der Einspruchseinlegung unanfechtbar war. Schon deshalb kann Lange seinen ESt-Bescheid nicht wegen des nach seiner Auffassung zu hoch festgesetzten Gewinns der OHG anfechten. Allgemein zur **Einspruchsbefugnis** bei einheitlichen Feststellungen vgl. § 352 AO.

Aussetzung der Vollziehung wird hinsichtlich dieses Punktes nicht gewährt, weil weder ernsthafte Zweifel an der Rechtmäßigkeit des angefochtenen Verwaltungsaktes bestehen noch die Vollziehung für den Betroffenen eine unbillige Härte darstellt; § 361 Abs. 2 AO.

b) Wenn der Gewinnfeststellungsbescheid unter Vorbehalt der Nachprüfung erlassen worden wäre, hätte sich eine andere Rechtslage ergeben:

Denn nach § 164 Abs. 2 Satz 2 AO kann der Steuerpflichtige jederzeit bis zum Ablauf der Festsetzungsfrist die Änderung des Gewinnfeststellungsbescheids **beantragen.** Bei einer Änderung des Gewinnfeststellungsbescheids (Grundlagenbescheid) wäre gemäß § 175 Abs. 1 Satz 1 Nr. 1 AO auch der ESt-Bescheid zu ändern. Das gilt auch nach Ablauf der Rechtsbehelfsfrist für den ESt-Bescheid. Aussetzung der Vollziehung könnte aber auch hier nicht gewährt werden, weil es an einem fristgerechten Einspruch gegen den Feststellungsbescheid (Grundlagenbescheid) mangelt (§ 361 Abs. 2 Satz 1 AO).

LÖSUNG

Lösung zu Fall 2 — 15 Punkte

a) Gemäß § 18 Abs. 3 Satz 1 UStG ist die Umsatzsteuer-Voranmeldung bis zum 10. Tag nach Ablauf des Voranmeldungszeitraums beim zuständigen Finanzamt abzugeben. Diese Frist kann auf Antrag des Unternehmers um einen Monat verlängert werden (§ 46 UStDV). Voraussetzung hierfür ist, dass eine Sondervorauszahlung geleistet wird (§ 47 UStDV). Eine solche Fristverlängerung wurde nicht beantragt.

Da die Abgabe der Umsatzsteuer-Voranmeldung Januar 2016 am Freitag, 12. 2. 2016 erfolgte, wurde die Steuererklärung zu spät eingereicht. Deshalb kommt hier ein Verspätungszuschlag gemäß § 152 AO in Betracht.

Das Finanzamt kann im Rahmen pflichtgemäßen Ermessens (§ 5 AO) einen Verspätungszuschlag gegen die OHG festsetzen (§§ 152 Abs. 1 Satz 1, 5 AO). Der Verspätungszuschlag darf 10 % der festgesetzten Steuer nicht übersteigen und höchstens 25.000 € betragen (§ 152 Abs. 2 Satz 1 AO).

Da es sich im vorliegenden Fall um eine USt-Voranmeldung handelt, darf der Verspätungszuschlag maximal 10 % der Zahllast, also 490 € betragen. Der Verspätungszuschlag muss von der Finanzbehörde durch besonderen Bescheid festgesetzt werden (AEAO zu § 152 Nr. 5).

Ein Säumniszuschlag entsteht nach § 240 Abs. 1 Satz 1 AO, wenn eine Steuer nicht bis zum Ablauf des Fälligkeitstages entrichtet wird. Die Vorauszahlung war nach § 18 Abs. 3 Satz 3 UStG am 10. 2. 2016 fällig, jedoch trat die Säumnis nicht ein, bevor die Steuer angemeldet wurde (§ 240 Abs. 1 Satz 3 AO). Die Steuer war somit am Freitag, 12. 2. 2016, fällig gewesen – die USt-Voranmeldung stand der Festsetzung unter Vorbehalt gleich (§ 168 AO). Die Zahlung der Steuer erfolgte durch Scheck. Diese Zahlung galt nach § 224 Abs. 2 Nr. 1 AO drei Tage nach dem Tag des Eingangs des Schecks als wirksam entrichtet, so dass die Zahlung nach dem Ablauf des Fälligkeitstages i. S. des § 240 Abs. 1 Satz 1 AO erfolgte. Von der Erhebung des Säumniszuschlags ist auch nicht nach § 240 Abs. 3 Satz 1 AO abzusehen, da die Schonfrist bei Zahlungen durch Scheck nicht gilt (§ 240 Abs. 3 Satz 2 AO). Dementsprechend wurde ein Säumniszuschlag i. H. von 1 % von 4.900 € = 49 € verwirklicht.

b) Die Abgabefrist war gewahrt, so dass kein Verspätungszuschlag festzusetzen war.

Die Zahlung galt nach § 224 Abs. 2 Nr. 1 AO drei Tage nach dem Eingang des Schecks als entrichtet. Die Zahlung war – wie im Fall 1 – verspätet, da die Schonfrist des § 240 Abs. 3 Satz 1 AO bei Scheckzahlungen nicht gilt (§ 240 Abs. 3 Satz 2 AO). Daher wurden Säumniszuschläge i. H. von 1 % von 13.350 € (abgerundet auf volle 50 €, § 240 Abs. 1 Satz 1 AO) = 133,50 € verwirklicht.

c) Die USt-Voranmeldung wurde nach dem 10. 6. 2016 eingereicht. Das Finanzamt kann im Rahmen pflichtgemäßen Ermessens einen Verspätungszuschlag gegen die OHG festsetzen (§§ 152 Abs. 1 Satz 1,5 AO). Der Verspätungszuschlag darf 10 % der festgesetzten Steuer nicht übersteigen und höchstens 25.000 € betragen (§ 152 Abs. 2 Satz 1 AO).

Der Verspätungszuschlag darf maximal 10 % der Zahllast, also 1.314 € betragen. Der Verspätungszuschlag muss von der Finanzbehörde durch besonderen Bescheid festgesetzt werden (AEAO zu § 152 Nr. 5).

Ein **Säumniszuschlag** entsteht, wenn nicht fristgemäß gezahlt wird. Auch hier erfolgte die Zahlung per Scheck, so dass die Schonfrist gemäß § 240 Abs. 3 Satz 2 AO i.V. m. § 224 Abs. 2 Nr. 1 AO nicht gilt. Es war daher ein Säumniszuschlag in Höhe von 131 € zu erheben. Berechnung: 13.100 € (auf volle 50 abgerundet) · 1 %.

d) Die Abgabe der Voranmeldung erfolgte rechtzeitig. Deshalb konnte kein Verspätungszuschlag festgesetzt werden.

Solange der Betrag innerhalb der Schonfrist von drei Tagen überwiesen wird, entstehen auch keine Säumniszuschläge (§ 240 Abs. 3 Satz 1 AO). Die für die Berechnung von Säumniszuschlägen maßgebende Schonfrist begann am Montag, den 11. 7. 2016 (Fälligkeit am 10. 8. gem. § 220 Abs. 1 AO i.V. m. § 18 Abs. 1 Satz 3 UStG und § 108 Abs. 3 AO) und endete mit Ablauf des 13. 7. 2016. Gemäß § 240 Abs. 1 Satz 1 i.V. m. § 224 AO ist hinsichtlich der Festsetzung von Säumniszuschlägen der Tag des Zahlungseingangs maßgeblich. Dies ist bei Überweisung der Tag der Gutschrift auf dem Konto der Finanzbehörde (§ 224 Abs. 2 Nr. 2 AO).

Hier wurde der Betrag erst am 14. 7. 2016 gutgeschrieben, so dass ein Säumniszuschlag in Höhe von 145 € zu erheben war. Berechnung: 14.500 € · 1 %.

e) Auch hier war die Frist für die Abgabe der Voranmeldung gewahrt. Da der Betrag am 13. 10. 2016 dem Konto des Finanzamts gutgeschrieben wurde, waren zwar grundsätzlich Säumniszuschläge für einen Monat angefallen. Diese werden jedoch nicht erhoben, weil die Steuer innerhalb der dreitägigen Schonfrist im Rahmen einer Überweisung dem Konto des Finanzamts gutgeschrieben wurde (§ 240 Abs. 3 i.V. m. § 224 Abs. 2 Nr. 2 AO). Der Lauf der Schonfrist begann mit Beginn des 11. 10. 2016, und endete mit Ablauf des 13. 10. 2016. Daher kamen weder ein Verspätungs- noch ein Säumniszuschlag in Betracht.

Hinweis: Fällt das reguläre Ende der Schonfrist i. S. d. § 240 Abs. 3 AO auf einen Samstag, Sonntag oder gesetzlichen Feiertag, verschiebt sich das Ende auf den nachfolgenden Werktag. § 108 Abs. 3 AO findet insoweit Anwendung (vgl. Kögel, in: Beermann/Gosch, AO/FGO, § 240 AO Rz. 73; Rüsken, in: Klein, Abgabenordnung, 10. Aufl. 2009, § 240 Rz. 29; Koenig, in: Pahlke/Koenig, Abgabenordnung, 2. Aufl. 2009, § 240 Rz. 40).

LÖSUNG

Lösung zu Fall 3 **15 Punkte**

a) **Festsetzungsverjährung:** Die Festsetzungsverjährung ist in den §§ 169 ff. AO geregelt. Nach § 169 Abs. 1 AO ist eine Steuerfestsetzung sowie ihre Aufhebung oder Änderung nicht mehr zulässig, wenn die Festsetzungsfrist abgelaufen ist. Auf die gesonderte und einheitliche Feststellung von Besteuerungsgrundlagen (hier des Gewinns der OHG) sind die Vorschriften über die Festsetzungsfrist gem. § 181 Abs. 1 Satz 1 AO sinngemäß anzuwenden (Feststellungsfrist).

Der Beginn dieser Frist richtet sich nach § 170 AO. Grundsätzlich beginnt die Festsetzungsfrist mit Ablauf des Kalenderjahres, in dem die Steuer entstanden ist. Der Zeitpunkt der Entstehung der Ansprüche aus dem Steuerschuldverhältnis ist in § 38 AO und den Einzelsteuergesetzen geregelt (vgl. AEAO zu § 38 Nr. 1). Besteht allerdings die Pflicht, eine Steuererklärung abzugeben, verschiebt sich der Beginn der Festsetzungsfrist regelmäßig auf das Ende des Kalenderjahres, in dem die Steuererklärung tatsächlich abgegeben worden ist (§ 170 Abs. 2 Satz 1 Nr. 1 AO). Sie beginnt spätestens mit dem Ablauf des dritten Kalenderjahres, das dem der Steuerentstehung folgt (§ 170 Abs. 2 Satz 1 Nr. 1 am Ende AO). Die gesonderte und einheitliche Gewinnfeststellung erfordert eine Feststellungserklärung nach § 181 Abs. 2 AO. Sie gilt kraft gesetzlicher Anordnung als Steuererklärung i. S. d. § 170 Abs. 2 Satz 1 Nr. 1 AO. Die Feststellungsfrist beginnt daher regelmäßig erst mit Abgabe der Feststellungserklärung.

Gemäß § 169 Abs. 2 Satz 1 Nr. 2 AO beträgt die Festsetzungsfrist grundsätzlich vier Jahre. Bei Steuerhinterziehung bzw. leichtfertiger Steuerverkürzung verlängert sie sich auf zehn bzw. fünf Jahre (§ 169 Abs. 2 Satz 2 AO). In § 171 AO sind diverse Tatbestände aufgezählt, die zu einer Ablaufhemmung führen.

Erhebungsverfahren: Die Grundlage für die Verwirklichung von Ansprüchen aus dem Steuerschuldverhältnis (vgl. § 37 AO) sind Steuerbescheide, Steuervergütungsbescheide, Haftungsbescheide und die Verwaltungsakte, durch die steuerliche Nebenleistungen festgesetzt werden. Bei Säumniszuschlägen genügt die Verwirklichung des gesetzlichen Tatbestandes; § 240 AO. Die Ansprüche aus dem Steuerschuldverhältnis unterliegen nach § 228 AO einer Verjährungsfrist von fünf Jahren. Nach Ablauf dieser Frist erlöschen gemäß § 232 AO der Anspruch aus dem Steuerschuldverhältnis und die von ihm abhängenden Zinsen. Die Verjährungsfrist beginnt gemäß § 229 AO mit Ablauf des Kalenderjahres, in dem der Anspruch erstmals fällig geworden ist.

Eine Zahlungsverjährung muss im vorliegenden Fall jedoch nicht geprüft werden, da allein aus dem Gewinnfeststellungsbescheid noch kein Steueranspruch entsteht, § 37 Abs. 1 AO. Dieser ergibt sich erst aus dem Einkommensteuerbescheid.

b) Der Beginn der Festsetzungsfrist erfolgt gemäß § 170 Abs. 2 Nr. 1 AO mit Ablauf des 31. 12. 2011. Sie dauert gemäß § 169 Abs. 2 Satz 1 Nr. 2 AO vier Jahre und endet mit Ablauf des 31. 12. 2015. Da vor Ablauf dieser Frist mit einer Außenprüfung begonnen wurde, wurde der Ablauf der Festsetzungsfrist gemäß § 171 Abs. 4 Satz 2 AO zunächst für sechs Monate gehemmt. Der Fristlauf dieser sechs Monate begann am 9. 12. 2015 und endete mit Ablauf des 8. 6. 2016.

Da die Prüfung innerhalb dieser Frist wieder aufgenommen wurde (nämlich am 8. 6. 2016), befand sich die Prüfung noch innerhalb der Festsetzungsfrist.

c) Gemäß § 171 Abs. 4 Satz 3 AO endet die Festsetzungsfrist, wenn mit Ablauf des Jahres, in dem die Schlussbesprechung stattgefunden hat, die Fristen nach § 169 Abs. 2 AO verstrichen sind. Es besteht somit noch Zeit bis zum Ablauf des 31. 12. 2020.

d) Gemäß § 371 Abs. 1 AO bleibt straffrei, wer zu allen unverjährten Steuerstraftaten einer Steuerart in vollem Umfang die unrichtigen Angaben berichtigt, die unvollständigen Angaben ergänzt oder die unterlassenen Angaben nachholt, mindestens aber zu allen Steuerstraftaten einer Steuerart innerhalb der letzten zehn Kalenderjahre. Straffreiheit tritt jedoch nicht in den in § 371 Abs. 2 AO genannten Fällen ein. Nach Nr. 1 Buchst. a ist die Straffreiheit ausgeschlossen, wenn vor der Berichtigung, Ergänzung oder Nachholung bereits eine Prüfungsanordnung i. S. d. § 196 AO bekanntgegeben wurde. Gleiches gilt nach Nr. 1 Buchst. c, wenn ein Amtsträger zur steuerlichen Prüfung erschienen ist, d. h. zu dem Zeitpunkt, in dem er das Grundstück der OHG betritt, um eine Prüfung durchzuführen.

Eine Selbstanzeige war daher nur noch bis zum 10. 11. 2015 möglich. Auf den Beginn der Prüfung am 8. 12. 2015 kommt es wegen § 371 Abs. 2 Nr. 1 Buchst. a AO nicht mehr an.

LÖSUNG

Lösung zu Fall 4 — 10 Punkte

a) Ist der Steuerpflichtige mit einem ihm bekannt gegebenen Steuerbescheid nicht einverstanden und will er eine für ihn günstigere Entscheidung erreichen, kann er innerhalb der Einspruchsfrist Einspruch einlegen oder einen Antrag auf Änderung gem. § 172 Abs. 1 Nr. 2 Buchst. a AO (sog. Antrag auf schlichte Änderung) stellen.

Der Einspruch verhindert die Unanfechtbarkeit des angefochtenen Bescheides und der Sachverhalt wird in vollem Umfang neu geprüft (Gesamtüberprüfung: § 367 Abs. 2 Satz 1 AO), während bei einem Antrag auf schlichte Änderung nur eine punktuelle Prüfung erfolgt.

Unanfechtbarkeit (formelle Bestandskraft) liegt vor, soweit ein Verwaltungsakt nicht oder nicht mehr mit einem Rechtsbehelf angefochten werden kann. Unanfechtbarkeit bedeutet nicht Unabänderbarkeit. Die §§ 172 ff. AO regeln die Durchbrechung der materiellen Bestandskraft, die ggf. auch dann zulässig ist, wenn bereits formelle Bestandskraft eingetreten ist.

Zwar kann das Finanzamt seine Entscheidung im Zuge des Einspruchsverfahrens verbösern, d. h. eine Änderung zum Nachteil des Steuerpflichtigen durchführen. Der Steuerpflichtige hat aber gemäß § 362 Abs. 1 AO die Möglichkeit, den Einspruch bis zur Bekanntgabe der Einspruchsentscheidung zurückzunehmen.

Der Einspruch muss nach § 347 AO statthaft sein, d. h., er muss sich gegen einen Verwaltungsakt in Abgabenangelegenheiten (z. B. Steuerbescheid) richten. Er darf nicht nach § 348 AO ausgeschlossen sein und der Stpfl. darf nicht auf das Einspruchsrecht verzichtet haben (§ 354 Abs. 1 AO). Der Einspruch muss form- und fristgerecht eingelegt werden (§§ 355 und

357 AO). Nur der Einspruch ermöglicht eine Aussetzung der Vollziehung nach § 361 Abs. 2 AO. Bei einem schlichten Änderungsantrag kommt allenfalls eine Stundung in Betracht (AEAO zu § 172 Nr. 2). Im Gegensatz zum Einspruch, der nach § 357 Abs. 1 AO schriftlich oder elektronisch einzureichen oder mündlich zur Niederschrift zu erklären ist, ist der Antrag auf Änderung an keine Form gebunden. Er kann z. B. auch telefonisch gestellt werden (AEAO zu § 172 Nr. 2). Das Finanzamt darf den Steuerbescheid aufgrund eines schlichten Änderungsantrags nur in dem Umfange zugunsten des Steuerpflichtigen ändern, als der Steuerpflichtige vor Ablauf der Einspruchsfrist eine genau bestimmte Änderung beantragt hat (AEAO zu § 172 Nr. 2 Abs. 2 Satz 1 AO).

b) Der von Herrn Paulsen eingelegte Einspruch war statthaft, weil es sich bei dem Gewinnfeststellungsbescheid um einen Verwaltungsakt in Abgabenangelegenheiten handelte (§ 347 Abs. 1 Satz 1 Nr. 1, Abs. 2 AO). Auch lag kein Ausschlussgrund (§ 348 AO) oder Einspruchsverzicht (§ 354 AO) vor. Der Einspruch wurde schriftlich eingelegt (§ 357 Abs. 1 Satz 1 AO). Ein Einspruch muss nicht unterschrieben sein, weil es gem. § 357 Abs. 1 Satz 2 AO genügt, wenn aus dem Schriftstück hervorgeht, wer den Einspruch eingelegt hat. Der Einspruch erfolgte auch fristgerecht innerhalb eines Monats nach Bekanntgabe des Bescheides (§ 355 Abs. 1 Satz 1 AO). Der Bescheid wurde gem. § 122 Abs. 2 Nr. 1 AO am 11. 4. 2016 bekannt gegeben (Aufgabe zur Post am 5. 4. 2016, Bekanntgabe nach §§ 122, 108 Abs. 3 AO danach eigentlich am 8. 6. 2016, wegen der späteren tatsächlichen Bekanntgabe, Zugang am 11. 4. 2016, aber späterer Zeitpunkt maßgebend). Die Einspruchsfrist endete somit mit Ablauf des 11. 5. 2016.

Gemäß § 350 AO ist nur derjenige einspruchsbefugt, der geltend machen kann, durch den entsprechenden Verwaltungsakt beschwert zu sein. Die Einspruchsbefugnis bei einheitlichen Feststellungen ist in § 352 AO gesondert abschließend geregelt. Die Vorschrift schränkt die Einspruchsbefugnis von Gesellschaftern, Gemeinschaftern und Mitberechtigten erheblich ein.

Dadurch wird zum einen erreicht, dass Gesellschafter, denen zivilrechtlich Einblick und Einflussnahme in die Geschäftsabläufe verwehrt sind, nicht über das Steuerverfahrensrecht mehr Einfluss in der Gesellschaft ausüben können, als ihnen zivilrechtlich zusteht. Zum anderen wird das Steuergeheimnis untereinander gewahrt. Darüber hinaus führt die eingeschränkte Einspruchsbefugnis dazu, dass in der Mehrzahl der Fälle von einheitlichen Feststellungsbescheiden alsbald Klarheit über die Bestandskraft der Bescheide herrscht.

Danach sind bei einer OHG nach § 352 Abs. 1 Nr. 1 AO zunächst die zur Vertretung berufenen Geschäftsführer zur Einspruchseinlegung berechtigt. Sind solche nicht vorhanden, sind die von der Gesellschaft benannten gemeinsamen Empfangsbevollmächtigten nach § 183 Abs. 1 Satz 1 AO zum Einspruch befugt. Erst wenn kein Empfangsbevollmächtigter bestellt ist, ist jeder Gesellschafter zur Einspruchseinlegung berechtigt.

Ein Angestellter der Gesellschaft ist ohne Befugnis nicht einspruchsbefugt. Der Einspruch des Bilanzbuchhalters Paulsen war daher unzulässig.

Dieser Verfahrensfehler könnte jedoch durch eine Genehmigung nachträglich beseitigt werden (§ 184 Abs. 1 analog BGB). Hierzu müssten die Geschäftsführer der OHG als ihre gesetzlichen Vertreter (§ 34 AO) dem Handeln des Paulsen nachträglich zustimmen (BFH-Urteil v. 18. 10. 1988, BStBl II 1989 S. 76). Der Einspruch wäre dann zulässig.

Hinweis: Der Streit darüber, ob die Einschränkung der Einspruchs- und Klagebefugnis von Gesellschaftern gegen die Verfassung verstößt (Art. 19 Abs. 4 GG, sog. Rechtsweggarantie), dürfte durch zahlreiche höchstrichterliche Entscheidungen mit der Argumentation beigelegt sein, dass die Einschränkung auf freiwillig eingegangenen zivilrechtlichen Beschränkungen beruht, durch welche der Beteiligte die Wahrnehmung seiner Interessen insoweit freiwillig auf Vertreter (Geschäftsführer) übertragen hat.

LÖSUNG

Lösung zu Fall 5 — 8 Punkte

Es sind neben der Körperschaftsteuerzahlung steuerliche Nebenleistungen zu entrichten (§ 3 Abs. 4 AO). Gemäß § 233a AO sind Nachforderungszinsen angefallen. Der Zinslauf beginnt gemäß § 233a Abs. 2 AO 15 Monate nach Ablauf des Kalenderjahres, in dem die Steuer entstanden ist, und endet mit Ablauf des Tages, an dem die Steuerfestsetzung wirksam wird, also am Tag der Bekanntgabe (§§ 124 Abs. 1, 122 AO). Nach § 238 AO betragen die Zinsen für jeden vollen Monat 0,5 % des zu verzinsenden Betrags, der auf volle 50 € abzurunden ist.

Dabei ist zu berücksichtigen, dass die Zinsen nur für volle Monate zu zahlen sind. Der Zinslauf beginnt am 1. 4. 2014 und endet am 14. 1. 2016 und umfasst somit 21 volle Monate. Der abgerundete zu verzinsende Betrag beträgt 45.100 €, so dass zusätzlich Nachforderungszinsen in Höhe von 4.735,00 € anfallen (Abrundung auf volle € gem. § 239 Abs. 2 Satz 1 AO).

Sobald das zuständige Finanzamt Stundung gewährt, fallen gemäß § 234 AO Stundungszinsen an. Diese werden für die Zeit der gewährten Stundung berechnet. Auch in diesem Fall betragen gemäß § 238 AO die Zinsen für jeden vollen Monat 0,5 % des zu verzinsenden Betrags, der auf 50 € abzurunden ist. Der Zinslauf beginnt daher am 17. 2. 2016 und endet am 31. 3. 2016 (AEAO zu § 234 Nr. 4 und 5). Somit umfasst er einen vollen Monat. Der abgerundete zu verzinsende Betrag beträgt 45.100 €, so dass sich die Höhe der Stundungszinsen auf 225 € beläuft (Abrundung auf volle € gem. § 239 Abs. 2 Satz 1 AO).

Eine Anrechnung der Nachforderungszinsen gem. § 234 Abs. 3 AO kommt nicht in Betracht, da diese nicht für denselben Zeitraum, wie die Stundungszinsen festgesetzt wurden.

Hinweis: Die gesetzliche Höhe der Zinsen von 6 % p. a. wird im Schrifttum angesichts des aktuell niedrigen Zinsniveaus heftig kritisiert (vgl. u. a. Seer, DB 2015 S. 1945). Der BFH hat sich dieser Kritik bislang verschlossen (siehe u. a. BFH-Urteil vom 14. 4. 2015, DStR 2016 S. 2494).

LÖSUNG

Lösung zu Fall 6 — 12 Punkte

1. Bei der falschen Angabe der Provisionserträge handelt es sich nicht um eine offenbare Unrichtigkeit gemäß § 129 AO, da es sich nicht um einen Schreib- oder Rechenfehler handelt, der dem Finanzamt beim Erlass dieses Bescheids unterlaufen ist, sondern um einen Fehler, der allein dem Steuerpflichtigen zuzurechnen ist. Es liegt auch kein Übernahmefehler des Finanzamtes vor, weil bereits durch den Steuerpflichtigen eine falsche Zahl in die Steuererklärung eingesetzt wurde und der Fehler für das Finanzamt nicht erkennbar war.

Bei dem Antrag von Frau Mees könnte es sich um einen Antrag auf Änderung gemäß § 172 Abs. 1 AO oder einen Einspruch handeln. Nicht ausdrücklich als Einspruch bezeichnete, vor Ablauf der Einspruchsfrist schriftlich oder elektronisch vorgetragene Änderungsbegehren können regelmäßig als schlichte Änderungsanträge behandelt werden, wenn der Antragsteller eine genau bestimmte Änderung des Steuerbescheides beantragt und das Finanzamt dem Begehren entsprechen will.

Andernfalls ist ein Einspruch anzunehmen, da der Einspruch die Rechte des Steuerpflichtigen umfassender und wirkungsvoller wahrt als der bloße Änderungsantrag (AEAO zu § 172 Nr. 2 Sätze 4 und 5). Dass Frau Mees ihr Schreiben nicht ausdrücklich als Einspruch bezeichnet hat, ist insoweit unschädlich, § 357 Abs. 1 Satz 4 AO.

Im vorliegenden Fall kann aber von einem Antrag nach § 172 Abs. 1 Nr. 2 Buchst. a AO ausgegangen werden, weil die o. g. Voraussetzungen dafür vorliegen. Dieser erfolgte fristgemäß vor Ablauf der Einspruchsfrist. Insoweit kann ein Abhilfebescheid nach § 172 Abs. 1 Nr. 2 Buchst. a AO erlassen werden. Dies gilt, auch wenn Einspruch gegen den Bescheid eingelegt wird (vgl. Nr. 3).

2. Auch hierbei handelt es sich um einen Antrag auf schlichte Änderung gemäß § 172 AO (vgl. Ausführungen zu Nr. 1). Der Antrag erfolgt zugunsten des Steuerpflichtigen und wurde innerhalb der Einspruchsfrist gestellt, so dass das Finanzamt diesem Antrag entsprechen wird. Dies gilt auch im Einspruchsverfahren (vgl. Nr. 3).

3. Die Bemessung der Nutzungsdauer ergibt sich grundsätzlich aus den amtlichen AfA-Tabellen. Ein Einspruch ist form- und fristgerecht eingelegt. Er überlagert die Anträge auf schlichte Änderung (vgl. Nr. 1 und Nr. 2). Eine vollumfängliche Prüfung des Falles ist somit möglich. Trotz des Einspruchs kann eine Änderung gem. § 172 Abs. 1 Nr. 2 Buchst. a AO erfolgen (vgl. § 132 Satz 1 AO, § 172 Abs. 1 Nr. 2 Buchst. a AO, § 365 AO). Ob der Steuerpflichtige mit dem Einspruch Erfolg haben wird, ist fraglich. Eine von der amtlichen Abschreibungstabelle abweichende Nutzungsdauer setzt voraus, dass der Steuerpflichtige durch besondere Tatbestände nachweisen kann, dass die Nutzungsdauer kürzer ist (die Rechtsprechung verlangt hierzu erhebliche Ausführungen/Dokumentationen seitens des Steuerpflichtigen, vgl. BFH-Urteil v. 8. 11. 1996, BFH/NV 1997 S. 288).

LÖSUNG

Lösung zu Fall 7 — 8 Punkte

Die in § 164 AO festgelegte Möglichkeit der Steuerfestsetzung unter Vorbehalt der Nachprüfung dient der Beschleunigung der Steuerfestsetzung. Sie soll eine schnelle erste Festsetzung dadurch ermöglichen, dass die Steuer zunächst lediglich aufgrund der Angaben des Steuerpflichtigen festgesetzt wird, wobei eine spätere Überprüfung vorbehalten bleibt.

Dieser Vorbehalt gibt der Finanzbehörde das Recht, die Festsetzung jederzeit innerhalb der Festsetzungsfrist zu berichtigen. Gemäß § 164 Abs. 2 AO kann die Vorbehaltsfestsetzung jederzeit zugunsten wie zuungunsten des Steuerpflichtigen geändert werden. Oft deuten Steuerbescheide, die mit der Nebenbestimmung (§ 120 AO) des Vorbehalts der Nachprüfung verbunden werden, auf eine bevorstehende Außenprüfung hin.

Gemäß § 165 AO kann eine Steuer insoweit vorläufig festgesetzt werden, als ungewiss ist, ob die Voraussetzungen für ihre Entstehung eingetreten sind. Derartiges bezieht sich auf alle Fälle rechtlicher oder sachlicher Ungewissheit. Grund und Umfang der Vorläufigkeit sind im Bescheid anzugeben (§ 165 Abs. 1 Satz 3 AO).

Im Unterschied dazu betrifft die Festsetzung unter Vorbehalt der Nachprüfung Sachverhalte, bei denen eine Aufklärung zwar möglich wäre, aber aus Zweckmäßigkeitsgründen noch keine Nachprüfung erfolgt. Während § 164 AO den gesamten Steuerfall offen hält, bezieht sich die vorläufige Festsetzung gemäß § 165 AO auf einen punktuellen Sachverhalt.

Daneben besteht nach § 165 Abs. 1 Satz 2 AO die Möglichkeit, eine Steuerfestsetzung u. a. vor dem Hintergrund anhängiger Gerichtsverfahren vorläufig festzusetzen (sog. Katalogvorläufigkeiten).

Eine vorläufige Steuerfestsetzung kann mit dem Vorbehalt der Nachprüfung verbunden werden, § 165 Abs. 3 AO.

LÖSUNG

Lösung zu Fall 8 — 12 Punkte

a) Nach § 220 Abs. 1 AO i.V. m. § 18 Abs. 4 Satz 2 UStG ist die zu entrichtende Umsatzsteuer, die durch Steuerbescheid festgesetzt wird, einen Monat nach Bekanntgabe dieses Verwaltungsaktes fällig. Die Bekanntgabe des Verwaltungsaktes richtet sich nach § 122 AO. Gemäß § 122 Abs. 2 Nr. 1 AO gilt er, bei Beförderung durch die Post am dritten Tag nach Aufgabe zur Post als bekannt gegeben (sog. Zugangsfiktion). Hier wurde der Bescheid am 5. 7. 2016 zur Post aufgegeben. Er gilt somit als am 8. 7. 2016 bekannt gegeben. Die Frist für die Fälligkeit der Abschlusszahlung beginnt gemäß § 108 Abs. 1 AO i.V. m. § 187 Abs. 1 BGB mit dem Ablauf des 8. 7. 2016 und dauert nach § 18 Abs. 4 UStG einen Monat. Sie endet deshalb mit Ablauf des 8. 8. 2016. Die Umsatzsteuernachzahlung 2015 in Höhe von 760 € war daher spätestens am 8. 8. 2016 fällig.

b) Es entstehen Säumniszuschläge gemäß § 240 Abs. 1 AO. Diese würden 1 % von 750 € (Abrundung auf den nächsten durch 50 teilbaren Betrag) betragen. Säumniszuschläge werden allerdings dann nicht erhoben, wenn die Entrichtung der Steuer innerhalb der Schonfrist des § 240 Abs. 3 AO erfolgt. Die Schonfrist beginnt hier gemäß §§ 108 Abs. 1 AO i.V. m. § 187 Abs. 1 BGB mit Ablauf des 8. 8. 2016. Sie beträgt drei Tage (§ 240 Abs. 3 AO) und endet mit Ablauf des 11. 8. 2016. Der Betrag ist am 15. 8. 2016 auf dem Konto des Finanzamts gutgeschrieben worden. Somit ist ein Säumniszuschlag zu erheben.

LÖSUNG

Lösung zu Fall 9 — 12 Punkte

a) Nach § 75 AO haftet der Betriebsübernehmer für sog. betriebsbedingte Steuern. Voraussetzung dazu ist, dass der Betrieb im Ganzen übereignet wird. Das ist hier der Fall, auch wenn ein PKW nicht übertragen wurde, denn alle wesentlichen Betriebsgrundlagen sind nach dem Kaufvertrag auf den Erwerber übergegangen (AEAO zu § 75 Nr. 3.2).

Die Haftung beschränkt sich nach § 75 Abs. 1 Satz 2 AO auf das übernommene Vermögen und ist bei einem Erwerb aus einer Insolvenzmasse oder im Vollstreckungsverfahren ausgeschlossen, § 75 Abs. 2 AO. Zeitlich beschränkt sich die Haftung auf Steuern, die seit Beginn des letzten vor der Übereignung liegenden Kalenderjahres entstanden sind. Sachlich ist die Haftung auf betriebsbedingte Steuern beschränkt. Für steuerliche Nebenleistungen wird nicht gehaftet: AEAO zu § 75 Nr. 4.1 a. E. Die Mittelrhein OHG haftet demnach nur für die USt-Abschlusszahlung 2015 in Höhe von 800 €. Für die USt 2014 haftet sie dagegen nicht, da diese vor mehr als einem Jahr entstanden ist (§ 38 AO, § 13 Abs. 1 UStG). Auch für die ESt und die Säumniszuschläge haftet der Erwerber nicht, da es sich bei der ESt nicht um eine betriebsbedingte Steuer handelt und für steuerliche Nebenleistungen nicht gehaftet wird.

b) Da der Haftungsanspruch nach § 75 AO öffentlich-rechtlicher Natur ist, kann er nicht durch privat-rechtlichen Vertrag ausgeschlossen werden.

   Hinweis: Wenn die OHG das Geschäft unter dem bisherigen Namen („Weinhandel Willy Winzer") fortführt, kommt ggf. zusätzlich eine Haftung für die betrieblichen Steuerschulden nach § 25 HGB in Betracht.

   Diese kann jedoch dadurch ausgeschlossen werden, dass ein Haftungsausschluss vereinbart und ins Handelsregister eingetragen wird (§ 25 Abs. 2 HGB).

c) Der Haftungsanspruch wird gemäß § 191 AO durch Haftungsbescheid geltend gemacht. Gegen den Haftungsbescheid ist der Einspruch nach § 347 AO zulässig.

LÖSUNG

Lösung zu Fall 10 — 15 Punkte

a) Eine Verschiebung des Prüfungsbeginns kommt nach § 197 Abs. 2 AO nur beim Vorliegen wichtiger Gründe in Betracht. Der Umbau der Büroräume stellt einen solchen wichtigen Grund dar.

b) Der geschäftsführende Gesellschafter Schneider kann einen Befangenheitsantrag stellen, über den nach § 83 Abs. 1 Satz 1 AO der Behördenleiter entscheidet. Die bloße Bekanntschaft aus dem Tennisverein sowie die kürzliche Niederlage des Prüfers Spitz begründen für sich alleine noch nicht die Befangenheit des Prüfers (andere Auffassung vertretbar).

c) Nach § 194 Abs. 2 AO ist auch die Prüfung der Gesellschafter der OHG zulässig. Hierzu bedarf es aber einer gesonderten Prüfungsanordnung, AEAO zu § 194 Nr. 2.

d) Das Finanzamt ist nach § 194 Abs. 3 AO befugt, Kontrollmitteilungen über die steuerlichen Verhältnisse eines Dritten zu fertigen und an das für diesen zuständige Finanzamt weiterzuleiten.

   Allerdings darf die Prüfung bei der OHG nicht allein dazu benutzt werden, die steuerlichen Verhältnisse anderer, z. B. der Lieferanten, zu erforschen, AEAO zu § 194 Nr. 5.

e) Die Mitwirkungspflichten bei Betriebsprüfungen sind in § 200 Abs. 1 AO geregelt. Danach ist zunächst der Steuerpflichtige bzw. bei der OHG der geschäftsführende Gesellschafter zur Auskunft verpflichtet. Erst wenn diese Personen nicht die geforderten Auskünfte erteilen, dürfen andere Betriebsangehörige befragt werden, § 200 Abs. 1 Satz 3 AO.

Hinweis: Die nicht rechtzeitige Beantwortung von Prüfungsfragen oder die nicht fristgemäße Vorlage erbetener Unterlagen kann mit einem Verzögerungsgeld geahndet werden (§ 146 Abs. 2b AO).

LÖSUNG

Lösung zu Fall 11 — 15 Punkte

a) Ein Verwaltungsakt – Gewinnfeststellungsbescheid – wird gegenüber demjenigen, für den er bestimmt ist und in dem Zeitpunkt wirksam, in dem er bekannt gegeben wird (§ 124 Abs. 1 AO).

Datum des Gewinnfeststellungsbescheides	1. 7. 2016
Bekanntgabe (Fiktion) (§§ 122 Abs. 2 Nr. 1, 108 Abs. 3 AO)	4. 7. 2016

b) Einlegung eines Einspruches innerhalb eines Monats nach Bekanntgabe (§ 355 Abs. 1 Satz 1 AO).

Datum des Bescheides	1. 7. 2016
Fristbeginn mit Ablauf des	4. 7. 2016
Einspruchsfrist	1 Monat
Fristende mit Ablauf des	4. 8. 2016

Das Einspruchsschreiben ist erst am 10. 8., also verfristet, beim Finanzamt eingegangen.

c) Der Gesellschafter Rast ist nach den Vereinbarungen im Gesellschaftsvertrag allein vertretungsberechtigter Geschäftsführer der KG (§ 161 Abs. 2 HGB, §§ 114 ff. HGB). Die uneingeschränkte, alleinige Einspruchsbefugnis ergibt sich aus § 352 Abs. 1 Nr. 1 AO.

Der Gesellschafter Feuer ist nicht zur Geschäftsführung bei der KG berufen. Die Zulässigkeit seines Einspruches ist nur nach § 352 Abs. 1 Nr. 4 oder Nr. 5 AO möglich.

§ 352 Abs. 1 Nr. 4 AO:

Feuer ist nicht einspruchsbefugt. Er greift lediglich die Höhe des Gesamtgewinnes an. Der Gesellschafter Feuer bestreitet aber nicht die Gewinnverteilung.

§ 352 Abs. 1 Nr. 5 AO:

Feuer ist nicht einspruchsberechtigt. Er trägt keine Besteuerungsgrundlagen in seiner Einspruchsbegründung vor, die ihn persönlich betreffen.

Ergebnis: Der Einspruch des Gesellschafters Feuer ist als unzulässig zu verwerfen (§ 358 AO).

Hinweis: Das gilt bereits wegen der verfristeten Einlegung.

LÖSUNG

Lösung zu Fall 12 — 25 Punkte

Grundzüge des Teileinkünfteverfahrens und der Abgeltungsteuer

Gesetze und Vorschriften

Die Vorschrift des § 20 EStG regelt die Einkünfte aus Kapitalvermögen. Das Teileinkünfteverfahren ist in § 3 Nr. 40 EStG und der Steuersatz für die Abgeltungsteuer in § 32d EStG geregelt. Die privaten Veräußerungsgeschäfte betreffen § 23 EStG und die Anteilsveräußerung § 17 EStG.

1. Das Teileinkünfteverfahren in 2016

   Die Besteuerung von Kapitalgesellschaften wurde ab 2001 vom sogenannten Anrechnungsverfahren auf eine Definitivbesteuerung mit einem Körperschaftsteuersatz von 25 % umgestellt. Einkünfte von natürlichen Personen, die mit einer Beteiligung an Körperschaften zusammenhängen, sollen, da diese Einkünfte schon auf der Ebene der Körperschaft versteuert werden, nicht nochmals in voller Höhe versteuert werden. Bis 2008 wurden diese Einkünfte nach § 3 Nr. 40 EStG nur zur Hälfte versteuert. Aufwendungen hierfür waren auch nur zur Hälfte abzugsfähig.

   Durch die Reduzierung des Körperschaftsteuersatzes ab 2009 auf 15 % wurde das Halbeinkünfteverfahren in ein Teileinkünfteverfahren gewandelt. Hiernach sind ab 2009 nur noch 40 % der Einkünfte von natürlichen Personen steuerfrei, soweit diese mit einer Beteiligung an Körperschaften zusammenhängen. Für Privatanleger, die Einkünfte aus Kapitalvermögen erzielen, gelten ab 2009 die Regelungen der Abgeltungsteuer; das Teileinkünfteverfahren ist grundsätzlich nicht zu gewähren (§ 3 Nr. 40 Satz 2 EStG). Bei Körperschaften gilt das Halb-/Teileinkünfteverfahren nicht. Stattdessen gelten die Sonderregelungen des § 8b KStG.

   Das Halbeinkünfteverfahren für Privatanleger wurde ab dem Veranlagungszeitraum (VZ) 2009 zugunsten der Abgeltungsteuer abgeschafft (§ 3 Nr. 40 Satz 2 EStG). Somit unterliegt die volle Gewinnausschüttung/Dividende dem fixen Steuersatz von 25 % (§ 32d Abs. 1 EStG), welcher auch für Zwecke des Kapitalertragsteuerabzugs gilt und Abgeltungswirkung hat (§ 43 Abs. 5 Satz 1 EStG).

   Der Abzug von Aufwendungen in dem Zusammenhang mit Gewinnausschüttungen und anderen laufenden Kapitaleinkünften ist ab dem VZ 2009 ausgeschlossen. Es wird lediglich ein Sparer-Pauschbetrag i. H. der bisherigen Werbungskosten-Pauschbeträge und Sparer-Freibeträge abgezogen (§ 20 Abs. 9 Satz 1 EStG).

   Nach § 32d Abs. 2 Nr. 3 EStG kann auf Antrag für Kapitalerträge i. S. von § 20 Abs. 1 Nr. 1 und Nr. 2 EStG aus einer Beteiligung an einer Kapitalgesellschaft von der Anwendung des fixen Steuersatzes auf Kapitalerträge von 25 % abgesehen werden, wenn der Steuerpflichtige zu mindestens 25 % an der Kapitalgesellschaft beteiligt ist oder zu mindestens 1 % an der Kapitalgesellschaft beteiligt und beruflich für diese tätig ist (unternehmerische Beteiligung).

In diesem Fall unterliegen die Einkünfte dem Teileinkünfteverfahren nach § 3 Nr. 40 Satz 1 Buchst. d EStG. Darüber hinaus ist auch der Abzug der Werbungskosten zugelassen; die Regelungen des § 20 Abs. 9 EStG (Sparer-Pauschbetrag) gelten nicht. Kosten können somit nach § 3c Abs. 2 EStG i. H. v. 60 % abgezogen werden. Verluste können ohne Anwendung des § 20 Abs. 6 EStG mit anderen Einkünften verrechnet werden.

Ob der Ansatz der tariflichen Steuer (mit Teileinkünfteverfahren und Kostenabzug) günstiger als die fixe Steuer i. H. v. 25 % (ohne Kostenabzug) ist, muss im Einzelfall berechnet werden. In den meisten Fällen wird die Option zur tariflichen Steuer günstiger sein.

2. Abgeltungsteuer ab 2009

   Die Abgeltungsteuer trat zum 1. 1. 2009 in Kraft. Es handelt sich dabei um den zweiten Teil der Unternehmensteuerreform 2008. Eingeführt wurde ein im Grundsatz abgeltender Steuerabzug auf Kapitalerträge von 25 % zzgl. SolZ und evtl. Kirchensteuer.

   Für Gesellschafter von Kapitalgesellschaften stehen dabei die folgenden Änderungen im Blickpunkt:

   Werden Anteile an Kapitalgesellschaften im Privatvermögen gehalten, gilt ab dem Jahr 2009 die Abgeltungsteuer von 25 % (zzgl. SolZ und ggf. Kirchensteuer) sowohl für Kapitalerträge aus der Beteiligung als auch unabhängig von der Haltedauer für Veräußerungsgewinne (§ 32d EStG). Das bisherige Halbeinkünfteverfahren entfällt damit ebenso wie die Steuerfreiheit von Gewinnen aus der Veräußerung von Beteiligungen unter 1 %, wenn die Beteiligung mehr als ein Jahr gehalten wurde (für Beteiligungen ab 1 % gilt dagegen das Teileinkünfteverfahren). Die Veräußerungsgewinnbesteuerung gilt nur für Anteile, die nach dem 31. 12. 2008 erworben wurden. Für Privatanleger bedeutet dies einen grundlegenden Systemwechsel. Werden die Anteile dagegen im Betriebsvermögen gehalten, wird das bisherige Halbeinkünfteverfahren durch ein Teileinkünfteverfahren abgelöst, demzufolge 60 % (statt bisher 50 %) der Beteiligungserträge dem individuellen Einkommensteuersatz unterworfen werden (§ 3 Nr. 40 EStG); folglich sind auch 60 % der damit im Zusammenhang stehenden Aufwendungen abziehbar.

   Das Teileinkünfteverfahren gilt unabhängig von der Haltedauer auch für Veräußerungsgewinne von im Betriebsvermögen gehaltenen Anteilen sowie für im Privatvermögen gehaltene Anteile, wenn eine Beteiligung von mindestens 1 % vorliegt (§ 17 EStG). Sind Körperschaften an anderen Körperschaften beteiligt, bleibt es gem. § 8b KStG bei der Freistellung der Beteiligungserträge (mit fiktiven nichtabziehbaren Betriebsausgaben in Höhe von 5 % der Erträge) und von Veräußerungsgewinnen (5 % gelten wiederum als nichtabziehbare Betriebsausgaben). Das gilt allerdings für Ausschüttungen, die nach dem 28. 2. 2013 zufließen, nur, wenn die Gesellschaft zu mindestens 10 % beteiligt ist (§ 8b Abs. 4 KStG).

   Die Einbehaltung und Abführung der Abgeltungsteuer erfolgt im Kapitalertragsteuerverfahren (§ 43 EStG, d. h. der Schuldner der Kapitalerträge bzw. die auszuzahlende Stelle führt für Rechnung des Steuerpflichtigen 25 % zzgl. SolZ und ggf. Kirchensteuer der Kapitalerträge ab). Der Kapitalertragsteuerabzug hat grundsätzlich gem. § 43 Abs. 5 Satz 1 EStG Abgeltungswirkung. Im Abgeltungsfall entfällt ein Werbungskostenabzug; stattdessen wird ein Sparer-Pausch-betrag i. H. v. 801 € bzw. 1.602 € für zusammen veranlagte Ehegatten gewährt. Steuerpflichtige mit einem niedrigeren Steuersatz können diesen durch Option wählen (§ 32d Abs. 6 EStG).

Nach § 32d Abs. 2 Nr. 3 EStG besteht darüber hinaus eine durch das JStG 2008 eingeführte Optionsmöglichkeit: Bei Erzielung von Dividenden kann danach eine Besteuerung nach dem individuellen progressiven Steuersatz unter Anwendung des Teileinkünfteverfahrens bei Erzielung von Dividenden und sonstigen Bezügen aus einer Kapitalgesellschaftbeteiligung bei einer Beteiligung von 25 % oder von 1 % und einer beruflichen Tätigkeit für die Kapitalgesellschaft gewählt werden. Dies ermöglicht die Geltendmachung von Werbungskosten bzw. Betriebsausgaben, die im Zusammenhang mit den Anteilen stehen.

a) Der Veräußerungsgewinn wurde außerhalb der Jahresfrist erzielt und ist gem. § 23 Abs. 1 Nr. 2 EStG a. F. daher nicht steuerbar (§ 52 Abs. 28 Satz 11, Abs. 31 Satz 2 EStG).

b) Der Veräußerungsgewinn unterliegt gem. § 20 Abs. 2 Satz 1 Nr. 7, Abs. 4 EStG i. V. m. § 32d Abs. 1 Satz 1 EStG dem Steuersatz von 25 %.

c) Die Zinserträge unterliegen grundsätzlich der Abgeltungsteuer von 25 % (§ 32d Abs. 1 Satz 1 EStG). Eine tarifliche Besteuerung kommt jedoch nach § 32d Abs. 2 Nr. 1a EStG bei nahestehenden Personen in Betracht, wenn der Darlehensnehmer die Zinsaufwendungen als Betriebsausgaben oder Werbungskosten geltend macht. Der Begriff „nahestehende Personen" bedeutet jedoch, dass eine Person auf eine andere einen wirtschaftlich beherrschenden Einfluss ausüben kann (Rz. 136 des BMF-Schreibens vom 18. 1. 2016, BStBl 2016 I S. 85). Dies liegt insbesondere bei Vermögenslosigkeit des Darlehensnehmers vor. Da dies hier offenbar nicht gegeben ist, kommt die Abgeltungsteuer zur Anwendung.

d) Unabhängig vom Zeitpunkt der Anlage unterliegen die Zinserträge gem. § 20 Abs. 1 Nr. 7 EStG i. V. m. § 32d Abs. 1 Satz 1 EStG dem Steuersatz von 25 %.

LÖSUNG

Lösung zu Fall 13 — 40 Punkte

Da Frau Johannsen den Grund und Boden sowie beide Häuser in ihrem Privatvermögen hält, ergeben sich aus den Erträgen Einkünfte aus Vermietung und Verpachtung (§ 21 Abs. 1 Satz 1 Nr. 1 EStG).

Die Einkünfte sind der Überschuss der Einnahmen über die Werbungskosten (§ 2 Abs. 1 Satz 1 Nr. 6 und Abs. 2 Satz 1 Nr. 2 EStG).

Zur Berechnung dieser ist es zunächst wichtig, die Anschaffungs- bzw. Herstellungskosten der einzelnen Gebäude zu ermitteln, um so die Höhe der AfA errechnen zu können, die als Werbungskosten abziehbar ist, § 9 Abs. 1 Satz 3 Nr. 7 EStG.

Erstes Gebäude:

Gemäß § 255 Abs. 1 Satz 1 HGB sind Anschaffungskosten eines Wirtschaftsguts alle Aufwendungen, die getätigt werden, um das Wirtschaftsgut zu erwerben und in einen betriebsbereiten, d. h. gebrauchsfähigen Zustand zu versetzen.

Kaufpreis gesamt	240.000 €
Grunderwerbsteuer · (3,5 % [§ 11 GrEStG] =)*	8.400 €
Notar- und Gerichtskosten (brutto, § 9b Abs. 1 EStG)	1.800 €
Anschaffungskosten	250.200 €
Anteil Gebäude ($^2/_3$ von 250.200 € =)	166.800 €

***Hinweis:** Bemessungsgrundlage für die GrESt ist der Kaufpreis für das Grundstück: § 8 Abs. 1 und § 9 Abs. 1 Nr. 1 GrEStG. Der Grundstücksbegriff des GrEStG richtet sich nach dem Zivilrecht: § 2 Abs. 1 Satz 1 GrEStG. Bei einem bebauten Grundstück ist das Gebäude als Teil des Grundstücks anzusehen: § 94 Abs. 1 Satz 1 BGB. Folglich ist die Bemessungsgrundlage der GrESt beim Kauf eines bebauten Grundstücks der Gesamtkaufpreis für das Grundstück inkl. Gebäude und nicht lediglich der Anteil des Kaufpreises, der auf den Grund und Boden entfällt.

Nach § 11 Abs. 1 GrEStG beträgt der Steuersatz grundsätzlich 3,5 %. Allerdings können die Bundesländer einen höheren Steuersatz festlegen. Hiervon wird in jüngster Zeit rege Gebrauch gemacht: Berlin 6 % ab 1. 1. 2015, Hamburg 4,5 % ab 1. 1. 2009, Sachsen-Anhalt 5 % ab 1. 3. 2013, Saarland 6,5 % ab 1. 1. 2016, Bremen und Niedersachsen 5 % ab 1. 1. 2015, Brandenburg 6,5 % ab 1. 7. 2016, Thüringen 5 % ab 7. 4. 2012, Baden-Württemberg 5 % ab 5. 11. 2012, Nordrhein-Westfalen 6,5 % ab 1. 1. 2016, Rheinland-Pfalz 5 % ab 1. 3. 2013, Mecklenburg-Vorpommern 5 % ab 1. 7. 2013, Schleswig-Holstein 6,5 % ab 1. 1. 2015, Hessen 6 % ab 1. 8. 2015.

Der AfA-Satz ergibt sich aus § 7 Abs. 4 Satz 1 Nr. 2a) EStG und beträgt 2 %. AfA ist gemäß R 7.4 Abs. 1 Satz 1 EStR ab der Anschaffung des Grundstücks vorzunehmen. Anschaffung ist hier der Übergang von Besitz, Gefahr, Nutzen und Lasten am 2. 2. 2016. AfA ist demnach für 11 Monate zu berücksichtigen (§ 7 Abs. 1 Satz 4 EStG).

2 % von 166.800 € = 3.336 €, davon $^{11}/_{12}$ =	3.058 €

Die sonstigen Werbungskosten betragen 8.500 €, da infolge des Abflussprinzips des § 11 Abs. 2 EStG grundsätzlich nur die Beträge zu berücksichtigen sind, die im jeweiligen Kalenderjahr gezahlt wurden. Nur die tatsächlich gezahlten Werbungskosten in Höhe von 8.500 € sind abziehbar. Die Regelung des § 11 Abs. 2 Satz 3 EStG findet keine Anwendung, da die Vermietung des Gebäudes grds. zwar eine Nutzungsüberlassung von mehr als 5 Jahren darstellen kann, die Aufwendungen aber nicht für die Überlassung des Grundstücks getätigt wurden, sondern im Zusammenhang mit dessen Vermietung entstanden sind.

Eine Verteilung nach § 82b EStDV über zwei bis fünf Jahre scheidet hier aus, weil für den VZ 2016 der geringste Überschuss gesucht ist. Ein Fall der sog. anschaffungsnahen Herstellungskosten (§ 6 Abs. 1 Nr. 1a EStG) liegt nicht vor, weil die Gesamtkosten der Erhaltungsarbeiten nicht 15 % der Anschaffungskosten des Gebäudes (15 % von 166.800 € = 25.020 € > 10.500 €) übersteigen – die Vorschrift ist auch bei den Überschusseinkunftsarten zu beachten, § 9 Abs. 5 EStG.

Es ergibt sich folgende Berechnung der Einkünfte aus dem ersten Haus:

Mieteinnahmen	9.900 €
Umlagen	2.200 €

Summe der Einnahmen		12.100 €
AfA	3.058 €	
sonstige Werbungskosten	8.500 €	
Summe der Werbungskosten		– 11.558 €
Einkünfte aus dem ersten Haus		542 €

Zweites Gebäude:

Gemäß § 255 Abs. 2 HGB rechnen zu den Herstellungskosten eines Gebäudes alle Aufwendungen durch Verbrauch von Gütern und Inanspruchnahme von Diensten, um das Gebäude zu errichten und für den vorgesehenen Zweck nutzbar zu machen.

Architektenhonorar (brutto, § 9b Abs. 1 EStG)	35.700 €
Rechnungen der Bauhandwerker (brutto, § 9b Abs. 1 EStG)	714.000 €
Kosten für den Anschluss des Gebäudes an die gemeindlichen Versorgungseinrichtungen	25.000 €
Kanalanstichgebühr an die Gemeinde	2.200 €
Herstellungskosten	776.900 €

Die Kosten für den Anschluss des Gebäudes an die gemeindlichen Versorgungseinrichtungen sind Herstellungskosten für das Gebäude, da sie angefallen sind, um das Gebäude für den vorgesehenen Zweck nutzbar zu machen. Gleiches gilt für die Kanalanstichgebühr (H 6.4 „Hausanschlusskosten“ EStH).

Die Straßenanliegerbeiträge an die Gemeinde gehören zu den Anschaffungskosten für den Grund und Boden, weil eine Wertsteigerung des Grund und Bodens unabhängig von einer Bebauung eintritt (H 6.4 „Erschließungs-, Straßenanlieger- und andere Beiträge“ EStH).

Das Abflussprinzip des § 11 Abs. 2 EStG findet für die Ermittlung der AfA-Bemessungsgrundlage keine Anwendung. Das Gesetz stellt hier auf den Anschaffungs- und Herstellungskostenbegriff des § 255 HGB ab. Da es sich bei den Handwerkerrechnungen lt. Sachverhalt sämtlich um Aufwendungen handelt, die wirtschaftlich vor der Fertigstellung des Gebäudes entstanden sind, sind diese, unabhängig vom Zeitpunkt ihrer Zahlung, von vorne herein in die AfA-Bemessungsgrundlage einzubeziehen. Es handelt sich nicht um nachträgliche Herstellungskosten, die erst in einem späteren Jahr die Bemessungsgrundlage erhöhen würden.

Die jährliche AfA für das zweite Gebäude beträgt gemäß § 7 Abs. 4 Satz 1 Nr. 2a EStG 2 % von 776.900 € = 15.538 €. Weil der Bauantrag erst am 28. 12. 2013 gestellt wurde, findet die degressive AfA nach § 7 Abs. 5 Nr. 3c EStG keine Anwendung mehr. Im Jahr der Fertigstellung darf der Jahresbetrag gemäß § 7 Abs. 4 Satz 1 i. V. m. Abs. 1 Satz 4 EStG nur zeitanteilig angesetzt werden, d. h. hier nur zu $^{4}/_{12}$ (Fertigstellung: 1. 9. 2016). Die als Werbungskosten abzugsfähige AfA 2016 beträgt somit nur 5.180 € (= 15.538 € · $^{4}/_{12}$).

Es ergibt sich folgende Berechnung der Einkünfte aus dem zweiten Haus:

Mieteinnahmen	8.800 €	
Umlagen	2.000 €	
Summe der Einnahmen		10.800 €
AfA	5.180 €	
Schuldzinsen	2.000 €	
Geldbeschaffungskosten	900 €	
Grundsteuer	600 €	
Strom, Wasser	1.200 €	
Summe der Werbungskosten		– 9.880 €
Einkünfte aus dem zweiten Haus		+ 920 €

LÖSUNG

Lösung zu Fall 14 — 20 Punkte

Um den steuerlichen Gesamtgewinn der OHG ermitteln zu können, muss zunächst geprüft werden, ob die bei der Berechnung des Handelsbilanzgewinns abgezogenen Aufwendungen steuerlich abzugsfähige Betriebsausgaben darstellen.

Gehalt/Miete:

Die den Gesellschafterinnen Frau Johannsen und Frau Abraham gezahlten Beträge sind zutreffend als Betriebsausgaben der Abraham OHG behandelt worden. Sie werden bei den Gesellschaftern aber als Sonderbetriebseinnahmen erfasst (Sondervergütungen an Mitunternehmer; § 15 Abs. 1 Satz 1 Nr. 2, 2. Alt. EStG), was dazu führt, dass der Gewinn der OHG steuerlich nicht gemindert wird.

Feier:

Bei der privaten Feier handelt es sich um nicht abzugsfähige Ausgaben gemäß § 12 Nr. 1 EStG. Demzufolge erhöhen die geleisteten Aufwendungen als Entnahme den steuerlichen Gewinn um 6.000 €. + 6.000 €

Es liegen keine nicht abzugsfähigen Aufwendungen i. S. d. § 4 Abs. 5 Satz 1 Nr. 2 EStG vor. Voraussetzung dafür wäre, dass es sich dem Grunde nach um Betriebsausgaben gehandelt hätte.

Reisekosten:

Betriebsausgaben von 678 € wurden auf der Ebene der Gesellschaft als Betriebsausgaben gebucht. Es muss geprüft werden, inwieweit Herr Lange weitere Sonderbetriebsausgaben geltend machen kann.

Obwohl Herr Lange nicht Arbeitnehmer, sondern Mitunternehmer der OHG ist, sind zur Ermittlung der Aufwendungen die Regelungen des steuerlichen Reisekostenrechts, wie es für Arbeitnehmer in § 9 EStG kodifiziert ist (§ 4 Abs. 5 Satz 1 Nr. 6a EStG), anwendbar.

Dabei ergeben sich folgende Abzugsmöglichkeiten:

Fahrtkosten:

Gemäß § 9 Abs. 1 Satz 3 Nr. 4a EStG analog ergibt sich ein Kilometersatz in Höhe von 0,30 € pro gefahrenem Kilometer (vgl. R 4.12 Abs. 2 EStR). Es errechnet sich folgender Betrag: 375 km · 2 · 0,30 € = 225 €. Insoweit liegt eine Kosteneinlage vor, R 4.7 Abs. 1 Satz 2 EStR.

Verpflegungsmehraufwand:

Gemäß § 4 Abs. 5 Satz 1 Nr. 5 i. V. m. § 9 Abs. 4a EStG ergeben sich die folgenden Abzugsmöglichkeiten:

		Abwesenheit:	
13.10.	12 €	20 Uhr – 24 Uhr	4 Stunden, aber Anreisetag
14.10.	24 €	0 Uhr – 24 Uhr	24 Stunden
15.10.	24 €	0 Uhr – 24 Uhr	24 Stunden
16.10.	24 €	0 Uhr – 24 Uhr	24 Stunden
17.10.	12 €	0 Uhr – 11 Uhr	11 Stunden, unbeachtlich, da Abreisetag
Gesamt	96 €		

Übernachtung:

Gemäß § 4 Abs. 5 Satz 1 Nr. 6a i. V. m. § 9 Abs. 1 Satz 3 Nr. 5a EStG sind Übernachtungskosten voll abziehbar. Da der Anteil für das Frühstück nicht ausdrücklich auf der Hotelrechnung ausgewiesen ist, reduziert sich der Abzugsbetrag um 20 % des Pauschbetrags für Verpflegungsmehraufwendungen bei einer Abwesenheitsdauer von mindestens 24 Stunden (= 24 €), also um 4,80 € je Übernachtung. Es ergeben sich folgende Übernachtungskosten: 4 · 115 € – 19,20 € = 440,80 €, § 9 Abs. 4a Satz 8 EStG analog.

Parkgebühren:

Gemäß § 4 Abs. 4 EStG sind Parkkosten voll absetzbar, in diesem Fall also 20 €.

Insgesamt könnten 781,80 € als Betriebsausgaben abgezogen werden. Da lediglich 678 € auf der Ebene der OHG als Betriebsausgaben geltend gemacht wurden, kann die Differenz in Höhe von 104 (gerundet) € bei Herrn Lange als Sonderbetriebsausgaben in Ansatz gebracht werden.

Spenden sind einkommensteuerlich nur als Sonderausgaben, nicht aber als Betriebsausgaben absetzbar (§ 4 Abs. 6 i. V. m. § 10b Abs. 2 EStG). Es erfolgt daher insoweit eine Entnahme i. S. d. § 4 Abs. 1 Satz 2 EStG folglich eine Erhöhung des Gewinns um 2.500 €.

+ 2.500 €

Es ergibt sich ein vorläufiger steuerlicher Gewinn von 1.908.500 €.

Dieser verteilt sich auf die Gesellschafter wie folgt:

in €	5 % d. Einl.	Rest im Verhältnis	Sonderbilanz	Gesamt
Lange	50.000	683.400	– 104	733.296
Johannsen	50.000	455.600	105.000	610.600
Schweers	50.000	341.700		391.700
Abraham	50.000	227.800	150.000	427.800
	200.000	1.708.500	254.896	2.163.396

Die Hinzurechnung der Beträge in Höhe von 105.000 € bzw. 150.000 € erfolgt aufgrund § 15 Abs. 1 Satz 1 Nr. 2 EStG. Sofern Sonderbetriebsausgaben nachgewiesen werden, werden diese ebenfalls im Feststellungsbescheid berücksichtigt. Gleiches gilt für die Parteispende, die als Sonderausgabe (andere Besteuerungsgrundlage i. S. d. § 180 Abs. 1 Nr. 2a) AO) bei entsprechendem Nachweis zu berücksichtigen wäre.

LÖSUNG

Lösung zu Fall 15 — 20 Punkte

Der Gewinnanteil an einer Personengesellschaft führt beim Anteilseigner gemäß § 15 Abs. 1 Satz 1 Nr. 2 EStG zu Einkünften aus Gewerbebetrieb. Auf Herrn Lange entfallen also aus dem Gewinnanteil Einkünfte aus Gewerbebetrieb in Höhe von 250.000 €.

Zu den Einkünften aus Gewerbebetrieb zählt gemäß § 17 Abs. 1 Satz 1 EStG auch der Veräußerungsgewinn von Anteilen an einer Kapitalgesellschaft, wenn der Veräußerer innerhalb der letzten fünf Jahre mit mindestens 1 % an der Kapitalgesellschaft beteiligt war.

Martin Lange war mit 50 % unmittelbar an der Schmidt GmbH beteiligt. Es handelt sich somit um einen Veräußerungsgewinn, der zu Einkünften aus Gewerbebetrieb führt. Das Teileinkünfteverfahren kommt zur Anwendung; § 3 Nr. 40 Satz 1 Buchst. c, § 3c Abs. 2 Satz 1 EStG.

Veräußerungserlös:	55.000 €	· 60 %	33.000 €
Anschaffungskosten:	15.000 €	· 60 %	– 9.000 €
Veräußerungsgewinn, steuerpflichtiger:			24.000 €

Nach § 17 Abs. 3 EStG ergibt sich ein Freibetrag von 9.060 € bei einer Veräußerung von 100 % der Anteile sowie eine entsprechende Minderung des Freibetrags, wenn ein geringerer Anteilsbestand veräußert wird. In diesem Fall beläuft sich der Freibetrag auf 50 % von 9.060 € = 4.530 €. Dieser Freibetrag ermäßigt sich um den Betrag, den der Veräußerungsgewinn den Teil von 36.100 € übersteigt, der dem veräußerten Anteil an der Kapitalgesellschaft entspricht (50 % von 36.100 € = 18.050 €).

Veräußerungsgewinn, steuerpflichtiger		24.000 €	
Freibetrag	– 4.530 €		
Kürzung des Freibetrags (24.000 – 18.050 =)	5.950 €		
Zu gewährender Freibetrag		– 0 €	
Steuerpflichtiger Veräußerungsgewinn nach Abzug des Freibetrags		24.000 €	
Einkünfte gem. § 15 EStG:			250.000 €
Einkünfte gem. § 15 i. V. m. § 17 EStG:			24.000 €

Die Veräußerung eines Gebäudes führt zu einem privaten Veräußerungsgeschäft gemäß § 23 Abs. 1 Satz 1 Nr. 1 EStG, das gemäß § 22 Nr. 2 EStG zu sonstigen Einkünften führt. Voraussetzung ist, dass zwischen Anschaffung und Verkauf nicht mehr als zehn Jahre liegen.

Entscheidend ist dabei das Datum des Kaufvertrags. Hier erfolgte der Erwerb am 4. 8. 2009 und der Verkauf am 16. 1. 2016. Die Vorschrift des § 23 Abs. 1 Satz 1 Nr. 1 EStG ist somit anwendbar. Die Veräußerung erfolgte auch innerhalb der Frist von zehn Jahren, so dass ein privates Veräußerungsgeschäft im Sinne von § 23 Abs. 1 Satz 1 Nr. 1 EStG vorliegt.

Die Höhe des Spekulationsgewinns ergibt sich aus § 23 Abs. 3 EStG. Es handelt sich um den Unterschiedsbetrag zwischen dem Veräußerungspreis einerseits und den Anschaffungskosten sowie den Werbungskosten andererseits. Gemäß § 23 Abs. 3 Satz 4 EStG vermindern sich die Anschaffungskosten um in den entsprechenden Jahren in Anspruch genommenen AfA-Beträge. Das Gebäude befand sich im Privatvermögen und wurde zu Wohnzwecken vermietet. Herr Lange konnte daher den AfA-Satz gemäß § 7 Abs. 4 Nr. 2a EStG anwenden und jährlich 2 % von 250.000 € = 5.000 € abschreiben. Für den Veranlagungszeitraum 2016 kann keine Abschreibung mehr in Ansatz gebracht werden, weil keine Vermietungsabsicht mehr besteht.

Es ergibt sich folgender Spekulationsgewinn:

Veräußerungspreis		325.000 €
Anschaffungskosten	250.000 €	
AfA 2011 bis 2015	– 25.000 €	
verminderte Anschaffungskosten		–225.000 €
Werbungskosten (brutto, da wegen USt-Freiheit kein VSt-Abzug zulässig)		– 5.950 €
Sonstige Einkünfte		94.050 €

Einnahmen aus der Tätigkeit als Detektivin führen gemäß H 15.6 EStH zu Einkünften aus Gewerbebetrieb. Frau Lange erzielte daher Einkünfte aus Gewerbebetrieb in Höhe von 65.000 €.

Zur Ermittlung des Gesamtbetrags der Einkünfte muss geprüft werden, ob für beide Eheleute oder für einen der beiden ein Altersentlastungsbetrag gemäß § 24a EStG abziehbar ist.

Da ein Altersentlastungsbetrag nur zu gewähren ist, wenn der Steuerpflichtige zu Beginn des Kalenderjahres das 64. Lebensjahr vollendet hat, kann lediglich Herr Lange einen entsprechenden Betrag abziehen. § 24a EStG wurde durch das Alterseinkünftegesetz geändert: Danach vermindert sich der abzugsfähige Betrag ab dem Jahr 2005 Jahr für Jahr, bis er im Jahr 2040 0 % beträgt. Angesetzt werden können im Veranlagungszeitraum 2016 22,4 % der positiven Summe der Einkünfte, höchstens jedoch 1.064 €. Dieser Betrag wird dann von der Summe der Einkünfte abgezogen.

Es ergibt sich folgende Berechnung:

Einkünfte aus Gewerbebetrieb		
OHG-Beteiligung	250.000 €	
Veräußerungsgewinn	24.000 €	
Tätigkeit als Detektivin	65.000 €	339.000 €
Sonstige Einkünfte		94.050 €
Summe der Einkünfte		433.050 €
Altersentlastungsbetrag (Höchstbetrag)		– 1.064 €
Gesamtbetrag der Einkünfte		431.986 €

LÖSUNG

Lösung zu Fall 16 — 15 Punkte

Sind im zu versteuernden Einkommen gewerbliche Einkünfte enthalten, ermäßigt sich die tarifliche Einkommensteuer gemäß § 35 EStG.

Vorläufiger Gewerbeertrag	80.500 €
./. Freibetrag	24.500 €
= Gewerbeertrag	56.000 €

Ermittlung des Gewerbesteuer-Messbetrags:

Gewerbesteuer-Messbetrag = 3,5 %	1.960 €
Gewerbesteuer-Messbetrag	1.960 €
· Gewerbesteuer-Hebesatz (400 %)	· 4
= Gewerbesteuer	7.840 €

Berechnung der Einkommensteuer:

= Einkünfte aus Gewerbebetrieb = Summe der Einkünfte	80.500 €
./. sonstige Abzüge (Sonderausgaben)	22.000 €
= zu versteuerndes Einkommen	58.500 €
Tarifliche Einkommensteuer	16.308 €
./. 3,8-facher GewSt-Messbetrag (3,8 · 1.960 €)	7.448 €
= festzusetzende Einkommensteuer	8.860 €

LÖSUNG

Lösung zu Fall 17 — 10 Punkte

Geleistete Spenden können gemäß § 10b EStG in bestimmten Höchstbeträgen vom Gesamtbetrag der Einkünfte als Sonderausgaben abgezogen werden.

Ausgaben zur Förderung steuerbegünstigter Zwecke i. S. v. §§ 52 bis 54 AO sind gemäß § 10b Abs. 1 Satz 1 EStG bis zur Höhe von 20 % des Gesamtbetrags der Einkünfte abziehbar.

Hieraus ergibt sich folgende Berechnung:

Karnevalsverein	(§ 52 Abs. 1 und 2, Nr. 23 AO)	1.900 €
Kirchliche Zwecke	(§ 52 Abs. 1 und 2, Nr. 2 AO)	2.000 €
Krebsforschung	(§ 52 Abs. 1 und 2, Nr. 1 AO)	6.000 €
		9.900 €
Gesamtbetrag der Einkünfte		110.000 €
maximal abzugsfähig (20 %)		22.000 €
somit sind im VZ 2016 abzugsfähig		9.900 €

Die einkommensteuerliche Behandlung von Parteispenden ergibt sich aus § 34g und § 10b Abs. 2 EStG. § 34g Satz 2 EStG sieht für Parteispenden eine Steuerermäßigung von 50 % der Ausgaben, bei Verheirateten höchstens 1.650 € vor. In die Berechnung des § 34g EStG fließen demnach 3.300 € ein, die zu einer Steuerermäßigung von 1.650 € führen.

Ein etwaiger Restbetrag wird nach § 10b Abs. 2 EStG behandelt, aber höchstens 3.300 € zusätzlich bei zusammenveranlagten Ehegatten. Der Restbetrag beträgt bei den Eheleuten Mees (4.500 € – 3.300 € =) 1.200 €. Dieser Betrag kann komplett als Sonderausgaben vom Gesamtbetrag der Einkünfte abgezogen werden.

Die abzugsfähigen Spenden von (9.900 € + 1.200 € =) 11.100 € und die Steuerermäßigung von 1.650 € ergeben folgende Berechnung der ESt-Abschlusszahlung:

Gesamtbetrag der Einkünfte	110.000 €
sonstige abzugsfähige Sonderausgaben	– 12.500 €
Spenden	– 11.100 €
zu versteuerndes Einkommen	86.400 €
Einkommensteuer laut Splittingtabelle	20.194 €
Steuerermäßigung	– 1.650 €
ESt-Vorauszahlung	– 20.000 €
ESt-Erstattung	1.456 €

LÖSUNG

Lösung zu Fall 18 — 20 Punkte

a) Die steuerliche Behandlung von Aus- und Fortbildungskosten wurde ab dem 1. 1. 2016 neu geregelt. Gem. § 9 Abs. 6 EStG gehören Aufwendungen für eine erstmalige Berufsausbildung oder für ein Erststudium, wenn diese nicht im Rahmen eines Dienstverhältnisses stattfinden, nicht zu den abzugsfähigen Werbungskosten. Gem. § 10 Abs. 1 Nr. 7 EStG können diese Kosten aber bis zur Höhe von 6.000 € im Kalenderjahr als Sonderausgaben abgezogen werden. Einzelheiten ergeben sich aus dem BMF-Schreiben vom 22. 9. 2010, BStBl 2010 I S. 721. Kosten einer weiteren Berufsausbildung oder eines Zweitstudiums sind dagegen als vorweggenommene Betriebsausgaben/Werbungskosten abziehbar, sofern nicht nur rein private Motive ausschlaggebend waren.

Mats hatte vor Beginn seiner Ausbildung zum Verkehrsflugzeugführer bereits ein Hochschulstudium abgeschlossen. Die Ausbildung zum Piloten ist deshalb keine erstmalige Berufsausbildung i. S. d. § 9 Abs. 6 EStG (Rz. 8 des BMF-Schreibens). Die Kosten der Pilotenausbildung können deshalb als Werbungskosten gem. § 9 Abs. 1 Satz 1 EStG abgezogen werden, denn Mats Johannsen strebt an, aus der Tätigkeit als Pilot später Einnahmen zu erzielen (vorweggenommene Werbungskosten).

Die Einkünfte des VZ 2016 sind wie folgt zu ermitteln:

Einnahmen:	25.000 €
Werbungskosten:	
Schulungskosten	– 16.000 €
sonstige WK	– 2.568 €
Einkünfte 2016:	6.432 €

Finn hat vor Aufnahme seiner Berufsausbildung keine andere Ausbildung und auch kein Studium abgeschlossen. Es handelt sich um seine erstmalige Berufsausbildung. Das Abitur und der Bundesfreiwilligendienst sind keine Ausbildungen i. S. d. § 9 Abs. 6 EStG (Rz. 7 des BMF-Schreibens).

Hinweis: Mit Urteil vom 28. 7. 2012 (Az: VI R 38/10, BFH/NV 2012 S. 1782) hat der BFH entgegen § 12 Nr. 5 EStG a. F. den Abzug von Kosten einer beruflichen Erstausbildung als vorweggenommene Werbungskosten/Betriebsausgaben zugelassen. Finn könnte daher die Schulungskosten zum Verkehrsflugzeugführer steuermindernd geltend machen (Einkünfte dann: 3.800 € = 10.500 € abzgl. 6.700 €). Allerdings wurde diese Möglichkeit mit Wirkung ab VZ 2013 wieder geschlossen durch Einfügen von § 4 Abs. 9 bzw. § 9 Abs. 6 EStG. Der BFH hält diese Regelungen für verfassungswidrig und hat sie dem BVerfG zur Prüfung vorgelegt (BFH-Beschluss vom 17. 7. 2015 – VI R 8/12, DStR 2015 S. 2216). Der Gesetzgeber hat mit dem Zollkodexanpassungsgesetz vom 22. 12. 2015 (BGBl 2015 I S. 2417, 2422) § 4 Abs. 9 (Art. 5 Nr. 4) und § 9 Abs. 6 EStG (Art. 5 Nr. 6) neu gefasst (wirksam ab 1. 1. 2016, Art. 16 Abs. 2). Ein Werbungskostenabzug scheidet nach dem Gesetzeswortlaut (wieder) aus. Allerdings bleibt die Verfassungsmäßigkeit bis zur Entscheidung des BVerfG über die BFH-Vorlagen offen.

Die Einkünfte des VZ 2016 sind wie folgt zu ermitteln:

Einnahmen:	10.500 €
Werbungskosten-Pauschbetrag:	1.000 €
Einkünfte 2016:	9.500 €

Die Ausbildungskosten kann Finn Johannsen bis zur Höhe von 6.000 € als Sonderausgaben gem. § 10 Abs. 1 Nr. 7 EStG abziehen.

Auch Alexandra Johannsen hat vor Aufnahme ihrer Ausbildung keine andere Ausbildung und auch kein Studium abgeschlossen. Auch sie absolviert ihre erstmalige Berufsausbildung.

Es handelt sich aber um eine Ausbildung im Rahmen eines Dienstverhältnisses, weil die Ausbildungsmaßnahme Gegenstand des Dienstverhältnisses ist (Rz. 27 des BMF-Schreibens). Die Ausbildungskosten können deshalb als Werbungskosten gem. § 9 Abs. 1 Satz 1, Abs. 6 Satz 1 EStG berücksichtigt werden.

Die Einkünfte des VZ 2016 sind wie folgt zu ermitteln:

Einnahmen:	
12 Monate · 1.000 €	12.000 €
2 Monate · 500 €	1.000 €
Werbungskosten:	– 3.729 €
Einkünfte 2015:	9.271 €

b) Voraussetzung für die Gewährung von Kindergeld / eines Kinderfreibetrages ist die Berücksichtigung als Kind i. S. d. EStG (§ 63 Abs. 1 und § 32 Abs. 6 Satz 1 EStG). Ein Kind, das das 18. Lebensjahr vollendet hat, wird berücksichtigt, wenn es

- noch nicht das 25. Lebensjahr vollendet hat
- und für einen Beruf ausgebildet wird

- und im Falle einer erneuten Berufsausbildung bzw. erneuten Studiums keiner Erwerbstätigkeit mit mehr als 20 Wochenstudnen nachgegangen wird (§ 32 Abs. 4 Satz 1 Nr. 2a und Satz 2 EStG und BMF-Schreiben vom 7. 12. 2012, BStBl 2012 I S. 1243).

Mats Johannsen befand sich während des gesamten Jahres 2016 in Berufsausbildung. Da es sich bereits um die zweite Berufsausbildung handelt (nach dem Erststudium zum Diplom-Ingenieur) und Mats Johannsen einer Beschäftigung von 25 Wochenstunden nachgeht, scheidet eine Berücksichtigung als Kind im Familienlastenausgleich aus. Dass Mats Johannsen wegen seines Zivildienstes über sein 25. Lebensjahr hinaus berücksichtigungsfähig ist (§ 32 Abs. 5 Satz 1 Nr. 1 EStG), ist dafür unbeachtlich.

Hinweis: Das Studium zum Ingenieur und die Pilotenausbildung sind keine Teile einer mehraktigen Ausbildung i. S. d. BFH-Urteils vom 15. 4. 2016 – VR 27/14, DStR 2016 S. 1731.

Finn Johannsen befand sich in der Zeit von August bis Dezember 2016 in Berufsausbildung. Er hat sein 25. Lebensjahr noch nicht vollendet. Er kann deshalb als Kind berücksichtigt werden. Auf die Wochenarbeitszeit von 22 Stunden kommt es hier nicht an, weil es sich um Finns Erstausbildung handelt.

Alexandra Johannsen hat ihr 25. Lebensjahr noch nicht vollendet und befand sich während des gesamten Kalenderjahres 2016 in Berufsausbildung. Sie kann deshalb als Kind berücksichtigt werden. Auf die Wochenarbeitszeit von Alexandra kommt es nicht an, weil es sich um Alexandras Erststudium handelt. Im Übrigen läge ein Ausbildungsdienstverhältnis vor.

LÖSUNG

Lösung zu Fall 19 — 18 Punkte

Neben den Bestimmungen des § 4 Abs. 3 EStG greifen auch die Regelungen laut R 4.5 EStR.

Die Höhe des Gewinns ergibt sich folgendermaßen:

Erfasste Umsatzerlöse 250.000 €

Bei Steuerpflichtigen, die ihren Gewinn nach § 4 Abs. 3 EStG ermitteln, gilt das Zuflussprinzip gemäß § 11 Abs. 1 EStG (R 4.5 Abs. 2 Satz 1 EStR). Demnach sind Einzahlungen erst dann einkommensteuerlich zu erfassen, wenn sie unmittelbar in den Herrschaftsbereich des Steuerpflichtigen gelangt sind. Da die zweite Rate erst im März 2017 gezahlt wurde, gehört dieser Betrag zum steuerlichen Gewinn des Jahres 2017. Von den erfassten Umsatzerlösen des Jahres 2016 sind daher 10.000 € abzuziehen. – 10.000 €

Gleiches gilt für den zweiten Sachverhalt. Auch hier gilt grundsätzlich das Zuflussprinzip. Nach § 11 Abs. 1 Satz 2 EStG gelten regelmäßig wiederkehrende Einnahmen, die dem Steuerpflichtigen kurze Zeit vor Beginn des Kalenderjahres, zu dem sie wirtschaftlich gehören, zufließen, als zu diesem Jahr gehörig. Die Anwendung dieser Ausnahmeregelung setzt voraus:

1. Regelmäßig wiederkehrende Einnahme
2. Wirtschaftliche Zugehörigkeit zum folgenden oder abgelaufenen Kalenderjahr
3. Fälligkeit kurze Zeit (bis zu zehn Tagen) vor Beginn oder nach Beendigung des Kalenderjahrs

Da die Teilzahlungen jeweils zum Monatsanfang fällig waren, ist der Anteil für Januar steuerlich dem Jahr 2017, der Anteil für Februar jedoch dem Jahr 2016 zuzuordnen. Denn die Februar-Rate erfüllt die 3. Voraussetzung, Fälligkeit innerhalb von zehn Tagen nach Ablauf des Kalenderjahres, nicht. Von den angesetzten Umsatzerlösen ist der Anteil für Januar von 200 € abzuziehen.

	– 200 €
korrigierte Summe der Umsatzerlöse	239.800 €
Die Inzahlunggabe des alten Computers ist gemäß R 4.5 Abs. 3 Satz 1 EStR eine Betriebseinnahme in Höhe des Zahlungsflusses von:	1.000 €
Summe der Betriebseinnahmen	240.800 €
Ausgaben:	
Miete für Büroräume	12.000 €
Personalkosten	52.500 €
Bürobedarf	57.650 €
Gemäß § 4 Abs. 5 Satz 1 Nr. 8 EStG sind Geldbußen nicht als Betriebsausgaben abzugsfähig. Daher ist der Betrag in Höhe von 10.000 € nicht abzugsfähig. Dagegen sind Verfahrenskosten gemäß H 4.13 „Verfahrenskosten" EStH einkommensteuerlich abzugsfähig.	5.750 €
Die Anschaffungskosten für die Computeranlage betragen 12.000 €, weil Frau Lange genau diesen Betrag aufwenden musste, um dieses Wirtschaftsgut zu erhalten. Als Abschreibungsmethode kommt nur die lineare Abschreibung nach § 7 Abs. 1 EStG in Betracht (keine Sonderabschreibung gemäß § 7g EStG, da Gewinngrenze offenbar überschritten wurde; § 7g Abs. 6 Nr. 1 EStG). Die Jahres-AfA bei linearer Abschreibung liegt bei 4.000 €. Die nach § 7 Abs. 1 Satz 4 EStG zeitanteilig für einen Monat anzusetzende AfA beträgt 334 €.	334 €
Aufwendungen für das häusliche Arbeitszimmer sind grundsätzlich nicht abzugsfähige Betriebsausgaben gemäß § 4 Abs. 5 Satz 1 Nr. 6b EStG. Ausnahmen sind lediglich vorgesehen, wenn für die betriebliche Tätigkeit kein anderer Arbeitsplatz zur Verfügung steht. Diese Voraussetzung ist in diesem Sachverhalt nicht gegeben, so dass ein Abzug nicht zulässig ist.	
Unstreitige Ausgaben	25.500 €
Summe der Betriebsausgaben	153.734 €
Gewinn (240.800 € – 153.734 € =)	87.066 €

LÖSUNG

Lösung zu Fall 20 40 Punkte

a) Ein Grundstück kann in der Weise belastet werden, dass demjenigen, zu dessen Gunsten die Belastung erfolgt, das veräußerliche und vererbliche Recht zusteht, auf oder unter der Oberfläche des Grundstücks ein Bauwerk zu haben (Erbbaurecht, § 1 Abs. 1 ErbbauVO). Das Gebäude gehört somit – abweichend von der regulären zivilrechtlichen Behandlung – nicht zu den Bestandteilen des Grundstücks, sondern steht im Eigentum des Erbbauberechtigten (§ 95 Abs. 1 Satz 2 BGB). Es ist diesem über § 39 Abs. 1 AO auch steuerlich zuzurechnen.

Der Erbbauberechtigte verfügt somit steuerlich über zwei verschiedene Wirtschaftsgüter: das Erbbaurecht und das Gebäude. Die gezahlten Erbbauzinsen stellen keine Anschaffungskosten für das Wirtschaftsgut Erbbaurecht dar, sondern ein Nutzungsentgelt für die zeitlich befristete Einräumung des Erbbaurechts.

Sie sind deshalb bei Heidi Lange, im Rahmen der Gewinnermittlung nach § 4 Abs. 3 EStG nach den allgemeinen Grundsätzen zu erfassen (Zu- und Abflussprinzip des § 11 EStG, R 4.5 Abs. 2 Satz 1 EStR). Die Zahlung des Erbbauzinses zum 1. 7. 2016 stellt daher eine Betriebsausgabe des Jahres 2016 dar:

1.000,– €	– 1.000,– €

Die einmalige Vorauszahlung der Erbbauzinsen stellt eine Ausgabe für eine Nutzungsüberlassung von mehr als fünf Jahren dar und ist deshalb nach Maßgabe des § 11 Abs. 2 Satz 3 EStG nur anteilig zu berücksichtigen.

10.000,– € / 99 Jahre · $^1/_2$ Jahr =	– 50,– €

Die Kosten für die Errichtung des Hauses können nur im Wege der AfA berücksichtigt werden (§ 4 Abs. 3 Satz 3 EStG). Auf den Zahlungszeitpunkt kommt es für die Kosten somit nicht an. Da Heidi Lange das Gebäude lt. Sachverhalt für ihre Tätigkeit als Detektivin nutzen will, ist das Gebäude dem notwendigen Betriebsvermögen zuzurechenen (R 4.2 Abs. 7 Satz 1 EStR). Es kommt deshalb die AfA nach § 7 Abs. 4 Satz 1 Nr. 1 EStG in Betracht. Außerdem ist die Abschreibung zeitanteilig vorzunehmen (§ 7 Abs. 1 Satz 4 EStG).

Anschaffungs-/Herstellungskosten:

„Fix & Fertig GmbH“:	750.000,– €	
sonst. Handwerker:	5.000,– €	
Summe:	755.000,– €	
AfA: 755.000,– € · 3 % · $^1/_{12}$ =		– 1.887,50 €

Geldbeträge, die dem Betrieb durch die Aufnahme von Darlehen zugeflossen sind, stellen bei der Gewinnermittlung nach § 4 Abs. 3 EStG keine Betriebseinnahmen dar, H 4.5 (2) „Darlehen“ EStH.

Als Betriebsausgaben sind aber die Zinsen zu behandeln, da sie als Gegenleistung für die Gewährung des Darlehens gezahlt werden. Dies gilt auch für das von der Sparkasse einbehaltene Damnum, da es sich dabei, wirtschaftlich betrachtet, um eine Zinsvorauszahlung handelt. Weil das Darlehen eine Laufzeit von mehr als fünf Jahren hat, dürfte das Damnum nach § 11 Abs. 2 Satz 3 EStG aber nicht in einem Betrag als Betriebsausgabe abgezogen werden, sondern wäre über die Laufzeit des Darlehens zu verteilen.

Allerdings gilt die Pflicht zur Verteilung nicht für ein marktübliches Damnum, § 11 Abs. 2 Satz 4 EStG. Daher kann das Damnum im VZ 2016 in voller Höhe als Betriebsausgabe abgezogen werden (H 11 „Damnum" EStH):

50.000,– € = – 50.000,– €

Die Zinsen für das Jahr 2016 sind als Betriebsausgabe dem Jahr 2016 zuzuordnen. Zwar sind diese erst im Jahr 2017 abgeflossen, es handelt sich aber um wiederkehrende Ausgaben, die innerhalb kurzer Zeit nach Beendigung des Kalenderjahres abgeflossen sind (§ 11 Abs. 2 Satz 2 EStG). Dass es sich um die erste Zahlung der regelmäßig wiederkehrenden Ausgaben handelt, ist unbeachtlich. – 35.000,– €

b) Erbringt jemand im Inland eine Bauleistung (Leistender) an einen Unternehmer im Sinne des § 2 des Umsatzsteuergesetzes oder an eine juristische Person des öffentlichen Rechts (Leistungsempfänger), ist der Leistungsempfänger verpflichtet, von der Gegenleistung einen Steuerabzug in Höhe von 15 % für Rechnung des Leistenden vorzunehmen (§ 48 Abs. 1 Satz 1 EStG). Bauleistungen sind nach § 48 Abs. 1 Satz 3 EStG alle Leistungen, die der Herstellung, Instandsetzung, Instandhaltung, Änderung oder Beseitigung von Bauwerken dienen. Der Steuerabzug muss nach § 48 Abs. 2 Satz 1 EStG nicht vorgenommen werden, wenn der Leistende dem Leistungsempfänger eine im Zeitpunkt der Gegenleistung gültige Freistellungsbescheinigung nach § 48b Abs. 1 Satz 1 EStG vorlegt oder die Gegenleistung im laufenden Kalenderjahr bestimmte Höchstbeträge voraussichtlich nicht übersteigen wird.

Die „Fix & Fertig GmbH", sowie die übrigen Handwerker haben durch die Herstellung und den Ausbau des Bürogebäudes Bauleistungen i. S. d. § 48 EStG erbracht. Heidi Lange ist wegen ihrer selbstständigen Tätigkeit als Detektivin Unternehmerin i. S. d. § 2 UStG. Ein Sonderfall der Wohnungsvermietung (§ 48 Abs. 1 Satz 2 EStG) liegt nicht vor.

Auch die Regelung des § 48 Abs. 2 Satz 1 Nr. 1 EStG kommt nicht in Betracht, weil Heidi Lange keine Vermietungsumsätze i. S. d. § 4 Nr. 12 UStG ausführt.

Weil die 5.000 € nach dem Sachverhalt an verschiedene Handwerker gezahlt wurden, kann bei keinem von ihnen die Grenze des § 48 Abs. 2 Satz 1 Nr. 2 EStG überschritten worden sein. Die Grenze ist auf jeden Leistenden gesondert anzuwenden. Ein Steuerabzug war von Frau Lange insoweit nicht vorzunehmen.

Die Voraussetzungen für die Verpflichtung zur Vornahme des Steuerabzuges waren hinsichtlich der Zahlungen an die „Fix & Fertig GmbH" gegeben. Frau Lange hätte deshalb von den

Zahlungen an die GmbH am 17. 9. und am 29. 12. 2016 einen Steuerabzug von jeweils 15 % der Gegenleistung vornehmen müssen. Sie hätte also jeweils nur 212.500 € an die GmbH überweisen dürfen und 37.500 € für Rechnung der GmbH einbehalten und an das Finanzamt abführen müssen.

Gem. § 48a Abs. 1 EStG hätte Frau Lange die Steuer jeweils bis zum 10. Tag des Folgemonats bei dem für die „Fix & Fertig GmbH" zuständigen Finanzamt anmelden und an dieses abführen müssen. Die „Fix & Fertig GmbH" kann die einbehaltene und angemeldete Steuer dann auf ihre persönliche Körperschaftsteuerschuld anrechnen (§ 48c EStG).

Da Frau Lange den Steuerabzug nicht vorgenommen hat, obwohl ihr keine Freistellungsbescheinigung i. S. d. § 48b EStG vorgelegt wurde, haftet sie für die nicht abgeführten Beträge nach § 48a Abs. 3 Satz 1 EStG.

LÖSUNG

Lösung zu Fall 21 — 14 Punkte

Der steuerliche Gewinn ergibt sich folgendermaßen:

Vorläufiger Gewinn — 261.400 €

1. Der aktive Rechnungsabgrenzungsposten ist gemäß H 6.10 „Damnum" EStH zeitanteilig (= $^1/_{20}$ von 10.000 €) aufzulösen. — – 500 €
2. Die beim Verkauf eines unbebauten Grundstücks aufgedeckten stillen Reserven können gemäß § 6b Abs. 1 EStG erfolgsneutral auf die Herstellungskosten der neuen Lagerhalle übertragen werden. Da der Veräußerungsgewinn zunächst als Ertrag erfasst wurde, ergibt sich durch die Übertragung eine Gewinnminderung von — – 200.000 €
3. Die Bemessungsgrundlage für die AfA der Lagerhalle errechnet sich gemäß § 7 Abs. 4 Satz 1 Nr. 1 und Abs. 1 Satz 4 EStG folgendermaßen:

Herstellungskosten	847.500 €	
Übertragung d. st. Reserve	– 200.000 €	
Bemessungsgrundlage für die AfA	647.500 €	
AfA 3 % von 647.500 = 19.425, davon $^4/_{12}$ =	6.475 €	
Gewinnminderung		– 6.475 €

4. Bis zur unentgeltlichen Übertragung des Darlehens liegt eine Verbindlichkeit ggü. einem Nicht-Gesellschafter und damit ein abziehbarer Zinsaufwand von 3.500 € vor. Mit der Übertragung der Darlehensforderung liegt Sonderbetriebsvermögen von Uta Johannsen vor.

   Der darauf entfallende Zinsanteil in Höhe von 3.500 € stellt einen Gewinnanteil von Uta Johannsen im Sinne des § 15 Abs. 1 Nr. 2, 2. Alt. EStG dar (Sondervergütung). Diese sind bei der steuerlichen Gewinnfeststellung erhöhend zu berücksichtigen. In der Gesamthandelsbilanz der OHG wurde er zutreffend als Aufwand erfasst. Höhe: — + 3.500 €

Endgültiger Gewinn — 57.925 €

LÖSUNG

Lösung zu Fall 22 — 20 Punkte

a) Der steuerliche Gewinn berechnet sich folgendermaßen:

Handelsbilanzieller Gewinn 300.000 €

1. Die Fahrt von Frau Abraham zum Kunden stellt eine Geschäftsreise dar. Es liegt bei den Unfallkosten keine Privatentnahme vor, sondern Betriebsausgaben, die gemäß § 4 Abs. 4 EStG voll abzugsfähig sind (R 4.7 Abs. 1 Satz 2 EStR). Die Höhe der abziehbaren Aufwendungen beträgt 12.750 €. Ein Vorsteuerabzug scheidet aus, da die Rechnungen nicht an die KG ausgestellt wurden und damit nicht zum vollen Vorsteuerabzug nach § 15 Abs. 1 Satz 1 Nr. 1 UStG berechtigen. Auch Frau Abraham kann aus den Rechnungen keinen Vorsteuerabzug in Anspruch nehmen, weil sie allein aufgrund ihrer Stellung als Gesellschafterin der OHG nicht Unternehmerin i. S. d. § 2 UStG ist. – 12.750 €

2. Die Geldbuße wurde gegenüber dem Komplementär verhängt, nicht gegenüber der KG. Die Bezahlung durch die KG stellt daher eine Geldentnahme zu Gunsten des Komplementärs dar und keine Betriebsausgaben der KG. Sie erhöhen daher den steuerlichen Gewinn um + 25.000 €

   Die von der KG vereinnahmte Herabsetzung i. H. v. 5.000 € stellt bei der KG keine Betriebseinnahme dar, sondern eine Geldeinlage. Der Gewinn der KG mindert sich um – 5.000 €

3. Spenden sind einkommensteuerrechtlich nur als Sonderausgaben, nicht aber als Betriebsausgabe absetzbar (§ 4 Abs. 6 EStG). Die Zuwendung erfolgt aus privaten Gründen (§ 12 Nr. 1 EStG). Es erfolgt daher eine Hinzurechnung um + 25.000 €

4. Die Kosten für die Steuerberatung sind gemäß § 4 Abs. 4 EStG als Betriebsausgaben abziehbar, wenn sie durch den Betrieb veranlasst sind, d. h. im Zusammenhang mit der Gewinnermittlung oder den Betriebssteuern stehen (BMF vom 21. 12. 2007, BStBl 2008 I S. 256, Rz. 3). In den übrigen Fällen stellen sie Privatentnahmen und allenfalls Werbungskosten bei anderen Einkunftsarten dar. Nachstehende Beratungskosten sind bei der Gewinnermittlung Privatentnahmen:

Überschussermittlung V+V der Gesellschafter	2.500 €	
Antrag auf Herabsetzung der ESt-Vorauszahlung der Gesellschafter	500 €	
Nettoentnahmen	3.000 €	
Darauf entfallende Umsatzsteuer mit 19 %	570 €	
Gesamtbetrag der Privatentnahmen	3.570 €	
Es erfolgt daher eine Hinzurechnung um		3.000 €

Die Vorsteuer ist um 570 € zu kürzen, insoweit ist die Umsatzsteuer-Verbindlichkeit zu erhöhen.

Steuerlicher Gewinn 2016	335.250 €

b) Der Gewinn der KG ist gemäß §§ 179 und 180 Abs. 1 Nr. 2a AO gesondert und einheitlich für alle Gesellschafter in einem besonderen Verfahren zu festzustellen. Dabei sind die Vorschriften des § 15 Abs. 1 Satz 1 Nr. 2 EStG zu beachten.

Gewinnverteilung laut Vertrag:

50 % vom Gewinn = 167.625 € für A. Abraham

50 % vom Gewinn = 167.625 € für M. Abraham

LÖSUNG

Lösung zu Fall 23 — 20 Punkte

a) 1. Das Grundstück der Gesellschafterin Johannsen stellt steuerlich Sonderbetriebsvermögen dar und ist in einer steuerlichen Sonderbilanz zu erfassen (R 4.2 Abs. 12 EStR). Die Einkünfte, die Frau Johannsen aus dem Grundstück erzielt, sind in der Gewinn- und Verlustrechnung zur steuerlichen Sonderbilanz zu erfassen.

Die Mieteinnahmen sind um die Absetzungen für Abnutzung auf das Gebäude und die Grundstücksaufwendungen zu kürzen. Die AfA beginnt mit Erwerb des wirtschaftlichen Eigentums. Der AfA-Satz beträgt nach § 7 Abs. 4 Nr. 1 EStG 3 % der Anschaffungskosten des Gebäudes, da das Grundstück zu einem Betriebsvermögen gehört und nicht Wohnzwecken dient. Der AfA-Betrag beläuft sich daher auf 12.000 € (= (560.000 – 160.000) · 3 %).

Sonderbetriebsausgabe Johannsen

AfA	– 12.000 €
Grundstücksaufwendungen (Grundsteuer + Erhaltungsaufwand)	– 18.000 €

2. Die Ausgaben für Geschenke an Geschäftsfreunde über 35 € (= 1.000 €) sind gemäß § 4 Abs. 5 Satz 1 Nr. 1 EStG keine abziehbaren Betriebsausgaben und dürfen den Gewinn nicht mindern. Von den Bewirtungskosten sind gemäß § 4 Abs. 5 Satz 1 Nr. 2 EStG nur 70 % als Betriebsausgabe abziehbar, 30 % (= 1.500 €) sind nicht abziehbar.

Hinzurechnung außerbilanziell	2.500 €

3. Die Tätigkeitsvergütung für den Gesellschafter Lange ist in einer Gewinn- und Verlustrechnung zu seiner steuerlichen Sonderbilanz als Sonderbetriebseinnahme (Sondervergütung i. S. d. § 15 Abs. 1 Satz 1 Nr. 2, 2. Alt. EStG) zu erfassen.

Sonderbetriebseinnahme Lange	180.000 €

4. Das Damnum ist steuerrechtlich nicht in einem Betrag als Betriebsausgabe abzugsfähig, sondern in der Steuerbilanz zu aktivieren und auf die Laufzeit des Darlehens zu verteilen (H 6.10 „Damnum“ EStH). Dabei ist im Jahr der Darlehensaufnahme auf eine monatliche Verteilung des Damnums zu achten. Für das Jahr 2016 sind daher 400 € als Betriebsausgabe

abziehbar. Die restlichen 3.600 € sind als aktiver Rechnungsabgrenzungsposten zu aktivieren (§ 250 Abs. 1 HGB/§ 5 Abs. 5 Satz 1 Nr. 1 EStG).

Hinzurechnung Handelsbilanz 3.600 €

b)

Aktiva			**Passiva**
	€		€
Anlagevermögen		Eigenkapital	
Geschäftsausstattung	300.000	Kapital Lange	75.000
		Kapital Abraham	75.000
		Kapital Schweers	75.000
		Kapital Johannsen	75.000
Umlaufvermögen		Jahresüberschuss	170.600
Vorräte	200.000		
Kasse, Bank	167.000	Fremdkapital	
Sonstiges Vermögen	70.000	Darlehen	170.000
Aktive RAP	3.600	Sonst. Verbindlichkeiten	100.000
	740.600		740.600

	€	€
Umsatzerlöse		1.510.000
Wareneinkauf		600.000
Rohertrag		910.000
Personalaufwand		450.000
Abschreibung		110.000
Sonstige betriebliche Aufwendungen		
– Werbekosten	44.900	
– Miete an Gesellschafterin Johannsen	120.000	
Sonstige Aufwendungen	9.000	173.900
Betriebsergebnis		176.100
Zinsen für Darlehen	5.100	
Damnum	400	5.500
Steuerbilanzgewinn		170.600

c) Die Gesellschafterin Johannsen erzielt aus der Vermietung des Grundstücks an die OHG keine Einkünfte aus Vermietung und Verpachtung, sondern aus Gewerbebetrieb, da sie Mitunternehmerin ist (§ 15 Abs. 1 Satz 1 Nr. 2, 2. Alt. EStG). Sie muss die Einkünfte durch Betriebsvermögensvergleich (Grundsatz der additiven Gewinnermittlung) ermitteln.

Aktiva			**Passiva**
	€		€
Anlagevermögen		Eigenkapital	
Grund und Boden	160.000	Kapital	458.000
Gebäude	388.000		
		Sondergewinn	90.000
	548.000		548.000

	€	€
Mieteinahmen		120.000
Abschreibung		12.000
Sonstige betriebliche Aufwendungen		
– Grundsteuer	5.000	
– Reparaturkosten	13.000	18.000
Sonder-Betriebsergebnis		90.000

d)

	€
Steuerbilanzgewinn	170.600
Außerbilanzielle Hinzurechnungen:	
Geschenke über 35 €	1.000
30 % der Bewirtungskosten mit 5.000 €	1.500
Sonderbetriebseinnahmen	
Gewinn aus Sonderbetriebsvermögen der Gesellschafterin Johannsen	90.000
Vergütung des Gesellschafters Lange	
Tätigkeitsvergütung gemäß § 15 Abs. 1 Satz 1 Nr. 2 EStG	180.000
Steuerpflichtiger Gewinn	443.100

Dieser Gewinn ist auf die Gesellschafter zu verteilen:

Sachverhalt	Gesamt	Johannsen	Lange	Abraham	Schweers
Stpfl. Gewinn	443.100				
SoBV Johannsen	– 90.000	90.000			
Tätigkeitsvergütung Lange	– 180.000		180.000		
	173.100	90.000	180.000		
Restverteilung zu 25 %	– 173.100	43.275	43.275	43.275	43.275
Gewinnanteil je Gesellsch.	0	133.275	223.275	43.275	43.275

LÖSUNG

Lösung zu Fall 24 — 20 Punkte

Zu den Einkünften aus Gewerbebetrieb gehört nach § 15 Abs. 1 Satz 1 Nr. 2 EStG der vorläufige Steuerbilanzgewinn der OHG in Höhe von 400.000 €

Bezüglich der Beteiligung gilt das Realisationsprinzip nach § 252 Abs. 1 Nr. 4 HGB. Es bleibt daher beim Buchwert von 75.000 €.

Die AfA für die am 28. 12. 2016 angeschaffte Maschine ist gem. § 7 Abs. 1 EStG nach der linearen Methode zu ermitteln. Die Sonderabschreibung nach § 7g Abs. 5 EStG ist nicht zulässig, da das Betriebsgrößenmerkmal des § 7g Abs. 6 Nr. 1 i.V. m. Abs. 1 Satz 2 Nr. 1a EStG überschritten ist.

Da die Anschaffung im Dezember erfolgte, ist die Abschreibung zeitanteilig für einen Monat vorzunehmen (§ 7 Abs. 1 Satz 4 EStG). Bei einer Nutzungsdauer von 8 Jahren und Anschaffungskosten von 48.000 € (50.000 € – 2.000 € Skonto) beträgt die AfA somit: – 500 €

Gemäß § 6b Abs. 3 EStG kann in Höhe des Gewinns aus der Veräußerung des unbebauten Grundstücks eine den steuerlichen Gewinn mindernde Rücklage gebucht werden. Die Voraussetzungen des § 6b Abs. 4 EStG, insbesondere die mindestens 6-jährige Zugehörigkeit des veräußerten Grundstücks zum Anlagevermögen, sind erfüllt. – 50.000 €

Es verbleiben zur Gewinnverteilung:	349.500 €
25 % des Gewinns	87.375 €
Das Jahresgehalt als Geschäftsführerin der OHG wird nach § 15 Abs. 1 Satz 1 Nr. 2, 2. Alt. EStG hinzugerechnet.	150.000 €
Einkünfte aus Gewerbebetrieb	**237.375 €**
Bruttogehalt Ehemann gemäß § 19 EStG	52.100 €
Werbungskosten-Pauschbetrag gemäß § 9a Nr. 1 EStG	– 1.000 €
Einkünfte aus nichtselbstständiger Arbeit	**51.100 €**

Zinsgutschrift 21.000 €. Die Besteuerung ist mit Einbehalt der Abgeltungssteuer nach Abzug des Sparerfreibetrags erfolgt, § 43 Abs. 5 Satz 1 EStG. Es wird lediglich noch die Günstigerprüfung durchgeführt, § 32d Abs. 6 EStG.

Einkünfte aus Kapitalvermögen	**0 €**
Einnahmen gemäß § 18 EStG	55.000 €
Ausgaben	– 5.500 €
Einkünfte aus selbstständiger Arbeit	**49.500 €**
Summe der Einkünfte	**337.975 €**

LÖSUNG

Lösung zu Fall 25 — 12 Punkte

In der Fassung des Unternehmensteuerreformgesetzes 2008 sah § 4h Abs. 2 Satz 1 Buchst. a) EStG vor, dass die Zinsschranke keine Anwendung findet, wenn der Betrag der Zinsaufwendungen abzüglich der Zinserträge weniger als 1 Mio. € beträgt. Dabei gilt die Freigrenze pro Betrieb, d. h. ein Steuerpflichtiger mit mehreren Betrieben kann die Freigrenze für jeden Betrieb gesondert in Anspruch nehmen. Allerdings hat eine Mitunternehmerschaft einschließlich ihres Sonderbetriebsvermögens grundsätzlich nur einen Betrieb (vgl. BMF v. 4. 7. 2008, BStBl 2008 I S. 71 Rz. 57).

Die Freigrenze von 1 Mio. € wurde bereits im Rahmen des Bürgerentlastungsgesetzes Krankenversicherung vom 16. 7. 2009 (BGBl 2009 I S. 1959) auf 3 Mio. € angehoben. Dabei galt die Änderung rückwirkend ab dem Zeitpunkt der erstmaligen Anwendung der Vorschrift. Die Erhöhung war allerdings zeitlich befristet und sollte letztmalig für Wirtschaftsjahre anzuwenden sein, die zum 31. 12. 2009 enden (§ 52 Abs. 12d Satz 3 EStG i. d. F. des Bürgerentlastungsgesetzes Krankenversicherung).

Die zeitliche Befristung der Erhöhung der Freigrenze wurde durch das Wachstumsbeschleunigungsgesetz gestrichen, womit die auf 3 Mio. € erhöhte Freigrenze zeitlich unbefristet Anwendung findet (§ 52 Abs. 12d Satz 3 EStG).

1. Ermittlung des maßgeblichen Gewinns i. S. v. § 4h Abs. 1 Satz 2 EStG

handelsrechtlicher Gewinn	20.000.000 €
Sonderbetriebsausgaben Mosbacher AG (Zinsaufwand)	– 3.000.000 €
steuerpflichtiger Gewinn (maßgeblicher Gewinn i. S. v. § 4h Abs. 3 Satz 1 EStG)	17.000.000 €
Hinzurechnung Zinsaufwendungen	3.100.000 €
Hinzurechnung Sonderbetriebsausgaben (Zinsaufwand) Mosbacher AG	3.000.000 €
Kürzung Zinserträge	– 100.000 €

maßgeblicher Gewinn (i. S. v. § 4h Abs. 1 Satz 2 EStG)	23.000.000 €
davon 30 %: abzugsfähige Zinsaufwendungen	6.900.000 €

Eine Mitunternehmerschaft hat nur einen Betrieb im Sinne der Zinsschranke. Die Zinsschranke ist betriebsbezogen anzuwenden. Somit ist auch der Sonderbetriebsvermögensbereich von Mitunternehmern i. S. v. § 15 Abs. 1 Satz 1 Nr. 2 und Abs. 3 EStG einzubeziehen (vgl. BMF vom 4. 7. 2008, a. a. O., Rz. 6 u. 51).

2. Ermittlung des Nettozinsaufwands und der nicht abzugsfähigen Zinsaufwendungen:

Zinsaufwendungen	3.100.000 €
Sonderbetriebsausgaben Mosbacher AG	3.000.000 €
Zinserträge	– 100.000 €
Zinssaldo (Nettozinsaufwand)	6.000.000 €
abzugsfähige Zinsaufwendungen (vgl. Nr. 1)	– 6.000.000 €
nicht abzugsfähige Zinsaufwendungen	0 €

Die Freigrenze von 3.000.000 € nach § 4h Abs. 2 Satz 1 lit. a EStG für den Nettozinsaufwand ist überschritten, da der Zinssaldo 6 Mio. € beträgt.

Da bereits alle Zinsaufwendungen nach § 4h Abs. 1 Sätze 1, 2 EStG abzugsfähig sind, kommt es auf den Ausnahmetatbestand des § 4h Abs. 2 Satz 1 lit. c EStG (Escape-Klausel) nicht an. § 4h Abs. 2 Satz 1 lit. b EStG ist nicht erfüllt, weil die Moskito OHG zum Konzern der Mosbacher AG gehört, vgl. § 4h Abs. 3 Satz 5 EStG.

In Höhe des nicht verbrauchten verrechenbaren EBITDA von 900.000 € entsteht ein EBITDA-Vortrag, § 4h Abs. 1 Sätze 2, 3 EStG.

3. Ermittlung der Gewinnverteilung:

		Mosbacher AG 75 %	**Kimmel GmbH 15 %**	**Torburger AG 10 %**
		€	€	€
Gesamthandsgewinn	20.000.000	15.000.000	3.000.000	2.000.000
Sonderbetriebsausgaben	– 3.000.000	– 3.000.000	0	0
	17.000.000	12.000.000	3.000.000	2.000.000
nicht abziehbare Zinsaufwendungen	0	0	0	0
Gewinn	17.000.000	12.000.000	3.000.000	3.000.000

Nach dem BMF-Schreiben vom 4.7.2008 (a.a.O., Rz. 51) sollen auch nicht abziehbare Zinsaufwendungen im Sonderbetriebsvermögen eines Mitunternehmers allen Mitunternehmern nach dem allgemeinen Gewinnverteilungsschlüssel zugerechnet werden. Damit werden auch bei denjenigen Mitunternehmen die Einkünfte erhöht, die tatsächlich keine Zinsaufwendungen getragen haben. Diese Vorgehensweise ist sehr fragwürdig. Insofern ist zu empfehlen, dass die Mitunternehmer im Innenverhältnis zivilrechtliche Ausgleichspflichten für den Fall vereinbaren, dass ein Mitunternehmer über sein Sonderbetriebsvermögen nicht abzugsfähigen Zinsaufwand „einbringt".

Hinweis: Der BFH hat erhebliche Zweifel an der Verfassungsmäßigkeit der Zinsschranke, weshalb er ein entsprechendes Verfahren dem Bundesverfassungsgericht vorgelegt hat (BFH-Beschluss vom 14.10.2015 – I R 20/15).

LÖSUNG

Lösung zu Fall 26 — 18 Punkte

Gem. § 34a EStG können Einzelunternehmer und Mitunternehmer von Personengesellschaften ihre Gewinneinkünfte i.S.d. §§ 13, 15 und 18 EStG auf Antrag nicht mehr mit dem persönlichen progressiven Einkommensteuersatz versteuern, sondern (ganz oder teilweise) mit einem ermäßigten Steuersatz von 28,25 % (zzgl. Solidaritätszuschlag). Wird der zunächst thesaurierte begünstigte Gewinn in Folgejahren entnommen, kommt es zu einer Nachversteuerung mit einem Steuesatz von 25 % (zzgl. Solidaritätszuschlag), § 34a Abs. 4 EStG.

Unternehmen:	**mit Thesaurierung**	**ohne Thesaurierung**
	€	€
Jahresüberschuss vor Steuern (Handelsbilanz)	100.000,00	100.000,00
Tätigkeitsvergütungen (§ 15 Abs. 1 Nr. 2 EStG)	70.000,00	70.000,00
steuerlicher Gewinn	170.000,00	170.000,00
Freibetrag Gewerbesteuer (§ 11 Abs. 1 Nr. 1 GewStG)	– 24.500,00	– 24.500,00
Gewerbeertrag	145.500,00	145.500,00
Gewerbesteuer (Gewerbeertrag · 3,5 % · 400 %)	20.370,00	20.370,00
Jahresüberschuss nach Steuern (Handelsbilanz)	79.630,00	79.630,00

Gesellschafter				**mit Thesaurierung**	**ohne Thesaurierung**
				€	€
Einkünfte aus Gewerbebetrieb:					
Tätigkeitsvergütung (§ 15 Abs. 1 Nr. 2 EStG)				70.000,00	70.000,00
nicht abziehbare GewSt (§ 4 Abs. 5b EStG)				20.370,00	20.370,00
Handelsbilanzgewinn				0,00	79.630,00
				90.370,00	170.000,00
Thesaurierungsbetrag				79.630,00	0,00
		mit	ohne		
Einkommensteuer					
30,00 %	von	90.370,00	170.000,00	27.111,00	51.000,00
28,25 %	von	79.630,00	0,00	22.495,48	0,00
				49.606,48	51.000,00
anrechenbare Gewerbesteuer (§ 35 Abs. 1 EStG)					
Gewerbeertrag · 3,5 % · 3,8				– 19.351,50	– 19.351,50
Einkommensteuer nach GewSt-Anrechnung				30.254,98	31.648,50
Solidaritätszuschlag (5,5 %)				1.664,02	1.740,67
Nachsteuer bei Entnahme:					
Begünstigtes Einkommen				79.630,00	
28,25 % Einkommensteuer				– 22.495,48	
5,50 % Solidaritätszuschlag				– 1.237,25	
Bemessungsgrunglage (§ 34a Abs. 3 EStG)				55.897,27	
25,00 % Einkommensteuer (§ 34a Abs. 4 EStG)				13.974,32	
5,50 % Solidaritätszuschlag				768,59	
Gesamtsteuern Unternehmen und Gesellschafter:					
Gewerbesteuer				20.370,00	20.370,00
Einkommensteuer				30.254,98	31.648,50
Solidaritätszuschlag				1.664,02	1.740,67
Nachsteuer bei Entnahme				13.974,32	0,00
Solidaritätszuschlag auf Nachsteuer				768,59	0,00
				67.031,91	53.759,17

Die Vorteilhaftigkeit der Thesaurierungsbegünstigung hängt von verschiedenen Faktoren ab (z. B. persönlicher Steuersatz, Gewerbesteuerhebesatz, Zeitpunkt der Nachversteuerung etc.). Insofern ist immer eine Einzelfallbetrachtung angezeigt, soweit der persönliche Einkommensteuersatz nicht ohnehin unterhalb des Thesaurierungssatzes liegt. Tendenziell lässt sich aber sagen, dass die Vorteilhaftigkeit mit der Höhe des Gewinns, der Höhe des persönlichen Einkommensteuersatzes und der Dauer der Thesaurierung zunimmt.

LÖSUNG

Lösung zu Fall 27 — 20 Punkte

a) Eintritt Bruno Schwarz in die KG

Gewinne, die bei der Veräußerung eines Teils eines Mitunternehmeranteils entstehen, sind gemäß § 16 Abs. 1 Satz 2 EStG laufende Gewinne. Die Anwendung eines besonderen Steuersatzes nach § 34 EStG scheidet daher aus. Der Veräußerungsgewinn ermittelt sich für Bernhard Schwarz wie folgt:

Veräußerungspreis	225.000 €
./. Veräußerungskosten	10.000 €
Zwischensumme	215.000 €
$^1/_2$ Kommanditistenanteil	100.000 €
Der Veräußerungsgewinn beträgt	115.000 €

b) Ergänzungsbilanz

Die von Bruno Schwarz geleistete Zahlung von 225.000 € stellt den wahren Wert des hälftigen Gesellschaftsanteils des Kommanditisten Bernhard Schwarz dar.

Entspricht beim entgeltlichen Erwerb eines Gesellschaftsanteils bzw. eines Teils daran an einer Personengesellschaft der Kaufpreis nicht dem in der Steuerbilanz der Personengesellschaft ausgewiesenen Kapitalkonto des veräußernden Gesellschafters, müssen die Aufwendungen für den Erwerb des Gesellschaftsanteils, soweit sie den Buchwert des übergehenden Kapitalkontos übersteigen, als zusätzliche Anschaffungskosten für die Anteile an den Wirtschaftsgütern des Gesellschaftsvermögens auf der Aktivseite einer positiven Ergänzungsbilanz ausgewiesen werden.

In der Bilanz der KG wird das Kapitalkonto des Kommanditisten Bernhard Schwarz zur Hälfte, also mit 100.000 €, auf den neuen Gesellschafter Bruno Schwarz übertragen. Der Differenzbetrag zum geleisteten Kaufpreis mit 225.000 €, also 125.000 €, ist in der Ergänzungsbilanz anteilig auf die Wirtschaftsgüter, die stille Reserven enthalten, und auf den Geschäftswert zu verteilen.

(positive) Ergänzungsbilanz Bruno Schwarz 5. 1. 2016			
Aktiva			**Passiva**
Grund und Boden	25.000	Mehrkapital	125.000
Gebäude 50.000	50.000	Verlust	4.333
Geschäftswert	50.000		
	125.000		125.000

Die Ergänzungsbilanz ist wie folgt fortzuentwickeln:

Das Gebäude ist mit dem gleichen AfA-Satz wie in der Steuerbilanz der Gesellschaft abzuschreiben, nämlich mit 2 % oder (50.000 € · 2 %) 1.000 € p. a.

Der Zeitraum für die Abschreibung des Geschäftswerts beträgt 15 Jahre (§ 7 Abs. 1 Satz 3 EStG) oder 3.333 € p. a. (abgerundet).

Das Ergebnis der Ergänzungs-GuV weist einen (1.000 + 3.333 €) Verlust von 4.333 € aus.

(positive) Ergänzungsbilanz Bruno Schwarz 31. 12. 2016			
Aktiva			**Passiva**
Grund und Boden	25.000	Mehrkapital	125.000
Gebäude	49.000	Verlust	4.333
Geschäftswert	46.667		
	120.667		120.667

c) **1. Tätigkeitsvergütung**

Zum Gesamtgewinn der Mitunternehmerschaft gehören an die Gesellschafter gezahlte Vergütungen (Gehalt, Miete, Darlehenszinsen), die sich bei der Ermittlung des Gewinns der Gesellschaft gewinnmindernd ausgewirkt haben.

Die gezahlten Vergütungen sind nach § 15 Abs. 1 Satz 1 Nr. 2, 2. Alternative EStG bei der Einkunftsermittlung den jeweiligen Gewinnanteilen der Gesellschafter wieder hinzuzurechnen. Dem Gewinnanteil des Komplementärs Siegfried Schwarz ist die im Jahr 2016 gezahlte Tätigkeitsvergütung in Höhe von 84.000 € hinzuzurechnen.

2. Lagerplatz

Zum Betriebsvermögen (R 4.2 Abs. 2 bzw. Abs. 11, 12 EStR) einer gewerblich tätigen Personengesellschaft gehören nicht nur die im Gesamthandsvermögen der Mitunternehmer stehenden Wirtschaftsgüter, sondern auch die Wirtschaftsgüter, die zivilrechtlich einem Gesellschafter gehören und der Gesellschaft unmittelbar z. B. durch Nutzungsüberlassung dienen (Sonderbetriebsvermögen I).

Demnach befindet sich der Lagerplatz Wilhelmstr. 112, der sich im zivilrechtlichen Eigentum von Bernhard Schwarz befindet und den er der KG zur Nutzung überlassen hat, im Sonderbetriebsvermögen des Kommanditisten. Die von der KG gezahlte Miete (im Jahr 2016 = 12.000 €) ist (gleichzeitig) eine Sonderbetriebseinnahme des Kommanditisten. Die von der KG für den Lagerplatz gezahlte anteilige Grundsteuer in Höhe von 2.500 € ist bei ihr nicht als Betriebsausgabe, wohl aber beim Mitunternehmer Bernhard Schwarz als Sonderbetriebsausgabe abzugsfähig.

Das Ergebnis der Sonderbetriebs-GuV (12.000 – 2.500 €) beträgt 9.500 €.

3. Gewinnfeststellung

Einheitl. und gesonderte Gewinnfeststellung 2016	S. Schwarz KG	Siegfried Schwarz	Bernhard Schwarz	Bruno Schwarz
HB-Gewinn	300.000	150.000	75.000	75.000
Tätigkeitsvergütung	84.000	84.000		
Veräußerungsgewinn	115.000		115.000	
Ergebnis Sonderbetriebs-GuV	9.500		9.500	
Ergebnis Ergänzungs-GuV	– 4.333			– 4.333
Steuerlich maßgebender Gewinn	504.167	234.000	199.500	70.667

LÖSUNG

Lösung zu Fall 28 — 20 Punkte

a) Lindenallee 17

1. **Entgeltliche** Veräußerungsgeschäfte zwischen einer Personengesellschaft und einem Gesellschafter – zu wie unter Fremden üblichen Bedingungen – sind einkommensteuerlich wie Fremdgeschäfte zu beurteilen. Sie sind also in vollem Umfang als Veräußerungs- bzw. Anschaffungsgeschäft zu behandeln.

   Erwirbt ein Gesellschafter von der Personengesellschaft ein Wirtschaftsgut zu einem Veräußerungsentgelt, das niedriger ist als der Verkehrswert, liegt ein teilentgeltlicher Erwerb vor. In Höhe der Differenz zwischen Verkehrswert und vereinbartem Kaufpreis liegt eine Entnahme vor, weil es aus der Sicht der Personengesellschaft keinen Anlass für eine verbilligte Übertragung gibt. Im vorliegenden Fall lässt sich die verbilligte Überlassung nur aus dem Gesellschaftsverhältnis erklären. Es ist also eine Korrektur des Kaufpreises mithilfe der Entnahmevorschriften des EStG erforderlich.

   Entnahmen sind nach § 6 Abs. 1 Nr. 4 Satz 1 EStG mit dem **Teilwert** (hier: Verkehrswert) anzusetzen. Die KG erzielt im Jahr 2016 einen **Veräußerungsgewinn** in Höhe von 840.000 €.

Vergl.:	I	II
	€	€
Kaufpreis	1.200.000	1.200.000
Unentgeltlicher Teil		+ 200.000
Korrektur des Kaufpreises (Verkehrswert)		1.400.000
Buchwert	560.000	560.000
	640.000	**840.000**

2. Eine Rücklage nach § 6b Abs. 3 EStG kann zum 31. 12. 2016 (nur) in Höhe von **640.000 €** gebildet werden. Die aus der Annahme einer verdeckten Entnahme (weiter) aufgedeckten stillen Reserven mit 200.000 € stammen nicht, wie im Gesetz gefordert, aus einer „Veräußerung" (R 6b.1 Abs. 1 Satz 4 EStR).

3.

	€
Veräußerungsgewinn	+ 840.000
Rücklage nach § 6b Abs. 3 EStG	– 640.000
Gewinnerhöhung	**200.000**

b) Eine EDV-Anlage besteht aus Hardware und Software. Unter Hardware sind alle physischen Bestandteile des Computers zu verstehen. Software ist die Summe aller zum Betrieb des Computers erforderlichen Programme.

Zur Hardware gehören insbesondere

- der Computer selbst mit Arbeitsspeicher, Prozessor, Laufwerk, Festplatte,
- die Peripheriegeräte wie Monitor, Tastatur, Drucker, Plotter usw.,
- Verbindungskabel zwischen den einzelnen Elementen.

Die maschinentechnische Ausrüstung (Hardware) einer betrieblich genutzten Computeranlage gehört zum abnutzbaren Anlagevermögen (§ 6 Abs. 1 Nr. 1 EStG).

Einzelne Komponenten einer Computeranlage sind auch dann, wenn deren Anschaffungskosten (ohne Umsatzsteuer) unter 410 € liegen nicht sofort als geringwertige Wirtschaftsgüter abzuschreiben (§ 6 Abs. 2 EStG) bzw. auch nicht in den Sammelposten des § 6 Abs. 2a EStG aufzunehmen. In beiden Fällen fehlt es an der jeweils geforderten Voraussetzung der selbstständigen Nutzbarkeit. Bei nachträglicher Aufrüstung des Computers, z. B. durch Speichererweiterungen oder Einbau eines CD-Rom-Laufwerkes, sind die zusätzlichen Kosten über die Restnutzungsdauer der Anlage abzuschreiben, als nachträgliche Herstellungskosten.

Die für den Betrieb eines Computers erforderlichen Programme („Software") werden herkömmlich unterteilt in

- System-Software, d. h. die maschinenorientierten, für das Funktionieren des Computers notwendigen oder nützlichen Programme („Betriebssystem", z. B. MS-DOS, WINDOWS,

OS/2 usw.), sowie Anwender-Individualsoftware, d. h. Programme, die speziell für die Bedürfnisse des jeweiligen Anwenders entwickelt wurden (z. B. Programm zur Steuerung einer bestimmten Maschine) und

- Anwender-Standardsoftware, die der Lösung der Aufgaben des Anwenders dient, z. B. die üblichen, am freien Markt erhältlichen Textverarbeitungs-, Tabellenkalkulations-, Finanzbuchhaltungsprogramme usw.

Da es sich bei jeglicher Software um geistig-schöpferische Werke handelt, bei denen für den Erwerber der geistige Gehalt im Vordergrund steht, stellt sie ein immaterielles Wirtschaftsgut dar. Dieses umfasst das Programm selbst, dessen Beschreibung und den Datenträger (Diskette,
CD, DVD o. Ä.), auf dem es gespeichert ist. Eine Ausnahme bilden die Trivialprogramme, die als abnutzbare bewegliche Wirtschaftsgüter angesehen werden (R 5.5 Abs. 1 EStR). Aus Vereinfachungsgründen behandelt die Finanzverwaltung alle Computerprogramme, deren Anschaffungskosten nicht mehr als 410 € betragen, als Trivialprogramme (R 5.5 Abs. 1 Satz 3 EStR). Somit können derartige Programme als geringwertige Wirtschaftsgüter sofort abgeschrieben werden (§ 6 Abs. 2 EStG), wenn die Anschaffungskosten netto unter 410 € liegen. Wenn die Anschaffungskosten darüber liegen, kann eine Erfassung im Sammelposten nach § 6 Abs. 2a EStG erfolgen.

1. Der Buchwert der Hardware entwickelt sich wie folgt:

	€
Anschaffungskosten 14. 1. 2013	12.000
AfA 2013	– 3.000
31. 12. 2013	9.000
AfA 2014	– 3.000
31. 12. 2014	6.000
AfA 2015	– 3.000
31. 12. 2015	3.000
Nachträgliche Anschaffungskosten 2016 (R 7.4 Abs. 9 Satz 3 EStR)	+ 2.000
Restbuchwert	5.000
AfA 2016 (Restbuchwert 5.000: Restnutzungsdauer 2 Jahre) (H 7.4 „nachträgliche Anschaffungskosten“ Tiret 1 EStH)	– 2.500
31. 12. 2016	**2.500**

2. Gewinnauswirkung im Jahr 2016

weniger Betriebsausgaben	+ 2.000
weniger AfA (3.000 – 2.500)	+ 500
zusammen	+ 2.500

Software

Kein aktivierungspflichtiger Vorgang ist die Herstellung von Software. Hier steht das Aktivierungsverbot selbst geschaffener immaterieller Wirtschaftsgüter dagegen (§ 5 Abs. 2 EStG). Herstellung und keine Anschaffung ist auch in den Fällen gegeben, in denen zwar eine Standardsoftware gekauft wird, dann im Betrieb aber weiterentwickelt und eine Anpassung an die betrieblichen Gegebenheiten erfolgt.

Beide im Jahr 2016 erworbenen Lohnbuchhaltungsprogramme können als Trivialprogramm sofort als geringwertige Wirtschaftsgüter abgeschrieben werden, weil ihre Anschaffungskosten jeweils nicht mehr als 410 € netto betragen haben.

3. Zum 31. 12. 2016 ist kein Buchwert auszuweisen.

4. Gewinnauswirkung: keine

c)

	€	€
HB-Gewinn		300.000
Lindenallee 17		
Veräußerungsgewinn	+ 840.000	
Rücklage	– 640.000	200.000
Nachaktivierung Hardware	+ 2.000	
weniger AfA	+ 500	2.500
steuerlich maßgebender Gewinn		502.500

d)

einheitliche und gesonderte Gewinnfeststellung Kalenderjahr 2016	Vorspalte	S. Grün KG	Siegfried Grün	Andreas Grün
StB-Gewinn	502.500			
vorab zuzurechnen:				
Lindenallee 17 *)		200.000	200.000	
Restgewinn		302.500	181.500	121.000
steuerlich maßgebender Gewinn		502.500	381.500	121.000

*) Der durch die Annahme einer Entnahme entstehende Gewinn in Höhe von 200.000 € ist allein dem Komplementär zuzurechnen, weil die beiden Gesellschafter (offensichtlich) keine anders lautende Vereinbarung getroffen haben.

LÖSUNG

Lösung zu Fall 29 **12 Punkte**

Der endgültige StB-Gewinn für 2016 errechnet sich wie folgt:

Vorläufiger Gewinn	261.400 €

dazu/davon ab:

1. Speditionssoftware

   Die Software stellt ein selbst hergestelltes immaterielles Wirtschaftsgut des Anlagevermögens dar (R 6.1 EStR, R 5.5 Abs. 1 und 2 EStR).

   Die dafür angefallenen Entwicklungskosten (Arbeitsstunden und Testläufe) dürfen nicht aktiviert werden (§ 5 Abs. 2 EStG), da es sich hierbei um Herstellungskosten und nicht um Anschaffungskosten handelt (§ 248 Abs. 2 Satz 1 HGB, § 5 Abs. 2 EStG, R 5.5 Abs. 2 EStR).

   Gewinnauswirkung 0 €

   Die von E. Bauer privat erworbene und in das Betriebsvermögen eingelegte Software „Planex" ist dagegen als immaterielles Wirtschaftsgut zu aktivieren (§ 4 Abs. 1 Satz 8 EStG). Einmal liegt insoweit ein entgeltlicher Erwerb dieses Wirtschaftsguts vor. Außerdem gilt bei einer Privateinlage das Aktivierungsverbot nicht (R 5.5 Abs. 3 Satz 3 und R 4.3 Abs. 1 EStR).

   Die Software ist mit dem Teilwert, der den Anschaffungskosten entspricht (§ 6 Abs. 1 Nr. 5 Lit. a EStG), zu aktivieren und auf die Nutzungsdauer von drei Jahren linear und zeitanteilig abzuschreiben (§ 7 Abs. 1 Satz 4 EStG, R 7.1 Abs. 1 Nr. 2 EStR).

Anschaffungskosten		2400 €	
AfA $^1/_3$	800 €		
davon $^8/_{12}$ =		– 533 €	
Restwert 31. 12. 2016		1.867 €	
Gewinnminderung			– 533 €

2. Gewinn aus der Veräußerung des unbebauten Grundstücks

   Die beim Verkauf des unbebauten Grundstücks aufgedeckten stillen Reserven können erfolgsneutral auf die Herstellungskosten der neuen Lagerhalle übertragen werden (§ 6b Abs. 1 und 2 EStG, R 6b.1 EStR).

   Da der erzielte Gewinn bisher als Ertrag gebucht wurde, ergibt sich durch die Übertragung eine Gewinnminderung von – 120.000 €

   Die Bemessungsgrundlage für die AfA der Lagerhalle (§ 7 Abs. 4 Satz 1 Nr. 1 und Abs. 1 Satz 4 EStG) errechnet sich wie folgt:

Herstellungskosten	930.000 €	
Übertragung der „§ 6b-Rücklage“	– 120.000 €	
Bemessungsgrundlage für die AfA	810.000 €	
AfA nach § 7 Abs. 4 Satz 1 Nr. 1 EStG 3 % = 24.300 €		
davon für 2016 $^3/_{12}$ =	– 6.075 €	
Restwert 31. 12. 2016	803.925 €	
Gewinnminderung		– 6.075 €
Endgültiger Steuerbilanzgewinn für 2016		134.792 €

LÖSUNG

Lösung zu Fall 30 — 20 Punkte

a) aa) Die Maschinenbau AG ist gemäß § 1 Abs. 1 Nr. 1 KStG unbeschränkt körperschaftsteuerpflichtig, da sie eine Kapitalgesellschaft mit Sitz im Inland ist. Eine Befreiung nach § 5 KStG liegt nicht vor.

Die Körperschaftsteuer bemisst sich nach dem zu versteuernden Einkommen; § 7 Abs. 1 KStG. Eine Aktiengesellschaft gilt als Handelsgesellschaft, § 3 Abs. 1 AktG (Formkaufmann i. S. d. § 6 Abs. 1 HGB). Sie ist deshalb nach den §§ 238 ff. HGB zur Buchführung verpflichtet. Alle Einkünfte gelten daher als Einkünfte aus Gewerbebetrieb (§ 8 Abs. 2 KStG). Die Ermittlung des zu versteuernden Einkommens erfolgt nach § 7 Abs. 2 KStG i. V. m. § 8 Abs. 1 KStG. Der Körperschaftsteuersatz beträgt 15 % des zu versteuernden Einkommens, § 23 Abs. 1 KStG.

Die Ermittlung des Einkommens erfolgt nach § 8 Abs. 1 KStG nach den Vorschriften des EStG und des KStG. Auf die Verwendung des Einkommens kommt es nicht an; § 8 Abs. 3 Satz 1 KStG. Auch verdeckte Gewinnausschüttungen mindern das Einkommen nicht; § 8 Abs. 3 Satz 2 KStG. Der Begriff der verdeckten Gewinnausschüttung ist im Gesetz nicht näher definiert und wird daher von der Rechtsprechung und den Richtlinien der Finanzverwaltung bestimmt. Danach ist eine verdeckte Gewinnausschüttung eine Vermögensminderung oder verhinderte Vermögensmehrung, die durch das Gesellschaftsverhältnis veranlasst ist [...], R 8.5 Abs. 1 KStR.

ab) Bei der Heizöllieferung an den mehrheitlich beteiligten Gesellschafter handelt es sich um eine verdeckte Gewinnausschüttung gemäß R 8.5 Abs. 1 KStR, weil eine durch das Gesellschaftsverhältnis veranlasste Vermögensminderung vorliegt.

Die verdeckte Gewinnausschüttung bemisst sich nach dem gemeinen Wert (§ 9 BewG) des dem Gesellschafter überlassenen Heizöls, und zwar inkl. Umsatzsteuer, H 8.6 „Hingabe von Wirtschaftsgütern“ KStH. Die verdeckte Gewinnausschüttung beträgt demnach 5.950 € (= ((16.000 € – 1.000 €) · 10.000/30.000) × 1,19) und wird in dieser Höhe außerbilanziell dem Steuerbilanzgewinn der Maschinenbau AG hinzugerechnet.

In der Bilanz der Maschinenbau AG muss die Umsatzsteuerverbindlichkeit um 950 € erhöht werden (= 5.950 € · 19 %/119 %).

Die in § 10 Nr. 2 KStG vorgesehene außerbilanzielle Hinzurechnung der Umsatzsteuer auf die verdeckte Gewinnausschüttung unterbleibt, R 37 KStR.

ac) Bei der Zahlung auf Besserungsscheine handelt es sich um Aufwand, der im Zusammenhang mit einem Sanierungsgewinn steht. Da ein Sanierungsgewinn gemäß § 3 Nr. 66 EStG i. d. F. 1997 im VZ 1997 steuerfrei war (die Steuerbefreiung besteht nicht mehr), ist eine Zahlung darauf gemäß § 3c Abs. 1 EStG steuerlich nicht abzugsfähig.

Nichtabziehbare Aufwendungen sind die Körperschaftsteuervorauszahlungen nach § 10 Nr. 2 KStG in Höhe von 120.000 €.

b)

Jahresüberschuss laut Handelsbilanz 31. 12. 2016		110.000 €
USt-Korrektur wegen vGA innerhalb der Bilanz		– 950 €
korrigierter Jahresüberschuss		109.050 €
Außerbilanzielle Korrekturen:		
verdeckte Gewinnausschüttung (§ 8 Abs. 3 Satz 2 KStG)	+ 5.950 €	
Schuldentilgung	+ 50.000 €	
damit zusammenhängender Aufwand (§ 3c Abs. 1 EStG)	+ 1.000 €	
gezahlte Körperschaftsteuer (§ 10 Nr. 2 KStG)	+ 120.000 €	
Summe der Korrekturen		176.950 €
zu versteuerndes Einkommen		286.000 €
KSt-Schuld (§ 23 Abs. 1 KStG) davon 15 %		42.900 €
– Vorauszahlung		– 120.000 €
KSt-Erstattungsanspruch		77.100 €

Es sollte eine Überprüfung der Vorauszahlungshöhe vorgenommen werden.

LÖSUNG

Lösung zu Fall 31 — 30 Punkte

Die Maschinenbau AG ist gemäß § 1 Abs. 1 Nr. 1 KStG unbeschränkt körperschaftsteuerpflichtig, da sie eine Kapitalgesellschaft mit Sitz im Inland ist. Eine Befreiung nach § 5 KStG liegt nicht vor.

Die Körperschaftsteuer bemisst sich nach dem zu versteuernden Einkommen; § 7 Abs. 1 KStG. Eine Aktiengesellschaft gilt als Handelsgesellschaft, § 3 Abs. 1 AktG (Formkaufmann i. S. d. § 6 Abs. 1 HGB). Sie ist deshalb nach den §§ 238 ff. HGB zur Buchführung verpflichtet. Alle Einkünfte gelten daher als Einkünfte aus Gewerbebetrieb (§ 8 Abs. 2 KStG). Die Ermittlung des zu versteuernden Einkommens erfolgt nach § 7 Abs. 2 KStG i.V.m. § 8 Abs. 1 KStG. Der Körperschaftsteuersatz beträgt 15 % des zu versteuernden Einkommens, § 23 Abs. 1, § 31 Abs. 1 Satz 3 KStG.

Die Ermittlung des Einkommens erfolgt nach § 8 Abs. 1 KStG nach den Vorschriften des EStG und des KStG. Auf die Verwendung des Einkommens kommt es nicht an. § 8 Abs. 3 Satz 1 KStG. Auch verdeckte Gewinnausschüttungen mindern das Einkommen nicht; § 8 Abs. 3 Satz 2 KStG. Der Begriff der verdeckten Gewinnausschüttung ist im Gesetz nicht näher definiert und wird daher von der Rechtsprechung und den Richtlinien der Finanzverwaltung bestimmt. Danach ist eine verdeckte Gewinnausschüttung eine Vermögensminderung oder verhinderte Vermögensmehrung, die durch das Gesellschaftsverhältnis veranlasst ist [...], R 8.5 Abs. 1 KStR.

Ausgangsbasis ist der Jahresüberschuss 2016 315.000 €

1. Der Beteiligungsertrag wurde zu Unrecht im Jahr 2016 erfasst, weil eine Bilanzierung des Ertrags erst erfolgen darf, wenn ein Rechtsanspruch auf den Gewinnanteil besteht. Dies ist erst im Zeitpunkt des Gewinnverwendungsbeschlusses der ausschüttenden Gesellschaft der Fall. Der BFH hat entschieden, dass eine phasengleiche Aktivierung von Dividendenansprüchen (Aktivierung in dem Jahr, für das die Ausschüttung erfolgt) in der Steuerbilanz grundsätzlich unzulässig ist (GrS 2/99, BStBl 2000 II S. 632). Die Finanzverwaltung wendet diese Grundsätze entsprechend an (BMF-Schreiben vom 1. 11. 2000, BStBl 2000 I S. 1510).

   Somit ist der Jahresüberschuss um den Nettobeteiligungsertrag zu kürzen. – 14.700 €

   Außerdem ist bei der Ermittlung des zu versteuernden Einkommens 2017 zu beachten, dass der Beteiligungsertrag (brutto) nach § 8b Abs. 1 i.V.m. Abs. 4 KStG steuerbefreit ist. 5 % gelten als nicht abzugsfähige Betriebsausgaben (§ 8b Abs. 5 KStG). Die Kapitalertragsteuer wird aber weiterhin voll auf die Steuerschuld angerechnet, § 36 Abs. 2 Nr. 2 EStG i.V.m. § 8 Abs. 1 KStG.

   Hinweis: Der Nettobetrag ist innerbilanziell um die einbehaltene Kapitalertragssteuer (zzgl. SoLZ) zu erhöhen (Buchung: Steueraufwand an Beteiligungsertrag).

2. Die Thomarowski GmbH gewährte der Maschinenbau AG einen Vorteil, den sie unter allgemeinen kaufmännischen Gegebenheiten anderen Geschäftspartnern nicht gewährt hätte.

   Dieser verbilligte Verkauf führte bei der Thomarowski GmbH zu einer verdeckten Gewinnausschüttung nach § 8 Abs. 3 Satz 2 KStG in Form einer verhinderten Vermögensmehrung, die durch das Gesellschaftsverhältnis veranlasst ist (R 8.5 Abs. 1 KStR). Es liegt daher bei der Maschinenbau AG eine erhaltene verdeckte Gewinnausschüttung vor. Gedanklich erhöht sich der Wareneingang um 25.000 €, andererseits erhöht sich auch der Beteiligungsertrag aus der verdeckten Gewinnausschüttung um 25.000 €.

   Es ist zu beachten, dass für verdeckte Gewinnausschüttungen die Steuerbefreiung nach § 8b Abs. 1 Satz 1 KStG zur Anwendung kommt. Dies gilt allerdings nur, wenn die empfangende Gesellschaft zu mindestens 10 % beteiligt ist (Maschinenbau AG: 15 %) und die leistende Gesellschaft die verdeckte Gewinnausschüttung tatsächlich versteuert hat (§ 8b Abs. 1 Satz 2 KStG; lt. Sachverhalt erfolgt). Dann bleiben Bezüge im Sinne des § 20 Abs. 1 Nr. 1 EStG, zu denen auch verdeckte Gewinnausschüttungen gehören (§ 20 Abs. 1 Nr. 1 Satz 2 EStG), bei der Ermittlung des Einkommens außer Ansatz. § 8b Abs. 5 KStG bestimmt aber, dass von diesen Bezügen pauschal 5 % als nicht abzugsfähige Betriebsausgaben hinzuzurechnen sind.

   Die Gewinnminderung aus dem Wareneinkauf ist daher zu erfassen; die Gewinnerhöhung aus dem Beteiligungsertrag bleibt hingegen zu 95 % steuerfrei.

außerbilanzielle Abrechnung des Beteiligungsertrags	– 25.000 €
außerbilanzielle Hinzurechnung von 5 %	+ 1.250 €
	– 23.750 €

3. Es handelt sich bei beiden Positionen um betrieblich veranlasste Ausgaben, somit um Betriebsausgaben gem. § 4 Abs. 4 EStG. Es stellt sich die Frage, ob diese Aufwendungen auch abzugsfähig sind.

   Für die Werbekosten sieht weder das Einkommen- noch das Körperschaftsteuerrecht eine Einschränkung vor. Im Einkommensteuerrecht ergibt sich jedoch eine Restriktion für Geschenke an Geschäftsfreunde, die gem. § 8 Abs. 1 Satz 1 KStG auch für die Körperschaftsteuer gilt. Gemäß § 4 Abs. 5 Satz 1 Nr. 1 EStG sind Aufwendungen für Geschenke an Personen, die nicht Arbeitnehmer des Steuerpflichtigen sind, nur dann abziehbar, wenn die Anschaffungs- oder Herstellungskosten der dem Empfänger zugewendeten Geschenke im Jahr insgesamt 35 € nicht übersteigen. Eine weitere Voraussetzung ergibt sich aus § 4 Abs. 7 EStG: Gemäß dieser Vorschrift dürfen derartige Aufwendungen nur dann bei der Gewinnermittlung berücksichtigt werden, wenn sie einzeln und getrennt von den sonstigen Betriebsausgaben aufgezeichnet sind. Die erste ebenso wie die zweite Voraussetzung sind erfüllt. Zwar sind die Präsentkosten nicht auf einem eigenen Konto erfasst; es handelt sich wohl um eine Fehlbuchung, die als offenbare Unrichtigkeit zu werten ist (H 4.11 „Verstoß gegen die Aufzeichnungspflicht“ EStH).

4. Die Zahlung der KSt-Vorauszahlung ist eine Ausgabe gemäß § 10 Nr. 2 KStG und muss daher zum Zwecke der Berechnung des zu versteuernden Einkommens wieder hinzugerechnet werden. + 200.000 €

5. Folgende Kosten sind bilanziell zwingend gewinnmindernd zu erfassen

Säumniszuschläge zu den KSt-Vorauszahlungen:	– 4.000 €
Verspätungszuschläge zu USt-Voranmeldungen:	– 2.500 €
Säumniszuschläge zur Lohnsteuer	– 1.500 €

   Nach § 10 Nr. 2 KStG sind bestimmte steuerliche Nebenleistungen (vgl. § 3 Abs. 4 AO) zur Ermittlung des körperschaftsteuerpflichtigen Einkommens hinzuzurechnen. Dies gilt nicht für die Säumniszuschläge auf die Lohnsteuer, da es sich insoweit nicht um eine Steuer nach § 10 Nr. 2 KStG handelt. Die Lohnsteuer ist, als Vorauszahlung auf die Einkommensteuer, zwar eine Steuer vom Einkommen. Sie wird aber vom Arbeitnehmer geschuldet und vom Arbeitgeber nur für dessen Rechnung einbehalten und an das Finanzamt abgeführt (§ 38 Abs. 2 und 3 EStG). Sie fällt daher nicht unter § 10 Nr. 2 KStG. Die Verspätungszuschläge auf die USt-Vorauszahlungen sind ebenfalls nicht hinzuzurechnen, da USt-Vorauszahlungen und darauf entfallende steuerliche Nebenleistungen nicht von § 10 Nr. 2 KStG erfasst werden. Somit sind nur die Säumniszuschläge zu den KSt-Vorauszahlungen hinzuzurechnen: + 4.000 €

zu versteuerndes Einkommen der Maschinenbau AG:	472.550 €
· 15 % (§ 31 Abs. 1 Satz 3 KStG) =	70.882 €
abzüglich KSt-Vorauszahlungen	– 200.000 €
KSt-Erstattung:	129.118 €

LÖSUNG

Lösung zu Fall 32 — 25 Punkte

Die Maschinenbau AG ist gemäß § 1 Abs. 1 Nr. 1 KStG unbeschränkt körperschaftsteuerpflichtig, da sie eine Kapitalgesellschaft mit Sitz im Inland ist. Eine Befreiung nach § 5 KStG liegt nicht vor.

Die Körperschaftsteuer bemisst sich nach dem zu versteuernden Einkommen; § 7 Abs. 1 KStG. Eine Aktiengesellschaft gilt als Handelsgesellschaft, § 3 Abs. 1 AktG (Formkaufmann i. S. d. § 6 Abs. 1 HGB). Sie ist deshalb nach den §§ 238 ff. HGB zur Buchführung verpflichtet. Alle Einkünfte gelten daher als Einkünfte aus Gewerbebetrieb (§ 8 Abs. 2 KStG). Die Ermittlung des zu versteuernden Einkommens erfolgt nach § 7 Abs. 2 KStG i. V. m. § 8 Abs. 1 KStG. Der Körperschaftsteuersatz beträgt 15 % des zu versteuernden Einkommens, § 23 Abs. 1, § 31 Abs. 1 Satz 3 KStG.

Die Ermittlung des Einkommens erfolgt nach § 8 Abs. 1 KStG nach den Vorschriften des EStG und des KStG. Auf die Verteilung des Einkommens kommt es nicht an. § 8 Abs. 3 Satz 1 KStG. Auch verdeckte Gewinnausschüttungen mindern das Einkommen nicht; § 8 Abs. 3 Satz 2 KStG. Der Begriff der verdeckten Gewinnausschüttung ist im Gesetz nicht näher definiert und wird daher von der Rechtsprechung und den Richtlinien der Finanzverwaltung bestimmt. Danach ist eine verdeckte Gewinnausschüttung eine Vermögensminderung oder verhinderte Vermögensmehrung, die durch das Gesellschaftsverhältnis veranlasst ist [...], R 8.5 Abs. 1 KStR.

Die Ausgangsgröße für die Ermittlung des zu versteuernden Einkommens ist der vorläufige Gewinn in Höhe von 55.000 €

Dieser wird um folgende Positionen korrigiert:

1. Die Investitionszulage darf sich gemäß § 13 Satz 1 InvZulG 2010 auf die Höhe des zu versteuernden Einkommens nicht auswirken: − 14.500 €
2. Gemäß § 4 Abs. 5 Satz 1 Nr. 8 EStG dürfen Geldbußen, selbst wenn sie betrieblich veranlasst sind, den Gewinn nicht mindern. + 7.500 €

   Dagegen sind Verfahrenskosten abzugsfähig, H 4.13 „ Verfahrenskosten" EStH.

   Die in China verhängte Geldbuße ist dagegen absetzbar, weil sie nicht von einer der in § 4 Abs. 5 Satz 1 Nr. 8 EStG genannten Stellen verhängt wurde und darüber hinaus auch wesentlichen Grundsätzen der deutschen Rechtsordnung widerspricht (H 4.13 „ausländisches Gericht" EStH).
3. Aufsichtsratvergütungen sind gemäß § 10 Nr. 4 KStG nur zur Hälfte abziehbar. Komplett abzugsfähig sind jedoch gemäß R 10.3 Abs. 1 Satz 3 KStR tatsächlich entstandene Kosten, die gesondert von der Gesellschaft erstattet wurden. Somit erfolgt nur eine Hinzurechnung von 6.000 € / 2 = + 3.000 €
4. Die überhöhte Zahlung des Gesellschafter-Geschäftsführergehalts stellt eine verdeckte Gewinnausschüttung in Höhe von 50.000 € dar. Gemäß § 8 Abs. 3 Satz 2 KStG darf sie das Einkommen nicht mindern und muss daher wieder hinzugerechnet werden. + 50.000 €

5. Die Gewährung eines zinslosen Darlehens an den Sohn der Mitgesellschafterin Edith Sievert stellt ebenfalls eine verdeckte Gewinnausschüttung dar. Gemäß R 8.5 Abs. 1 Satz 3 KStR ist eine Veranlassung durch das Gesellschaftsverhältnis auch dann gegeben, wenn die Vermögensminderung oder verhinderte Vermögensmehrung zugunsten einer nahe stehenden Person erfolgt. Hierzu gehört auch der Sohn einer Gesellschafterin, H 8.5 KStH „Nahe stehende Personen". Die verdeckte Gewinnausschüttung bemisst sich nach dem Zinsbetrag, der im Fremdvergleich im Jahr 2016 zu erzielen gewesen wäre, H 8.6 „Nutzungsüberlassung" KStH.

20.000 € · 6 % · 180 / 360 =	+ 600 €

   Gemäß § 10 Nr. 2 KStG dürfen Personensteuern und dazugehörige steuerliche Nebenleistungen (§ 3 Abs. 4 AO) nicht abgezogen werden. Sie müssen außerbilanziell wieder hinzugerechnet werden. Dies gilt auch für die Gewerbesteuer (§ 4 Abs. 5b EStG):

Verspätungszuschläge für KSt	+ 1.150 €
Verspätungszuschläge für GewSt (§ 4 Abs. 5b EStG)	+ 150 €
Aussetzungszinsen zur KSt	+ 260 €
KSt-Vorauszahlung	+ 50.000 €
zu versteuerndes Einkommen	153.160 €
KSt-Schuld 15 %: (§ 31 Abs. 1 Satz 3 KStG)	22.974 €
– Vorauszahlung	– 50.000 €
KSt-Erstattungsanspruch	27.026 €

LÖSUNG

Lösung zu Fall 33 — 25 Punkte

a) **Wohnungsüberlassung:** Die Überlassung des Einfamilienhauses durch die AG an ihren geschäftsführenden Gesellschafter stellt keine sonstige Leistung gemäß § 3 Abs. 9 UStG dar, weil Gesellschafter Mees dafür keine Gegenleistung erbringt. Es handelt sich nicht um eine Zuwendung von Sachlohn, die als Gegenleistung für die Arbeitsleistung des Arbeitnehmers gezahlt würde, weil gerade keine Behandlung als Arbeitslohn erfolgt. Die Anwendung von § 3 Abs. 9a Nr. 1 UStG (sonstige Leistungen gleichgestellte Wertabgaben) scheidet wegen des fehlenden Vorsteuerabzugs aus.

   Geschenke: Die Anschaffungskosten der einzelnen Kundengeschenke betragen netto jeweils mehr als 35 €. Solche Betriebsausgaben dürfen nach § 4 Abs. 5 Satz 1 Nr. 1 EStG den Gewinn nicht mindern. Ein Vorsteuerabzug scheidet nach § 15 Abs. 1a Nr. 1 UStG aus. Die Umsatzsteuer aufgrund der Kundengeschenke ist als Aufwand unter „sonstige Steuern" zu buchen und mindert den handelsrechtlichen Jahresüberschuss. Die nicht abziehbare Vorsteuer darf aber § 4 Abs. 5 Satz 1 Nr. 1 EStG das zu versteuernde Einkommen nicht mindern. Außerbilanziell erfolgt daher eine Hinzurechnung um 1.900 €. Der bereits geltend gemachte Vorsteuerabzug ist zu berichtigen, § 17 Abs. 2 Nr. 5 i.V.m. Abs. 1 Satz 1, 7 UStG.

Bewirtungskosten: Bewirtungskosten sind gem. § 4 Abs. 5 Satz 1 Nr. 2 EStG beschränkt abziehbar. Abziehbar sind 70 % der angemessenen Aufwendungen, also 70 % von 20.000 € = 14.000 €. 6.000 € sind nicht abziehbare Aufwendungen. Nach § 15 Abs. 1a Nr. 1 UStG sind die auf nichtabziehbare Bewirtungskosten entfallenden Vorsteuerbeträge als Vorsteuer abziehbar, weil § 4 Abs. 5 Satz 1 Nr. 2 EStG nicht in der Aufzählung des § 15 Abs. 1a Nr. 1 UStG enthalten ist.

b) **Wohnungsüberlassung:** Die unentgeltliche Überlassung des Einfamilienhauses an den Gesellschafter Mees stellt eine verdeckte Gewinnausschüttung dar, da durch den Mietverzicht eine verhinderte Vermögensmehrung vorliegt, die durch das Gesellschaftsverhältnis veranlasst ist und sich auf die Höhe des Einkommens auswirkt. Es gelten § 8 Abs. 3 Satz 2 KStG und R 8.5 Abs. 1 KStR. Zu bewerten ist die unentgeltliche Nutzungsüberlassung gemäß H 8.6 „Nutzungsüberlassungen" KStH mit der erzielbaren Vergütung, das ist hier die ortsübliche Miete. + 30.000 €

Bewirtungskosten: Die Umsatzsteuer aus den Bewirtungskosten ist als Vorsteuer abziehbar. Sie hat deshalb den handelsrechtlichen Jahresüberschuss nicht als Aufwand gemindert.

Sonstige Geschäftsvorfälle: Nachstehende Beträge sind aufgrund gesetzlicher Bestimmungen bei der Ermittlung des zu versteuernden Einkommens außerhalb der Bilanz hinzuzurechnen:

KSt-Vorauszahlung § 10 Nr. 2 KStG	500.000 €
Geschenke an Kunden § 4 Abs. 5 Satz 1 Nr. 1 EStG	10.000 €
USt auf Geschenke; § 4 Abs. 5 Satz 1 Nr. 1 EStG	1.900 €
Bewirtungskosten § 4 Abs. 5 Satz 1 Nr. 2 EStG	6.000 €
außerbilanzielle Hinzurechnung: sonstige Geschäftvorfälle	+ 517.900 €
Jahresüberschuss und zu versteuerndes Einkommen:	
vorläufiger Jahresüberschuss	809.070 €
USt-Nachzahlung	– 1.900 €
handelsrechtlicher Jahresüberschuss	807.170 €
außerbilanzielle Korrekturen:	
vGA Einfamilienhaus 30.000 €	
sonstige Geschäftsvorfälle 517.900 €	
Summe	547.900 €
zu versteuerndes Einkommen	1.355.070 €

LÖSUNG

Lösung zu Fall 34 **30 Punkte**

Darlehensverträge zwischen den Gesellschaftern einer Kapitalgesellschaft und ihrer Gesellschaft sind zivilrechtlich und steuerlich grundsätzlich möglich. Voraussetzung für deren steuerliche Anerkennung ist jedoch, dass Vereinbarung und Durchführung dem entsprechen, was auch fremde Dritte untereinander vereinbart hätten. Das Darlehen wurde der Klamm GmbH von ihrem Gesellschafter, Herrn Hauke Mees zu einem marktüblichen Zinssatz gewährt. Es war daher steuerlich anzuerkennen.

Eine verdeckte Einlage liegt vor, wenn ein Gesellschafter [...] der Körperschaft außerhalb der gesellschaftsrechtlichen Einlagen einen einlagefähigen Vermögensvorteil zuwendet und diese Zuwendung durch das Gesellschaftsverhältnis veranlasst ist (R 8.9 Abs. 1 KStR).

Der Verzicht auf das Darlehen stellt einen einlagefähigen Vermögensvorteil dar, weil der Gesellschafter seiner Gesellschaft die Darlehensforderung zugewendet hat. Der Verzicht war auch durch das Gesellschaftsverhältnis veranlasst, weil ein fremder Gläubiger der Gesellschaft zu diesem Zeitpunkt kein Kapital mehr zur Verfügung gestellt hätte. Ein auf dem Gesellschaftsverhältnis beruhender Verzicht eines Gesellschafters auf seine nicht mehr vollwertige Forderung gegenüber seiner Kapitalgesellschaft führt bei dieser zu einer Einlage in Höhe des Teilwerts der Forderung (H 8.9 „Forderungsverzicht" KStH). Da der Teilwert der Forderung im Jahr 2010 0 € betragen hat, lag damals zwar eine verdeckte Einlage vor, diese war bei der GmbH jedoch mit 0 € zu bewerten.

Verzichtet ein Gesellschafter auf eine Forderung gegen seine GmbH unter der auflösenden Bedingung, dass im Besserungsfall die Forderung wieder aufleben soll, so ist die Erfüllung der Forderung nach Bedingungseintritt keine verdeckte Gewinnausschüttung im Sinne des § 8 Abs. 3 Satz 2 KStG, sondern eine steuerlich anzuerkennende Form der Kapitalrückzahlung. Umfasst der Forderungsverzicht auch den Anspruch auf Darlehenszinsen, so sind nach Bedingungseintritt Zinsen auch für die Dauer der Krise als Betriebsausgaben anzusetzen (H 8.9 „Forderungsverzicht gegen Besserungsschein" KStH).

Hier hat Herr Mees auf die Forderung unter der Bedingung verzichtet, dass diese nach „Erreichen eines handelsrechtlichen Jahresüberschusses nach Abzug der Verbindlichkeit von mindestens 100.000 €" wieder aufleben sollte. Zudem wurde bereits im Zeitpunkt des Verzichts vereinbart, dass in diesem Fall auch für die Zeit des Verzichts, in der also eigentlich gar kein Darlehen mehr bestand, die marktüblichen Zinsen nachzuzahlen waren.

Obwohl es sich um eine Gestaltung handelt, die nur ein Gesellschafter mit seiner Gesellschaft vereinbaren würde, wird diese Form des Forderungsverzichts anerkannt, um Kapitalgesellschaften in wirtschaftlich schwierigen Situationen nicht auch noch steuerlich zusätzlich zu belasten.

Die erfolgswirksame Wiedereinbuchung der Verbindlichkeit in Höhe von 150.000 € kompensiert dabei die Gewinnminderung im Jahr der Ausbuchung. Die Anerkennung der Zinsen als Betriebsausgabe erfolgt, weil die Nachzahlung der Zinsen für den Fall des Wiederauflebens der Verbindlichkeit von vorne herein vereinbart war.

Im Ergebnis war die steuerliche Behandlung bei der Gesellschaft also zutreffend, weitere Folgen sind aus dem Sachverhalt nicht zu ziehen.

LÖSUNG

Lösung zu Fall 35 — 16 Punkte

a) Die zivilrechtlichen Regelungen über Vereine sind in den §§ 21–79 BGB zu finden. Vereine sind daher, anders als z. B. Handelsgesellschaften, nicht Kaufleute i. S. d. HGB. Da dieser Verein kein Kaufmann und daher nach handelsrechtlichen Vorschriften nicht buchführungspflichtig ist, kommt § 8 Abs. 2 KStG nicht zur Anwendung. Demnach, sind die einzelnen Einkunftsarten nach dem EStG zu bestimmen:

Einkünfte § 21 EStG:	
Einnahmen § 21 Abs. 1 Nr. 1 EStG	26.000 €
Werbungskosten	
► Abzug der Aufwendungen, Abflussprinzip (§ 11 EStG)	– 3.500 €
► AfA	– 6.000 €
Einkünfte aus Vermietung und Verpachtung	16.500 €

Stpfl. Grundstücksveräußerung gemäß § 22 Nr. 2 i. V. m. § 23 EStG, wenn die Spekulationsfrist von 10 Jahre eingehalten ist. Dies ist hier nicht der Fall, so dass kein privates Veräußerungsgeschäft zu versteuern ist.

Einkommen	16.500 €	
Freibetrag § 24 Satz 1 KStG	– 5.000 €	
zu versteuerndes Einkommen	11.500 €	11.500 €
tarifliche KSt (15 % v. 11.500 €)		1.725 €
anrechenbare KESt		0 €
festzusetzende Körperschaftsteuer		1.725 €

b) Da eine GmbH gemäß § 13 Abs. 3 GmbHG immer eine Handelsgesellschaft und somit Formkaufmann gem. § 6 Abs. 1 HGB ist, handelt es sich um ein buchführungspflichtiges Unternehmen nach §§ 238 ff. HGB. Daher sind gemäß § 8 Abs. 2 KStG alle Einkünfte als Einkünfte aus Gewerbebetrieb zu behandeln.

Betriebseinnahmen:	
Mieterträge	26.000 €
Veräußerungserlös Grundstück	100.000 €
Summe Betriebseinnahmen	126.000 €

Betriebsausgaben:

Grundstücksaufwendungen (§ 252 Abs. 1 Nr. 5 HGB)	12.500 €
AfA	6.000 €
Buchwert Gebäude	60.000 €
Buchwert Grund und Boden	10.000 €
Summe der Betriebsausgaben	88.500 €
Einkommen (126.000 € – 88.500 €)	37.500 €
Freibetrag § 24 Satz 2 Nr. 1 KStG	0 €
zu versteuerndes Einkommen	37.500 €
tarifliche Körperschaftsteuer gemäß § 23 Abs. 1 KStG (15 %)	
festzusetzende Körperschaftsteuer	5.625 €

LÖSUNG

Lösung zu Fall 36 — 20 Punkte

Ermittlung des Messbetrags für den Gewerbeertrag:

steuerlicher Gewinn § 7 GewStG		1.500.000 €
Hinzurechnungen:		0 €

Keine Hinzurechnung der Schuldentgelte, da der Freibetrag von 100.000 € nicht überschritten wird (vgl. § 8 Nr. 1 GewStG).

Kürzungen:		0 €
Gewerbeertrag		1.500.000 €
Freibetrag § 11 Abs. 1 GewStG		– 24.500 €
maßgebender Gewerbeertrag		1.475.500 €
Steuermesszahl § 11 Abs. 2 GewStG	3,5 %	
Steuermessbetrag		51.643 €

Der einheitliche Messbetrag beträgt daher 51.643 €.

Sind Betriebsstätten in mehreren Gemeinden unterhalten worden, ist der Steuermessbetrag nach § 28 GewStG zu zerlegen. Gemäß § 29 GewStG ist der Maßstab das Verhältnis der gezahlten Arbeitslöhne, die laut § 29 Abs. 3 GewStG auf volle 1.000 € abzurunden sind.

Ort	Arbeitslöhne in €	in %	Messbetrag in €	Anteil in €
Hamburg	159.480.000	60	51.643	30.987
Berlin	13.290.000	5	51.643	2.582
Frankfurt	53.160.000	20	51.643	10.328
München	39.870.000	15	51.643	7.746
Summe	265.800.000	100	51.643	51.643

Auf die Messbeträge der Orte ist der entsprechende Hebesatz zu berechnen.

Ort	Anteil des Messbetrages in €	Hebesatz	Gewerbesteuer
Hamburg	30.987	470 %	145.638,90
Berlin	2.582	410 %	10.586,20
Frankfurt	10.328	460 %	47.508,80
München	7.746	490 %	37.955,40
Zahllast			241.689,30

Nachrichtlich:

Die auf die einzelnen Mitunternehmer entfallenden Anteile des Gewerbesteuermessbetrages sind gesondert und einheitlich festzustellen (§ 35 Abs. 2 Satz 1 EStG). Es erfolgt eine Steuerermäßigung auf die der Einkommensteuer unterliegenden Einkünfte aus Gewerbebetrieb in Höhe des 3,8fachen des festgesetzten anteiligen Gewerbesteuermessbetrages (§ 35 Abs. 1 Nr. 2 EStG).

LÖSUNG

Lösung zu Fall 37 — 22 Punkte

Ermittlung des Messbetrags für den Gewerbeertrag:

Nach körperschaftsteuerlichen Vorschriften ermittelter Gewinn aus Gewerbebetrieb vor Steuern:			103.520 €
Hinzurechnungen:			
§ 8 Nr. 1a GewStG	€	100 %	
Kontokorrentzinsen	15.258	15.258	
Darlehenszinsen	60.700	60.700	75.958 €
§ 8 Nr. 1b GewStG	€	100 %	
Zinsanteil Leibrente	39.000	39.000	39.000 €

§ 8 Nr. 1c GewStG			
Gewinnanteil stiller Gesell.	€	100 %	
Auszahlungsbetrag	7.500	7.500	
abgeführte KapErtrSt (25 %)	2.500	2.500	10.000 €
(§ 43 Abs. 1 Nr. 3 i. V. m. § 43a Abs. 1 Nr. 2 EStG)			

Hinweis: Wegen Ausschluss der Beteiligung an den stillen Reserven handelt es sich um eine typisch stille Beteiligung. Zillmer erzielt Einnahmen aus Kapitalvermögen, § 20 Abs. 1 Nr. 4 EStG.

§ 8 Nr. 1d GewStG	€	20 %	
Leasingraten Fuhrpark	150.800	30.160	30.160 €
			155.118 €
Freibetrag gem. § 8 Nr. 1 Satz 2 GewStG			– 100.000 €
			55.118 €
davon 25 %			+ 13.780 €
Kürzungen:			
§ 9 Nr. 1 GewStG			
Einheitswert 196.000 (= 140 %)	davon 1,2 %		– 2.352 €
Gewerbeertrag			114.948 €
abgerundeter Gewerbeertrag § 11 Abs. 1 Satz 3 GewStG			114.900 €
Steuermesszahl § 11 Abs. 2 GewStG	3,5 %		
Steuermessbetrag			4.022 €

LÖSUNG

Lösung zu Fall 38 — 10 Punkte

Nach einkommensteuerrechtlichen Vorschriften ermittelter Gewinn aus Gewerbebetrieb vor Steuern (§ 7 GewStG)	1.500.500 €
zeitanteilig Disagio	– 500 €
Leasingrate EDV-Anlage 12/2016	– 12.000 €
steuerpfl. Gewinn	1.488.000 €

Hinzurechnungen:

1. Die Darlehenszinsen für das Hypothekendarlehen stellen Entgelt für Schulden i. S. v. § 8 Nr. 1a GewStG dar. Für die Frage, ob ein Entgelt für eine Schuld vorliegt, sind die Grundsätze des R 8.1 Abs. 1 GewStR anwendbar. Danach gehört auch das Disagio zu den hier zu berücksichtigenden Entgelten (vgl. R 8.1 Abs. 1 Satz 4 GewStR). Der Finanzierungsanteil beträgt gem. § 8 Nr. 1a GewStG 100 %.

Disagio 2016:		1.000 €
gerechnet auf 6 Monate:	500 €	500 €

2. Die Leasingrate hat den steuerpflichtigen Gewinn um 60.000 € gemindert. Insofern ist sie gem. § 8 Nr. 1d GewStG mit einem Finanzierungsanteil von 20 % hinzuzurechnen. 12.000 €
3. Bei den Zinsen für das Privatdarlehen handelt es sich um Entgelte für Schulden i. S. v. § 8 Nr. 1a GewStG mit einem Finanzierungsanteil von 100 %. 25.200 €

	Summe:	38.700 €
Freibetrag gem. § 8 Nr. 1 Satz 2 GewStG		– 100.000 €
Hinzurechnungen somit		0 €
Gewerbeertrag		1.488.000 €

LÖSUNG

Lösung zu Fall 39 — 18 Punkte

a) Ausgangswert für die Ermittlung des Gewerbeertrags ist laut § 7 GewStG der steuerliche Gewinn nach § 5 EStG. Dieser beträgt **275.800 €**.

Gem. § 8 GewStG sind folgende Hinzurechnungen zu berücksichtigen:

Die Darlehenszinsen für das Hypothekendarlehen stellen Entgelt für Schulden i. S. v. § 8 Nr. 1a GewStG dar. Für die Frage, ob ein Entgelt für eine Schuld vorliegt, sind die Grundsätze des R 8.1 Abs. 1 GewStR anwendbar. Danach gehört auch das Disagio zu den hier zu berücksichtigenden Entgelten (R 8.1 Abs. 1 Satz 4 GewStR). Der Finanzierungsanteil beträgt gem. § 8 Nr. 1a GewStG 100 %.

Zinsen: 8 % von 2.500.000 €	200.000 €
Disagio 4 % von 2.500.000 €	
davon $^{1}/_{10}$	10.000 €

Die Miete für die Fertigungsmaschine i. H. v. 36.000 € ist gem. § 8 Nr. 1d EStG mit einem Finanzierungsanteil von 20 % zu berücksichtigen.

	7.200 €
	217.200 €
Freibetrag gem. § 8 Nr. 1 Satz 2 GewStG	– 100.000 €
	117.200 €
davon: 25 %	+ 29.300 €

Gemäß § 9 GewStG sind folgende Kürzungen anzusetzen:

Gemäß § 9 Nr. 2 GewStG ist der im Gewinn enthaltene Beteiligungsertrag bei der Ermittlung des Gewerbeertrags zu kürzen. – 45.980 €

Der Einheitswert des Grundstücks bewirkt gemäß § 9 Nr. 1 GewStG folgende Kürzung:

Einheitswert des Grundstücks: 120.000 €

Der Ansatz erfolgt in voller Höhe, da das Grundstück zum 1. 1. 2016 zu 100 % dem Betriebsvermögen zugehörig war, § 20 GewStDV.

Der Wertansatz ergibt sich gemäß § 121a BewG i. V. m. Abschn. 9.1 Abs. 2 Satz 2 GewStR mit 1,2 % von 140 % des Einheitswerts des Grundstücks. – 2.016 €

Gewerbeertrag:	257.104 €
Abgerundet nach § 11 Abs. 1 Satz 3 GewStG	257.100 €
Freibetrag nach § 11 Abs. 1 Satz 3 Nr. 1 GewStG	– 24.500 €
Bemessungsgrundlage nach § 11 Abs. 1 GewStG	232.600 €
Ermittlung des Gewerbesteuermessbetrages:	
Gewerbeertrag nach Freibetrag	232.600 €
· Steuermesszahl (§ 11 Abs. 2 GewStG)	3,5 %
= Gewerbesteuermessbetrag	8.141 €

b) Befinden sich im Erhebungszeitraum Betriebsstätten in mehreren Gemeinden, so ist der Steuermessbetrag gemäß § 28 Abs. 1 GewStG in die auf die Gemeinden entfallenden Anteile (Zerlegungsanteile) zu zerlegen. Zerlegungsmaßstab sind laut § 29 GewStG die Löhne der einzelnen Betriebsstätten im Verhältnis zur gesamten Lohnsumme. Außerdem ist zu beachten, dass gemäß § 31 Abs. 5 GewStG bei Unternehmen, die nicht von einer juristischen Person betrieben werden, für die im Betrieb tätigen Unternehmer ein Pauschalbetrag in Höhe von 25.000 € anzusetzen ist. Dieser Betrag ist unabhängig von der Anzahl der mitarbeitenden Mitunternehmer zu berücksichtigen und wird nach dem Anteil der Tätigkeit der Mitunternehmer in den einzelnen Betriebsstätten verteilt (R 31.1 Abs. 6 Satz 1 GewStR).

Es ergibt sich somit ein Arbeitslohn im Sinne von § 31 GewStG in Höhe von (805.000 € + 25.000 € =) 830.000 €. Davon entfallen auf Hamburg:

$^{2}/_{3}$ von 805.000 € =	536.667 €
zuzüglich (25.000 € · $^{1}/_{2}$)	12.500 €
Summe:	549.167 €
Abrundung, § 29 Abs. 3 GewStG	549.000 €
Davon entfallen auf Schwerin:	
$^{1}/_{3}$ von 805.000 € =	268.333 €
zuzüglich (25.000 € · $^{1}/_{2}$)	12.500 €
Summe:	280.833 €
Abrundung, § 29 Abs. 3 GewStG	280.000 €

Gewerbesteuerzerlegung: Bei der Verhältnisberechnung sind die Arbeitslöhne auf volle 1.000 € abzurunden (§ 29 Abs. 3 GewStG).

Ort	Arbeitslöhne in €	in %	Messbetrag in €	Anteil in €
Hamburg	549.000	66,2244	8.141	5.391,33
Schwerin	280.000	33,7756	8.141	2.749,67
Summe	829.000	100,0000		8.141,00

Auf die Messbeträge beider Orte ist der entsprechende Hebesatz zu berechnen.

Ort	Anteil des Messbetrages in €	Hebesatz	
Hamburg	5.391,33	470 %	25.339,25 €
Schwerin	2.749,67	420 %	11.548,61 €
Zahllast			36.887,86 €

Nur Hamburg:

Ort	Anteil des Messbetrages in €	Hebesatz	
Hamburg	8.141	470 %	38.262,70 €
Zahllast			38.262,70 €
Unterschiedsbetrag			– 1.374,84 €

Die teilweise Auslagerung der Produktion nach Schwerin würde gewerbesteuerrechtlich eine Ersparnis von 1.374,84 € erbringen.

LÖSUNG

Lösung zu Fall 40 — 20 Punkte

Ausgangsbasis ist gemäß § 7 GewStG der körperschaftsteuerliche Gewinn. Der vorläufige Gewinn der AG beträgt 1.460.489 €. Darin enthalten sind Gewerbesteuer-Vorauszahlungen für 2016 i. H. v. 88.600 €, die als Betriebsausgabe gebucht worden sind.

Nach § 4 Abs. 5b EStG sind die Gewerbesteuer und die darauf entfallenden Nebenleistungen keine Betriebsausgaben (mehr). (Anmerkung: Der Wortlaut des Gesetzestextes ist missverständlich. Die Gewerbesteuer ist natürlich betrieblich veranlasst und somit Betriebsausgabe i. S. v. § 4 Abs. 4 EStG. Der Gesetzgeber meint hier wohl, dass die Gewerbesteuer – wie andere in § 4 Abs. 5 EStG genannte Aufwendungen – nicht als Betriebsausgabe abziehbar ist und somit zur steuerlichen Gewinnermittlung außerbilanziell hinzugerechnet werden muss, vgl. R 5.7 Abs. 1 Satz 2 EStR).

§ 4 Abs. 5b EStG ist erstmals für Erhebungszeiträume anzuwenden, die nach dem 31. 12. 2007 enden. Insofern sind die Gewerbesteuer-Vorauszahlungen für 2016 dem Gewinn wieder hinzuzurechnen. Die Gewerbesteuer-Nachzahlung für 2007 ist dagegen in 2016 als Betriebsausgabe abzugsfähig.

Vorläufiger Gewinn	1.460.489,00 €
Gewerbesteuer-Vorauszahlungen 2016	88.600,00 €
körperschaftsteuerlicher Gewinn	1.549.089,00 €

Zur Ermittlung des Gewerbeertrages und der Gewerbesteuerrückstellung müssen diverse Korrekturen durchgeführt werden.

Hinzurechnungen:

§ 8 Nr. 1a GewStG	€	100 %	
Darlehenszinsen	85.243	85.243	85.243 €
§ 8 Nr. 1c GewStG		€	100 %
Gewinnanteil stiller Gesellschafter	35.645	35.645	35.645 €
§ 8 Nr. 1d GewStG	€	20 %	
Miete Computeranlage	350.000	70.000	70.000 €
§ 8 Nr. 1e GewStG	€	50 %	
Miete Lagerhalle	25.200	12.600	12.600 €
			203.488 €

Freibetrag gem. § 8 Nr. 1 Satz 2 GewStG	– 100.000 €
	103.488 €
davon 25 %	25.872 €

Kürzungen:

§ 9 Nr. 1 GewStG		
1,2 % vom Einheitswert des Grundbesitzes von 1.540.000 €		– 18.480 €
Gewerbeertrag		1.556.481 €
abgerundeter Gewerbeertrag § 11 Abs. 1 Satz 3 GewStG		1.556.400 €
Steuermesszahl gem. 11 Abs. 2 GewStG	3,5 %	
einheitlicher Gewerbesteuermessbetrag		54.474 €

Da in mehreren Gemeinden Standorte unterhalten werden, muss der Messbetrag gemäß § 28 GewStG zerlegt werden.

Gemäß § 29 GewStG ist der Zerlegungsmaßstab das Verhältnis der Arbeitslöhne, die in den einzelnen Standorten gezahlt wurden, zu der Gesamtsumme der Arbeitslöhne. Dabei bleiben gemäß § 31 Abs. 2 und Abs. 4 GewStG Ausbildungsvergütungen und Tantiemen außer Ansatz.

Die Arbeitslöhne sind bei der Ermittlung der Verhältniszahlen auf volle 1.000 € abzurunden (§ 29 Abs. 3 GewStG).

Ort	Arbeitslöhne in €	in %	Messbetrag in €	Hebesatz in %	GewSt in €
Düsseldorf	5.100.000	60	32.684	440	143.810
Duisburg	2.550.000	30	16.342	510	83.344
Dresden	850.000	10	5.448	450	24.516
Gesamt	8.500.000	100	54.474		251.670

Berechnung der Gewerbesteuerrückstellung:

Durch den Wegfall des Betriebsausgabenabzuges der Gewerbesteuer entfällt für die Erhebungszeiträume ab 2008 die wechselseitige Beeinflussung der Bemessungsgrundlage der Gewerbesteuer (= Gewerbeertrag) und der zu ermittelnden Gewerbesteuer. Dieses Problem wurde zuvor mit Hilfe der sog. 5/6-Methode bzw. der Divisor-Methode gelöst.

Obwohl die Gewerbesteuer gemäß § 4 Abs. 5b EStG nicht mehr als Betriebsausgabe abzugsfähig ist, ist für die steuerliche Gewinnermittlung eine Gewerbesteuerrückstellung zu berücksichtigen (R 5.7 Abs. 1 Satz 2 EStR). Der Aufwand aus der Rückstellungsbildung ist steuerlich keine Betriebsausgabe und somit außerbilanziell auf der zweiten Stufe der Gewinnermittlung gemäß § 4 Abs. 1 Satz 1 EStG wieder zu neutralisieren.

Die Gewerbesteuerrückstellung ergibt sich im vorliegenden Fall wie folgt:

Gewerbesteuerschuld	251.670 €
abzüglich Gewerbesteuer-Vorauszahlung 2016	– 88.600 €
Gewerbesteuerrückstellung	163.070 €

LÖSUNG

Lösung zu Fall 41 — 15 Punkte

a) Gewerbesteuerliche Beurteilung:

1. Mietverträge zwischen der GmbH und ihren Gesellschaftern sind grundsätzlich steuerlich anzuerkennen.

   Nach § 8 Nr. 1d GewStG sind grundsätzlich für den PKW 20 % der Mietaufwendungen (= 1.200 €) und nach § 8 Nr. 1e GewStG für die Garage 50 % der Mietaufwendungen (= 600 €) zu jeweils 25 % für die Ermittlung des Gewerbeertrages hinzuzurechnen. Da keine weiteren Aufwendungen i. S. v. § 8 Nr. 1 GewStG vorliegen, wird der Freibetrag von 100.000 € nicht überschritten, so dass eine Hinzurechnung dieser Aufwendungen entfällt.

2. Der Gewinnanteil nach § 20 Abs. 1 Nr. 4 i. V. mit § 43 Abs. 1 Nr. 3 EStG ist bereits zum 31. 12. 2016 in Höhe von 11.780 + 4.000 + 220 = 16.000 € zu erfassen.

   Gewinnerhöhung + 16.000

   Es ist keine Kürzung nach § 9 Nr. 2 GewStG vorzunehmen, da die GmbH keine Mitunternehmerin der OHG geworden ist (typisch stille Beteiligung).

3. Das Gehalt für den geschäftsführenden Gesellschafter ist steuerlich als Betriebsausgabe abzugsfähig, da es nicht unangemessen ist. Dies gilt auch für die Tantieme.

   Gewinnauswirkung 0

4. Die KSt-Vorauszahlungen sind nach § 10 Abs. 2 KStG nicht abziehbar.

   Gewinnerhöhung + 120.000

5. Die GewSt-Vorauszahlung ist nach § 4 Abs. 5b EStG nicht als Betriebsausgabe abzugsfähig.

   Gewinnauswirkung + 48.000

b) Ermittlung der Gewerbesteuerrückstellung:

   Durch den Wegfall des Betriebsausgabenabzuges der Gewerbesteuer entfällt für die Erhebungszeiträume ab 2008 die wechselseitige Beeinflussung der Bemessungsgrundlage der Gewerbesteuer (= Gewerbeertrag) und der zu ermittelnden Gewerbesteuer.

Obwohl die Gewerbesteuer gemäß § 4 Abs. 5b EStG nicht mehr als Betriebsausgabe abzugsfähig ist, ist für die steuerliche Gewinnermittlung eine Gewerbesteuerrückstellung zu berücksichtigen. Der Aufwand aus der Rückstellungsbildung ist steuerlich keine Betriebsausgabe und somit außerbilanziell auf der zweiten Stufe der Gewinnermittlung gemäß § 4 Abs. 1 Satz 1 EStG wieder zu neutralisieren.

Die Gewerbesteuerrückstellung ergibt sich im vorliegenden Fall wie folgt:

vorläufiger Jahresüberschuss	305.320 €
Korrektur Tz. 2	16.000 €
Korrektur Tz. 3	0 €
Korrektur Tz. 4	120.000 €
Korrektur Tz. 5	48.000 €
steuerlicher Gewinn nach § 7 GewStG	489.320 €
gewerbesteuerliche Korrekturen:	
Korrektur Tz. 1	0 €
Korrektur Tz. 2	0 €
Gewerbeertrag	489.320 €
kein Freibetrag § 11 Abs. 1 GewStG, da GmbH	0 €
maßgebender Gewerbeertrag (Abrundung)	489.300 €
Steuermesszahl § 11 Abs. 2 GewStG	3,5 %
Steuermessbetrag	17.126 €

Der Messbetrag ist nach §§ 28 – 31 GewStG nach dem Verhältnis der bezahlten Arbeitslöhne, abgerundet auf volle 1.000 €, zu zerlegen.

Dabei ist die Tantieme mit 40.000 € nach § 31 Abs. 4 GewStG nicht zu berücksichtigen. Ebenso ist das über 50.000 € hinausgehende Gehalt (190.000 €) abzuziehen.

Für Wuppertal verbleiben daher (684.600 – 40.000 – 190.000) 454.600 €, abgerundet 454.000 €.

Stadt	Arbeitslöhne	Anteil	Messbetrag	Hebesatz	
W	454.000 €	58,51 %	10.020 €	490 %	49.098 €
D	322.000 €	41,49 %	7.106 €	440 %	31.266 €
	776.000 €	100 %	17.126 €		80.364 €
abzüglich geleistete Vorauszahlungen					48.000 €
Gewerbesteuer-Rückstellung					32.364 €

LÖSUNG

Lösung zu Fall 42 **20 Punkte**

a) Gewinn aus Gewerbebetrieb (§ 7 GewStG)

Bei einer GmbH ist als Gewinn aus Gewerbebetrieb grundsätzlich das nach den Vorschriften des EStG und des KStG ermittelte zu versteuernde Einkommen i. S. d. § 7 KStG (s. Abschn. 40 Abs. 1 GewStR) anzusehen.

Der Ausgangswert beträgt somit 1.500.000 €

Hinzurechnungen nach § 8 GewStG

1. Hinzurechnung der Entgelte für Schulden i. S. v. § 8 Nr. 1 GewStG

§ 8 Nr. 1a GewStG	€	100 %	
Darlehenszinsen Moris AG	8.000	8.000	8.000 €
§ 8 Nr. 1b GewStG	€	100 %	
Zinsanteil Leibrente	30.000	30.000	30.000 €

Der durch den Wegfall der Rentenverpflichtung im Jahresüberschuss erfasste sonstige betriebliche Ertrag berührt die Hinzurechnung nicht (R 8.1 Abs. 2 Satz 3 GewStR).

§ 8 Nr. 1c GewStG	€	100 %	
Gewinnanteil stiller Gesellschafter	70.000	70.000	70.000 €
			108.000 €
Freibetrag gem. § 8 Nr. 1 Satz 2 GewStG			– 100.000 €
			8.000 €
davon Hinzurechnung	25 %		2.000 €

2. Dividende der Moris AG

Gemäß § 8 Nr. 5 GewStG unterliegen die nach § 3 Nr. 40 EStG oder § 8b Abs. 1 i. V. m. § 8b Abs. 4, Abs. 5 KStG außer Ansatz bleibenden Gewinnanteile (Dividenden) der (vollen) Hinzurechnung, soweit nicht die Voraussetzungen des § 9 Nr. 2a oder Nr. 7 GewStG (sog. Schachtelprivileg) erfüllt werden.

Durch das Unternehmensteuerreformgesetz 2008 ist die Grenze für Streubesitzdividenden von 10 % auf 15 % angehoben worden. Damit erfüllt die Beteiligung an der Moris AG das Schachtelprivileg nicht. Es ist somit eine Hinzurechnung nach § 8 Nr. 5 GewStG vorzunehmen.

Die Dividende ist nach § 8b Abs. 1 i. V. m. Abs. 4 KStG i. H. v. 30.000 € steuerfrei; 5 % der Ausschüttung sind nach § 8b Nr. 5 KStG pauschal als nicht abzugsfähige Betriebsausgabe zu behandeln (= 1.500 €). Die Finanzierungsaufwendungen von 8.000 € sind körperschaftsteuerlich in voller Höhe abziehbar (vgl. § 8b Abs. 5 Satz 2 KStG).

Nach § 8 Nr. 5 GewStG erfolgt eine Hinzurechnung von 30.000 € abzüglich 5 % fiktiv nicht abziehbarer Betriebsausgaben, also i. H. v. 28.500 € (1.500 € haben den Gewinn i. S. v. § 7 GewStG bereits erhöht).

Hinzurechnung: 28.500 €

Kürzungen nach § 9 GewStG

1. Zum Betriebsvermögen gehörender Grundbesitz

   Das Grundstück Beethovenstraße 3 in Bonn gehört mindestens seit Beginn des Kalenderjahres 2016 in vollem Umfang zum Betriebsvermögen der GmbH, § 20 Abs. 1 GewStDV.

   Deshalb errechnet sich folgender Kürzungsbetrag (§ 9 Nr. 1 Satz 1 GewStG; § 20 GewStDV; Abschn. 9.1 GewStR):

Einheitswert des Grundstücks	2.000.000 €
Erhöhung nach § 121a BewG auf 140 %	= 2.800.000 €
davon 1,2 %	– 33.600 €

2. Beteiligung an der Xaver Unertl OHG

   Sowohl der Anteil am laufenden Gewinn der OHG sowie der Anteil am Veräußerungsgewinn aus dem Verkauf eines Teilbetriebs durch die OHG ist nach § 9 Nr. 2 GewStG bei der Ermittlung des Gewerbeertrags wieder zu kürzen (§ 9 Nr. 2 GewStG). – 350.000 €

Gewerbeverlust

Der nach § 10a Satz 4 GewStG für den Erhebungszeitraum 2015 festgestellte Verlust ist bei der Ermittlung des Gewerbeertrags 2016 zu kürzen (§ 10a Satz 1 GewStG).

– 150.000 €

Gewerbeertrag 2016 996.900 €

LÖSUNG

Lösung zu Fall 43 — 20 Punkte

a) 1. Gewinn aus Gewerbebetrieb (§ 7 GewStG)

Die OHG ist eine Personengesellschaft i. S. d. § 105 HGB. Deshalb stellen die verschiedenen Tätigkeiten dieser Gesellschaft einen einheitlichen Gewerbebetrieb dar (R 2.4 Abs. 3 Satz 1 GewStR), für den der Gewinn nach den Vorschriften des EStG selbstständig zu ermitteln ist. Hier ist die Vorschrift des § 15 Abs. 1 Nr. 2 EStG zu beachten. Der Gewinn aus der Veräußerung eines Teilbetriebs einer Mitunternehmerschaft (§ 7 Satz 2 Nr. 1 GewStG) gehört nicht zum Gewerbeertrag.

Der Gewinn aus Gewerbebetrieb errechnet sich danach wie folgt:

Gewinn lt. Handelsbilanz/Steuerbilanz der OHG	1.500.000 €
dazu:	
Gewinn lt. Sonderbilanz des Gesellschafters Gerhard Noppen (§ 15 Abs. 1 Nr. 2 EStG)	+ 150.000 €
davon ab:	
Veräußerungsgewinn (s. o.)	– 500.000 €
Berichtigter Gewinn	1.150.000 €

2. Hinzurechnung der Entgelte für Schulden i. S. v. § 8 Nr. 1 GewStG

§ 8 Nr. 1a GewStG	€	100 %	
laufende Zinsen	43.600	43.600	
Damnum-Abschreibung	6.000	6.000	
Basiszinsen Wechsel	6.000	6.000	55.600 €
§ 8 Nr. 1b GewStG	€	100 %	
Zinsanteil Leibrente (= 80.000 – (260.000 – 210.000))	30.000	30.000	30.000 €
			85.600 €
Freibetrag gem. § 8 Nr. 1 Satz 2 GewStG			– 100.000 €
Hinzurechnung			0 €

3. Kürzungen nach § 9 GewStG (§ 9 Nr. 1 GewStG)

Die Kürzung gründet sich auch auf § 20 GewStDV und R 9.1 GewStR. Die Grundstücke haben zu Beginn des Erhebungszeitraumes (§ 14 Satz 2 GewStG) zum Betriebsvermögen der OHG gehört und dienten im Wirtschaftsjahr 2016 zu 100 % betrieblichen Zwecken. Der Kürzungsbetrag errechnet sich wie folgt:

EW Grundstück Oxfordstraße 11	2.000.000 €	
EW Grundstück Beethovenstraße 14	1.500.000 €	
	3.500.000 €	
davon 140 % (R 9.1 Abs. 2 Satz 2 GewStR)	4.900.000 €	
davon 1,2 % Kürzungsbetrag	58.800 €	
		– 58.800 €

4. Zusammenfassung

Gewinn aus Gewerbebetrieb lt. Tz. 1	1.150.000 €
Hinzurechnungen lt. Tz. 2	0 €
Kürzungen lt. Tz. 3	– 58.800 €
Gewerbeertrag nach § 7 GewStG	1.091.200 €

b) Ermittlung des Messbetrages nach § 11 Abs. 1 und 2 GewStG

Gewerbeertrag	1.091.200 €
Freibetrag (§ 11 Abs. 1 Satz 3 Nr. 1 GewStG)	– 24.500 €
	1.066.700 €
Steuermesszahl gem. § 11 Abs. 2 GewStG	3,5 %
Steuermessbetrag	37.334 €

c) Ermittlung der GewSt-Rückstellung (= GewSt-Schuld)

GewSt-Messbetrag lt. Buchstabe b)	37.334 €
Hebesatz lt. Aufgabe	460 %
GewSt-Rückstellung	171.736 €

LÖSUNG

Lösung zu Fall 44 — 20 Punkte

Zu Nr. 1:

Es ist zu prüfen, ob es sich um einen steuerbaren Umsatz gemäß § 1 Abs. 1 Nr. 1 UStG handelt. Die Abraham OHG ist Unternehmerin i. S. d. § 2 Abs. 1 UStG, da sie ihre Tätigkeit selbstständig, nachhaltig und zur Erzielung von Einnahmen ausübt. Das Unternehmen umfasst die gesamte Tätigkeit der OHG. Es handelt sich hier um eine Lieferung gemäß § 3 Abs. 1 UStG. Es ist zu prüfen, ob es sich um eine Lieferung im Inland i. S. d. § 1 Abs. 2 UStG handelt. Der Ort der Lieferung bestimmt sich nach § 3 Abs. 5a i. V. m. § 3c UStG:

1. Der Gegenstand der Lieferung wird durch den Lieferer in ein anderen Mitgliedstaat befördert; § 3c Abs. 1 Satz 1 UStG.
2. Der Abnehmer ist eine Privatperson und gehört somit nicht zu den unter § 1a Abs. 1 Nr. 2 UStG genannten Personen; § 3c Abs. 2 Nr. 1 UStG.
3. Die dänische Lieferschwelle i. H. v. 280.000 DKK (Abschn. 3c. 1 Abs. 3 Satz 2 UStAE) wurde im laufenden Jahr überschritten.

Die Voraussetzungen des § 3c UStG liegen vor, somit befindet sich der Ort der Lieferung in Dänemark und in Deutschland liegt kein steuerbarer Umsatz vor.

Zu Nr. 2:

Es liegen zwei Lieferungen i. S. d. § 3 Abs. 1 UStG vor. Zum einen liefert die Kabelspezial AG an die Abraham OHG und zusätzlich die Abraham OHG an die Sand A/S. Es handelt sich um ein Reihengeschäft nach § 3 Abs. 6 Satz 5 UStG (vgl. Abschn. 3.14 Abs. 1 UStAE).

Zu prüfen ist, ob die Umsätze gemäß § 1 Abs. 1 Nr. 1 UStG steuerbar sind. Der Lieferer ist jeweils Unternehmer i. S. d. § 2 Abs. 1 UStG. Es muss in beiden Fällen geprüft werden, ob die Lieferung im Inland, § 1 Abs. 2 UStG, stattfand.

Lieferung von Kabelspezial AG an die Abraham OHG:

Der Ort der Lieferung bestimmt sich nach § 3 Abs. 5a i. V. m. § 3 Abs. 6 UStG. Mehrere Unternehmer haben über denselben Gegenstand mehrere Umsatzgeschäfte abgeschlossen und der Gegenstand gelangt bei der Beförderung unmittelbar vom ersten Unternehmer an den letzten Abnehmer (Reihengeschäft, § 3 Abs. 6 Satz 5 UStG). Die Beförderung ist nur einer der Lieferungen zuzuordnen. Dies ist die Lieferung von Kabelspezial AG an die Abraham OHG, weil die Kabelspezial AG die Ware transportiert. Nach § 3 Abs. 6 Satz 1 UStG ist der Ort dort, wo die Beförderung beginnt, also Kiel (bewegte Lieferung).

Hinweis: Nach neuer EuGH- und BFH-Rechtsprechung (vgl. EuGH, Urteil vom 27. 9. 2013 – C-587/10 VSTR, DStR 2013 S. 2015; BFH, Urteile vom 25. 2. 2015 – XI R 15/14, BStBl 2016 II S. 772 und XI R 30/13, BFH/NV 2016 S. 769) kommt es nicht mehr auf die Beauftragung/Durchführung des Transports an, um die bewegte Lieferung zu bestimmen, sondern auf die Verschaffung der Verfügungsmacht.

Der Umsatz ist damit steuerbar gemäß § 1 Abs. 1 Nr. 1 UStG, da der Lieferort in Deutschland liegt. Gemäß § 4 Nr. 1b i. V. m. § 6a UStG handelt es sich um eine innergemeinschaftliche Lieferung. Die Voraussetzungen des § 6a UStG sind erfüllt, da die Abraham OHG mit einer dänischen USt-IdNr. auftritt. Der Erwerb der OHG unterliegt somit der Umsatzbesteuerung in Dänemark, § 6a Abs. 1 Nr. 3 UStG. Die steuerfreie innergemeinschaftliche Lieferung ist in die zusammenfassende Meldung nach § 18a UStG aufzunehmen, § 18a Abs. 1 Satz 1 UStG.

Für die steuerfreie Lieferung wäre grundsätzlich eine Rechnung nach § 14a UStG erforderlich, § 14a Abs. 3 UStG. Diese liegt hier nicht vor. Die zu Unrecht ausgewiesene Umsatzsteuer schuldet die AG gem. § 14c Abs. 1 i. V. m. § 13a Abs. 1 Nr. 1 UStG zu dem Zeitpunkt, in dem die unrichtige Rechnung erteilt wurde, § 13 Abs. 1 Nr. 3 UStG. Gemäß § 14c Abs. 1 Satz 2 UStG kann die Rechnung korrigiert werden. Die Abraham OHG kann die Vorsteuer gemäß § 15 Abs. 1 Satz 1 Nr. 1 UStG nicht als Vorsteuer geltend machen. Das Recht auf Vorsteuerabzug besteht nur für die regulär geschuldete Steuer, nicht für eine nach § 14c UStG geschuldete (Abschn. 15.1 Abs. 1 UStAE und BFH-Urteil v. 2. 4. 1999, BFH/NV 1999 S. 1438).

Hinweis: Die Abraham OHG muss den innergemeinschaftlichen Erwerb in Dänemark anmelden und versteuern, ungeachtet der falsch ausgestellten Rechnung oder der in Deutschland abgeführten USt.

Lieferung von Abraham OHG an Sand A/S:

Gemäß § 3 Abs. 5a i. V. m. § 3 Abs. 7 Satz 2 Nr. 2 UStG ist der Ort der Lieferung dort, wo die Beförderung endet (ruhende Lieferung). Damit befindet sich der Ort in Dänemark: es liegt somit kein steuerbarer Umsatz im Inland vor.

Kein Fall von § 25b UStG, weil gem. § 25b Abs. 1 Nr. 2 UStG Voraussetzung ist, dass die Unternehmer in jeweils verschiedenen Mitgliedsstaaten der EU ansässig sind. OHG und A/S treten jeweils unter ihrer dänischen USt-IdNr. auf.

Hinweis: Die Abraham OHG muss den Umsatz in Dänemark versteuern.

LÖSUNG

Lösung zu Fall 45 — 18 Punkte

1. Da die Anlage zum Zeitpunkt der Anschaffung ausschließlich für steuerfreie Zwecke verwendet wurde, war ein Vorsteuerabzug nicht möglich. Ab dem 1. 5. 2016 erfolgt eine Änderung der Verhältnisse. Die Wirtschaftsgüter werden nur noch für die Ausführung von steuerpflichtigen Umsätzen genutzt. Daher ist gemäß § 15a UStG eine Berichtigung des Vorsteuerabzugs möglich. Laut § 15a Abs. 5 UStG ist für jedes zu ändernde Kalenderjahr von 1/5 der Vorsteuerbeträge auszugehen: Ausschlussgründe liegen nicht vor, § 44 UStDV.

   Für das Jahr 2016 sind die zu korrigierenden Vorsteuerbeträge anteilig zu ermitteln.

	1/5	abziehbar	bisher	Berichtigung
1. 9. – 31. 12. 2013	285 €	0 €	0 €	0 €
1. 1. – 31. 12. 2014	855 €	0 €	0 €	0 €
1. 1. – 31. 12. 2015	855 €	0 €	0 €	0 €
1. 1. – 30. 4. 2016	285 €	0 €	0 €	0 €
1. 5. – 31. 12. 2016	**570 €**	**570 €**	**0 €**	**570 €**
1. 1. – 31. 12. 2017	855 €	855 €	0 €	855 €
1. 1. – 31. 8. 2018	570 €	570 €	0 €	570 €
	4.275 €			

   Für das Jahr 2016 kann die Maschinenbau AG in ihrer Umsatzsteuerjahreserklärung nachträglich 570 € als abziehbare Vorsteuer geltend machen. Nach § 44 Abs. 3 UStDV ist abweichend von § 18 Abs. 1 Satz 2 i.V. m. § 16 Abs. 2 Satz 2 UStG die Vorsteuerberichtigung bei der Steueranmeldung für das Kalenderjahr statt im Voranmeldungsverfahren vorgeschrieben. Der Jahresberichtigungsbetrag übersteigt bei dem Wirtschaftsgut nicht 6.000 €.

2. Die umsatzsteuerliche Prüfung dieses Sachverhalts erfordert eine Festlegung des Orts dieser sonstigen Leistung. Es liegt hier eine Leistung aus der Tätigkeit als Rechtsanwalt vor; es handelt sich demzufolge um eine Leistung von einem Unternehmer an einen anderen Unternehmer (B2B). Damit liegt der Ort am Sitz des Leistungsempfängers, hier: Maschinenbau AG in Deutschland.

   Bei der Leistung des Rechtsanwalts handelt es sich also um einen steuerbaren Umsatz gemäß § 1 Abs. 1 Nr. 1 UStG, der mangels Steuerbefreiung gemäß § 4 UStG auch steuerpflichtig ist.

   Da es sich um eine sonstige Leistung eines im Ausland ansässigen Unternehmers handelt, gelten die Bestimmungen der Steuerschuldnerschaft des Leistungsempfängers gemäß § 13b Abs. 1 UStG. Demzufolge hat die Maschinenbau AG die Umsatzsteuer als Steuerschuldnerin an das zuständige Finanzamt abzuführen.

   Die Umsatzsteuer entsteht mit Ablauf des Voranmeldungszeitraums der Ausführung der Leistung (§ 13b Abs. 1 UStG), hier also Mai 2016.

Die Bemessungsgrundlage ergibt sich aus § 10 Abs. 1 UStG und richtet sich nach dem Entgelt. Entgelt ist gemäß § 10 Abs. 1 Satz 2 UStG alles, was der Leistungsempfänger aufwendet, um die Leistung zu erhalten, jedoch abzüglich der Umsatzsteuer. In diesem Fall ist die Bemessungsgrundlage der Zahlbetrag von 5.500 €. Die anzumeldende und abzuführende Umsatzsteuer beträgt 1.045 € (§ 14a Abs. 5 Satz 3 u. § 14 Abs. 4 Nr. 8 UStG).

Der Maschinenbau AG steht in gleicher Höhe der Vorsteuerabzug zu (§ 15 Abs. 1 Satz 1 Nr. 4 UStG), so dass sich keine Zahllast und damit Liquiditätsbelastung für die Maschinenbau AG ergibt.

3. Bei der sonstigen Leistung des belgischen Transportunternehmens handelt es sich nicht um eine innergemeinschaftliche Beförderungsleistung, § 3b Abs. 3 UStG, weil die Leistung an einen anderen Unternehmer erbracht wird. Demzufolge befindet sich der Ort dort, wo sich der Sitz des Leistungsempfängers befindet (§ 3a Abs. 2 UStG). Der Umsatz ist also nach § 1 Abs. 1 Nr. 1 UStG in Deutschland steuerbar.

   Da es sich um eine Leistung eines im Ausland ansässigen Unternehmers handelt, gelten die Bestimmungen der Steuerschuldnerschaft des Leistungsempfängers gemäß § 13b Abs. 1 UStG. Demzufolge hat die Maschinenbau AG die Umsatzsteuer als Steuerschuldnerin an das zuständige Finanzamt abzuführen. Die Umsatzsteuer entsteht mit Ablauf des Voranmeldungszeitraums der Leistung (§ 13b Abs. 1 UStG), hier also im August 2016.

   Mangels Steuerbefreiung gemäß § 4 UStG ist dieser auch steuerpflichtig. Die Bemessungsgrundlage ergibt sich aus § 10 Abs. 1 UStG und richtet sich nach dem Entgelt. Der Leistungsempfänger wendet 4.000 € auf, woraus die Umsatzsteuer mit einem Steuersatz von 19 % (§ 12 Abs. 1 UStG) berechnet wird.

   Somit ergibt sich eine Bemessungsgrundlage von 4.000 € und ein USt-Betrag in Höhe von 760 €.

   Sofern keine den Vorsteuerabzug ausschließenden Umsätze getätigt werden, kann die Maschinenbau AG die Vorsteuer nach § 15 Abs. 1 Satz 1 Nr. 4 UStG ebenfalls im August 2016 geltend machen.

   Hinweis: Van Troog schuldet die in seiner Rechnung zu Unrecht ausgewiesene USt gem. § 14c Abs. 1 Satz 1 UStG. Er kann die Rechnung gegenüber der Maschinenbau OHG jedoch berichtigen und so in entsprechender Anwendung von § 17 Abs. 1 UStG seiner Zahlungsverpflichtung entgehen, § 14c Abs. 1 Satz 2 UStG.

   Gem. Abschn. 3a.2 Abs. 9 Satz 2 UStAE muss ein im Gemeinschaftsgebiet ansässiger Unternehmer seinem Auftragnehmer die ihm von dem EU-Mitgliedstaat, von dem aus er sein Unternehmen betreibt, erteilte USt-IdNr. mitteilen, um seine Unternehmerschaft und die Verwendung der bezogenen sonstigen Leistung in seinem unternehmerischen Bereich nachzuweisen, sodass sich der Ort der sonstigen Leistung nach § 3a Abs. 2 UStG bestimmt. Unterlässt es der Auftraggeber, die USt-IdNr. mitzuteilen, kann der Auftragnehmer grundsätzlich annehmen, dass der Leistungsempfänger entweder kein Unternehmer ist oder die Leistung nicht für seinen unternehmerischen Bereich bezieht, Abschn. 3a.2 Abs. 9 Satz 9 UStAE. Dies gilt allerdings nur, soweit dem leistenden Unternehmer (hier: van Troog) „keine anderen Informationen vorliegen“ (Abschn. 3a.2 Abs. 9 Satz 9 am Ende UStAE). Davon ist hier auszugehen, weil die Art der Leistung (Transport von Maschinen zu einer Messe) und die Rechnungsstellung an eine AG für eine eindeutig unternehmerisch verwendete Leistung sprechen.

LÖSUNG

Lösung zu Fall 46 16 Punkte

1. Bei dem Einbau der Fenster und Türen in der Betriebsstätte der Abraham OHG handelt es sich um eine Werklieferung gemäß § 3 Abs. 4 UStG. Der leistende Unternehmer hat die bei der umsatzsteuerlichen Leistung verwandten Hauptstoffe (Türen und Fenster) selbst beschafft (Abschn. 3.8 Abs. 1 UStAE). Eine Werklieferung ist in ihrer Wirkungsweise als umsatzsteuerrechtliche Lieferung anzusehen. Der Ort dieser Lieferung befindet sich gemäß § 3 Abs. 7 Satz 1 UStG in Hamburg, da dort die Verfügungsmacht über die hergestellten Teile (hier Einbau Fenster und Türen) verschafft wird.

   Ein Leistungsaustausch liegt ebenfalls vor, es handelt sich um einen Tausch nach § 3 Abs. 12 UStG. Die Lieferung ist in Deutschland gemäß § 1 Abs. 1 Nr. 1 UStG steuerbar und mangels Befreiungsvorschrift des § 4 UStG steuerpflichtig. Die Bemessungsgrundlage richtet sich nach dem Entgelt, hier gemäß § 10 Abs. 2 Satz 2 UStG nach dem Wert des anderen Umsatzes ohne Umsatzsteuer. Sie beträgt somit 25.000 €.

   Die Umsatzsteuer in Höhe von 19 % (§ 12 Abs. 1 UStG) beträgt 4.750,00 € und wird gemäß § 13b Abs. 2 Nr. 1 UStG vom Leistungsempfänger, der Abraham OHG, geschuldet. Sie entsteht spätestens mit Ablauf des der Ausführung der Werklieferung folgenden Kalendermonats.

   Die Abraham OHG kann die Umsatzsteuer gem. § 15 Abs. 1 Satz 1 Nr. 4 UStG als Vorsteuer abziehen.

   Die Gegenlieferung der Abraham OHG ist steuerbar gemäß § 1 Abs. 1 Nr. 1 UStG, da eine Lieferung im Inland erfolgt. Der Ort bestimmt sich nach § 3 Abs. 6 Satz 1 UStG (Hamburg). Die steuerbare Lieferung ist gem. § 4 Nr. 1b i. V. m. § 6a UStG steuerfrei, weil die Ware von einem Mitgliedstaat in einen anderen gelangt. Die Rechnung muss den Anforderungen des § 14a Abs. 3 UStG genügen. Die steuerfreie innergemeinschaftliche Lieferung muss in die zusammenfassende Meldung nach § 18a UStG aufgenommen werden.

2. Bei der Prüfung der Steuerbarkeit des Finanzierungskaufes ist zu untersuchen, ob es sich um einen oder mehrere umsatzsteuerrechtliche Tatbestände handelt. Es liegt zunächst eine Lieferung von Gegenständen und eine damit im Zusammenhang stehende Kreditgewährung vor. Grundsätzlich darf gemäß Abschn. 3.10 Abs. 3 UStAE ein einheitlicher wirtschaftlicher Vorgang nicht in mehrere Leistungen aufgeteilt werden.

   Besonderheiten bei einer Kreditgewährung im Zusammenhang mit anderen Umsätzen regelt Abschn. 3.11 UStAE. Sofern zusätzlich zum Warengeschäft ein ordnungsgemäßer Kreditvertrag vereinbart wird, erbringt der Verkäufer umsatzsteuerrechtlich zwei Leistungen. Dabei ist die eine Leistung die Lieferung der Waren, die andere die Kreditgewährung an den Kunden. Es müssen demnach beide Vorgänge getrennt voneinander umsatzsteuerrechtlich geprüft werden.

   Bei dem Verkauf von Waren handelt es sich um eine Lieferung gemäß § 3 Abs. 1 UStG. Der Ort richtet sich nach § 3 Abs. 6 Satz 1 UStG. Der Umsatz ist steuerbar laut § 1 Abs. 1 Nr. 1 UStG, mangels Steuerbefreiung nach § 4 UStG auch steuerpflichtig.

Die Bemessungsgrundlage i. S. d. § 10 Abs. 1 UStG richtet sich nach dem Entgelt, also 120.000 €. Der Steuersatz beträgt nach § 12 Abs. 1 UStG 19 %. Somit ergibt sich ein USt-Betrag in Höhe von 22.800 €. Gemäß § 13 Abs. 1 Nr. 1a UStG entsteht die Steuer mit Ablauf des Voranmeldungszeitraums, in dem die Leistung ausgeführt wurde, mit Ablauf des November 2016. Der Betrag ist daher nach § 18 Abs. 1 und 2 i. V. m. § 16 Abs. 1 und 2 UStG bis zum 10. 12. 2016 an das zuständige Finanzamt anzumelden und abzuführen, und zwar unabhängig vom Zeitpunkt der tatsächlichen Vereinnahmung durch die Abraham OHG (Grundsatz der sog. Sollbesteuerung).

Bei der Kreditgewährung handelt es sich um eine sonstige Leistung i. S. d. § 3 Abs. 9 UStG. Der Ort der sonstigen Leistung ergibt sich aus § 3a Abs. 2 UStG, da der Leistungsempfänger ein Unternehmer ist. Die Leistung wird demnach dort ausgeführt, wo der Empfänger sein Unternehmen betreibt, also im Inland. Es handelt sich daher um einen steuerbaren Umsatz nach § 1 Abs. 1 Nr. 1 UStG, der allerdings gemäß § 4 Nr. 8a UStG steuerfrei ist. Zur Steuerpflicht wurde nicht optiert, § 9 Abs. 1 UStG.

LÖSUNG

Lösung zu Fall 47 — 8 Punkte

Bei der Würdigung dieses Falles sind zwei verschiedene Vorgänge zu prüfen, nämlich einerseits die Beförderungsleistung des Kölner Spediteurs und andererseits das Verbringen von Gegenständen innerhalb des Unternehmens in einen anderen EU-Mitgliedsstaat.

Bei dem Verbringen von Gegenständen des Unternehmens in das übrige Gemeinschaftsgebiet handelt es sich gemäß § 1 Abs. 1 Nr. 1 i. V. m. § 3 Abs. 1a UStG um eine steuerbare Lieferung, wenn der Unternehmer den Gegenstand nicht nur vorübergehend verbringt. Das Verbringen gilt danach als Lieferung gegen Entgelt und dadurch wird trotz fehlender Gegenleistung ein Leistungsaustausch angenommen. Bei der Lieferung des Gabelstaplers handelt es sich nicht um ein derartiges Verbringen, da er nur vorübergehend, nämlich zum Abladen der Waren, in Mailand benötigt wird und anschließend in die inländische Betriebsstätte zurückkehrt. Es liegt bezüglich des Gabelstaplers kein steuerbarer Umsatz vor.

Bei dem Verbringen der Waren aus dem Inland in das Lager in Mailand ist ebenso zu prüfen, ob bei der Versendung eine nur vorübergehende Verwendung vorliegt oder nicht. Gemäß Abschn. 1a.2 Abs. 6 UStR liegt eine nicht nur vorübergehende Verwendung vor, wenn ein Unternehmer einen Gegenstand in ein Auslieferungslager verbringt. Die Voraussetzungen des § 3 Abs. 1a UStG sind vollumfänglich erfüllt. Daher handelt es sich um einen steuerbaren Umsatz gemäß § 1 Abs. 1 Nr. 1 UStG. Über die Regelung des § 6a Abs. 2 UStG gilt das innergemeinschaftliche Verbringen als innergemeinschaftliche Lieferung. Die Lieferung ist daher gemäß § 4 Nr. 1b i. V. m. § 6a Abs. 1 und 2 UStG steuerfrei und in der zusammenfassenden Meldung (§ 18a UStG) zu berücksichtigen.

Vollständigkeitshalber sei darauf hingewiesen, dass die Maschinenbau AG in Italien einen innergemeinschaftlichen Erwerb zu versteuern hat (vgl. auch § 1a Abs. 2 UStG für das Verbringen von Gegenständen aus dem übrigen Gemeinschaftsgebiet nach Deutschland).

Bei der Beförderungsleistung des deutschen Transportunternehmens handelt es sich um eine Güterbeförderung (sonstige Leistung i. S. d. § 3 Abs. 9 UStG). Der Ort bestimmt sich nach § 3a Abs. 2 UStG und befindet sich dort, wo die Maschinenbau AG ihren Sitz hat.

Der Umsatz ist also nach § 1 Abs. 1 Nr. 1 UStG in Deutschland steuerbar und mangels Steuerbefreiung gemäß § 4 UStG auch steuerpflichtig. Die Bemessungsgrundlage ergibt sich aus § 10 Abs. 1 UStG und richtet sich nach dem Entgelt, also 2.500 €. Der Steuersatz beträgt nach § 12 Abs. 1 UStG 19 %. Somit ergibt sich ein USt-Betrag in Höhe von 475 €. Diesen Betrag kann die Maschinenbau AG, bei Vorliegen der übrigen Voraussetzungen des § 15 UStG, als Vorsteuer geltend machen. § 15 Abs. 2 Nr. 1 UStG schließt zwar einen Vorsteuerabzug aus für sonstige Leistungen, die der Unternehmer zur Ausführung von steuerfreien Umsätzen verwendet. Über die Regelung des § 15 Abs. 3 Nr. 1 lit. a UStG gilt dieser Ausschluss aber nicht für steuerfreie innergemeinschaftliche Lieferungen (Steuerbefreiung nach § 4 Nr. 1b UStG).

LÖSUNG

Lösung zu Fall 48 — 10 Punkte

Die private Nutzung eines betrieblichen Pkw wird nach § 3 Abs. 9a UStG einer sonstigen Leistung gegen Entgelt gleichgestellt. Es wird ein dem Unternehmen zugeordneter Gegenstand, der zum Vorsteuerabzug berechtigt hat, zu außerunternehmerischen Zwecken genutzt. Der Ort bestimmt sich nach § 3f UStG danach, wo der Unternehmer sein Unternehmen betreibt, und ist daher im Inland belegen. Die Leistung ist gemäß § 1 Abs. 1 Nr. 1 UStG steuerbar. Mangels Steuerbefreiung nach § 4 UStG handelt es sich um einen steuerpflichtigen Umsatz. Die Bemessungsgrundlage ergibt sich aus § 10 UStG. Gem. § 10 Abs. 4 Satz 1 Nr. 2 UStG gelten als Bemessungsgrundlage die bei der privaten Verwendung des Pkw entstandenen anteiligen Kosten, soweit sie zum Vorsteuerabzug berechtigt haben.

Gemäß Abschn. 10.6 Abs. 3 UStAE ist von den Gesamtkosten des Pkw auszugehen, wobei die AfA darin zu berücksichtigen ist. Die Bemessungsgrundlage ermittelt sich daher folgendermaßen:

Ersatzteile und planmäßige Reparaturen	3.000 €
Benzin, Öl	2.000 €
planmäßige AfA (Nutzungsdauer gem. § 15a UStG = 5 Jahre)	6.000 €
Gesamtkosten	11.000 €
davon 25 % Privatanteil	2.750 €
darauf 19 % USt gemäß § 12 Abs. 1 UStG	522,50 €

Die Steuer entsteht gemäß § 13 Abs. 1 Nr. 2 UStG mit Ablauf des Voranmeldungszeitraums, in dem die Leistung ausgeführt wird, also hat eine monatliche Erfassung des Privatanteils zu erfolgen.

Zur Besteuerung der privaten PKW-Nutzung vgl. auch BMF vom 5. 6. 2015, BStBl 2015 I S. 896.

LÖSUNG

Lösung zu Fall 49 22 Punkte

1. Hinsichtlich der Steuerbarkeit ist zu prüfen, ob die Vermittlungsleistung des Monsieur Perrier umsatzsteuerrechtlich als in Deutschland ausgeführt gilt. Es liegt kein Kommissionsgeschäft (§ 3 Abs. 3 UStG) vor, weil Monsieur Perrier in fremdem Namen auftritt (sog. Agenturgeschäft, Abschn. 3.7 Abs. 1 UStAE).

   Die Vermittlung stellt eine sonstige Leistung i. S. d. § 3 Abs. 9 UStG dar. Die sonstige Leistung wird von einem Unternehmer (Monsieur Perrier) an einen anderen Unternehmer (Maschinenbau AG) erbracht (sog. B2B-Umsatz). Der Ort richtet sich daher nach § 3a Abs. 2 UStG und befindet sich am Sitz der Maschinenbau AG in Deutschland. Der Umsatz ist daher in Deutschland steuerbar, § 1 Abs. 1 Nr. 1 UStG.

   In der zweiten Stufe ist eine mögliche Steuerbefreiung der Vermittlungsleistung zu prüfen. Bei dem vermittelten Umsatz handelt es sich um eine innergemeinschaftliche Lieferung der Maschinenbau AG an Brolac (vgl. § 3 Abs. 1, § 4 Nr. 1b i. V. m. § 6 UStG).

   Gemäß § 4 Nr. 5a UStG ist zwar die Vermittlung von steuerfreien Ausfuhrlieferungen steuerbefreit, nicht aber die Vermittlung von steuerfreien innergemeinschaftlichen Lieferungen. Daher handelt es sich in diesem Fall um einen steuerpflichtigen Umsatz. Die Bemessungsgrundlage ergibt sich nach dem Entgelt in Höhe von 37.500 € (§ 10 Abs. 1 UStG); darauf ist die Umsatzsteuer mit einem Satz von 19 % (§ 12 Abs. 1 UStG) zu rechnen, so dass sich ein USt-Betrag in Höhe von 7.125 € ergibt.

   Gemäß § 13b Abs. 1 UStG schuldet die Maschinenbau AG die Umsatzsteuer, da die Vermittlungsleistung von einem im EU-Ausland ansässigen Unternehmer erbracht worden ist. Die Steuer entsteht mit Ablauf des Voranmeldungszeitraums der Ausführung der Leistung, hier mit Ablauf des Novembers 2016.

   Monsieur Perrier schuldet die unrechtmäßig in Rechnung gestellte USt trotzdem, § 14c Abs. 1 UStG.

2. Bei diesem Sachverhalt handelt es sich um ein Kommissionsgeschäft, da Ohl gewerbsmäßig Waren für Rechnung eines anderen, aber in eigenem Namen kauft, § 383 HGB. Umsatzsteuerrechtlich liegen gemäß § 3 Abs. 3 UStG zwei Lieferungen vor, nämlich von der Schweizer Schwermetall S.A. an Ohl sowie von Ohl an die Maschinenbau AG.

   Lieferung der S.A. an Ohl:

   Die S.A. erbringt eine Versendungslieferung. Wenn der Gegenstand der Lieferung bei der Versendung aus dem Drittlandsgebiet in das Inland gelangt und der Lieferer die Einfuhrumsatzsteuer schuldet, bestimmt sich der Ort nach § 3 Abs. 8 UStG und gilt als im Inland belegen. Die umsatzsteuerrechtliche Lieferung der S.A. an Ohl ist daher in Deutschland gemäß § 1 Abs. 1 Nr. 1 UStG steuerbar und mangels Befreiungsvorschrift des § 4 UStG steuerpflichtig.

   Die Bemessungsgrundlage beträgt gemäß § 10 Abs. 1 UStG 220.000 €. Darauf wird nach § 12 Abs. 1 UStG ein Steuersatz in Höhe von 19 % berechnet, so dass sich ein USt-Betrag in Höhe von 41.800 € ergibt. Die Steuer entsteht gemäß § 13 Abs. 1 Nr. 1a UStG mit Ablauf des Voranmeldungszeitraums, in dem die Leistung ausgeführt wurde, also mit Ablauf des Juni 2016.

Ohl kann die ihr in Rechnung gestellte Umsatzsteuer als Vorsteuer geltend machen, § 15 Abs. 1 Satz 1 Nr. 1 UStG.

Lieferung von Ohl an die Maschinenbau AG:

In diesem Sachverhalt schließen mehrere Unternehmen über denselben Gegenstand mehrere Umsatzgeschäfte ab und der Liefergegenstand gelangt direkt vom ersten zum letzten Unternehmer. Somit gilt gemäß § 3 Abs. 6 Satz 5 UStG nur eine Lieferung als Versendungslieferung. Dieses ist gemäß § 3 Abs. 6 Satz 1 UStG die Lieferung der S.A. an Ohl.

Der Ort der Lieferung von Ohl an die Maschinenbau AG ergibt sich daher nach § 3 Abs. 7 Satz 2 Nr. 2 UStG und befindet sich dort, wo die Beförderung endet, also in Hamburg. Die umsatzsteuerrechtliche Lieferung von Ohl an die Maschinenbau AG ist in Deutschland gemäß § 1 Abs. 1 Nr. 1 UStG steuerbar und mangels Befreiungsvorschrift des § 4 UStG steuerpflichtig. Die Bemessungsgrundlage beträgt nach § 10 Abs. 1 UStG 255.200 €. Darauf wird gemäß § 12 Abs. 1 UStG ein Steuersatz in Höhe von 19 % berechnet, so dass sich ein USt-Betrag in Höhe von 48.488 € ergibt. Die Steuer entsteht gemäß § 13 Abs. 1 Nr. 1a UStG mit Ablauf des Veranlagungszeitraums, in dem die Leistung ausgeführt wurde, also mit Ablauf des Juni 2016.

Die Maschinenbau AG kann gem. § 15 Abs. 1 Satz 1 Nr. 1 UStG aus der Lieferung von Ohl die Vorsteuer geltend machen.

LÖSUNG

Lösung zu Fall 50 — 18 Punkte

1. Der Angestellte der Abraham OHG hatte Waren des Unternehmens im Inland an externe Personen veräußert. Also lieferte die Abraham OHG Gegenstände im Rahmen ihres Unternehmens. Die Gegenstände wurden bezahlt, so dass auch ein Leistungsaustausch vorliegt. Es sind somit alle Voraussetzungen eines steuerbaren Umsatzes gemäß § 1 Abs. 1 Nr. 1 UStG gegeben. Mangels einschlägiger Befreiungsvorschrift gemäß § 4 UStG sind diese Umsätze steuerpflichtig.

   Die Bemessungsgrundlage ist gemäß § 10 Abs. 1 UStG das Entgelt. Entgelt ist alles, was der Leistungsempfänger für die Leistungen aufwendet abzüglich der USt. Es beträgt (3.000 € abzüglich USt 19 % = 478,99 €) 2.521,01 €. Die Steuer entsteht gemäß § 13 Abs. 1 Nr. 1a UStG mit Ablauf des Juni 2016.

   Im Außenverhältnis tätigte die Abraham OHG steuerbare Umsätze, die zu den dargestellten umsatzsteuerrechtlichen Folgen führten. Es ist umsatzsteuerrechtlich unbeachtlich, was mit den Einnahmen im Innenverhältnis geschehen ist. Auch wenn der Mitarbeiter die Einnahmen unterschlagen hat, bleibt trotzdem die Umsatzsteuerpflicht für die Abraham OHG bestehen. Die Teilzahlung des Mitarbeiters löst deshalb keinen steuerbaren Umsatz aus, sondern stellt lediglich eine Schadenersatzleistung dar. Diese ist nach Abschn. 1.3 Abs. 1 Satz 3 UStAE nicht steuerbar, daher ist es auch umsatzsteuerrechtlich unbeachtlich, dass der Restbetrag in Höhe von 2.500 € einkommensteuerlich „abgeschrieben" werden muss. Es kommt nicht zu einer Berichtigung nach § 17 Abs. 2 Nr. 1 UStG.

2. Der Schrank ist nicht bei der Abraham OHG angekommen. Die Lieferung gilt jedoch umsatzsteuerrechtlich gemäß § 3 Abs. 6 Satz 1 UStG mit Beginn der Versendung, also in Hannover, als ausgeführt. Es handelt sich um einen steuerbaren Umsatz gemäß § 1 Abs. 1 Nr. 1 UStG. Dieser Umsatz ist mangels Befreiungsvorschrift gemäß § 4 UStG steuerpflichtig. Die Bemessungsgrundlage ergibt sich aus § 10 Abs. 1 UStG und ist das Entgelt. Die USt gehört nicht dazu. Die in Rechnung gestellten Transportkosten teilen als Nebenleistung das Schicksal der Hauptleistung (Abschn. 3.10 Abs. 5 Satz 1 UStAE).

   Die Bemessungsgrundlage beläuft sich daher auf 16.000 € und die Umsatzsteuer auf 3.040 €. Die Steuer entsteht nach § 13 Abs. 1 Nr. 1a) UStG mit Ablauf des Juli 2016.

   Aufgrund des vereinbarten Gefahrenübergangs muss die Abraham OHG den Kaufpreis bezahlen, was zur o. g. umsatzsteuerrechtlichen Konsequenz führt. Die Zahlung der Versicherung ist im Verhältnis zur Abraham OHG Schadensersatz im Sinne des Abschn. 1.3 Abs. 1 UStAE, weil die OHG durch den Untergang des Schranks einen Verlust erlitten hat. Die Zahlung der Versicherung direkt an Schreinermeister Härke stellt lediglich eine Verkürzung des Zahlungswegs dar. Da die Versicherung nur den Nettobetrag bezahlt, hat Härke gegenüber der Abraham OHG noch Anspruch auf den Umsatzsteuerbetrag. Die OHG hat ihrerseits die Möglichkeit des Vorsteuerabzugs gemäß § 15 Abs. 1 Satz 1 Nr. 1 UStG (Vorsteuerabzug für OHG mit Ablauf Voranmeldungszeitraum Juli 2016, weil dann geliefert und Rechnung vorliegt).

LÖSUNG

Lösung zu Fall 51 — 10 Punkte

Die Vermietungsleistung ist umsatzsteuerrechtlich eine sonstige Leistung, die die Abraham OHG im Rahmen ihres Unternehmens ausführt (Hilfsgeschäft, Abschn. 2.7 Abs. 2 Satz 1 UStAE). Der Ort der Vermietungsleistung ergibt sich aus § 3a Abs. 3 Nr. 1a UStG. Demnach ist der Ort der Vermietungsleistung dort, wo sich das vermietete Objekt befindet, in diesem Fall im Inland. Der Umsatz ist daher nach § 1 Abs. 1 Nr. 1 UStG steuerbar. Die Vermietung von Grundstücken ist jedoch gemäß § 4 Nr. 12 UStG grundsätzlich steuerfrei. § 9 UStG ermöglicht in besonderen Fällen einen Verzicht auf die Steuerbefreiung.

Diese Option ist gegeben, wenn der Leistungsempfänger das Grundstück unternehmerisch für steuerpflichtige Umsätze verwendet, die den Vorsteuerabzug nicht ausschließen (§ 9 Abs. 2 Satz 1 UStG). Diese Voraussetzung ist hinsichtlich der Rechtsanwaltskanzlei gegeben. Da laut Sachverhalt von einer möglichen Option gemäß § 9 UStG Gebrauch gemacht werden soll, ergibt sich somit für die Vermietung der Räume, die für die Rechtsanwaltskanzlei genutzt werden, ein steuerpflichtiger Umsatz. Für die Vermietung der Wohnung ist eine Option zur Steuerpflicht nicht möglich, weil die Leistung nicht an einen Unternehmer für dessen Unternehmen erbracht wird (§ 9 Abs. 1 UStG).

Die Vermietung der Räume für die Kanzlei stellt einen steuerbaren Umsatz gemäß § 1 Abs. 1 Nr. 1 UStG dar, der aufgrund der Option nach § 9 Abs. 1 und 2 UStG steuerpflichtig ist. Der Steuersatz beträgt gemäß § 12 Abs. 1 UStG 19 %. Die Bemessungsgrundlage ergibt sich aus § 10 Abs. 1 UStG und beträgt monatlich (450 qm / 2 · 15 € =) 3.375 € abzüglich der Umsatzsteuer in Höhe von 538,86 € = 2.836 €.

Die Steuer entsteht gemäß § 13 Abs. 1 Nr. 1a UStG mit Ablauf des jeweiligen Veranlagungszeitraums, in dem die Leistung ausgeführt wird. Bei Vermietungsumsätzen handelt es sich um monatliche Teilleistungen i. S. d. § 13 Abs. 1 Nr. 1a Sätze 2 und 3 UStG, d. h. mit jedem Monat neu.

Es haben sich zum 1. 1. 2016 für einen Teil des Betriebsgebäudes die umsatzsteuerrechtlichen Verhältnisse geändert. Bis zum 31. 12. 2015 wurde das Gebäude vollständig für steuerpflichtige Umsätze genutzt, seit dem 1. 1. 2016 werden 225 qm umsatzsteuerfrei vermietet. Da die Abraham OHG die ursprünglich in Rechnung gestellte Umsatzsteuer als Vorsteuer geltend gemacht hatte, muss gemäß § 15a Abs. 1 UStG eine Korrektur erfolgen.

Laut § 15a Abs. 5 Satz 1 UStG ist für jedes Kalenderjahr der Änderung von 1/10 der Vorsteuerbeträge auszugehen. Für das Jahr 2016 ist der zu korrigierende Vorsteuerbetrag anteilig zu ermitteln. Die in Rechnung gestellte Umsatzsteuer betrug 750.000 €, das entspricht einem jährlichen Betrag in Höhe von 75.000 €. Ab dem 1. 1. 2016 wird 1/30 der Fläche für steuerfreie Umsätze verwendet, so dass sich eine Korrektur in Höhe von 2.500 € ergibt.

	1/10	abziehbar	Bisher abziehbar	Berichtigung
1. 1. – 31. 12. 2007	75.000	75.000	75.000	0
1. 1. – 31. 12. 2008	75.000	75.000	75.000	0
1. 1. – 31. 12. 2009	75.000	75.000	75.000	0
1. 1. – 31. 12. 2010	75.000	75.000	75.000	0
1. 1. – 31. 12. 2011	75.000	75.000	75.000	0
1. 1. – 31. 12. 2012	75.000	75.000	75.000	0
1. 1. – 31. 12. 2013	75.000	75.000	75.000	0
1. 1. – 31. 12. 2014	75.000	75.000	75.000	0
1. 1. – 31. 12. 2015	75.000	75.000	75.000	0
1. 1. – 31. 12. 2016	**75.000**	**72.500**	**75.000**	**– 2.500**
Summe	750.000			

Für das Jahr 2016 ergibt sich eine Umsatzsteuer-Nachzahlung in Höhe von 2.500 €, die gemäß § 44 Abs. 3 Satz 1 UStDV in der Umsatzsteuererklärung für das Jahr 2016 angegeben werden muss.

Hinweis: Eine Vorsteueraufteilung nach Umsatzschlüssel (m^2-Preis Kanzlei 15 €, Wohnung 10 €) ist unzulässig, weil der Flächenschlüssel als geeigneter gilt (§ 15 Abs. 4 Satz 3 UStG; BFH vom 22. 8. 2014 – V R 19/09, BFH/NV 2015 S. 278).

LÖSUNG

Lösung zu Fall 52 — 20 Punkte

a) Die OHG hat das Gebäude im Rahmen einer umsatzsteuerpflichtigen Lieferung erworben, weil im Notarvertrag wirksam auf die Steuerbefreiung nach § 4 Nr. 9 lit. a i. V. m. § 1 Abs. 1 Nr. 1 GrEStG verzichtet wurde, Option nach § 9 Abs. 1, Abs. 3 Satz 2 UStG. Die OHG als Leistungsempfängerin schuldet in diesem Falle die Umsatzsteuer gem. § 13b Abs. 2 Nr. 3 UStG. Gleichzeitig steht ihr grundsätzlich der Vorsteuerabzug nach § 15 Abs. 1 Satz 1 Nr. 4 UStG zu.

Wird ein Gegenstand, wie hier, nicht sofort ab dem Zeitpunkt der Anschaffung genutzt, so ist für die Frage des Vorsteuerabzugs auf die beabsichtigte Verwendung abzustellen. Die OHG beabsichtigt, das Grundstück für ihre unternehmerischen Zwecke zu nutzen und zu 100 % steuerpflichtig zu vermieten. Der OHG steht aus der Anschaffung des Grundstücks somit der Vorsteuerabzug zu. Dieser ist in der USt-Voranmeldung 7/2016 geltend zu machen (§ 16 Abs. 2 Satz 1 und § 18 Abs. 1 UStG). Der Notarvertrag gilt als Rechnung (§ 14 Abs. 1 Satz 1 UStG, § 31 Abs. 1 UStDV).

Die „Fix & Fertig GmbH“ erbringt gegenüber der OHG zwei getrennt voneinander zu beurteilende Leistungen:

1.) Bei der Lieferung der Fenster handelt es sich um eine Werklieferung gem. § 3 Abs. 4 UStG. Denn die GmbH hat die Bearbeitung des Gebäudes übernommen und dazu selbst beschaffte Hauptstoffe, die Fenster, verwendet (Abschn. 3.8 Abs. 1 Satz 1 UStAE). Der Ort der Werklieferung richtet sich nach § 3 Abs. 7 Satz 1 UStG und befindet sich dort, wo sich das Werk zum Zeitpunkt der Verschaffung der Verfügungsmacht befindet. Gegenstand der Werklieferung sind die eingebauten Fenster und nicht lediglich die Lieferung der Fenster.

2.) Durch die Erneuerung der Decken und die Durchführung der Trockenbauarbeiten hat die GmbH gegenüber der OHG sonstige Leistungen i. S. d. § 3 Abs. 9 UStG (Werkleistungen) erbracht, da sie die Bearbeitung des Gebäudes der OHG übernommen hat, ohne dazu selbst beschaffte Hauptstoffe zu verwenden (Abschn. 3.8 Abs. 1 Satz 3 UStAE). Der Ort der Leistung richtet sich nach § 3a Abs. 3 Nr. 1 Satz 2 lit. c UStG und befindet sich ebenfalls am Ort des Grundstücks.

Werklieferung und sonstige Leistung sind steuerbar nach § 1 Abs. 1 Nr. 1 UStG. Sie sind, in Ermangelung einer Befreiungsvorschrift, auch steuerpflichtig, zu 19 % (§ 12 Abs. 1 UStG).

Die „Fix & Fertig GmbH“ hat ihren Sitz in Tschechien. Sie ist deshalb ausländischer Unternehmer i. S. d. § 13b Abs. 7 UStG. Gemäß. § 13b Abs. 2 Nr. 1 UStG entsteht die USt für die erbrachten Werklieferungen/-leistungen deshalb mit Ausstellung der Rechnung, spätestens jedoch mit Ablauf des der Leistung folgenden Kalendermonats. Die USt entsteht hier im September 2016. Sie wird jedoch nicht von der „Fix & Fertig GmbH“, sondern von der Abraham OHG geschuldet (§ 13b Abs. 2 Nr. 1 UStG). Bemessungsgrundlage ist gem. § 10 Abs. 1 Satz 1 UStG das Entgelt. Dieses beträgt hier 60.000 €, die USt beträgt folglich 11.400 €. Die OHG hat die Steuer in der Voranmeldung September 2016 anzumelden und gem. § 18 Abs. 1 Satz 1 UStG zu entrichten.

Aus der Rechnung der „Fix & Fertig GmbH“ steht der OHG kein Vorsteuerabzug zu, weil die dort ausgewiesene Umsatzsteuer von der GmbH nicht gesetzlich geschuldet wird (§ 15 Abs. 1 Satz 1 Nr. 1 UStG). Sie kann aber die Vorsteuer nach § 15 Abs. Satz 1 Nr. 4 UStG im Voranmeldungszeitraum September 2016 abziehen, die sie als Umsatzsteuer an das Finanzamt abgeführt hat.

Die „Fix & Fertig GmbH“ schuldet die zu Unrecht ausgewiesene USt gem. § 14c Abs. 1 UStG. Sie kann ihre Rechnung allerdings nach § 14c Abs. 1 Satz 2 UStG berichtigen.

b) Die Veräußerung eines Grundstücks unterliegt der Grunderwerbsteuer (§ 1 Abs. 1 Nr. 1 GrEStG). Sie ist deshalb steuerfrei nach § 4 Nr. 9a UStG. Der Unternehmer kann einen Umsatz, der nach § 4 [...] Nr. 9 Buchstabe a, [...] steuerfrei ist, als steuerpflichtig behandeln, wenn der Umsatz an einen anderen Unternehmer für dessen Unternehmen ausgeführt wird (§ 9 Abs. 1 UStG). Wird das Grundstück hingegen an einen Nichtunternehmer veräußert, kommt eine Option zur Steuerpflicht nicht in Betracht.

Die steuerfreie Veräußerung des Grundstücks stellt eine Änderung der für den ursprünglichen Vorsteuerabzug maßgebenden Verhältnisse i. S. d. § 15a UStG dar (§ 15a Abs. 8 UStG).

Der Berichtigungszeitraum bei Grundstücken beträgt 10 Jahre (§ 15a Abs. 1 Satz 2 UStG). Im Falle der Veräußerung ist die Berichtigung so vorzunehmen, als wäre das Wirtschaftsgut in der Zeit von der Veräußerung bis zum Ablauf des maßgeblichen Berichtigungszeitraums unter entsprechend geänderten Verhältnissen weiterhin für das Unternehmen verwendet worden (§ 15a Abs. 9 UStG). Es wird im vorliegenden Fall also davon ausgegangen, dass das Gebäude bis zum Ablauf des Berichtigungszeitraumes steuerfrei vermietet worden wäre. Die Berichtigung ist im Voranmeldungszeitraum 7/2017 vorzunehmen (§ 44 Abs. 3 Satz 3 UStDV).

Für die Vorsteuer aus den Anschaffungskosten des Hauses beginnt der Berichtigungszeitraum gem. § 15a Abs. 1 Satz 2 UStG mit der erstmaligen Verwendung am 1. 7. 2016, er endet am 30. 6. 2026. Bei einer steuerfreien Veräußerung zum 8. 7. 2017 ergibt sich daher folgender Berichtigungsbetrag (§ 45 UStDV):

190.000 € · $^{9}/_{10}$ =	– 171.000 €.

Für die Vorsteuer aus den eingebauten Fenstern sowie den sonstigen Bauarbeiten gilt § 15a Abs. 3 UStG (vgl. Abschn. 15a. 6 UstAE). Die eingebauten Fenster werden wesentliche Bestandteile des Gebäudes und verlieren dadurch ihre wirtschaftliche Eigenart (§§ 94 und 946 BGB).

Für diese Sachverhalte gilt dennoch ein eigener Berichtigungszeitraum. Dieser läuft vom 1. 8. 2016 bis zum 31. 7. 2026 (§ 15a Abs. 5 UStG). Er wird nicht dadurch verkürzt, dass die Fenster und die sonstigen Leistungen in ein anderes Wirtschaftsgut (hier: das Gebäude) einbezogen werden (§ 15a Abs. 5 Satz 3 UStG). Es wird wieder davon ausgegangen, dass das Gebäude bis zum Ablauf des Berichtigungszeitraumes steuerfrei vermietet worden wäre. Die Berichtigung ist im Voranmeldungszeitraum 7/2017 vorzunehmen (§ 44 Abs. 3 Satz 3 UStDV).

Es ergibt sich folgender Berichtigungsbetrag (§ 45 UStDV):

für 08/2017 – 07/2026: 11.400 € · $^{9}/_{10}$ =	10.260 €
für 07/2017: 11.400 € · $^{1}/_{10}$ · $^{1}/_{12}$ =	95 €
	– 10.355 €

LÖSUNG

Lösung zu Fall 53 — 14 Punkte

Es handelt sich um ein innergemeinschaftliches Dreiecksgeschäft gemäß § 25b UStG. Drei Unternehmer haben über denselben Gegenstand mehrere Geschäfte abgeschlossen und der Gegenstand gelangt vom ersten Lieferer an den letzten Abnehmer (§ 25b Abs. 1 Satz 1 Nr. 1 UStG). Es ist ausreichend, dass der zweite Unternehmer den Gegenstand befördert (§ 25b Abs. 1 Satz 1 Nr. 4 UStG). Die drei beteiligten Unternehmen sind in verschiedenen Mitgliedstaaten umsatzsteuerlich erfasst (§ 25b Abs. 1 Satz 1 Nr. 2 UStG). Es werden folgende Umsätze ausgeführt:

- Bei der Lieferung des ersten Unternehmers in der Reihe handelt es sich grundsätzlich um eine steuerfreie innergemeinschaftliche Lieferung in dem Mitgliedsstaat, in dem die Versendung beginnt (§ 3 Abs. 6 Satz 1 und 6 UStG).
- Der zweite Unternehmer in der Reihe hat im Mitgliedsstaat, in dem die Beförderung endet, einen innergemeinschaftlichen Erwerb (§ 1 Abs. 1 Nr. 5 i.V.m. § 1a UStG) zu besteuern. Der Ort richtet sich gemäß § 3d Satz 1 UStG danach, wo die Beförderung endet.
- Die Lieferung des zweiten Unternehmers an den letzten Abnehmer ist eine Lieferung im Inland, da im Inland die Verfügungsmacht verschafft wird. Es handelt sich um ein Reihengeschäft und nunmehr um die ruhende Lieferung, deren Ortsbestimmung sich gemäß § 3 Abs. 7 Satz 2 Nr. 2 nach dem Ende der Beförderung richtet.

Aus Vereinfachungsgründen wird die Steuerschuld für die (letzte) Inlandslieferung auf den letzten Abnehmer übertragen, da die weiteren Voraussetzungen des § 25b Abs. 2 UStG erfüllt sind. Gleichzeitig gilt auch der innergemeinschaftliche Erwerb des zweiten Unternehmers als besteuert. Er muss sich damit nicht im Bestimmungsmitgliedstaat registrieren lassen. Gemäß § 25b Abs. 5 UStG kann der letzte Abnehmer die selbst geschuldete Umsatzsteuer für die letzte Inlandslieferung unter den weiteren Voraussetzungen des § 15 UStG als Vorsteuer abziehen.

Da alle Voraussetzungen des § 25b UStG und § 14a UStG erfüllt sind, ergeben sich folgende Konsequenzen:

Die erste umsatzsteuerrechtliche Lieferung des Dupont an van Hoog ist eine Lieferung mit Warenbewegung, also eine Versendungslieferung. Der Ort der Lieferung ist Paris, da dort die Versendung beginnt. Die Lieferung ist nach französischem Umsatzsteuerrecht als innergemeinschaftliche Lieferung steuerfrei. Van Hoog bewirkt in Deutschland einen innergemeinschaftlichen Erwerb. Sofern dieser keine Rechnung mit gesondertem Steuerausweis erteilt, sondern auf die Tatsache eines innergemeinschaftlichen Dreiecksgeschäftes hinweist (§ 14a Abs. 7 UStG), gilt der Erwerb in Deutschland bereits als besteuert.

Die zweite umsatzsteuerrechtliche Lieferung des van Hoog an die Maschinenbau AG gilt als ruhende Lieferung, die der Versendungslieferung nachfolgt. Der Ort der Lieferung befindet sich dort, wo die Beförderung endet, also in Deutschland. Diese Lieferung ist daher gemäß § 1 Abs. 1 Nr. 1 UStG in Deutschland steuerbar und mangels Befreiungsvorschrift steuerpflichtig.

Nach § 25b Abs. 2 UStG ist die Maschinenbau AG Steuerschuldner. Sie ist jedoch in gleicher Weise zum Vorsteuerabzug berechtigt (§ 25b Abs. 5 UStG).

Hinweis: Für die Fallbearbeitung von innergemeinschaftlichen Dreiecksgeschäften empfiehlt es sich, anhand des Prüfungsschemas in Abschn. 25b.1 Abs. 1 UStAE vorzugehen. Abschn. 25b.1 UStAE enthält zudem zahlreiche Beispielsfälle zu dieser Thematik.

LÖSUNG

Lösung zu Fall 54 12 Punkte

Bei der Lieferung der Maschine handelt es sich um einen steuerbaren Umsatz gemäß § 1 Abs. 1 Nr. 1 UStG. Der Ort der Lieferung befindet sich gemäß § 3 Abs. 6 Satz 1 UStG in Hamburg, also im Inland. Mangels Befreiungsvorschrift des § 4 UStG handelt es sich auch um einen steuerpflichtigen Umsatz. Die Bemessungsgrundlage ergibt sich nach § 10 Abs. 1 UStG aus dem Entgelt, also dem Nettobetrag von 30.000 €. Der Steuersatz beträgt gemäß § 12 Abs. 1 UStG 19 %, so dass sich für den Voranmeldungszeitraum Mai 2016 aus diesem Vorgang eine USt-Schuld in Höhe von 5.700 € ergibt. Die Umsatzsteuer entsteht mit Ablauf des Monats Mai 2016 und ist gemäß § 18 Abs. 1 UStG zum 10. 6. 2016 an das zuständige Finanzamt zu entrichten.

Die Sicherungsübereignung des Transporters ist zunächst umsatzsteuerrechtlich unbeachtlich, da gemäß Abschn. 1.2 Abs. 1 UStAE erst im Zeitpunkt der Verwertung des übereigneten Gegenstands ein steuerbarer Umsatz vorliegt. Die Verwertung vollzieht sich im September, als die Maschinenbau AG von ihrem Verwertungsrecht Gebrauch macht. Bei dem Verkauf an die Abraham OHG handelt es sich um eine steuerbare Lieferung gemäß § 1 Abs. 1 Nr. 1 UStG, da der Ort nach § 3 Abs. 6 Satz 1 UStG im Inland liegt. Diese Lieferung ist mangels Befreiungsvorschrift des § 4 UStG steuerpflichtig. Die Bemessungsgrundlage ergibt sich nach § 10 Abs. 1 UStG aus dem Entgelt, also dem Betrag von 29.750 € abzüglich der Umsatzsteuer. Der Steuersatz beträgt nach § 12 Abs. 1 UStG 19 %, so dass sich für den Voranmeldungszeitraum September 2016 aus diesem Vorgang eine USt-Schuld von 4.750 € ergibt. Die Umsatzsteuer entsteht mit Ablauf des Monats September 2016 und ist gemäß § 18 Abs. 1 UStG zum 12. 10. 2016 (§ 108 Abs. 3 AO) an das zuständige Finanzamt zu entrichten.

Zeitgleich handelt es sich gemäß Abschn. 1.2 Abs. 1 Satz 2 UStR auch um eine Lieferung der Müller KG an die Maschinenbau AG. Die Ortsbestimmung richtet sich nach dem Ort der Lieferung des Transporters (siehe oben). Nach § 13b Abs. 2 Nr. 2 UStG ist die Maschinenbau AG Steuerschuldnerin für die USt im Zusammenhang mit dieser Lieferung des sicherungsübereigneten Gegenstandes durch den Sicherungsgeber an den Sicherungsnehmer außerhalb des Insolvenzverfahrens (Verwertung des Transporters am 7. 9. 2016, Eröffnung des Insolvenzverfahrens am 17. 9. 2016). Die Umsatzsteuer in Höhe von 4.750 € entsteht mit Ausstellen der Rechnung, spätestens mit Ablauf des der Lieferung folgenden Kalendermonats (§ 13b Abs. 2 UStG). Gleichzeitig hat die Maschinenbau AG einen Vorsteuerabzug von ebenfalls 4.750 € (§ 15 Abs. 1 Satz 1 Nr. 4 UStG). Die Müller KG darf den Umsatzsteuerbetrag nicht in Rechnung stellen, vielmehr hat sie in der Rechnung auf die Steuerschuldnerschaft der Maschinenbau AG hinzuweisen (§ 14a Abs. 5 UStG).

Für den Voranmeldungszeitraum September 2016 ist gemäß § 17 Abs. 2 Nr. 1 UStG die Umsatzsteuerschuld für den Verkauf der Maschine vom 11. 5. 2016 um 950 € zu korrigieren. Die Bemessungsgrundlage bezieht sich auf die Differenz zwischen Forderungsbetrag und Bruttoverkaufspreis und beträgt 5.950 €. Dieser restliche Forderungsbetrag ist derzeit nicht einlösbar und daher Bestandteil des Insolvenzverfahrens. Gemäß Abschn. 17.1 Abs. 5 Satz 5 UStAE gelten mit Beginn des Insolvenzverfahrens die Forderungen als uneinbringlich im Sinne des § 17 Abs. 2 Nr. 1 UStG. Daher erfolgt bereits die Korrektur im September 2016.

Nach Abschluss des Insolvenzverfahrens ergibt sich eine Insolvenzquote von 25 %, was für die AG einen Zahlungseingang in Höhe von 1.487,50 € bedeutet. Gemäß § 17 Abs. 2 Nr. 1 Satz 2 UStG ergibt sich eine Erhöhung der Bemessungsgrundlage, wenn der Betrag vereinnahmt wird, d. h. in den Herrschaftsbereich des Unternehmens gelangt. Dieses ist im Dezember 2016 geschehen.

Folglich entsteht eine neue USt-Schuld in Höhe von 237,50 € mit Ablauf des Monats Dezember 2016, die gemäß § 18 Abs. 1 UStG zum 11. 1. 2017 (§ 108 Abs. 3 AO) an das zuständige Finanzamt zu entrichten ist.

LÖSUNG

Lösung zu Fall 55 — 22 Punkte

1. Die Maschinenbau AG kauft eine neue Maschine und verkauft eine gebrauchte Maschine, die zu einem überhöhten Preis in Zahlung genommen wird. Es handelt sich um einen Tausch mit Baraufgabe gemäß § 3 Abs. 12 UStG. Da ein höherer Betrag für die gebrauchte Maschine vereinbart worden ist als ihr gemeiner Wert, liegt in der Differenz ein verdeckter Preisnachlass, der laut Abschn. 10.5 Abs. 4 UStAE das Entgelt entsprechend mindert.

   Die Maschinenbau AG verkauft die gebrauchte Maschine. Es liegt eine im Inland (§ 3 Abs. 6 Satz 1 UStG) steuerbare Lieferung gemäß § 1 Abs. 1 Nr. 1 UStG vor. Mangels Steuerbefreiung ist die Lieferung steuerpflichtig mit einem Umsatzsteuersatz von 19 % (§ 12 Abs. 1 UStG). Die Bemessungsgrundlage ermittelt sich nach § 10 Abs. 2 Satz 2 und 3 UStG wie folgt:

Gemeiner Wert der Gegenleistung	595.000 €
Abzüglich Barzahlung	416.500 €
Summe	178.500 €
Abzüglich Umsatzsteuer	28.500 €
Bemessungsgrundlage	150.000 €

   Die Maschinenfabrik Bröge führt ebenfalls eine im Inland steuerbare und steuerpflichtige Lieferung durch (Begründung wie oben). Da ein höherer Gegenwert für die gebrauchte Maschine vereinbart worden ist, handelt es sich um einen verdeckten Preisnachlass. Die Bemessungsgrundlage in Form des Entgelts ermittelt sich wie folgt:

Restzahlung laut Abrechnung	416.500 €
Tatsächlicher gemeiner Wert der Maschine	142.800 €
Verkaufspreis brutto für die neue Maschine	559.300 €
Darin enthalten 19 % USt	89.300 €
Entgelt gemäß § 10 Abs. 2 Satz 2 UStG	470.000 €

   Die Umsatzsteuer entsteht nach § 13 Abs. 1 Nr. 1a UStG jeweils mit Ablauf des Voranmeldungszeitraums, in dem die Lieferung erfolgt ist.

Die Maschinenfabrik Bröge hat die Umsatzsteuer zu hoch ausgewiesen (§ 14c Abs. 1 UStG, Abschn. 10.5 Abs. 5 UStAE) und schuldet den in Rechnung gestellten Betrag in Höhe von 95.000 €. Der Maschinenbau AG steht dagegen nur hinsichtlich des geschuldeten Betrages von 89.300 € (470.000 · 19 %) der Vorsteuerabzug zu (Abschn. 15.2 Abs. 3 Satz 11 UStAE).

2. Bei der Lieferung aus Japan handelt es sich um eine steuerbare Einfuhr gemäß § 1 Abs. 1 Nr. 4 UStG, die mangels Befreiungsvorschrift des § 4 UStG steuerpflichtig ist. Die Bemessungsgrundlage richtet sich gemäß § 11 Abs. 1 UStG nach dem Wert der eingeführten Waren sowie gemäß § 11 Abs. 3 Nr. 3 UStG nach den Beförderungskosten. Die Bemessungsgrundlage beträgt daher 4.150 € und die Umsatzsteuer gemäß § 12 Abs. 1 UStG 19 % = 788,50 €. Darüber hinaus ist diese EUSt gemäß § 15 Abs. 1 Nr. 2 UStG als Vorsteuer abziehbar, weil die Abraham OHG den eingeführten Gegenstand für das eigene Unternehmen verwendet.

   Bei der Lieferung des Fernsehers an die Mitarbeiterin handelt es sich um eine im Inland (§ 3 Abs. 6 Satz 1 UStG) ausgeführte Lieferung (§ 3 Abs. 1 UStG, Abschn. 1.8 Abs. 1 Satz 6 UStAE). Der steuerbare Umsatz gemäß § 1 Abs. 1 Nr. 1 UStG ist mangels Befreiungsvorschrift steuerpflichtig. Es stellt sich die Frage der Bemessungsgrundlage:

   Da Frau Gerkowski einen Bruttobetrag in Höhe von 4.926,60 € entrichtet hat, ergibt sich gemäß § 10 Abs. 1 UStG eine Bemessungsgrundlage in Höhe von 4.140 €.

   Bei verbilligten Lieferungen an Mitarbeiter ist darüber hinaus die sog. Mindestbemessungsgrundlage nach § 10 Abs. 5 Nr. 2 i.V. m. Abs. 4 UStG zu prüfen. Sie ermittelt sich aus dem Einkaufspreis zzgl. Nebenkosten. Die Umsatzsteuer gehört dabei nicht zur Bemessungsgrundlage (§ 10 Abs. 4 Satz 2 UStG). Die Mindestbemessungsgrundlage beträgt:

Einkaufspreis	3.800 €
Nebenkosten	350 €
Summe	4.150 €

   Da die Mindestbemessungsgrundlage die Bemessungsgrundlage des § 10 Abs. 1 UStG übersteigt, ist die Mindestbemessungsgrundlage der Umsatzsteuer zu unterwerfen. Der Steuersatz beträgt nach § 12 Abs. 1 UStG 19 %.

   Die an das Finanzamt anzumeldende und abzuführende Umsatzsteuer beträgt 788,50 €. Die Umsatzsteuer entsteht gemäß § 13 Abs. 1 Nr. 1a UStG mit Ablauf des November 2016 und ist bis zum 10. 12. 2016 zahlbar.

3. Bei den Zahlungen durch die Abraham OHG anlässlich des Betriebsjubiläums handelt es sich um betrieblich veranlasste Aufwendungen, die einkommensteuerrechtlich abzugsfähig sind. Zu prüfen ist jedoch, inwieweit derartige Vorgänge steuerbare Umsätze auslösen. Es handelt sich um eine unentgeltliche Leistung des Unternehmens an seine Mitarbeiter im Zusammenhang mit dem Dienstverhältnis. Insofern sind die Voraussetzung des § 3 Abs. 9a Nr. 2 UStG erfüllt, so dass die unentgeltliche Leistung einer Leistung gegen Entgelt gleichgestellt wird, die in Abschn. 1.8 Abs. 2 Satz 1 UStAE näher erläutert wird. Der Ort bestimmt sich nach § 3f UStG dort, wo das Unternehmen der OHG betrieben wird, also Inland. Die Abraham OHG führt steuerbare Leistungen im Sinne des § 1 Abs. 1 Nr. 1 UStG aus.

Leistungen, die überwiegend durch das betriebliche Interesse des Arbeitgebers veranlasst und daher nicht steuerbar sind, liegen nicht vor. Die Brutto-Aufwendungen je Arbeitnehmer bei der Betriebsveranstaltung liegen oberhalb der Grenze von 110 € (Abschn. 1.8 Abs. 4 Nr. 6 UStAE). Der Betrag errechnet sich für jeden Besucher in Höhe von (71.400 € / 400 Besucher =) 178,50 €. Mangels Befreiungsvorschrift des § 4 UStG ist der Umsatz steuerpflichtig. Die Bemessungsgrundlage ergibt sich nach § 10 Abs. 4 Nr. 3 UStG aus den bei der Ausführung des Umsatzes entstandenen Nettokosten, also 60.000 €, was dazu führt, dass die Umsatzsteuer gemäß § 12 Abs. 1 UStG insgesamt 11.400 € beträgt.

Sie entsteht gemäß § 13 Abs. 1 Nr. 2 UStG mit Ablauf des Juni 2016.

Gleichzeitig besteht für die Abraham OHG die Möglichkeit des Vorsteuerabzugs gemäß § 15 Abs. 1 UStG aus den Eingangsrechnungen. Voraussetzung hierfür ist u. a., dass ordnungsgemäße Rechnungen i. S. von § 14 UStG vorliegen.

LÖSUNG

Lösung zu Fall 56 — 24 Punkte

1. Der Erwerb der 20 Container stellt einen innergemeinschaftlichen Erwerb nach § 1 Abs. 1 Nr. 5 i. V. m. § 1a UStG dar. Der Ort liegt nach § 3d Satz 1 UStG im Inland, da sich der Gegenstand dort am Ende der Beförderung befindet. Der Warenbezug ist daher im Inland steuerbar. Es stellt sich die Frage nach der Steuerpflicht, zumal die erworbenen Waren sofort weiterverkauft werden.

   Acht Container in die Schweiz: Die Gegenstände des innergemeinschaftlichen Erwerbs gelangen durch die Weiterlieferung ins Drittland. Gemäß § 4b Nr. 4 UStG ist dieser Erwerb steuerfrei, da für die Weiterlieferung der Vorsteuerabzug gemäß § 15 Abs. 3 Nr. 1a UStG möglich gewesen wäre (steuerfreie Ausfuhrlieferung nach § 4 Nr. 1a i. V. m. § 6 UStG).

   Acht Container nach Dänemark: steuerfrei nach § 4b Nr. 4 UStG; hier gelangt der Gegenstand in einen anderen Mitgliedstaat (steuerfreie innergemeinschaftliche Lieferung nach § 4 Nr. 1b i. V. m. § 6a UStG).

   Container nach Deutschland: Es liegt ein Weiterverkauf im Inland vor, der gemäß § 1 Abs. 1 Nr. 1 UStG steuerbar und mangels Befreiungsvorschrift steuerpflichtig ist. Somit ist 4/20 des ursprünglichen Rechnungsbetrags des innergemeinschaftlichen Erwerbs steuerpflichtig.

   Die Umsatzsteuer entsteht nach § 13 Abs. 1 Nr. 6 UStG mit Ausstellen der Rechnung, spätestens jedoch mit Ablauf des dem Erwerb folgenden Kalendermonats.

2. Die Lieferung an den Kunden Haffskjold ist nicht zur Ausführung gekommen, weil der Erfüllungsgehilfe der Abraham OHG dem Käufer die Verfügungsmacht nicht verschaffen konnte. Es liegt deshalb bereits begriffsmäßig keine Lieferung gem. § 3 Abs. 1 UStG vor. Ein Ort ist daher nach § 3 Abs. 6 bzw. 7 UStG nicht zu bestimmen. Es handelt sich um keinen in Deutschland steuerbaren Umsatz.

Stefan Boisen verschaffte jedoch die Verfügungsmacht an das benachbarte Unternehmen. Insoweit führte die Abraham OHG eine Lieferung nach § 3 Abs. 1 UStG im Rahmen des Unternehmens gegen Entgelt aus.

Es handelt sich trotzdem nicht um einen in Deutschland steuerbaren Umsatz, da der Ort der Lieferung sich gemäß § 3 Abs. 6 UStG in Norwegen befindet. Die Lieferung an den neuen Abnehmer wird dort ausgeführt, wo die Warenbewegung an den neuen Abnehmer beginnt (vgl. den genauen Wortlaut des § 3 Abs. 6 Satz 1 UStG).

Hinweis: Sieht man den Transport nach Norwegen als Teil der Beförderung an Dahl an, wäre die Lieferung in Deutschland steuerbar, aber als Ausfuhrlieferung steuerfrei (§ 4 Nr. 1a i.V.m. § 6 UStG).

LÖSUNG

Lösung zu Fall 57 — 12 Punkte

1. Bei der vergünstigten Miete handelt es sich um einen steuerbaren Sachbezug gemäß § 8 Abs. 2 EStG (vgl. auch R 8.1 Abs. 6 LStR).

   Dabei errechnet sich der geldwerte Vorteil als Differenz der ortsüblichen Miete zur tatsächlich gezahlten Miete.

   Für jeden Angestellten ergibt sich jeweils folgender monatlicher geldwerter Vorteil je Wohnung:

Sachbezugswert der Wohnung	500 €
Zahlung	– 300 €
geldwerter Vorteil je Wohnung	200 €

2. Bei den Mittagsmahlzeiten handelt es sich um Waren, die überwiegend für den Bedarf der Mitarbeiter hergestellt werden. Die entsprechende Bewertung erfolgt daher nach § 8 Abs. 2 Satz 6 EStG i.V.m. R 8.1 Abs. 7 Nr. 1 LStR bzw. § 2 SvEV. Die Bewertung orientiert sich an dem Sachbezugswert für eine Kantinenmittagsmahlzeit in Höhe von 3,10 € (BMF vom 9. 12. 2015, BStBl 2016 I S. 1057). Der eigentliche Wert der Mahlzeit bleibt dabei außer Ansatz. Für jeden Mitarbeiter ergibt sich jeweils folgender geldwerter Vorteil je Mahlzeit:

Sachbezugswert der Mahlzeit	3,10 €
Zahlung	– 2,50 €
geldwerter Vorteil je Mahlzeit	0,60 €

   Eine Lohnsteuerpauschalierung nach § 40 Abs. 2 Nr. 1 EStG mit 25 % zuzüglich Annexsteuern kann in Betracht kommen. Schuldner der pauschalen Lohnsteuer ist der Arbeitgeber (§ 40 Abs. 3 Satz 2 EStG).

Eine Abwälzung auf den Arbeitnehmer ist möglich; sie wirkt sich auf die Pauschalierungshöhe allerdings nicht mehr aus (§ 40 Abs. 3 Satz 2 letzter HS). Sofern die Pauschalierung durchgeführt wird, scheidet die Erfassung eines geldwerten Vorteils in der Lohnabrechnung des begünstigten Arbeitnehmers aus.

§ 37b EStG ist hier nicht anwendbar (vgl. § 37b Abs. 2 Satz 2 EStG).

3. Die Eintrittsermäßigung ist nach Auffassung der Finanzverwaltung keine Zuwendung des Arbeitgebers (BMF-Schreiben vom 20. 1. 2016, BStBl 2016 I S. 143), sondern eines Dritten. Der Arbeitgeber selbst ist nicht eingeschaltet. Somit liegt bei den Arbeitnehmern kein steuerbarer Arbeitslohn vor, weil die Ermäßigung nicht aus dem Dienstverhältnis zufließt. Die Voraussetzung des § 2 LStDV ist nicht erfüllt.

4. Die Aussperrungsunterstützung ist keine Zuwendung des Arbeitgebers, sondern eines Dritten. Somit liegt bei den Arbeitnehmern kein steuerbarer Arbeitslohn vor, weil die Zahlung nicht aus dem Dienstverhältnis zufließt (BFH, Urteil vom 24. 10. 1990 – X R 161/88, BStBl 1991 II S. 337). Daher ist die Voraussetzung des § 2 LStDV nicht erfüllt.

5. Betriebsveranstaltungen führen zu steuerpflichtigem Arbeitslohn (§ 19 Abs. 1 Satz 1 Nr. 1a EStG). Der steuerpflichtige geldwerte Vorteil kann nach § 40 Abs. 2 Nr. 2 EStG mit 25 % pauschal versteuert werden.

   § 37b EStG ist hier nicht anwendbar (vgl. § 37b Abs. 2 Satz 2 EStG).

   Zuwendungen an nicht im Unternehmen beschäftigte Ehegatten eines Arbeitnehmers werden dem Arbeitnehmer selbst zugerechnet (§ 19 Abs. 1 Satz 1 Nr. 1a Satz 2 EStG). Damit wird bei 20 Arbeitnehmern die 110 €-Grenze überschritten, da ihnen der geldwerte Vorteil des Ehegatten zugerechnet wird. Denn i. H. v. 110 € besteht ein Freibetrag für bis zu 2 Veranstaltungen pro Jahr, § 19 Abs. 1 Satz 1 Nr. 1a Satz 3 ff. EStG.

Berechnung:

10.710 € : 100 = 107,10 €/Person · 2 = (214,20 € – 110,00 €) = 104,20 € · 20 Arbeitnehmer = 2.084,00 €. Auf 2.084,00 € ist pauschale Lohnsteuer von 25 % nebst Annexsteuer zu zahlen. Unerheblich ist, dass die Betriebsveranstaltung über mehrere Tage andauert (R 19.5 Abs. 3 Satz 2 LStR).

LÖSUNG

Lösung zu Fall 58 — 16 Punkte

Gemäß § 8 Abs. 2 Sätze 2 bis 4 EStG und R 8.1 Abs. 9 LStR ergeben sich zwei Möglichkeiten der Ermittlung der Bemessungsgrundlage aus einer Dienstwagengestellung:

1. 1 %-Regelung (§ 8 Abs. 2 Satz 2 und 3 EStG; R 8.1 Abs. 9 Nr. 1 LStR): **Pauschale Wertermittlungsmethode**

2. Fahrtenbuchmethode (§ 8 Abs. 2 Satz 4 EStG; R 8.1 Abs. 9 Nr. 2 LStR): **Individuelle Wertermittlungsmethode**

Der sich nach den verschiedenen Bewertungsmethoden ergebende geldwerte Vorteil kann entweder nach den Merkmalen der Lohnsteuerkarte oder bezüglich der Fahrten zwischen Wohnung und Arbeitsstätte nach § 40 Abs. 2 Satz 2 EStG pauschal mit 15 % versteuert werden. Schuldner der pauschalen Lohnsteuer ist der Arbeitgeber; § 40 Abs. 3 EStG. Bei Vornahme der Pauschalierung scheidet für den Arbeitnehmer ein Werbungskostenabzug aus. Der Höhe nach ist die Lohnsteuerpauschalierung doppelt beschränkt: auf den Betrag, der dem Arbeitnehmer als geldwerter Vorteil für die Fahrt zwischen Wohnung und Arbeitsstätte hinzugerechnet wurde, und auf den, den der Arbeitnehmer maximal als Werbungskosten für Fahrten zwischen Wohnung und Arbeitsstätte geltend machen konnte.

Da Mees dem höchsten Einkommensteuersatz unterliegt und der mögliche pauschale Steuersatz 15 % beträgt, muss es das Ziel sein, eine Methode zu finden, bei der der pauschale Anteil möglichst hoch ist.

1. Pauschale Wertermittlungsmethode:

   a) Bemessungsgrundlage ohne Pauschalversteuerung

Privater Nutzungswert je Monat	
(45.000 + 19 % Umsatzsteuer: 53.550 € · 1 % =)	535,50 €
	535,00 €

   Der inländische Listenpreis im Zeitpunkt der Erstzulassung versteht sich inklusive Sonderausstattung und Umsatzsteuer. Er ist auf volle hundert € abzurunden. Als Sonderausstattung ist auch der Wert für das werkseitig eingebaute Navigationssystem zu erfassen (BFH-Urteil vom 16. 2. 2005, BStBl 2005 II S. 563).

   Nach Erstzulassung eingebaute Sonderausstattung erhöht nicht den Bruttolistenpreis und führt somit nicht zu einem höheren geldwerten Vorteil (BFH-Urteil v. 13. 10. 2010, BStBl 2012 II S. 361).

Fahrten zwischen Wohnung und Arbeitsstätte	
0,03 % von 53.550 € · 50 km	803,00 €
Geldwerter Vorteil pro Monat	1.338,00 €
= Zugang zum lohnsteuerpflichtigen Arbeitslohn	

b) Bemessungsgrundlage mit Pauschalversteuerung der Fahrten zwischen Wohnung und Arbeitsstätte

Privater Nutzungswert je Monat (53.550 € · 1 % =)	535,00 €
Fahrten zwischen Wohnung und Arbeitsstätte	
0,03 % von 53.550 € · 50 km	803,00 €
Pauschalierungsfähig von 0,30 € · 50 km · 15 Tage	
(15 Arbeitstage werden angenommen; R 40.2 Abs. 6 Nr. 1b LStR)*	– 225,00 €
Geldwerter Vorteil pro Monat, der individuell lohnsteuerpflichtig ist:	1.113,00 €
= Zugang zum lohnsteuerpflichtigen Arbeitslohn	

Die Kostendeckelungsmethode (maximal darf die Höhe der Gesamtkosten für das Fahrzeug angesetzt werden) kommt insoweit nicht zur Anwendung.

* Hinweis: Der Pauschalierung und der Ermittlung des geldwerten Vorteils kann die Zahl der Arbeitstage zu Grunde gelegt werden, an denen tatsächlich der Pkw zu Fahrten zwischen Wohnung und Arbeitsstätte genutzt wurde.

2. Individuelle Wertermittlungsmethode:
   a) Bemessungsgrundlage ohne Pauschalversteuerung

Gesamtkosten des Fahrzeugs:	20.000 €	
Gesamtfahrleistung:	80.000 km	
Kilometersatz:	0,25 €	
Private Fahrten 0,25 € · 25.000 km		6.250 €
Fahrten zwischen Wohnung und Arbeitsstätte 0,25 € · 20.000 km		5.000 €
Gesamt p. a.		11.250 €
monatlicher Vorteil		937,50 €
= Zugang zum lohnsteuerpflichtigen Arbeitslohn		

   b) Bemessungsgrundlage mit Pauschalversteuerung der Fahrten zwischen Wohnung und Arbeitsstätte

Gesamtkosten des Fahrzeugs:	20.000 €	
Gesamtfahrleistung:	80.000 km	
Kilometersatz:	0,25 €	
Private Fahrten 0,25 € · 25.000 km		6.250 €
Fahrten zwischen Wohnung und Arbeitsstätte 0,25 € · 20.000 km		5.000 €
Gesamt p. a.		11.250 €

monatlicher Vorteil	937,50 €
Pauschalierungsfähig nach § 40 Abs. 2 Satz 2 EStG – Wege zwischen Wohnung und Arbeitsstätte: 0,30 € · 50 km · 15 Tage	– 225,00 €
(15 Arbeitstage werden angenommen; R 40.2 Abs. 6 Nr. 1b LStR)	
maximal pauschalierbar: 5.000 € / 12 =	416,67 €
Geldwerter Vorteil pro Monat	712,50 €
= Zugang zum individuell lohnsteuerpflichtigen Arbeitslohn	

Fazit:

Die Möglichkeit Nr. 2b (mit Lohnsteuerpauschalierung zu Lasten des Arbeitgebers) führt zum günstigsten Ergebnis. Sie kann jedoch nur bei ordnungsgemäßem Fahrtenbuch angewendet werden, § 8 Abs. 2 Satz 4 EStG.

LÖSUNG

Lösung zu Fall 59 — 12 Punkte

Unter Reisekosten fallen Fahrtkosten, Verpflegungsmehraufwendungen, Übernachtungskosten und Reisenebenkosten (R 9.4 Abs. 1 Satz 1 LStR). Eine steuerfreie Erstattung ist nach § 3 Nr. 16 EStG möglich. Übersteigen die betrieblich erstatteten Beträge den steuerfreien Betrag, kann hinsichtlich der überzahlten Tagegelder eine Lohnsteuerpauschalierung nach § 40 Abs. 2 Nr. 4 EStG in Betracht kommen.

Fahrtkosten können grundsätzlich mit den tatsächlichen Kosten (hilfsweise mit den im Verwaltungswege festgelegten Pauschalen) steuerfrei erstattet werden, § 9 Abs. 1 Satz 3 Nr. 4a EStG. Verpflegungsmehraufwendungen können gemäß § 9 Abs. 4a EStG nur mit den Pauschsätzen berücksichtigt werden. Eine Abrechnung nach Einzelkosten, die während der Auswärtstätigkeit angefallen sind, ist steuerrechtlich nicht möglich. Die Staffelung richtet sich nach der Abwesenheitsdauer und dem Reisetag. Der Verpflegungskostenpauschbetrag beträgt bei Inlandsreisen:

- bei einer Abwesenheit von 24 Stunden — 24 €
- bei einer Abwesenheit von weniger als 24, aber mind. 8 Stunden bei Rückkehr nach Hause am selben Tag; bei An- und Abreisetag — 12 €

5. 5. 2016	
Fahrtkosten § 9 Abs. 1 Satz 3 Nr. 4a Satz 2 EStG	
24 km · 2 · 0,30 € (H 9.5 (1) „pauschale Kilometersätze" LStH)	14,40 €
Verpflegungsmehraufwand	
(Abwesenheitsdauer: 8 $^1/_2$ Stunden bei gleichzeitiger Rückkehr zur Wohnung)	12,00 €
	26,40 €
4. 6. – 5. 6. 2016	
Fahrtkosten	
305 km · 2 · 0,30 €	183,00 €
Verpflegungsmehraufwand	
(2 Tage – An- und Abreisetag á 12,00 €):	24,00 €
abzüglich pauschal	
für Frühstück (24 · 20 % =)	– 4,80 €
(§ 9 Abs. 4a Satz 8 Nr. 1 EStG)	
Übernachtung § 9 Abs. 1 Satz 3 Nr. 5a EStG:	
tatsächliche Kosten (Hotelrechnung)	204,80 €
Parkplatz R 9.8 Abs. 1 Nr. 3 LStR	35,00 €
	442,00 €
3. 8. 2016	
Fahrtkosten	
120 km · 2 · 0,30 €	72,00 €
Verpflegungsmehraufwand (Abwesenheit: 16 Stunden)	12,00 €
	84,00 €
8. 10. – 9. 10. 2016	
Fahrtkosten	
75 km · 2 · 0,30 €	45,00 €
Verpflegungsmehraufwand	
Dem 9. 10. 2016 ist die gesamte Abwesenheitsdauer zuzurechnen.	
(Mitternachtsregelung; BMF vom 24. 10. 2015, BStBl 2015 I S. 1412, Rz. 46)	12,00 €
	57,00 €
Gesamtbetrag	603,40 €

Hinweis: Das steuerliche Reisekostenrecht wurde mit Wirkung ab 1. 1. 2015 gesetzlich in § 9 EStG geregelt. Die Finanzverwaltung hat mit Schreiben vom 24. 10. 2015 (BStBl 2015 I S. 1412) umfassend Stellung genommen.

LÖSUNG

Lösung zu Fall 60 — 15 Punkte

1. Zuschläge für Nachtarbeit gemäß § 3b EStG

   Aus dem laufenden Arbeitslohn ergibt sich bei einer Arbeitszeit von (4 · 8 Std. + 8 · 8 Std. + 8 · 8 Std. =) 160 Std. ein Stundenlohn in Höhe von 20 €. Dieser Grundlohn übersteigt den für § 3b EStG ansetzbaren Höchstgrundlohn von 50 € gem. § 3b Abs. 2 Satz 1 EStG nicht.

   Es liegt Nachtarbeit nur in der Zeit von 20 Uhr bis 6 Uhr vor.

   Der steuerfreie Zuschlagsatz beträgt:

4 Tage Arbeit von 22 Uhr bis 6 Uhr	
für die Zeit von 22 Uhr bis 24 Uhr und von 4 Uhr bis 6 Uhr: 25 %	
4 Tage · 4 Stunden	16 Stunden
für die Zeit von 24 Uhr bis 4 Uhr: 40 %	
4 Tage · 4 Stunden	16 Stunden
8 Tage Arbeit von 6 Uhr bis 14 Uhr	
kein Anspruch auf steuerfreie Zuschläge	
8 Tage Arbeit von 14 Uhr bis 22 Uhr	
für die Zeit von 20 Uhr bis 22 Uhr: 25 %	
8 Tage · 2 Stunden	16 Stunden

   Es ergeben sich folgende steuerfreie Zuschläge:

32 Stunden · 20 € Grundlohn · 25 %	160 €
16 Stunden · 20 € Grundlohn · 40 %	128 €
steuerfreie Zuschläge	288 €
steuerpflichtiger Arbeitslohn (3.800 € – 288 € =)	3.512 €

2. Geburtsbeihilfe — + 300 €

   Seit 1. 1. 2006 sind Behilfen für Heirat und Geburt steuerpflichtig (Wegfall § 3 Nr. 15 EStG).

3. Erstattung von Kontoführungsgebühren — + 10 €

   Es handelt sich bei Erstattungszahlungen für Kontoführungsgebühren um steuerbaren und steuerpflichtigen Arbeitslohn (kein § 3 Nr. 16 EStG).

4. Belohnung — + 500 €

   Gemäß § 2 LStDV gehören auch derartige Zahlungen uneingeschränkt zum steuerpflichtigen Arbeitslohn.

5. Jubiläumszuwendung + 1.500 €

   Die Steuerfreibeträge für Jubiläumszuwendungen sind durch das Steuerentlastungsgesetz 1999/2000/2002 mit Wirkung ab 1.1.1999 aufgehoben worden. Es liegt ein lohnsteuerpflichtiger sonstiger Bezug vor. Dieser sonstige Bezug ist nach der Fünftelungsregelung auch bereits im Lohnsteuerabzugsverfahren zu besteuern (vgl. H 39b (6) „Fünftelregelung" LStH und BMF-Schreiben v. 10.1.2000, BStBl 2000 I S. 138).

6. Urlaubsgeld + 400 €

   Gemäß § 2 LStDV gehört Urlaubsgeld uneingeschränkt zum steuerpflichtigen Arbeitslohn. Es liegt ein sonstiger Bezug vor.

7. Kaffeeautomat 0 €

   Die Aufstellung eines Kaffeeautomaten sorgt für eine Verbesserung der Arbeitsbedingungen, stellt jedoch keinen steuerbaren Arbeitslohn dar.

Steuerpflichtiger Arbeitslohn insgesamt lt. Prüfung 6.222 €

LÖSUNG

Lösung zu Fall 61 — 12 Punkte

1. Die Gesellschafterin Uta Johannsen bezieht als Gesellschafterin (Mitunternehmerin) der Abraham OHG gemäß § 15 Abs. 1 Nr. 2 EStG Einkünfte aus Gewerbebetrieb und somit keinen Arbeitslohn gemäß § 19 EStG. Diese Einkünfte unterliegen nicht dem Lohnsteuerabzugsverfahren.

2. Gemäß § 8 Abs. 1 EStG und R 19.3 LStR sind Einnahmen alle Güter, die in Geld oder in Geldeswert bestehen. Dabei kann die Leistung an den Arbeitnehmer gemäß § 19 Abs. 1 Satz 2 EStG auch auf freiwilliger Basis beruhen. Daher liegt sowohl hinsichtlich der Reisegutscheine (Sachzuwendung; zur Bewertung vgl. R 8.1 Abs. 2 LStR) wie auch hinsichtlich des Taschengeldes (Barlohn) ein steuerpflichtiger Arbeitslohn vor. Die 44 €-Freigrenze, die auf einzeln zu bewertende Sachbezüge zur Anwendung kommt, ist überschritten (§ 8 Abs. 2 Satz 9 EStG).

   Reisegutscheine: Die Reisegutscheine stellen Sachbezüge dar, die einzeln für sich zu bewerten sind, und zwar gemäß § 8 Abs. 2 EStG i.V.m. R 8.1 Abs. 2 Satz 1-4 LStR mit den um die üblichen Preisnachlässe geminderten Endpreis des Abgabeorts. Da die Reisegutscheine den üblichen Endpreis beinhalten, sind sie gemäß R 8.1 Abs. 2 Satz 9 LStR mit 96 % vom Kaufpreis anzusetzen. Der Ansatz beläuft sich daher auf 4.800 €. Es ist eine Pauschalversteuerung i.H.v. 30 % nach § 37b EStG möglich.

   Taschengeld: Bei dem Taschengeld handelt es sich um eine Barzuwendung und ist deshalb gemäß § 8 Abs. 1 EStG mit dem Nennwert anzusetzen. Höhe: 1.000 €. Eine Pauschalversteuerung nach § 37b EStG ist nicht möglich, da eine Geldzuwendung vorliegt.

3. Einnahmen aus der Nebentätigkeit des Arbeitnehmers, die er im Rahmen des Dienstverhältnisses für denselben Arbeitgeber leistet, sind Arbeitslohn, wenn es sich bei dieser Tätigkeit

gemäß H 19.2 LStH um einen Auftrag des Arbeitgebers handelt. Dieses ist in diesem Sachverhalt gegeben, daher handelt es sich bei den 10.000 € um steuerpflichtigen Arbeitslohn.

4. Der verbilligte Verkauf des Fahrzeugs durch die OHG an Nicole Petersen erfolgt aufgrund ihrer Eigenschaft als Arbeitnehmerin des Unternehmens. Daher liegt in Höhe der für die Arbeitnehmerin ersparten Aufwendungen steuerpflichtiger Arbeitslohn vor. Für die Besteuerung von Sachbezügen ist deren Geldwert zu bestimmen. Dieser ergibt sich gemäß § 8 Abs. 2 EStG i.V. m. R 8.1 Abs. 2 LStR folgendermaßen:

Wert laut Schwacke-Liste	20.000 €
19 % Umsatzsteuer	3.800 €
Endpreis	23.800 €
Von Nicole Petersen gezahlter Preis	17.850 €
Geldwerter Vorteil	5.950 €

Der Händlereinkaufspreis ist nicht maßgebend (BFH-Urteil vom 17. 6. 2005, BStBl 2005 II S. 795).

LÖSUNG

Lösung zu Fall 62 — 20 Punkte

a) Zuschläge (§ 3b EStG)

Grundlohn (§ 3b Abs. 2 EStG; R 3b Abs. 2 LStR) je Stunde

$$\frac{6.000}{38 \cdot 4{,}35} = 36{,}30\,€$$

Dieser ermittelte Grundlohn übersteigt den für § 3b EStG ansetzbaren Höchstgrundlohn von 50 € gem. § 3b Abs. 2 Satz 1 EStG nicht.

Mögliche Zuschläge:

1. 24. 12., 22.00 Uhr – 24.00 Uhr

   § 3b Abs. 1 Nr. 4 EStG = 150 %

   § 3b Abs. 1 Nr. 1 EStG = 25 % = 175 % (R 3b Abs. 3 LStR)

   175 % v. 36,30 € · 2 Std. = 127,05 €

2. 25. 12., 0.00 Uhr – 4.00 Uhr

   § 3b Abs. 1 Nr. 4 EStG = 150 %

   § 3b Abs. 1 Nr. 1 i.V. m. Abs. 3 Nr. 1 EStG zusätzlich 40 %

   190 % v. 36,30 € · 4 Std. = 275,88 €

3. 25.12., 4.00 Uhr – 6.00 Uhr

   § 3b Abs. 1 Nr. 4 EStG = 150 %

   § 3b Abs. 1 Nr. 1 EStG zusätzlich 25 %

175 % v. 36,30 € · 2 Std. =	127,05 €
Summe	529,98 €

b) Der geldwerte Vorteil bemisst sich bei Arbeitgeberdarlehen nach dem Unterschiedsbetrag zwischen dem vom Arbeitnehmer zu zahlenden Zinssatz und dem marktüblichen Zinssatz (vgl. BMF v. 19. 5. 2016, BStBl 2016 I S. 484, Rz. 5,8). Danach ergibt sich der lohnsteuerpflichtige Vorteil für den Monat Dezember 2016 wie folgt.

   Sachbezug:

$$\frac{24.000 \cdot 3{,}76\,\%\ (= 6\,\% \cdot 96\,\% - 2\,\%)}{12} = \text{75,20 € steuerpflichtiger geldwerter Vorteil im Dez. 2016}$$

   Die 44 €-Freigrenze nach § 8 Abs. 2 Satz 9 EStG ist in diesem Fall überschritten.

   Die Versteuerung des Sachbezugs könnte nach § 37b EStG pauschal erfolgen (BMF vom 19. 5. 2016, BStBl 2016 I S. 484, Rz. 1 a. E.).

   Hinweis: Eine Lohnversteuerung ist nur nötig, wenn das Restdarlehen mit mindestens 2.600 € valutiert (BMF vom 19. 5. 2016, BStBl 2016 I S. 484, Rz. 4).

c) Der geldwerte Vorteil kann nach § 3 Nr. 45 EStG lohnsteuerfrei bleiben. Es handelt sich bei dem Handy um ein betriebseigenes Telekommunikationsgerät. Geldwerte Vorteile aus der privaten Nutzung sind nicht steuerpflichtig zu erfassen. Eine Aufzeichnung der steuerfreien Vorteile im Lohnkonto ist nach § 4 LStDV nicht notwendig.

   Unabhängig davon kann der Arbeitgeber selbstverständlich für die Privatnutzung des Handys vom Arbeitnehmer eine Kostenübernahme verlangen.

d) Die PC-Schenkung stellt steuerpflichtigen Arbeitslohn dar. Die Sachzuwendung ist nach § 8 Abs. 2 Satz 1 EStG zu bewerten. Statt Erfassung in der Lohnabrechnung des Arbeitnehmers kann eine Pauschalversteuerung nach § 40 Abs. 2 Nr. 5 EStG mit 25 % vorgenommen werden. Die Pauschalierungsvoraussetzungen liegen insbesondere vor, weil der Arbeitnehmer den PC zusätzlich zum ohnehin geschuldeten Arbeitslohn übereignet erhält.

LÖSUNG

Lösung zu Fall 63 — 20 Punkte

Der Begriff des Arbeitslohns ist in § 19 Abs. 1 EStG und in § 2 Abs. 1 Satz 1 LStDV legal definiert. Danach sind Arbeitslohn alle Einnahmen, die einem Arbeitnehmer aus dem Dienstverhältnis zufließen. Einnahmen aus nichtselbstständiger Arbeit (Arbeitslohn) sind alle Güter, die in Geld oder Geldeswert bestehen, d. h. die Zuwendung muss für den Arbeitnehmer einen wirtschaftlichen Wert (Vermögenswert) haben. Dabei kann die Leistung an den Arbeitnehmer auch auf freiwilliger Basis beruhen (§ 19 Abs. 1 Satz 2 EStG).

Erholungsbeihilfe:

Die Erholungsbeihilfe wird in Geld gewährt. Mangels Steuerbefreiung ist der Arbeitslohn lohnsteuerpflichtig. Zu bewerten ist der Vorteil mit dem Geldwert (§ 8 Abs. 1 EStG). Die Versteuerung kann entweder in der Lohnabrechnung nach den individuellen Merkmalen der Lohnsteuerkarte erfolgen. Alternativ besteht die Möglichkeit der Pauschalierung nach § 40 Abs. 2 Satz 1 Nr. 3 EStG.

Eine Pauschalierung der Lohnsteuer nach § 40 Abs. 2 Satz 1 Nr. 3 EStG setzt voraus, dass die in dem Kalenderjahr gezahlten Erholungsbeihilfen insgesamt nicht den Betrag von 156 € für den Arbeitnehmer, 104 € für den Ehegatten und 52 € für ein Kind übersteigen – jede Gruppe ist für sich zu betrachten. Wird die Betragsgrenze überschritten, scheidet eine Pauschalierung vollständig aus, R 40.2 Abs. 3 Satz 4 LStR.

Die gewährten Erholungsbeihilfen übersteigen die Betragsgrenze zur Pauschalierung. Sie sind daher nach den allgemeinen Vorschriften dem Lohnsteuerabzug zu unterwerfen.

Unfallversicherung:

Beiträge zur Unfallversicherung sind grundsätzlich steuerpflichtiger Arbeitslohn. Der auf berufliche Unfälle und Dienstreisen entfallende Beitrag ist steuerfrei. Sofern kein Nachweis der Versicherung über die kalkulierten Reiserisiken vorliegt, kann der steuerfreie Anteil mit 20 % aus dem Gesamtversicherungsbeitrag inkl. Versicherungssteuer herausgerechnet werden. BMF-Schreiben vom 28. 10. 2009, BStBl 2009 I S. 1275 Tz. 2.2.1.

Von den 1.190 € sind demgemäß (20 % v. 1.190 € =) 238 € steuerfrei. Die Differenz ist lohnsteuerpflichtig. Höhe: 952 €.

Grundsätzlich ist der geldwerte Vorteil je Arbeitnehmer nach den Merkmalen seiner Lohnsteuerkarte zu versteuern. Stattdessen kann eine Pauschalierung nach § 40b Abs. 3 EStG) in Betracht kommen. Pauschalierungssatz: 20 %. Es handelt sich um eine Gruppenversicherung.

Steuerpflichtiger Gesamtbeitrag:	952 €
Abzüglich Versicherungssteuer: (952 · $^{19}/_{119}$ =)	– 152 €
Gesamtbeitrag ohne Versicherungssteuer:	800 €
Durch versicherte Arbeitnehmer (20)	40 €

Die Pauschalierungsgrenze nach § 40b Abs. 3 EStG von 62 € ist nicht überschritten. Damit kann eine Pauschalierung erfolgen. Zu pauschalieren sind 952 €, also der Versicherungsbeitrag inklusive Versicherungssteuer.

Hinweis: Handelt es sich um eine Versicherung des Arbeitgebers, bei der die Ausübung der Rechte aus dem Versicherungsvertrag ausschließlich dem Arbeitgeber zusteht, liegt im Zeitpunkt der Beitragsleistung kein Arbeitslohn vor (BMF-Schreiben v. 28. 10. 2009, Tz. 2.1.1.). Dafür kann eine spätere Leistung aus der Unfallversicherung lohnsteuerpflichtig sein. Dies liegt im Sachverhalt nicht vor.

Benzingutschein:

Die Überlassung des Benzingutscheins stellt einen geldwerten Sachbezug dar, der wegen Unterschreitens der 44 €-Freigrenze nicht lohnsteuerpflichtig ist, § 8 Abs. 2 Sätze 2, 9 EStG.

LÖSUNG

Lösung zu Fall 64 — 8 Punkte

Wiebke Bracker ist als natürliche Person mit Wohnsitz im Inland unbeschränkt einkommensteuerpflichtig gem. § 1 Abs. 1 Satz 1 EStG. Die Steuerpflicht erstreckt sich auch auf alle Einkünfte, die sie im In- und Ausland erzielt hat (Welteinkommensprinzip, § 2 Abs. 1 Satz 1 EStG, H 1a „Allgemeines" EStH). Hier handelt es sich um ausländische Einkünfte aus Vermietung und Verpachtung i. S. d. § 21 Abs. 1 Satz 1 Nr. 1 i. V. m. § 34d Nr. 7 EStG.

Im nächsten Schritt ist zu prüfen, ob Deutschland nicht in einem Doppelbesteuerungsabkommen zugunsten eines anderen Landes auf sein Besteuerungsrecht an diesen Einkünften verzichtet hat (§ 2 Abs. 1 AO).

Gemäß Art. 6 Abs. 1 DBA USA vom 4. 6. 2008 steht das alleinige Besteuerungsrecht ausschließlich dem Belegenheitsland USA zu. Dabei ist in Deutschland jedoch der Progressionsvorbehalt zu beachten (Art. 23 Abs. 3 lit. a DBA USA).

Gemäß § 32b Abs. 1 Satz 1 Nr. 3 EStG ist, soweit ein in Deutschland unbeschränkt Steuerpflichtiger ausländische Einkünfte bezogen hat, die aufgrund eines DBA im Inland steuerfrei sind, auf das zu versteuernde Einkommen ein besonderer Steuersatz anzuwenden. Damit wird sichergestellt, dass auf das deutsche zu versteuernde Einkommen der Steuersatz für das Welteinkommen zur Anwendung kommt.

Dieser ermittelt sich folgendermaßen:

zu versteuerndes Einkommen zzgl. ausländische Einkünfte:	97.500 €
tarifliche Einkommensteuer (42 % × 97.500 € - 8.394,14) laut Grundtabelle (§ 32a Abs. 1 Satz 2 Nr. 4 EStG):	32.555 €
Steuersatz:	33,3897 %
zu versteuerndes Einkommen im Inland:	72.500 €
multipliziert mit 33,3897 %:	24.207 €

Hinweis: § 32b Abs. 1 Satz 1 Nr. 3 EStG wurde aus europarechtlichen Gründen auf Drittstaatenfälle (= kein EU-/EWR-Staat) beschränkt, § 32b Abs. 1 Satz 2 EStG.

LÖSUNG

Lösung zu Fall 65 — 18 Punkte

a) Richard Peters ist eine natürliche Person (§ 1 BGB) und hat in Deutschland weder seinen Wohnsitz (§ 8 AO) noch seinen gewöhnlichen Aufenthalt (§ 9 AO). Er ist deshalb gem. § 1 Abs. 4 EStG beschränkt einkommensteuerpflichtig. Die beschränkte Steuerpflicht erstreckt sich nur auf seine inländischen Einkünfte.

b) Was inländische Einkünfte im Sinne der beschränkten Einkommensteuerpflicht sind, bestimmt sich nach § 49 EStG.

Bei den Einkünften aus der Tätigkeit als angestellter Ingenieur handelt es sich um Einkünfte aus nichtselbstständiger Arbeit i. S. d. § 19 Abs. 1 Satz 1 Nr. 1 EStG. Es liegen aber keine inländischen Einkünfte vor. Denn die Einkünfte erfüllen nicht die Voraussetzungen des § 49 Abs. 1 Nr. 4 EStG: die Arbeit wird weder im Inland ausgeübt noch hier verwertet. Die Einkünfte werden auch nicht aus einer inländischen öffentlichen Kasse oder für eine Tätigkeit als Geschäftsführer einer inländischen Gesellschaft gezahlt und es handelt sich auch nicht um eine Entschädigung für eine im Inland steuerpflichtige Tätigkeit. Die Einkünfte aus der Tätigkeit als Ingenieur unterliegen deshalb nicht der deutschen Einkommensteuer (§ 1 Abs. 4 EStG).

Die Sparbuchzinsen sind Einkünfte aus Kapitalvermögen i. S. d. § 20 Abs. 1 Nr. 7 EStG. Es handelt sich aber nicht um inländische Einkünfte i. S. d. § 49 EStG, weil das Kapitalvermögen nicht durch inländischen Grundbesitz gesichert ist (§ 49 Abs. 1 Nr. 5c EStG). Dass die Zinsen von einem inländischen Kreditinstitut gezahlt werden, ist unerheblich.

Die Zinsen unterliegen daher nicht der Abgeltungsteuer i. H. v. 25 %, dem SolZ und ggf. der Kirchensteuer.

Die Gewinnausschüttung der Maschinenbau AG gehört ebenfalls zu den Einkünften aus Kapitalvermögen (§ 20 Abs. 1 Nr. 1 EStG). Es handelt sich auch um inländische Einkünfte i. S. d. § 49 Abs. 1 Nr. 5a EStG, weil der Schuldner der Dividende, die Maschinenbau AG, ihre Geschäftsleitung (§ 10 AO) und ihren Sitz (§ 11 AO) im Inland hat.

Die Dividende unterliegt nach dem 31. 12. 2008 dem neuen Einheitssatz von 26,375 % (statt bisher dem progressivem Einkommensteuersatz).

Gem. § 50 Abs. 2 Satz 1 EStG gilt die Einkommensteuer im Falle der beschränkten Steuerpflicht durch den Steuerabzug vom Kapitalertrag als abgegolten.

Hinweis: Die Abgeltungswirkung der Dividendenbesteuerung verstößt in diesem Fall nicht gegen die europäischen Grundfreiheiten (vgl. EuGH vom 20. 10. 2012, Rs. C-284/09, DStR 2012 S. 2038, zur Besteuerung von Dividenden an ausländischen Kapitalgesellschaften), weil auch ein Inländer der Abgeltungssteuer unterläge (kein § 32d Abs. 2 Nr. 3 EStG).

Herr Peters hat nach Art. 10 Abs. 2 lit. c DBA Niederlande vom 12. 4. 2012 Anspruch auf Reduzierung der KapESt auf 15 %, § 50d Abs. 1 Satz 2 EStG.

Die Veräußerung der Aktien im Juni 2016 erfüllt den Tatbestand des § 17 EStG. Es handelt sich dabei um inländische Einkünfte gem. § 49 Abs. 1 Nr. 2e EStG. Gemäß § 52a Abs. 3 Satz 1 EStG ist das Teileinkünfteverfahren anzuwenden.

Die Einkünfte sind wie folgt zu ermitteln:

Veräußerungserlös:	76.800 €	
§ 3 Nr. 40c EStG:	– 30.720 €	46.080 €
Anschaffungskosten:	35.200 €	
§ 3c Abs. 2 EStG:	– 14.080 €	– 21.120 €
Einkünfte:		24.960 €

Hinweis: Nach Art. 13 Abs. 5 DBA Niederlande vom 12. 4. 2012 hat Deutschland kein Besteuerungsrecht.

Aus der Vermietung des Wohnhauses in Bottrop erzielt Herr Peters Einkünfte aus Vermietung und Verpachtung i. S. d. § 21 Abs. 1 Nr. 1 EStG. Es handelt sich um inländische Einkünfte gem. § 49 Abs. 1 Nr. 6 EStG. Die Einkünfte sind wie folgt zu ermitteln:

Einnahmen:

6 Monate · 2.000 € =	12.000 €	
Werbungskosten:	– 7.000 €	
Einkünfte:		5.000 €

Hinweis: Gemäß Artikel 6 DBA Niederlande vom 12. 4. 2012 steht der Bundesrepublik Deutschland das Besteuerungsrecht für die Einkünfte aus der Vermietung zu. Es wird eine Veranlagung als beschränkt Steuerpflichtiger durchgeführt.

LÖSUNG

Lösung zu Fall 66 — 16 Punkte

Georg Kluni ist nach § 1 Abs. 1 EStG unbeschränkt einkommensteuerpflichtig, da er seinen Wohnsitz (§ 8 AO) im Inland hat. Somit unterliegen seine gesamten in- und ausländischen Einkünfte der deutschen Einkommensteuer (Welteinkommensprinzip).

Bei den Einkünften aus der ausländischen Zweigniederlassung handelt es sich um ausländische Einkünfte i. S. d. § 34d Nr. 2 EStG. Die dort erzielten Einkünfte sind in Deutschland zu besteuern, da mit dem betreffenden Staat kein Doppelbesteuerungsabkommen besteht. Die im Ausland gezahlte Steuer wird gem. § 34c Abs. 1 EStG auf die inländische Einkommensteuer angerechnet.

Die ausländischen Einkünfte sind für die deutsche Besteuerung unabhängig von der Einkünfteermittlung im Ausland nach den Regeln des deutschen Einkommensteuerrechts zu ermitteln (vgl. R 34c Abs. 3 Satz 3 EStR).

1. **Ermittlung des Welteinkommens (§ 2 EStG):**

	€	€
Einkünfte aus Gewerbebetrieb (§ 15 EStG)		
Gewinn aus inländischem Gebrauchtwagenhandel	137.400	
Gewinn aus ausländischer Zweigniederlassung	24.300	
Verlustanteil aus der Beteiligung an einer inl. KG	– 10.740	150.960
Einkünfte aus Vermietung und Verpachtung (§ 21 EStG)		3.940
Summe der Einkünfte		154.900
Sonderausgaben		– 8.200
zu versteuerndes Einkommen		146.700

2. Ermittlung der deutschen Steuer (§ 32a Abs. 1 Satz 2 Nr. 4 EStG):

0,42 · 146.700 € – 8.261 € =	53.352

Ermittlung des Anrechnungshöchstbetrages (AHB) nach § 34c Abs. 1 EStG:

$$\text{AHB} = \text{ausländische Einkünfte} \cdot \frac{\text{deutsche Einkommensteuer auf das Welteinkommen}}{\text{zu versteuerndes Einkommen}}$$

$$\text{AHB} = 24.300 \cdot \frac{53.352}{146.700} = 8.837$$

4. Ergebnis:

Die im Ausland gezahlte Steuer i. H. v. 5.390 € kann in voller Höhe auf die deutsche Einkommensteuer angegerechnet werden, da sie den Anrechnungshöchstbetrag von 8.837 € nicht überschreitet. Insofern besteht keine Doppelbesteuerung.

Die festzusetzende Einkommensteuer im Veranlagungszeitraum 2016 beträgt somit:	€
	53.352
	– 5.390
	47.962

LÖSUNG

Lösung zu Fall 67 — 20 Punkte

Bei Walter Wolly sind die persönlichen und sachlichen Voraussetzungen für die Anwendung des § 2 AStG (Außensteuergesetz), sog. erweitert beschränkte Einkommensteuerpflicht, als erfüllt anzusehen:

a) persönliche Voraussetzungen:

- natürliche Person, die in den letzten 10 Jahren vor dem Wegzug als Deutscher zumindest fünf Jahre unbeschränkt einkommensteuerpflichtig war
- Ansässigkeit in einem niedrig besteuerenden ausländischen Gebiet

b) sachliche Voraussetzungen:

- wesentliche wirtschaftliche Interessen im Inland (allein schon durch die Beteiligung an der OHG begründet; vgl. § 2 Abs. 3 Nr. 1 AStG)
- Überschreiten der Freigrenze von 16.500 € (§ 2 Abs. 1 Satz 2 AStG)

Damit gilt für Walter Wolly die erweitert beschränkte Steuerpflicht. Die erweitert beschränkte Steuerpflicht erstreckt sich über die in § 49 EStG definierten beschränkt steuerpflichtigen Inlandseinkünfte hinaus auf alle anderen Einkünfte, die nicht ausländische Einkünfte i. S. v. § 34d EStG sind (sog. erweiterte Inlandseinkünfte). Es wird also nicht das Welteinkommen erfasst, sondern nur die inländischen Einkünfte.

Dennoch ist das Welteinkommen zu ermitteln, um den in § 2 Abs. 5 Satz 1 AStG vorgesehenen Progressionvorbehalt anwenden zu können. Nicht einzubeziehen sind dabei die Einkünfte, die dem Steuerabzug vom Kapitalertrag unterliegen. Für Einkünfte, die dem Steuerabzug des § 50a EStG unterliegen, greift die Abgeltungswirkung des § 50 Abs. 2 Satz 1 EStG nicht (§ 2 Abs. 5 Satz 2 AStG).

Im Einzelnen ist wie folgt vorzugehen:

1. Bestimmung des Steuersatzes (Progressionsvorbehalt)

	€
Vermietung Eigentumswohnung	14.400
Vermietung Einliegerwohnung	12.000
Gewinnanteile OHG	17.400
Geschäftsführergehalt	9.000
Preisgelder Deutschland	24.000
Preisgelder Ausland	35.000
Summe Welteinkommen	111.800
Steuer lt. Grundtabelle (§ 32a Abs. 1 Satz 2 Nr. 4 EStG):	38.561
Steuersatz:	34,49 %

2. Ermittlung des erweitert beschränkt steuerpflichtigen Einkommens

	€
Vermietung Eigentumswohnung	14.400
Gewinnanteile OHG	17.400
Preisgelder Deutschland	24.000
Erweitert beschränkt steuerpflichtiges Einkommen	55.800

Hinweis: Die Preisgelder in Deutschland haben zwar dem Steuerabzug nach § 50a EStG unterlegen, die Abgeltungswirkung des § 50 Abs. 2 Satz 1 EStG greift gem. § 2 Abs. 5 Satz 2 AStG nicht. Somit sind diese Einkünfte bei der Ermittlung des erweitert beschränkt steuerpflichtigen Einkommens einzubeziehen.

Dazu gehören nicht:

	€
Vermietung Einliegerwohnung	12.000
Begründung: ausländische Einkünfte i. S. d. § 34d EStG	
Preisgelder Ausland	35.000
Begründung: ausländische Einkünfte i. S. d. § 34d EStG	
Geschäftsführergehalt	9.000

Begründung:

Das Verbot der Abgeltunswirkung nach § 2 Abs. 5 Satz 2 AStG greift nicht bei Einkünften aus nichtselbstständiger Arbeit. Insofern greift hier die Abgeltungswirkung des § 50 Abs. 2 Satz 1 EStG mit der Folge, dass diese Einkünfte nicht in der Bemessungsgrundlage der erweitert beschränkten Steuerpflicht einzubeziehen sind.

3. Anwendung des ermittelten Steuersatzes auf das erweitert beschränkt steuerpflichtige Einkommen

	€
Erweitert beschränkt steuerpflichtiges Einkommen	55.800
Steuersatz (Progressionsvorbehalt): 34,49 %	
Einkommensteuer	19.245
abzüglich Steuerabzug für Preisgelder in Deutschland	– 4.800
verbleibende Steuerschuld	14.445

STICHWORTVERZEICHNIS

Hier wird auf die Fälle verwiesen.

H

I

J

K

L

M

N

O

P

R

S

T

U

V

W

Z